Grundlagen der finanziellen Unternehmensführung

Band III: Cashflow, Investition und Finanzierung

FH-Prof. DI Dr. Heimo Losbichler
Professor an der FH OÖ/Steyr

4. Auflage

Linde

Zitiervorschlag: *Losbichler*, Grundlagen der finanziellen Unternehmensführung, Bd III[4] (2019) Seite

Bibliografische Information der Deutschen Nationalbibliothek
Die Deutsche Nationalbibliothek verzeichnet diese Publikation in der Deutschen Nationalbibliografie; detaillierte bibliografische Daten sind im Internet über http://dnb.d-nb.de abrufbar.

Hinweis: Aus Gründen der leichteren Lesbarkeit wird auf eine geschlechtsspezifische Differenzierung verzichtet. Entsprechende Begriffe gelten im Sinne der Gleichbehandlung für beide Geschlechter.

Es wird darauf verwiesen, dass alle Angaben in diesem Fachbuch trotz sorgfältiger Bearbeitung ohne Gewähr erfolgen und eine Haftung des Autors oder des Verlages ausgeschlossen ist.

ISBN 978-3-7073-3803-4 (Print)
ISBN 978-3-7094-0918-3 (E-Book-PDF)
ISBN 978-3-7094-0919-0 (E-Book-ePub)

1210 Wien, Scheydgasse 24, Tel.: 01/24 630
www.lindeverlag.at

Druck: Hans Jentzsch & Co GmbH
1210 Wien, Scheydgasse 31
Dieses Buch wurde in Österreich hergestellt.

PEFC/06-39-15
PEFC zertifiziert
Dieses Produkt stammt aus nachhaltig bewirtschafteten Wäldern und kontrollierten Quellen
www.pefc.at

Gedruckt nach der Richtlinie „Druckerzeugnisse" des Österreichischen Umweltzeichens, Druckerei Hans Jentzsch & Co GmbH, UW Nr. 790

Losbichler

Grundlagen der finanziellen Unternehmensführung
Band III: Cashflow, Investition und Finanzierung

Vorwort zur 4. Auflage

Der finanzielle Erfolg steht seit jeher im Zentrum des unternehmerischen Handelns. Doch nie zuvor waren Kenntnisse der finanziellen Unternehmensführung und des Controllings für die berufliche und persönliche Entwicklung von Führungskräften aller Unternehmensbereiche so erfolgsentscheidend wie heute.

Das vorliegende Werk in vier Bänden vermittelt Studierenden und Praktikern das erforderliche Finanz-Know-how und zeichnet sich dabei durch zwei Aspekte besonders aus:

Inhaltlich konzentriert es sich nicht wie viele andere Bücher auf isolierte Teilbereiche, sondern fördert das Verständnis für das finanzielle Gesamtsystem eines Unternehmens – von der Finanzbuchhaltung und Bilanzanalyse über die Kosten- und Leistungsrechnung, Investition und Finanzierung bis zum Controlling.

Didaktisch ist es von mehr als 20 Jahren internationaler Lehr- und Lernerfahrung mit Studierenden und Führungskräften in der Praxis geprägt. Mehr als 300 Übungs- und Fallbeispiele unterstützen bei der konkreten Anwendung des Gelernten und sichern damit den Lernerfolg. Weit über 400 Abbildungen tragen zur Veranschaulichung der beschriebenen Inhalte bei. Der Online-Lernguide (https://finance.lernguide.com/) bietet eine Vielzahl an Videos, in denen besonders relevante Sachverhalte, führende Praxisumsetzungen sowie Lösungen zu Rechenbeispielen präsentiert werden. Darüber hinaus kann mittels umfangreicher Selbsttests der eigene Kompetenzerwerb überprüft werden.

Das Buch erscheint nun bereits in der 4. Auflage und hat sich als Standardwerk etabliert. Die neue Auflage berücksichtigt die unternehmensrechtlichen und steuerrechtlichen Neuerungen sowie aktuelle Entwicklungen auf den Kapitalmärkten. Im Bereich der Internationalen Rechnungslegung wurden insbesondere die Änderungen durch die neuen Standards für die Bilanzierung von Finanzinstrumenten, Leasingverträgen und Umsatzrealisierung aufgenommen. Der Controlling-Band wurde neu strukturiert und um ein Hauptkapitel zum Strategischen Controlling erweitert. Zahlreiche neue Beispiele und Studien runden die Aktualisierung ab.

Die Foliensätze erstrahlen in einem neuen Layout. Der Lernguide wurde auf eine neue technische Plattform gestellt und ist nun über verschiedenste Endgeräte – vom Laptop bis zum Smartphone – nutzbar. Lektorinnen und Lektoren erhalten in bewährter Manier über das Lindeverlags-Team ergänzende Unterrichtsmaterialien. Ein herzliches Dankeschön an all jene, die uns in den letzten mehr als 10 Jahren bei der stetigen Weiterentwicklung unseres Werkes unterstützt haben!

Wir wünschen unseren Leserinnen und Lesern viel Erfolg bei ihrem Einstieg in die Welt der finanziellen Unternehmensführung und sind zuversichtlich, dass wir mit dem vorliegenden Gesamtpaket aus Buch und multimedialem Lernguide einen wertvollen Beitrag zu einer gelungenen Lehre an Hochschulen und Weiterbildungseinrichtungen leisten können!

Steyr, im August 2019

Das Autorenteam:

FH-Prof. Dr. Christoph Eisl (Hrsg)
FH-Prof. DI Dr. Heimo Losbichler (Hrsg)
FH-Prof. Dr. Josef Arminger, CPA
Mag. Christa Hangl
FH-Prof. Mag. DI Peter Hofer
FH-Prof. Dr. Albert Mayr

Autorenbeschreibung

FH-Prof. Dr. Heimo Losbichler ist Leiter des Studiengangs Controlling, Rechnungswesen und Finanzmanagement (CRF) an der Fachhochschule Oberösterreich, Fakultät für Management in Steyr. Er ist Vorstandsvorsitzender des Internationalen Controller Vereins (ICV) und Vorsitzender der International Group of Controlling (IGC). Schwerpunkte seiner Lehr- und Forschungstätigkeit sind Investitionsrechnung, Asset- und Wertsteigerungsmanagement, Financial Engineering in globalen Kapitalmärkten und Controlling. Er ist Professor an der Clarkson University, NY. Berufliche Stationen: Austrian Industries AG, Maculan Holding AG, Competence Center Controlling GmbH.

Inhaltsverzeichnis

1. Grundlagen der Liquiditätssteuerung

"Cash is a fact, profit someone's opinion" *(Alfred Rappaport)*

Lernziele

Wenn Sie dieses Kapitel durchgearbeitet haben, sollten Sie

- den grundlegenden Unterschied zwischen Gewinn und Liquidität kennen
- die Verknüpfung von Gewinn- und Verlustrechnung, Bilanz und Cashflow-Statement kennen
- die Auswirkung unterschiedlicher Geschäftsfälle auf G+V, Bilanz und Cashflow-Statement ermitteln und beurteilen können
- unterschiedliche Cashflow-Definitionen kennen und interpretieren können
- den Zusammenhang von Investition und Finanzierung bzw. Mittelverwendung/-herkunft erklären können
- die Bestimmungsfaktoren des Kapitalbedarfs und der Kapitalbindungsdauer, insbesondere im Working Capital, kennen und den Cash-to-Cash-Cycle (C2C) berechnen können
- Finanzpläne selbst erstellen können
- das Spannungsfeld von Liquidität und Rentabilität in Finanzierungsentscheidungen berücksichtigen können
- grundlegende Konzepte zur Verbesserung der Liquidität kennen

Gewinn ist nicht gleich Liquidität

Die betriebswirtschaftliche Diskussion wird seit langem vom Denken in Wachstum und Gewinnen dominiert. Vielfach wird die Gewinnsteigerung als das wesentlichste Unternehmensziel angesehen. Dementsprechend steht der Gewinn auch im Zentrum der Schlagzeilen in der Wirtschaftspresse, die regelmäßig über die Gewinnsituationen der Unternehmen berichtet:

- Saudischer Ölkonzern ARAMCO mit über 111 Mrd. Gewinn [www.orf.at, 1.4.2019]
- Erste Group: Rekordgewinn im Jubiläumsjahr [Die Presse, 28.6.2019]
- Samsung Expects 60 % Profit Drop [Wall Street Journal, 5.4.2019]
- Sony schreibt Rekordgewinn [Die Presse, 27.4.2019]
- Amazon steigert den Gewinn – und den Druck [Die Presse, 27.4.2019]
- BMW: Verluste im Autogeschäft [OÖ Nachrichten, 8.5.2019]

Gewinne zu erzielen bedeutet jedoch nicht automatisch auch Geld zu haben bzw. die Zahlungsfähigkeit eines Unternehmens zu erhöhen. Insbesondere in Wachstumsphasen und i.Z.m. den damit verbundenen Investitionen/Akquisitionen kommt es nicht selten trotz guter Ertragslage zu Liquiditätsengpässen, wie das Beispiel Netflix zeigt:

Netflix hat in den letzten Jahren ein rasantes Umsatzwachstum erzielt. Der Umsatz stieg von $ 8,83 Mrd. im Jahr 2016 auf $ 15,794 Mrd. im Geschäftsjahr 2018 (+79 %). Obwohl Netflix den Gewinn im gleichen Zeitraum von $ 186 Mio. auf $ 1,211 Mrd. steigern konnte, hat das Unternehmen zur Finanzierung des Wachstums in Summe $7,982 Mrd. an frischem Fremdkapital aufgenommen. Im April 2019 hat Netflix wieder eine Unternehmensanleihe mit einer Laufzeit bis 2029 in Höhe von $ 900 Mio. am Kapitalmarkt platziert.

1.1. Bilanz, Gewinn und Liquidität

Auch wenn in den meisten Unternehmen das Gewinnstreben noch immer im Zentrum des wirtschaftlichen Handelns steht, tritt der Cashflow zur Sicherstellung der Liquidität zusehends aus dessen Schatten. Die Finanzkrise hat 2008 viele, auch profitable, Unternehmen vor unerwartete Liquiditätsengpässe gestellt und den Stellenwert der Liquiditätssicherung deutlich erhöht. Gewinne zu erzielen bedeutet nicht automatisch auch Geld zu haben bzw. zahlungsfähig zu sein, und umgekehrt bedeutet Verluste zu machen nicht automatisch zahlungsunfähig zu sein!

Beispiele Amazon.com: Verluste bei gleichzeitiger Erhöhung der Liquidität

Amazon.com hatte beispielsweise am Ende des Geschäftsjahres 2002 Zahlungsmittel (cash and cash equivalents) in Höhe von $ 738,3 Mio. bei einem Jahresverlust von $ 149,1 Mio. und einem kumulierten Verlust seit der Aufnahme der Betriebstätigkeit 1996 in Höhe von $ 3.009,7 Mio. Erst 2003 schaffte Amazon das erste Mal in der Firmengeschichte den Sprung in die Gewinnzone, dennoch verfügte das Unternehmen entsprechend seinen Aktienemissionen über genügend Liquidität. Nach den Anfangsinvestitionen in Geschäftsaufbau und Marktentwicklung hat sich Amazon sowohl in Gewinn als auch Liquidität äußerst positiv entwickelt und kann mit Abschluss des Geschäftsjahres 2018 auf einen Liquiditätsbestand von $ 31,75 Mrd., einen Nettogewinn in Höhe von $ 10,01 Mrd. und einen Cashflow aus der operativen Geschäftstätigkeit in Höhe von $ 30,7 Mrd. verweisen.

Beispiel Bayer AG: Gewinne bei gleichzeitiger Reduktion des Zahlungsmittelbestands

Der Pharmariese Bayer ist seit jeher ein profitables Unternehmen, das Jahr für Jahr Gewinne in Milliardenhöhe erzielt. 2018 war mit der Übernahme von Monsanto ein besonderes Jahr in der Firmengeschichte, das nicht nur einen hohen Liquiditätsbedarf, sondern auch große Diskussionen über die potenziellen Konsequenzen der Glyphosat-Klagen auslöste. Der Konzernabschluss für das Jahr 2018 weist einen Jahresgewinn von € 1,711 Mrd. aus. Gleichzeitig reduzierten sich durch den Kauf von Monsanto die Liquiden Mittel von € 7,581 Mrd. auf € 4,052 Mrd. Details des akquisitionsbedingten Liquiditätsabflusses sind in Abbildung 22 zu sehen.

Für die erfolgreiche finanzielle Unternehmenssteuerung ist die geschlossene Betrachtung der Ertrags-, Vermögens- und Finanzlage mit Hilfe von Gewinn- und Verlustrechnung, Bilanz und Kapitalflussrechnung (Cashflow-Statement) notwendig.

Die Bilanz als Bindeglied von Gewinn und Liquidität. Um ihre Geschäftstätigkeit ausüben zu können, benötigen Unternehmen verschiedene (Vermögens-) Gegenstände wie Grundstücke, Gebäude, Maschinen, Rohstoffe oder Bargeld. Die Gesamtheit aller Vermögensgegenstände, die der Unternehmung zur Verfügung stehen, wird auf der Aktivseite der Bilanz ausgewiesen. Die Aktivseite zeigt, „was" bzw. welche Vermögensgegenstände ein Unternehmen hat. Die Passivseite gibt hingegen Auskunft über die Kapitalherkunft, d.h. „wie" bzw. von wem diese Vermögensgegenstände finanziert wurden. Die Bilanz ist damit die Gegenüberstellung des Vermögens und Kapitals eines Unternehmens zu einem bestimmten Zeitpunkt. Sie gibt Auskunft über den Wert und die Struktur aller Vermögensgegenstände des Unternehmens sowie die Eigentumsverhältnisse bzw. die Kapitalherkunft. (Für den detaillierten Bilanzaufbau siehe Band I)

Bilanz zum 31. Januar 2019	**Mio $**	**%**
Sachanlagevermögen	104.317	47,6 %
Sachanlagevermögen geleast	7.078	3,2 %
Firmenwert	31.181	14,2 %
Sonstige Vermögensgegenstände	14.822	6,8 %
Anlagevermögen	**157.398**	**71,8 %**
Vorräte	44.269	20,2 %
Forderungen aus Lieferungen und Leistungen	6.283	2,9 %
Rechnungsabgrenzungspositionen	3.623	1,7 %
Liquide Mittel	7.722	3,5 %
Umlaufvermögen	**61.897**	**28,2 %**
Σ Aktiva	**219.295**	**100,0 %**
Grundkapital	288	0,1 %
Kapitalrücklagen	2.965	1,4 %
Bilanzgewinn und -verlust	69.243	31,6 %
Minderheitsanteile	7.138	3,3 %
Eigenkapital	**79.634**	**36,3 %**
Langfristige Verbindlichkeiten	**62.184**	**28,4 %**
Verbindlichkeiten aus Lieferungen und Leistungen	47.060	21,5 %
Sonstige kurzfristige Verbindlichkeiten	30.417	13,9 %
Kurzfristige Verbindlichkeiten	**77.477**	**35,3 %**
Σ Passiva	**219.295**	**100,0 %**

Abbildung 1: Bilanz von Walmart für das Geschäftsjahr endend mit 31.1.2019

Die Bilanz gibt nicht nur Auskunft über den Wert aller Vermögensgegenstände, sondern auch über deren Struktur, wobei aus Sicht der Zahlungsfähigkeit vor allem dem Barvermögen eine besondere Bedeutung zukommt. Zur Sicherstellung der Zahlungsfähigkeit müssen zu jedem Zeitpunkt ausreichend Liquide Mittel vorhanden sein, um die fälligen Zahlungsverpflichtungen begleichen zu können.

Beispiel: Gründung in bar oder mit Auto?

Ein Beratungsunternehmen, die Consulting AG, kann entweder durch eine Bareinlage von € 100.000 oder durch die Sacheinlage[1] in Form eines Autos der Luxusklasse (ebenfalls im Wert von € 100.000) gegründet werden. *Worin liegt der Unterschied zwischen den beiden Formen der Unternehmensgründung? Welches der beiden Unternehmen ist mehr wert?*

Bareinlage

Aktiva		**Passiva**	
Liquide Mittel	100 Tsd.	Eigenkapital	100 Tsd.

Sacheinlage

Aktiva		**Passiva**	
Anlagevermögen	100 Tsd.	Eigenkapital	100 Tsd.

Abbildung 2: Unterschied zwischen barem und unbarem Vermögen

Grundsätzlich sind beide Unternehmen gleich viel wert, wenngleich sich bei der Gründung mittels Sacheinlage die Frage der Bewertung (wie viel ist das Auto heute bzw. in Zukunft wert?) stellt. Der große Unterschied ist nicht in der Höhe der Vermögensgegenstände, sondern in der Art des Vermögens zu sehen. Dies wird vor allem bei der Aufnahme der Betriebstätigkeit ersichtlich. Im Falle der Gründung mittels Bareinlage hat die Consulting AG anfangs zwar kein Auto, um potenzielle Kunden zu besuchen, jedoch ausreichend Liquidität für die Anschaffung nötiger Betriebsgegenstände wie Auto, PC. Bei der Gründung mittels Sacheinlage hat die Consulting AG zwar ein luxuriöses Auto zur Verfügung, es fehlen jedoch die Zahlungsmittel für die Anschaffung der nötigen Betriebsmittel. In diesem Fall gibt es zwei grundsätzliche Wege, die nötige Liquidität zu erzielen: entweder von innen durch den Verkauf des Autos oder von außen, z.B. durch die Aufnahme eines Kredits.

Aus Sicht der finanziellen Unternehmenssteuerung sind zwei Positionen der Bilanz bzw. deren Veränderung zwischen den Bilanzstichtagen von zentraler Bedeutung.

1. Die Veränderung des Eigenkapitals, die als Gewinn bezeichnet werden kann und durch die Gegenüberstellung von Aufwänden und Erträgen berechnet wird
2. Die Veränderung der liquiden Mittel, die als Cashflow bezeichnet werden kann und durch die Gegenüberstellung von Einzahlungen und Auszahlungen ermittelt wird

1 Die Beispiele in diesem Kapitel sind so gewählt, dass sie die gesetzten Lernziele so weit wie möglich unterstützen. Aus didaktischen Gründen wurden bilanzielle Verbote oder Beschränkungen des UGB zugunsten des Lernfortschritts außer Acht gelassen.

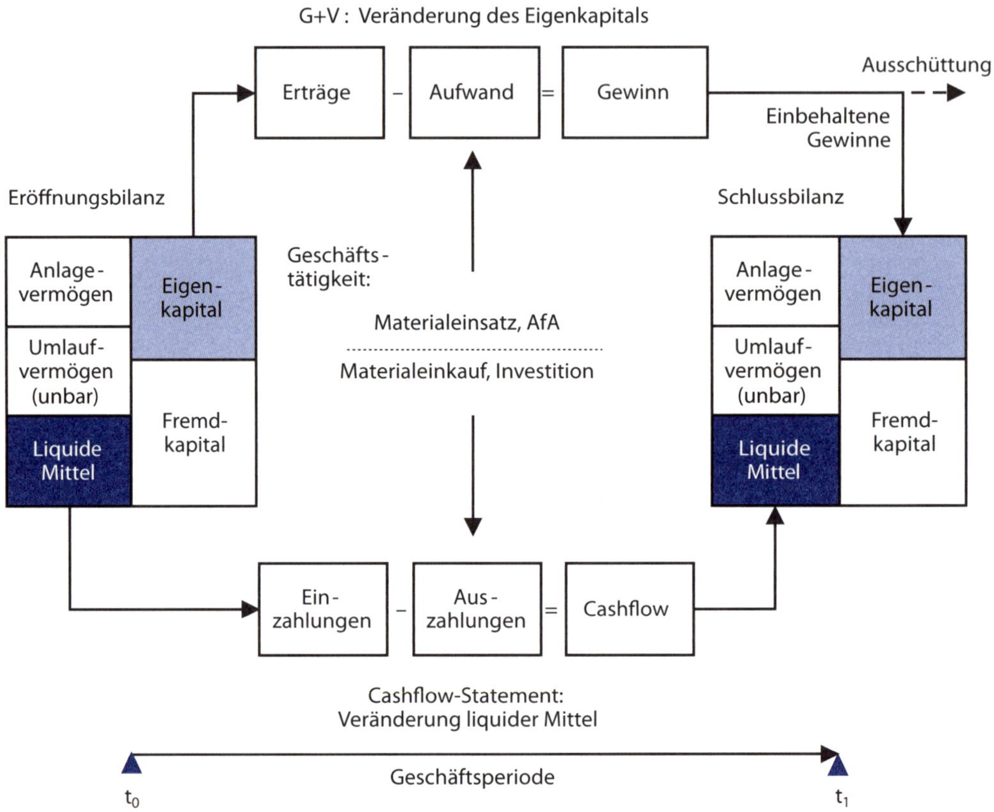

Abbildung 3: Zusammenhang zwischen Bilanz, G+V und Cashflow-Statement

Das Eigenkapital zeigt die Höhe jenes Vermögens, das den Eigentümern gehört, es gibt jedoch keine Auskunft, welche Vermögensgegenstände dies sind. Gewinn zu erzielen heißt, in einer Geschäftsperiode das Eigenkapital, d.h. den Anteil der Eigentümer am Unternehmensvermögen absolut zu erhöhen, unabhängig davon, ob die Erhöhung des Vermögensanteils durch die Erhöhung des Barvermögens (Liquide Mittel) oder die Erhöhung anderer Vermögensgegenstände wie Vorräte oder Anlagen erzielt wurde. Umgekehrt können Liquide Mittel z.B. durch die Aufnahme eines Kredites erhöht werden, ohne dass dies den Vermögensanteil der Eigentümer erhöht, d.h. es fließt Geld („cash flows“), es wird jedoch kein Gewinn erzielt.

Mit Gewinnen wird vielfach auch die Zahlungsfähigkeit eines Unternehmens verbunden. Langfristig ist dieser Zusammenhang auch grundsätzlich gegeben, kurzfristig ist dieser durch das Problem der Periodenabgrenzung und Bewertung bei der Erfolgsermittlung häufig nicht gegeben. Grundsätzlich gilt es, für die Steuerung von Gewinn und Liquidität zwischen *Einzahlung und Ertrag* bzw. *Auszahlung und Aufwand* zu unterscheiden.

Einzahlung – Auszahlung. Unter Einzahlungen versteht man alle Vorgänge, die den Bestand an Zahlungsmitteln erhöhen, d.h. tatsächliche Geldeingänge. Analog dazu verringern Auszahlungen den Bestand an Zahlungsmitteln (Geldausgang).

Einzahlungen und Auszahlungen sind damit die zentralen Größen der Liquiditätssteuerung in der Finanzplanung und dem Cashflow-Statement. Gleichzeitig sind sie für die Investitionsrechnung und für die Finanzierung von größter Bedeutung, da diese die reinen Zahlungsströme unabhängig von der betrieblichen Bilanz- und Bewertungspolitik verwenden.

In der betriebswirtschaftlichen Praxis werden die Begriffe Einnahmen und Ausgaben häufig fälschlich mit den Begriffen Einzahlungen und Auszahlungen gleichgesetzt. Tatsächlich umfassen Einnahmen und Ausgaben neben Zahlungsflüssen auch Geschäftsfälle, bei denen nicht unmittelbar, jedoch sehr zeitnah Geld fließt. Beispielsweise erhöht der Verkauf auf Ziel nicht unmittelbar, jedoch im Regelfall nach einem entsprechend kurzen Zahlungsziel, die liquiden Mittel.

Erfolgs- und Finanzzahlungen. Für bestimmte Anwendungsgebiete wie das Cashflow-Statement werden die Ein- und Auszahlungen in Erfolgs- und Finanzzahlungen unterteilt. Als Erfolgszahlungen werden alle Ein- und Auszahlungen verstanden, welche zugleich auch Ertrag oder Aufwand sind und damit zu einem Gewinn oder Verlust des Unternehmens führen (z.B. Auszahlung der Löhne). Unter Finanzzahlungen versteht man hingegen erfolgsneutrale Zahlungen, wie z.B. Einzahlungen aus der Aufnahme eines Kredits, die keinen unmittelbaren Einfluss auf die Gewinn- und Verlustrechnung haben.

Aufwand – Ertrag. Erträge und Aufwendungen sind die zentralen Begriffe der Gewinn- und Verlustrechnung. Im Rahmen der Gewinn- und Verlustrechnung steht nicht die Veränderung der Zahlungsmittel, sondern der Vermögenszuwachs bzw. die Vermögensabnahme und damit die Veränderung des Eigenkapitals im Mittelpunkt der Betrachtungen. Erträge werden als Vermögenszuwachs, Aufwendungen als Verbrauch von Vermögen innerhalb einer Periode definiert. Im Vergleich zu den reinen Zahlungsströmen stellt sich für die Ermittlung von Aufwendungen und Erträgen das Problem der Periodenabgrenzung und Bewertung.

Die Begriffe Auszahlung und Aufwand decken sich nur dann, wenn das verbrauchte Wirtschaftsgut in der gleichen Periode bezahlt wird. Andernfalls kommt es zu zeitlichen Verschiebungen (z.B. Kauf und Abschreibung von Maschinen; Verbrauch von Gütern, die auf Ziel eingekauft wurden oder die schon auf Lager liegen). Nicht jede Auszahlung ist mit einem Aufwand verbunden. Beispielsweise führt die Bezahlung gekaufter Waren zu einer Auszahlung, jedoch zu keinem Aufwand, da der Kauf von Waren nur einer Vermögensumschichtung (tausche Geld gegen Ware), jedoch zu keiner Änderung der Vermögenshöhe führt.

Vorher

Aktiva		Passiva	
Liquide Mittel	100 Tsd.	Eigenkapital	100 Tsd.

Nachher

Aktiva		Passiva	
Vorräte	30 Tsd.	Eigenkapital	100 Tsd.
Liquide Mittel	70 Tsd.		

Abbildung 4: Bilanzwirkung des Kaufs von Vorräten in bar

Die Abgrenzung der Begriffe Einzahlung und Ertrag ist analog durchzuführen. Kundenanzahlungen und der Eingang von Forderungen aus der Vorperiode sind zwar in der Betrachtungsperiode Einzahlungen, stellen aber keinen Ertrag dar. Die Auslieferung einer Ware auf Ziel (Eingang der Zahlung später) und die Auslieferung gegen eine in der Vorperiode erhaltene Bezahlung sind zwar Erträge, führen aber in dieser Periode zu keiner Einzahlung. Grundsätzlich können Zahlungen dem Ausweis in der Gewinn und Verlustrechnung sowohl vor- als auch nachgelagert sein.

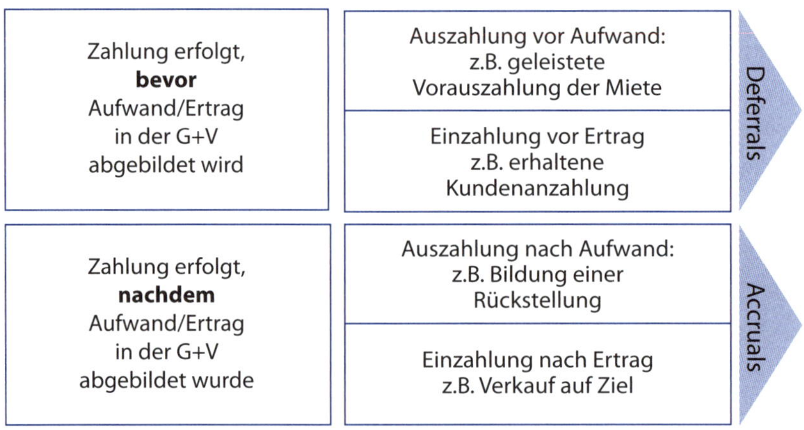

Abbildung 5: Zeitliche Abgrenzungen zwischen Erfolg und Liquidität[2]

Beispiel: zeitliche Abgrenzungen

Die Consulting AG wird mit € 100.000 Eigenkapital in Form einer Bareinlage gegründet. Der erste Kundenauftrag verursacht für das gesamte Beratungsteam Reisespesen in Höhe von € 10.000 und wird mit einem Honorar von € 15.000 vergütet. Wie sieht die Entwicklung von G+V, Bilanz und die Veränderung der Liquidität aus, wenn das Geschäft

2 *Deferrals* sind Rechnungsabgrenzungen, bei denen die Zahlung *vor* der Verbuchung in der Gewinn- und Verlustrechnung stattfindet. Demgegenüber sind *Accruals* Rechnungsabgrenzungen, bei denen die Zahlung *nach* der Verbuchung in der Gewinn- und Verlustrechnung erfolgt.

entweder zur Gänze in bar oder, wie üblich, auf Ziel abgewickelt wird, wobei die Consulting AG die Reisespesen zahlt, bevor sie vom Kunden das Honorar erhält?

	Variante 1	Variante 2		
Eröffnungsbilanz	**Barzahlung**	**Zuerst Geschäft auf Ziel**	**Dann Zahlung Reisespesen**	**Zuletzt Zahlung Kunde**
Forderungen L&L	–	–	15.000	15.000
Liquide Mittel	100.000	100.000	100.000	90.000
Σ Aktiva	**100.000**	**100.000**	**115.000**	**105.000**
Grundkapital	100.000	100.000	100.000	100.000
Gewinn/Verlust	–	–	5.000	5.000
Verbindlichkeiten L&L	–	–	10.000	0
Σ Passiva	**100.000**	**100.000**	**115.000**	**105.000**

	Variante 1	Variante 2		
G+V	**Barzahlung**	**Zuerst Geschäft auf Ziel**	**Dann Zahlung Reisespesen**	**Zuletzt Zahlung Kunde**
Umsatz	15.000	15.000	–	–
Aufwand	10.000	10.000	–	–
Gewinn	**5.000**	**5.000**	**–**	**–**

	Variante 1	Variante 2		
Schlussbilanz	**Barzahlung**	**Zuerst Geschäft auf Ziel**	**Dann Zahlung Reisespesen**	**Zuletzt Zahlung Kunde**
Forderungen L&L	–	15.000	15.000	–
Liquide Mittel	105.000	100.000	90.000	105.000
Σ Aktiva	**105.000**	**115.000**	**105.000**	**105.000**
Grundkapital	100.000	100.000	100.000	100.000
Gewinn/Verlust	5.000	5.000	5.000	5.000
Verbindlichkeiten L&L	–	10.000	–	–
Σ Passiva	**105.000**	**115.000**	**105.000**	**105.000**
Veränderung der Liquidität	**5.000**	**–**	**–10.000**	**15.000**

Abbildung 6: Unterschiede von Barzahlung und Zahlung auf Ziel auf Gewinn und Liquidität

Das Beispiel zeigt deutlich, dass bei Kauf und Verkauf auf Ziel die Zahlungsströme nach dem Ausweis von Aufwand und Ertrag erfolgen. Zuerst wird der Gewinn von € 5.000 ohne die Erhöhung der Liquiden Mittel ausgewiesen. Danach werden die Ein- und Auszahlungen ausgewiesen, ohne dass diese nochmals die G+V beeinflussen (Vorsicht: Geschäftsfälle dürfen nicht doppelt ausgewiesen werden!). Nachdem alle Geschäftsfälle bezahlt worden sind, gleichen sich die Schlussbilanz der ersten und der letzten Spalte.

Das Beispiel weist in der Variante auf Ziel zwei unterschiedliche Typen von Geschäftsfällen aus. Zuerst werden Aufwand und Ertrag ohne entsprechende Geldflüsse ausgewiesen. Danach werden die Geldflüsse ohne Aufwands- oder Ertragswirksamkeit dargestellt.

Insgesamt können betriebliche Geschäftsfälle in Hinblick auf ihre Wirkung auf den Zahlungsmittelbestand (Liquiditätsveränderung) und das Eigenkapital (Gewinn) in vier große Gruppen unterschieden werden, die in Abbildung 7 dargestellt sind.

Als ausschließlich liquiditätswirksam werden jene Geschäftsfälle definiert, bei denen eine Ein- oder Auszahlung erfolgt, ohne dass sie einen Einfluss auf die G+V haben. Die Bezahlung von Lieferantenverbindlichkeiten ist ein typisches Beispiel. Umgekehrt werden Geschäftsfälle, die Ertrag oder Aufwand in der G+V ohne begleitenden Geldfluss darstellen, als ausschließlich erfolgswirksam bezeichnet. Kauf oder Verkauf auf Ziel ist dafür ein typisches Beispiel. Erfolgs- und liquiditätswirksame Geschäftsfälle beeinflussen sowohl den Gewinn als auch die Liquidität. Die Bezahlung der monatlichen Löhne und Gehälter oder Barverkauf sind entsprechende Beispiele. Zuletzt gibt es eine Sondergruppe an Geschäftsfällen, die ausschließlich vermögens- oder kapitalwirksam sind. Beispiele sind die Umwandlung von Fremdkapital in Eigenkapital oder die Saldierung von Forderungen und Verbindlichkeiten zwischen Geschäftspartnern.

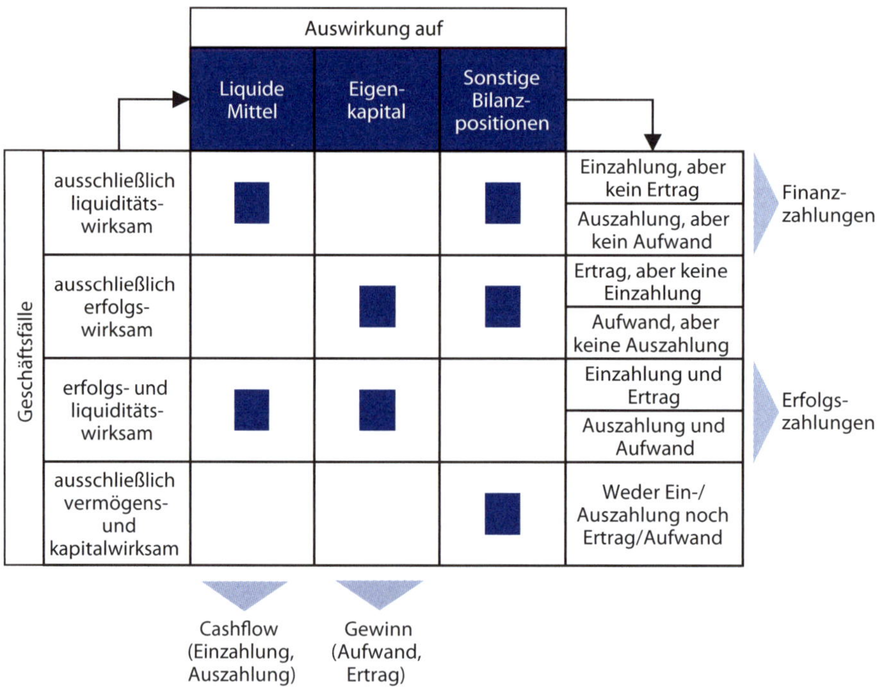

Abbildung 7: Geschäftsfälle und ihre Auswirkung auf Liquidität und Erfolg

Beispiel: Zahlungsfluss und Aufwand bei Investitionen

Investitionen, die gegen Barzahlung angeschafft werden, sind jene Geschäftsfälle, die die zeitlich und betragsmäßig größten Differenzen zwischen G+V und Finanzrechnung zeigen. Während die Auszahlung zum Investitionszeitpunkt in voller Höhe wirksam ist, wird der Wertverlust des Investitionsobjektes in der G+V als Aufwand über die gesamte Nutzungsdauer verteilt. Nachstehende Abbildung zeigt diesen Zusammenhang am Beispiel eines PKW-Kaufs. Der Anschaffungspreis beträgt € 24.000 und ist unmittelbar zum Kaufzeitpunkt fällig. Die Nutzungsdauer wird mit acht Jahren festgelegt. Das Fahrzeug wird linear abgeschrieben und hat am Ende der Nutzungsdauer keinen Restwert. Die Anschaffung des Fahrzeugs löst im Zeitpunkt t_0 einen einmaligen Zahlungsausgang in Höhe des Kaufpreises bzw. Anschaffungswerts aus. Die Liquiden Mittel reduzieren sich daher um € 24.000. Da das Fahrzeug nach acht Jahren keinen Restwert besitzt, beträgt der Wertverlust insgesamt € 24.000. Dies entspricht einem anteiligen jährlichen Wertverlust bzw. einer jährlichen Abschreibung in Höhe von € 3.000. Diese Abschreibung wird in der G+V als Aufwand erfasst und verringert in der Bilanz sowohl den Buchwert des Fahrzeugs als auch das Eigenkapital. Über die gesamte Nutzungsdauer wurde acht Mal die jährliche Abschreibung als Periodenaufwand in Höhe von € 3.000 erfasst. Dies entspricht einer kumulierten Abschreibung von € 24.000 bzw. dem gesamten Wertverlust. Damit gleichen sich Auszahlung und Aufwand am Ende der Nutzungsdauer in ihrer Höhe. Zeitlich werden sie jedoch in G+V und Finanzrechnung unterschiedlich erfasst.

	Beginn	Nach Invest	Ende Jahr 1	Ende Jahr 2	…	Ende Jahr 8
Anlagevermögen	0	24.000	21.000	18.000		0
Liquide Mittel	50.000	26.000	26.000	26.000		26.000
Σ Aktiva	**50.000**	**50.000**	**47.000**	**44.000**		**26.000**
Grundkapital	50.000	50.000	50.000	50.000		50.000
Kum. Gewinne d. Vorjahre	0	0	0	–3.000		–21.000
Aktueller Periodengewinn	0	0	–3.000	–3.000		–3.000
Eigenkapital	**50.000**	**50.000**	**47.000**	**44.000**		**26.000**
Σ Passiva	**50.000**	**50.000**	**47.000**	**44.000**		**26.000**

$$\text{Jährliche Abschreibung} = \frac{\text{Anschaffungswert}}{\text{Nutzungsdauer}} = \frac{24}{8} = 3$$

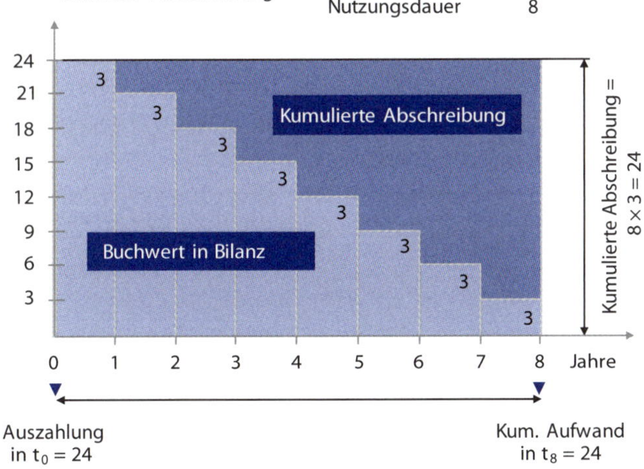

Abbildung 8: Zahlungsfluss und Aufwand von Investitionen über die Nutzungsdauer

1.2. Cashflow und Cashflow-Statements

1.2.1. Grundlegende Cashflow-Konzeptionen

Beim Begriff des Cashflows handelt es sich um eine der am häufigsten und am unterschiedlichsten verwendeten Kennzahlen. Zwar haben bestimmte Cashflow-Konzeptionen, wie z.B. die „Praktiker-Formel", relativ weite Verbreitung gefunden, von einem einheitlichen Verständnis bzw. einer einheitlichen Berechnung kann jedoch heute nicht gesprochen werden.

Zwei grundlegende Konzeptionen. Die derzeit gängigen Cashflow-Begriffe sind von zwei grundlegenden Betrachtungsweisen geprägt:

- Dem Cashflow aus dem Ergebnis, der als Liquiditätsüberschuss der Umsatztätigkeit nur die Erfolgszahlungen berücksichtigt und damit keine Veränderung des Zahlungsmittelbestands widerspiegelt.
- Dem Netto-Cashflow, der als tatsächliche Veränderung der liquiden Mittel alle Geldflüsse aus operativen Aktivitäten, Investitions- und Finanzaktivitäten betrachtet.

Diese beiden grundlegenden Cashflow-Konzeptionen werden heute im Rahmen von Cashflow-Statements miteinander verbunden.

Der Cashflow aus dem Ergebnis wird umgangssprachlich häufig auch Praktiker-Cashflow bezeichnet. Er wird als *„der aus der Geschäftstätigkeit erwirtschaftete finanzielle Überschuss, der für die Finanzierung des Working Capitals, für Investitionen, Schuldentilgungen und Dividenden verfügbar ist"* definiert.

In dieser Konzeption ist der Cashflow als Indikator für die *umsatzbezogene Reliquidisierungskraft des Unternehmens* zu sehen und errechnet sich aus dem Saldo der Erfolgszahlungen, d.h. dem Saldo der einzahlungswirksamen Erträge und der auszahlungswirksamen Aufwendungen der Periode. Die Berechnung kann dabei direkt oder indirekt erfolgen.

Direkt		Indirekt	
			Jahresüberschuss
	Zahlungswirksame Erträge	+	Zahlungsunwirksame Aufwendungen
–	Zahlungswirksame Aufwendungen	–	Zahlungsunwirksame Erträge
=	**Cashflow aus dem Ergebnis**	=	**Cashflow aus dem Ergebnis**

Abbildung 9: Direkte und indirekte Ermittlung des Cashflows aus dem Ergebnis

Bei der *indirekten Ermittlung* werden vom Jahresüberschuss/-fehlbetrag die nicht zahlungswirksamen Erträge und Aufwendungen, welche in den Jahresüberschuss/-fehlbetrag eingeflossen sind, wieder herausgerechnet. Durch die Rückrechnung gelangt man vom Jahresüberschuss/-fehlbetrag als Saldo von Aufwänden und Erträgen zum Cashflow aus dem Ergebnis als Saldo der Erfolgszahlungen.

Der Cashflow aus dem Ergebnis wird durchaus unterschiedlich berechnet, wenngleich in der Praxis folgendes Schema, auch als *Praktikerformel* bezeichnet, häufig zu finden ist:

Jahresüberschuss/-fehlbetrag	
+	Abschreibungen vom Anlagevermögen
–	Zuschreibungen zum Anlagevermögen
+	Dotierung langfristiger Rückstellungen
–	Auflösung langfristiger Rückstellungen
=	**Cashflow aus dem Ergebnis**

Abbildung 10: Cashflow-Ermittlung nach der Praktikerformel

In der Praxis sind immer wieder auch andere Schemata entsprechend der gewünschten Aussagekraft zu finden. Zudem sind die Zuschreibungen zum Anlagevermögen von untergeordneter Bedeutung.

Beispiel: Bildung und Auflösung von Rückstellungen in G+V und Cashflow

Ein Unternehmen wird mit € 100.000 liquiden Mitteln gegründet. Auf Grund der Verwendung eines geschützten Namens wird das Unternehmen geklagt und muss mit einer Strafe von € 30.000 rechnen. Entsprechend der Langwierigkeit des Prozesses wird die Rückstellung als langfristige Rückstellung gebildet. Die Unternehmensgründer sind nun interessiert, wie Bilanz, Gewinn und der Praktiker-Cashflow

1. nach Bildung der Rückstellung und
2. nach dem Gerichtsverfahren bei Freispruch, bei Verurteilung zur Zahlung von € 20.000 und bei Verurteilung zur Zahlung von € 30.000 aussehen.

Ertragsteuern können ignoriert werden. Es gibt keine anderen Geschäftsfälle, die zu berücksichtigen sind.

Das Beispiel zeigt, dass die Bildung der Rückstellung ein zahlungsunwirksamer Aufwand ist, der Gewinn und Eigenkapital schmälert (vom Vermögen in Höhe von € 100.000 gehören nur mehr € 70.000 den Eigentümern, der Rest wird bereits als Fremdkapital dargestellt). Es zeigt aber auch, dass sich die Liquidität des Unternehmens entsprechend der Zahlungsunwirksamkeit nicht verändert hat. Das Unternehmen ist weiterhin im Besitz von € 100.000. Die Bildung von Rückstellungen ist niemals eine Auszahlung und hat damit keinen Einfluss auf den Cashflow eines Unternehmens. Rückstellungen werden auch als Finanzierungsinstrument erwähnt: Man hat noch Geld zur Verfügung, das aller Voraussicht nach bereits jemand anderem gehört.

Bei Freispruch ist hingegen die genaue Umkehrung vom Prozess der Bildung der Rückstellung zu beobachten. Der Ertrag durch die erfolgswirksame Auflösung der Rückstellung in der G+V wird entsprechend der Zahlungsunwirksamkeit wieder neutralisiert, sodass der Cashflow € 0 ist. Sowohl bei der Bildung als auch bei der Auflösung ist kein Geld geflossen. Durch den Ertrag infolge der Auflösung der Rückstellung zeigt die Bilanz, dass nun das gesamte ursprüngliche Vermögen wieder im Besitz der Eigentümer ist.

Bilanz	Eröffnung	Nach Bildung der Rückstellung	Nach Freispruch	Nach Verurteilung in voller Höhe	Nach Verurteilung zu € 20.000
Liquide Mittel	100.000	100.000	100.000	70.000	80.000
Σ Aktiva	**100.000**	**100.000**	**100.000**	**70.000**	**80.000**
Nennkapital	100.000	100.000	100.000	100.000	100.000
Gewinn/Verlust	–	–30.000	–	–30.000	–20.000
Rückstellung	–	30.000	–	–	–
Σ Passiva	**100.000**	**100.000**	**100.000**	**70.000**	**80.000**
G+V, Cashflow					
Umsatz		–	–	–	–
Sonst. Erträge		–	30.000	–	10.000
Aufwand		–30.000	–	–	
Gewinn		**–30.000**	**30.000**	**0**	**10.000**
Abschreibung		–	–	–	–
Veränderung lfr. Rückstellung		30.000	-30.000	–30.000	–30.000
Cashflow aus d. Ergebnis		**0**	**0**	**–30.000**	**–20.000**

Im Falle der Verurteilung zur vollen Höhe der Rückstellung wird diese nicht erfolgswirksam, sondern liquiditätswirksam aufgelöst. Der bei der Bildung der Rückstellung dargestellte Aufwand wird nun ausgezahlt. Die Liquidität des Unternehmens reduziert sich entsprechend, der Cashflow zeigt diese Veränderung.
Sofern das Unternehmen nur einen Teilbetrag der Rückstellung zahlen muss, wird die Differenz zwischen der Höhe der Rückstellung und der tatsächlichen Zahlung erfolgswirksam und der Zahlungsbetrag liquiditätswirksam aufgelöst. Der Cashflow zeigt in allen vier Fällen den tatsächlichen Geldeingang oder Geldausgang.

Die Probleme der Praktikerformel. Die Praktikerformel bzw. der Cashflow aus dem Ergebnis geht davon aus, dass mit Ausnahme der rückgerechneten Positionen alle im Jahresüberschuss/-fehlbetrag enthaltenen Erträge und Aufwände zahlungswirksam sind. Wesentliche Liquiditätsveränderungen aus der Veränderung des Working Capitals bleiben unberücksichtigt. Die Produktion auf Lager, der Aufbau der Lieferforderungen bzw. der Abbau der Lieferantenverbindlichkeiten (z.B. durch die verstärkte Ausnutzung des Skontos) bleiben unberücksichtigt. Der Cashflow aus dem Ergebnis laut Praktikerformel unterstellt, dass der Zahlungseingang von Kunden ident mit dem Umsatz ist und der Zahlungsausgang an Lieferanten ident mit dem Materialaufwand und Aufwand für Fremdleistungen. Er zeigt möglicherweise einen positiven Cashflow, der in der Realität nicht geflossen ist, oder dass sich die Liquidität möglicherweise sogar verschlechtert hat. Insbesondere in Wachstumsphasen negiert der Cashflow aus dem Ergebnis den mit dem Wachstum einhergehenden Anstieg der Forderungen. Abbildung 11 gibt eine detaillierte Zusammenstellung, inwieweit die G+V-Positionen tatsächlich in Zahlungsströme übergeleitet werden. Es wird dabei das Gesamtkostenverfahren gewählt, weil es zur Überleitung von Gewinnen in Cashflows besser geeignet ist als das Umsatzkostenverfahren.

G+V		Überleitung zum Cashflow	Kommentar: es wird unterstellt, dass ...
Umsatz		–	der Zahlungseingang dem Umsatz entspricht
+/–	Bestandsveränderung	–	Produktion auf Lager von Kunden bezahlt wird
+	Sonstige Erträge	–	sonst. Erträge in voller Höhe liquiditätswirksam sind
=	**Leistung**		
–	Materialaufwand	–	Materialverbrauch und Zahlungen an Lieferanten ident sind
–	Personalaufwand	–	alle Personalrückstellungen langfristig sind
–	Abschreibungen	✓	
–	Sonst. Aufwand	–	alle sonst. Aufwendungen auch bezahlt werden
=	**EBIT**		
+/–	Finanzergebnis	–	Zinsen und Beteiligungserträge/-verluste gezahlt werden
=	**Ergebnis vor Steuern**		
–	Ertragsteuern	–	Steuern zeitgleich gezahlt werden
=	**Jahresüberschuss**		

Abbildung 11: Annahmen des Praktiker-Cashflows

Darüber hinaus werden im Cashflow aus dem Ergebnis sämtliche erfolgsneutralen (Finanz-)Zahlungen wie Investitionen, Aufnahme und Rückführung von Krediten, Dividendenzahlungen, nicht berücksichtigt. Der Cashflow aus dem Ergebnis ist daher zur Steuerung der Liquidität ungeeignet und verliert zunehmend an Bedeutung. International ist diese Form des Cashflows gänzlich unbekannt. Es wird vielmehr mit dem Cashflow aus der operativen Geschäftstätigkeit gesteuert, der die Veränderung des Working Capitals bereits berücksichtigt.

Im Gegenzug wird der EBITDA (auch in den USA) immer mehr als zentrale Kennzahl für die Beurteilung der operativen Finanzkraft herangezogen. Paradoxerweise treffen sämtliche Kritikpunkte, die für den Cashflow aus dem Ergebnis gelten, auch auf den EBITDA zu.

Beispiel: Fehlinterpretation des Cashflows aus dem Ergebnis lt. Praktikerformel

Ein Unternehmen mit liquiden Mitteln in Höhe von € 100.000 (100 % Eigenkapital) kauft Rohmaterial um € 30.000 in bar. Durch diesen Vorgang werden die liquiden Mittel entsprechend um € 30.000 reduziert. Da das Rohmaterial nicht verbraucht, sondern nur gekauft wird, zeigt die G+V keinen Materialaufwand. Entsprechend der auf die Abschreibung und lfr. Rückstellungen limitierten Überleitung zum Cashflow zeigt dieser keinen Liquiditätsverbrauch.

Eröffnungsbilanz

Aktiva		Passiva	
Vorräte	–	Nennkapital	100.000
Liquide Mittel	100.000	Gewinn/Verlust	–
		Verbindlichkeiten L&L	–
Σ Aktiva	**100.000**	**Σ Passiva**	**100.000**

Schlussbilanz

Aktiva		Passiva	
Vorräte	30.000	Nennkapital	100.000
Liquide Mittel	70.000	Gewinn/Verlust	–
		Verbindlichkeiten L&L	–
Σ Aktiva	**100.000**	**Σ Passiva**	**100.000**

G+V, Cashflow

	Umsatz	–
–	Aufwand	–
=	**Gewinn**	–
+	Abschreibung	–
+/–	Veränderung Rückstellungen	–
=	**Cashflow aus d. Ergebnis**	–
	Veränderung der Liquidität	**–30.000**

1.2.2. Aufbau und Funktionsweise des Cashflow-Statements

Zur Analyse der Finanzkraft und Steuerung der Liquidität eines Unternehmens hat sich in den vergangenen Jahren international die Kapitalflussrechnung, auch Cashflow-Statement genannt, durchgesetzt.

Zweck und Aussagekraft. Die Steuerung eines Unternehmens basiert letztlich immer auf der Mobilisierung von Kapital bzw. auf der Lenkung der Geldströme. Das Cashflow-Statement macht diese Geldströme mit dem Ziel sichtbar, die Finanzsituation eines Unternehmens transparent und unverzerrt offen zu legen. Das Cashflow-Statement ist das einzige finanzielle Steuerungsinstrument, das ausweist, wie viel Geld wodurch eingenommen wurde und wofür die erwirtschafteten Zahlungsmittel verwendet wurden. Im Gegensatz dazu folgen Bilanz, G+V und Kostenrechnung anderen Zielsetzungen. Durch ihre Abgrenzungs- und Bewertungsmaßnahmen machen sie die Vermögensveränderung, jedoch nicht die Geldflüsse sichtbar. Während die Kostenrechnung von kalkulatorischen Bewertungsmaßstäben geprägt ist, sind sowohl die Gewinn- und Verlustrechnung als auch die Bilanz von bilanzpolitischen Maßnahmen beeinflusst. Alle diese gesetzlichen Bewertungsspielräume sind nicht geldwirksam.

Beispiele: Bewertungsverzerrung

Novomatic: Pechsträne in Australien [Die Presse, 27.4.2019]

Glückspiel. Wertberichtigungen infolge der Kursverluste der Töchter Ainsworth bescherten der Novomatic im Vorjahr rote Zahlen.

... Der australische Branchenriese Ainsworth Game Technology, bei dem sich die Novomatic 2016 um 300 Mio. Euro einkaufte, macht vorerst wenig Freude. Massive Wertberichtigungen in Höhe von 264,3 Mio. Euro für die australische Beteiligung drückten den Glücksspielkonzern im Vorjahr in die roten Zahlen ... Der Grund: So wie viele Glücksspielkonzerne im Vorjahr massive Kursverluste erlitten haben, büßte auch die Ainsworth-Aktie an die 60 Prozent ein. Das machte die Wertberichtigung für die 53-prozentige Beteiligung erforderlich.

CA Immo: Die CA Immo profitierte 2018 von höheren Bewertungen [Die Presse, 27.4.2019]

Die CA Immobilien AG hat im Jahr 2018 aufgrund eines stark angestiegenen Neubewertungsergebnisses deutlich mehr verdient. Das Nettoergebnis stieg um fast 30 Prozent gegenüber 2017 auf 305 Mio. Euro.

Raiffeisen Landesbank Oberösterreich: Schwächelnde voestalpine-Aktie lässt Raiffeisen-Bilanz schlechter aussehen [OÖ Nachrichten, 30.4.2019]

Im Kerngeschäft war das Jahr 2018 für die Raiffeisen Landesbank Oberösterreich sehr zufriedenstellend. Dass die Gewinne trotzdem deutlich sanken, liegt an den Beteiligungen voestalpine und Raiffeisen Bank International (RBI). ... Nach den internationalen Bilanzierungsregeln IFRS sank das Betriebsergebnis um rund ein Drittel auf 367,5 Millionen Euro. Die Beteiligungen voestalpine und RBI müssen gemäß dem jeweiligen Anteil und Wert bilanziert werden. Da die voestalpine-Aktie an Wert verlor, wirkt sich dies mit 131,6 Millionen deutlich aus.

Abbildung 12 zeigt die grundsätzlichen Auswirkungen von Bewertungen auf Gewinn und Liquide Mittel am Beispiel der Aufwertung einer Immobilie von 100 auf 120: Bewertungen wirken sich immer auf das Eigenkapital und (unabhängig von evtl. Bilanzierungsvorschriften) auf den Gewinn aus, sie lösen aber keine Zahlungsflüsse aus und haben damit keinen Einfluss auf die Liquidität.

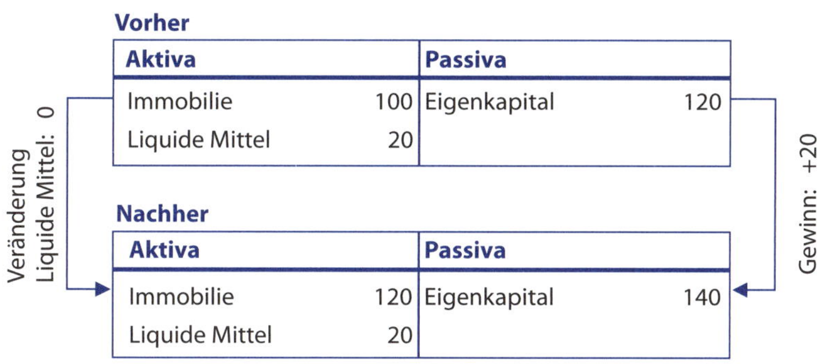

Abbildung 12: Auswirkung der Bewertung von Vermögensgegenständen auf Gewinn und Liquidität

Grundaufbau von Cashflow-Statements. Das Cashflow-Statement beschreibt die Art und Weise der Ressourcenverwendung, ohne sie zu bewerten. Sie bildet die Brücke vom bilanzpolitisch beeinflussten Jahresüberschuss zur tatsächlichen Liquiditätsveränderung. Es zeigt die Wertveränderung in Geld und nicht in Buchwerten, weshalb es zum unverzichtbaren Bestandteil der finanziellen Unternehmenssteuerung geworden ist. Die Geldflüsse werden zu diesem Zweck in Geldflüsse aus drei unternehmerischen Tätigkeitsbereichen gegliedert:

1. Operative Geschäftstätigkeit
2. Investitionstätigkeit
3. Finanzierungstätigkeit

Optional können je nach gewünschter Aussagekraft Zwischensummen gebildet werden. In Deutschland und Österreich ist vor dem Cashflow aus der operativen Geschäftstätigkeit der Cashflow aus dem Ergebnis häufig als erste Zwischensumme zu finden. Weiters ist der Free Cashflow als die Summe vom Cashflow aus der operativen Geschäftstätigkeit und dem Cashflow aus der Investitionstätigkeit weit verbreitet. Hingegen ist der EBITDA als wichtiger Indikator für operative Finanzkraft kaum im Cashflow-Statement verankert.

Cashflow-Statement

1		Jahresüberschuss/-fehlbetrag	
2	+	Abschreibungen	
3	+/–	Veränderungen lfr. Rückstellungen	
4	–/+	Sonstige zahlungsunwirksame Erträge/Aufwendungen	
5	+/–	Veränderung des Working Capital	
6	**=**	**Cashflow der operativen Geschäftstätigkeit**	**(Σ 1 bis 5)**
7	–	Investitionen	
8	+	Devestitionen	
9	**=**	**Cashflow der Investitionstätigkeit**	**(Σ 7 + 8)**
10	**=**	**Free Cashflow**	**(Σ 6 + 9)**
11	–/+	Schuldentilgung/-aufnahme	
12	–/+	Dividenden, Kapitalzufuhr	
13	**=**	**Cashflow der Finanzierungstätigkeit**	**(Σ 11 + 12)**
14	**=**	**Net Cashflow = Veränderung liquider Mittel**	**(Σ 10 + 13)**
15	+	Liquide Mittel Anfang	
16	**=**	**Liquide Mittel Ende**	**Σ (14 + 15)**

Abbildung 13: Grundstruktur des Cashflow-Statements

Aufbau und Konzeption. Ausgangspunkt des Cashflow-Statements ist die Bilanz bzw. die Veränderung der Bilanzpositionen innerhalb einer Geschäftsperiode. Werden von den einzelnen Bilanzpositionen der Schlussbilanz die jeweiligen Positionen der Anfangsbilanz in Abzug gebracht, ergibt sich die *Veränderungsbilanz.* Sie zeigt bereits die Zu- und Abnahme der einzelnen Bilanzpositionen und damit auch die Veränderung der liquiden Mittel. Die Veränderungsbilanz gibt somit ein wesentlich transparenteres Bild des Unternehmensgeschehens wieder als die isolierte Bilanz. Sie zeigt jedoch noch nicht, ob die Veränderung der liquiden Mittel aus dem operativen Geschäft, der Investitionstätigkeit oder aus Finanzierungsaktivitäten resultiert.

Entsprechend der Bilanzgleichheit gilt auch für die Veränderungsbilanz, dass die Veränderung der Bilanzsumme gleich der Veränderung der Aktiva und der Veränderung der Passiva sein muss. Wird dieser Grundzusammenhang auf die Einzelposten der Bilanz übertragen, gilt folgende Gleichung:

$$\Delta A = \Delta P$$

$$(A+) - (A-) = (P+) - (P-)$$

ΔA = Veränderung der Bilanzaktiva zwischen zwei Bilanzstichtagen
ΔP = Veränderung der Bilanzpassiva zwischen zwei Bilanzstichtagen
A+ = Bilanzpositionen der Aktivseite, die sich erhöht haben (Mittelverwendung)
A– = Bilanzpositionen der Aktivseite, die sich vermindert haben (Mittelherkunft)
P+ = Bilanzpositionen der Passivseite, die sich erhöht haben (Mittelherkunft)
P– = Bilanzpositionen der Passivseite, die sich vermindert haben (Mittelverwendung)

Beispiel: Veränderungsbilanz

Ein Unternehmen investiert in die weltweite Modernisierung der Fertigungsanlagen in Höhe von € 90 Mio. in bar. Die Investition soll wie folgt finanziert werden:

- € 40 Mio. aus den vorhandenen liquiden Mitteln
- € 30 Mio. durch Aufnahme eines Kredits
- € 20 Mio. durch eine Kapitalerhöhung der Eigentümer

Die Schlussbilanz und Veränderungsbilanz sehen unmittelbar nach Investition wie folgt aus:

in Mio €	Eröffnungs-bilanz	Schluss-bilanz	Veränderungs-bilanz
Anlagevermögen			
Sachanlagen	335	425	90
Finanzanlagen	305	305	0
Umlaufvermögen			
Rohmaterial	700	700	0
Halb- u. Fertigfabrikate	400	400	0
Forderungen	1.200	1.200	0
Liquide Mittel	60	20	–40
Σ Aktiva	**3.000**	**3.050**	**50**

Eigenkapital			
Nennkapital	200	220	20
Rücklagen	200	200	0
Gewinn/Verlust	50	50	0
Fremdkapital			
Rückstellungen	750	750	0
Bankverbindlichkeiten	1.050	1.080	30
Verbindlichkeiten L&L	750	750	0
Σ Passiva	**3.000**	**3.050**	**50**

Abbildung 14: Beispiel Veränderungsbilanz

(A+) – (A–) = (P+) – (P–); 90 – 40 = 20 + 30

+90 = Erhöhung Sachanlagevermögen (A+)
–40 = Verringerung liquider Mittel (A–)
+20 = Erhöhung Nennkapital (P+)
+30 = Erhöhung Bankverbindlichkeiten (P+)

Entsprechend der Bilanzgleichheit kann ganz allgemein die Veränderung einer Bilanzposition durch die Veränderung aller anderen Bilanzpositionen erklärt werden. Im Cashflow Statement wird die Veränderung des Zahlungsmittelbestandes (= *Fonds*) durch die Veränderung der restlichen Bilanzpositionen (= *Gegenbestandskonten*) erklärt. Die Veränderung der Gegenbestandskonten bildet in Form der Ursachenrechnung (warum hat sich der Zahlungsmittelbestand verändert?) das eigentliche Cashflow-Statement, welches in Abbildung 13 die Zeilen 1 bis 14 umfasst.

In Abbildung 14 stellt die Spalte „Veränderungsbilanz" eigentlich schon die Kapitalflussrechnung dar. Die Reduktion des Zahlungsmittelbestands um 40 wird durch die Erhöhung der Sachanlagen um +90 und die Zunahme des Nennkapitals um 20 und der Bankverbindlichkeiten um 30 erklärt: –40 = 20 +30 –90. In dieser Form ist die Veränderungsbilanz jedoch wenig aussagekräftig, daher wird die Veränderungsbilanz in die drei unternehmerischen Tätigkeitsbereiche (operatives Geschäft, Investitionen, Finanzierung) umgegliedert. Ausgehend vom Gewinn, der das Eigenkapital erhöht, werden zahlungsunwirksame Aufwendungen und Erträge neutralisiert und danach die Veränderungen der Bilanzpositionen, die das operative Geschäft betreffen, summiert. Daraus ergibt sich die erste Zwischensumme, der Cashflow aus der operativen bzw. betrieblichen Geschäftstätigkeit. In gleicher Weise werden anschließend die Veränderungen der Bilanzpositionen, welche den Investitionsbereich und Finanzierungsbereich betreffen, zusammengefasst und daraus die Zwischensummen Cashflow aus Investitionstätigkeit und Cashflow aus Finanzierungstätigkeit berechnet (siehe Abbildung 15). Um eine höhere Aussagekraft zu erzielen, wird die Veränderung mancher Bilanzpositionen aufgeteilt. Beispielsweise gibt es im Cashflow-Statement keine Veränderung des

Eigenkapitals. Vielmehr fließt der Gewinn in den Cashflow der operativen Geschäftstätigkeit ein, während Auszahlungen an Gesellschafter oder Einzahlungen von Gesellschaftern im Cashflow der Finanzierungstätigkeit berücksichtigt werden. Sofern die Veränderungen aller Bilanzpositionen berücksichtigt werden, muss sich aus der Bilanzgleichheit die Veränderung der Liquiden Mittel ergeben.

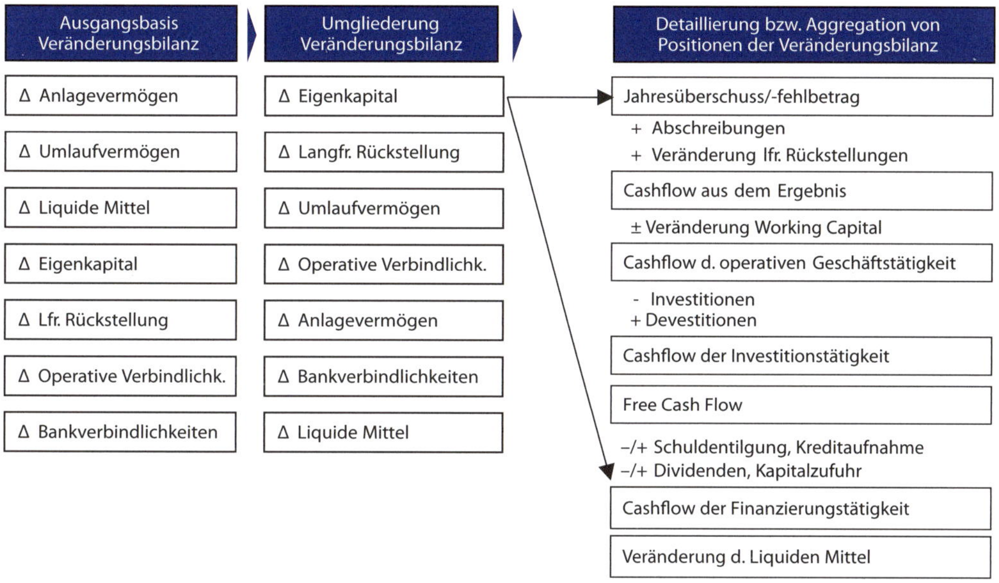

zB: Δ Eigenkapital = Eigenkapital_{SB} – Eigenkapital_{EB} = Jahresüberschuss-/fehlbetrag – Dividenden + Kapitalzufuhr

Abbildung 15: Überführung der Veränderungsbilanz in das Cashflow-Statement

	Cashflow-Statement	
	Jahresüberschuss/-fehlbetrag	0
+	Abschreibungen	0
+/–	Veränderungen lfr. Rückstellungen	0
=	**Cashflow der operativen Geschäftstätigkeit**	**0**
–	Investition	–90
=	**Free Cashflow**	**–90**
+	Kreditaufnahme	30
–/+	Dividenden, Kapitalzufuhr	20
=	**Net Cashflow = Veränderung liquider Mittel**	**–40**

Abbildung 16: Cashflow-Statement für das vorhergehende Investitionsbeispiel

Bei der Erstellung der Kapitalflussrechnung stellt sich häufig die Frage des Vorzeichens. Diese lässt sich mit der Faustformel

Mittelverwendung (A+, P–) ist Minus, Mittelherkunft (A–, P+) ist Plus

beantworten.

Die vier wesentlichen Möglichkeiten, Zahlungsmittel zu verwenden. Das Cashflow-Statement stellt sowohl die Brücke zwischen Erfolg und Liquidität als auch die Brücke zwischen den grundlegenden Cashflow-Konzeptionen dar. Der „Cashflow aus dem Ergebnis" zeigt, was im Laufe einer Periode aus der Umsatztätigkeit an Liquidität erwirtschaftet werden konnte. Für dieses Geld gibt es vier unterschiedlich gute Verwendungsmöglichkeiten:

1. Von unten beginnend ist die erste Möglichkeit, das Geld dafür zu verwenden, um Dividenden an die Eigentümer oder Aktionäre auszuschütten. Dies ist positiv, weil sich dadurch vermutlich nicht nur die Bereitschaft, dem Unternehmen bei Bedarf wieder Geld zuzuführen, erhöht, sondern die gleichzeitige Reduktion des Eigenkapitals eine Steigerung der Eigenkapitalrendite bewirkt.
2. Die zweite Verwendungsmöglichkeit ist die Rückzahlung von Finanzverbindlichkeiten, wodurch sich das Zinsergebnis und damit der Jahresüberschuss erhöht. Durch die Reduktion der Verschuldung verstärkt sich der finanzielle Handlungsspielraum und damit die strategische Reaktionsfähigkeit des Unternehmens.
3. Die dritte Möglichkeit, das Geld anzulegen, ist, es für Investitionen zu verwenden. Unternehmerisch gesehen die zweifellos beste Variante, weil sich dadurch die kurz- und langfristigen Zukunftschancen erhöhen.
4. Die vierte und schlechteste Möglichkeit besteht darin, es im Working Capital, also im Nettoumlaufvermögen, zu binden. Hier wird der Erfolg, der im Cashflow aus dem Ergebnis erwirtschaftet wurde, gleichermaßen wieder rückgängig gemacht. Die Veranlagung im Working Capital ist nicht nur zinslos, sie bewirkt durch die Steigerung des gebundenen Kapitals eine Reduktion der Kapitalrendite. Gelingt es umgekehrt, das Working Capital zu reduzieren, wird zusätzlich Liquidität generiert, die den Investitionsspielraum und damit die Wachstumsmöglichkeiten eines Unternehmens erhöht.

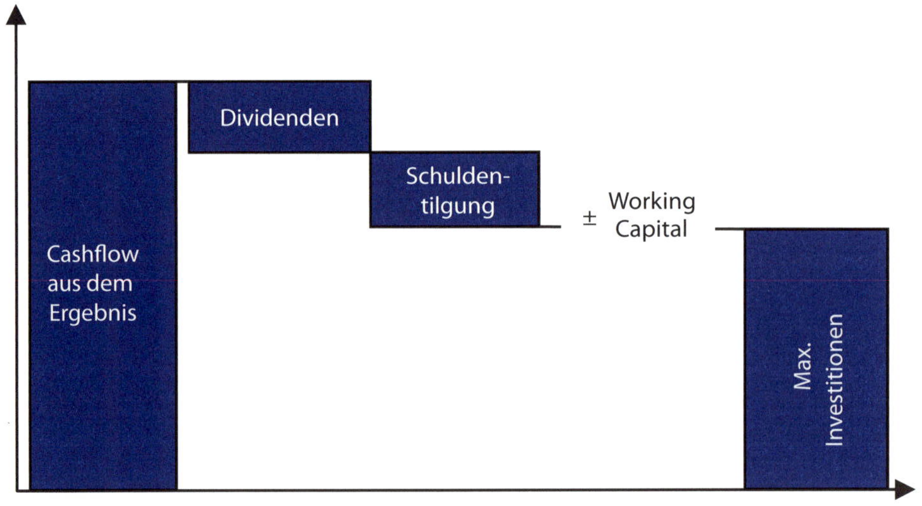

Abbildung 17: Verwendungsmöglichkeiten des Cashflows aus dem Ergebnis

Der Cashflow aus der operativen Geschäftstätigkeit ist ein zentraler Indikator für die operative Finanzkraft des Unternehmens, d.h. wie gut es dem Unternehmen aus der operativen Geschäftstätigkeit gelingt, Liquidität zu erwirtschaften. Ausgedrückt in % des Umsatzes ist er eine wertvolle Benchmark zwischen Unternehmen.

Unternehmen	in Mio.	in % v. Umsatz
Apple	77.434	29 %
Google	47.971	35 %
Microsoft	43.884	40 %
Netflix	–2.680	–17 %
SAP	4.303	17 %
McDonalds	6.967	33 %
Amazon	30.723	13 %
Walmart	27.753	5 %
Starbucks	11.938	48 %
Coca-Cola	7.320	23 %
Siemens	8.415	10 %
Tesla	2.098	10 %
BMW	5.051	5 %
Daimler	343	0 %
OMV	4.396	19 %
voestalpine	857	7 %

Abbildung 18: Der Cashflow aus der operativen Geschäftstätigkeit im Unternehmensvergleich [Quelle: letzte verfügbare Geschäftsberichte per 30.6.2019]

Der Free Cashflow zeigt den Zahlungsmittelüberschuss, der, nach Finanzierung des laufenden Geschäfts und notwendiger Investitionen für die Zukunft des Unternehmens, zur Verfügung steht, um nach außen an die Kapitalgeber ausgeschüttet zu werden. Ist der Free Cashflow negativ, ist dieser entweder durch den Abbau vorhandener Zahlungsmittel oder von außen durch die Aufnahme von Fremdkapital oder die Zuführung von Eigenkapital zu decken:

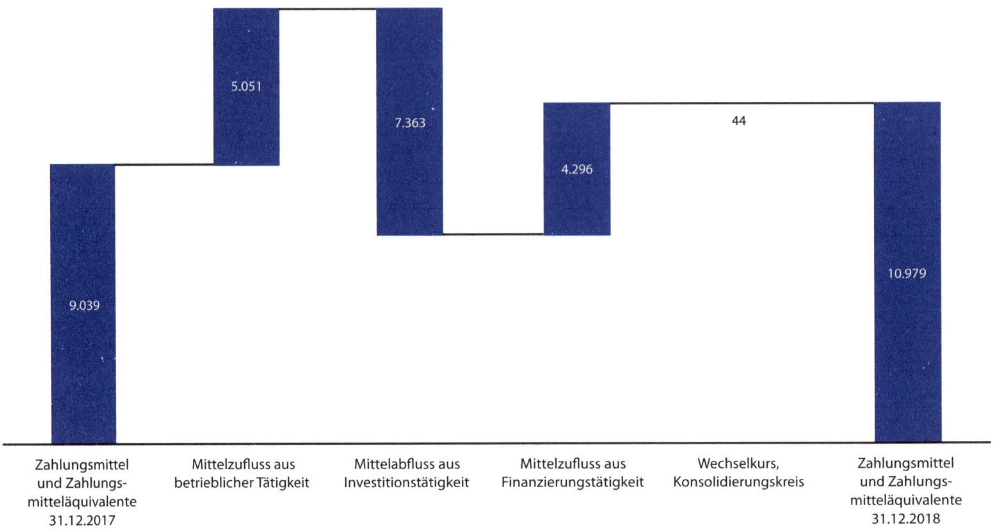

Abbildung 19: Cashflow-Statement von BMW aus dem Geschäftsjahr 2018 in Tsd. €

Cashflow-Statements unterscheiden sich in der betrieblichen Praxis im Detaillierungsgrad und Ausweis einzelner Geschäftsfälle, wie z.B. der Behandlung von Erträgen aus Devestitionen, erheblich. Das nachfolgende Beispiel zeigt zwei Wege, wie der Verkauf eines Grundstücks dargestellt werden kann.

Beispiel: Grundstücksverkauf im Cashflow-Statement

Ein Unternehmen hat nur einen Vermögensgegenstand, ein Grundstück mit einem Buchwert von 100. Das Unternehmen ist zu 100 Prozent mit Eigenkapital finanziert (siehe nachfolgende Eröffnungsbilanz). Es verkauft nun das Grundstück zahlungswirksam um 120. Es ist offensichtlich, dass sich die Bilanz durch den Verkauf dahingehend ändert, dass das Unternehmen auf der Aktivseite anstatt eines Grundstücks im Wert von 100 Liquide Mittel in Höhe von 120 und Eigenkapital in Höhe von 120 besitzt. Das Unternehmen hat daher einen Gewinn von 20 erzielt (Veränderung des Eigenkapitals) und einen Cashflow (Erhöhung der Zahlungsmittel) von 120. Zur Darstellung des Liquiditätseffekts werden zwei Varianten des Cashflow-Statements überlegt. Die Variante 1 orientiert sich primär an der Veränderung der Bilanzpositionen, während Variante 2 versucht, die Zahlungsflüsse den einzelnen Bereichen des Cashflow-Statements sauber zuzuordnen. In Variante 1 wird der Gewinn aus dem Grundstücksverkauf nicht neutralisiert. Der Gewinn von 20 schlägt sich daher auch im Cashflow aus dem Ergebnis und Cashflow aus der operativen Geschäftstätigkeit nieder, d.h. es wird ein Zahlungseingang von 20 aus dem operativen Geschäft gezeigt, obwohl keine operative Geschäftstätigkeit stattgefunden hat. Umgekehrt wird im Investitionsbereich nur die Veränderung der Bilanzposition in Höhe von 100 gezeigt, d.h. ein Cashflow aus Investitionstätigkeit von 100, obwohl der Zahlungseingang 120 betrug. In Variante 2 wird der Verkauf des Grundstücks durch die Neutralisierung des Verkaufsgewinns sauber abgebildet.

Bilanz	Eröffnungs-bilanz	Schluss-bilanz
Gründstück	100	0
Liquide Mittel	0	120
Σ Aktiva	**100**	**120**
Nennkapital	100	100
Gewinn	0	20
Σ Passiva	**100**	**120**

Verkaufspreis	120
G + V	
Sonst. Erlöse	20
Abschreibungen	0
Gewinn	**20**

Veränderung Liquidität	120

Variante 1:

	Cashflow Statement	
	Jahresüberschuss/-fehlbetrag	20
+	Abschreibungen auf d. Anlagevermögen	
+/–	Dotierung/Auflösung lfr. Rückstellungen	
=	**Cashflow aus dem Ergebnis**	**20**
–/+	Erhöhung/Senkung Working Capital	
=	**Cashflow aus der operativen Geschäftstätigkeit**	**20**
–	Investitionen in das Anlagevermögen	
+	Abgänge aus dem Anlagevermögen (Buchwert)	100
=	**Cashflow aus dem Investitionsbereich**	**100**
=	**Cashflow aus dem Finanzierungsbereich**	**0**
=	**VERÄNDERUNG DER LIQUIDEN MITTEL**	**120**
+	Anfangsbestand der liquiden Mittel	0
=	**Endbestand der liquiden Mittel**	**120**

Variante 2:

	Cashflow Statement	
	Jahresüberschuss/-fehlbetrag	20
+	Abschreibungen auf d. Anlagevermögen	
+/–	Dotierung/Auflösung lfr. Rückstellungen	
–/+	Erträge/Verluste aus dem Abgang von Anlagevermögen	–20
=	**Cashflow aus dem Ergebnis**	0
–/+	Erhöhung/Senkung Working Capital	
=	**Cashflow aus der operativen Geschäftstätigkeit**	**0**

–	Investitionen in das Anlagevermögen	
+	Einzahlungen aus dem Anlagevermögen	120
=	**Cashflow aus dem Investitionsbereich**	**120**
=	**Cashflow aus dem Finanzierungsbereich**	**0**
=	**VERÄNDERUNG DER LIQUIDEN MITTEL**	**120**
+	Anfangsbestand der liquiden Mittel	0
=	**Endbestand der liquiden Mittel**	**120**

Abbildung 20: Darstellung des Grundstücksverkaufs im Cashflow-Statement

Von der Grundstruktur her gibt es jedoch nur zwei wesentliche Konzeptionen:

- Cashflow-Statements, die vom Jahresüberschuss ausgehen und damit die Zinszahlungen im Cashflow aus der operativen Geschäftstätigkeit darstellen

Cashflow-Statement

1		Jahresüberschuss/-fehlbetrag	
2	+/–	Abschreibungen/Zuschreibungen auf das Anlagevermögen	
3	+/–	Dotierung/Auflösung langfristiger Rückstellungen	
4	**=**	**Cashflow aus dem Ergebnis**	**Σ 1–3**
5	–/+	Erhöhung/Senkung von Vorräten inkl. geleisteten Anzahlungen, ARA	
6	+/–	Erhöhung/Senkung erhaltener Anzahlungen, PRA	
7	–/+	Erhöhung/Senkung Forderungen L&L und sonst. Forderungen	
8	+/–	Erhöhung/Senkung Verbindlichkeiten L&L, Schuldwechsel u. sonst. Verb.	
9	+/–	Erhöhung/Senkung kurzfr. Rückstellungen	
10	**=**	**Cashflow der operativen Geschäftstätigkeit**	**Σ 4–9**
11	–	Investitionen in das Anlagevermögen	
12	+	Einzahlungen aus dem Abgang von Anlagevermögen	
13	**=**	**Cashflow aus der Investitionstätigkeit**	**11 + 12**
14	**=**	**FREE CASHFLOW**	**10 + 13**
15	+	Einzahlungen aus Kapitalerhöhung (inkl. Agio)	
16	+	Einzahlungen aus Gesellschafterzuschüssen	
17	–	Auszahlungen an Gesellschafter (Dividende, Rückzahlung von Kapital)	
18	**=**	**Zwischensumme Cashflow an die Gesellschafter**	**Σ 15–17**
19	+	Einzahlungen aus kurzfr. Krediten	
20	+	Einzahlungen aus Anleihen, Darlehen und langfr. Krediten	
21	–	Rückzahlung kurzfr. Kredite	
22	–	Rückzahlung, Tilgung von Anleihen, Darlehen und langfr. Krediten	
23	**=**	**Cashflow aus der Finanzierungstätigkeit**	**Σ 18–22**
24	**=**	**VERÄNDERUNG DER LIQUIDEN MITTEL**	**14 + 23**
25	+	Anfangsbestand der liquiden Mittel	
26	**=**	**Endbestand der liquiden Mittel**	**24 + 25**

Abbildung 21: Cashflow-Statement, das vom Jahresüberschuss ausgeht

- Cashflow-Statements, die das Finanzergebnis aus der operativen Geschäftstätigkeit herauslösen. Zumeist werden Zinserträge durch Finanzanlagen dem Investitionsbereich (Investitionen in Finanzanlagevermögen) und Zinsaufwände dem Finanzierungsbereich zugeordnet. Damit wird der Cashflow aus der operativen Geschäftstätigkeit wirklich sauber – unabhängig von der Finanzierungs- und Beteiligungsstruktur – ausgewiesen.

Neben diesen beiden Grundstrukturen unterscheiden sich Cashflow-Statements auch im Hinblick auf die dargestellten Zwischensummen. Im angloamerikanischen Raum sind drei Cashflow-Zwischensummen wesentlich: *Cashflow aus der operativen Geschäftstätigkeit, Cashflow aus der Investitionstätigkeit* und *Cashflow aus der Finanzierungstätigkeit.* Im deutschen Sprachraum wird vielfach auch noch der *Cashflow aus dem Ergebnis* und manchmal der *Free Cashflow* dargestellt.

Bei der Analyse der Cashflow-Statements börsennotierter Unternehmen wird der Betrachter im Regelfall sehr rasch mit deren Komplexität konfrontiert. Üblicherweise sind diese ohne Kenntnisse in der Konzernrechnungslegung und den Erläuterungen im Anhang des Konzernabschlusses kaum zu interpretieren. Abbildung 22 verdeutlicht diese Problematik am Beispiel des konsolidierten Cashflow-Statements des Bayer-Konzerns. Das Bayer Cashflow-Statement zeigt im Cashflow aus investiver Tätigkeit den Kapitalbedarf der Übernahme von Monsanto sowie deren Finanzierung. Dies soll jedoch nicht die grundsätzliche Aussagekraft von Cashflow-Statements in Frage stellen. Einsteigern wird empfohlen, sich auf die drei Cashflow-Zwischensummen und die einfacheren bzw. bekannteren Bilanzpositionen zu konzentrieren und die komplexeren Positionen nur bei entsprechender Betragsgröße mit Hilfe von Bilanzexperten zu betrachten.

	2017	**2018**
	in Mio. €	in Mio. €
Ergebnis nach Ertragsteuern aus fortzuführendem Geschäft	3.248	1.711
Ertragsteuern	1.329	607
Finanzergebnis	1.326	1.596
Gezahlte Ertragsteuern	–1.821	–2.143
Abschreibungen und Wertminderungen	2.660	6.352
Veränderung Pensionsrückstellungen	–227	–322
Gewinne (–) / Verluste (+) aus dem Abgang von langfristigen Vermögenswerten	–133	–4.247
Zu-/Abnahme Vorräte	–293	615
Zu-/Abnahme Forderungen aus Lieferungen und Leistungen	–18	2.476
Zu-/Abnahme Verbindlichkeiten aus Lieferungen und Leistungen	265	–44
Veränderung übriges Nettovermögen / Sonstige nicht zahlungswirksame Vorgänge	275	1.316

Zu-/Abfluss aus operativer Geschäftstätigkeit im fortzuführenden Geschäft	**6.611**	**7.917**
Zu-/Abfluss aus operativer Geschäftstätigkeit im nicht fortgeführten Geschäft	1.523	
Zu-/Abfluss aus operativer Geschäftstätigkeit	**8.134**	**7.917**
Ausgaben für Sachanlagen und immaterielle Vermögenswerte	−2.366	−2.593
Einnahmen aus dem Verkauf von Sachanlagen und anderen Vermögenswerten	241	230
Einnahmen aus Desinvestitionen	453	7.563
Einnahmen / Ausgaben aus langfristigen finanziellen Vermögenswerten	−313	2.879
Ausgaben für Akquisitionen abzüglich übernommener Zahlungsmittel	−158	−45.316
Zins- und Dividendeneinnahmen	168	247
Einnahmen / Ausgaben aus kurzfristigen finanziellen Vermögenswerten	1.543	2.838
Zu-/Abfluss aus investiver Tätigkeit	**−432**	**−34.152**
Kapitaleinzahlungen	–	8.986
Erlöse für Aktien der Covestro AG	3.717	–
Gezahlte Dividenden	−2.364	−2.407
Kreditaufnahme	10.369	65.090
Schuldentilgung	−12.848	−47.271
Zinsausgaben einschließlich Zinssicherungsgeschäften	−801	−1.331
Zinseinnahmen aus Zinssicherungsgeschäften	69	412
Ausgaben für den Erwerb von zusätzlichen Anteilen an Tochterunternehmen	−23	−47
Zu-/Abfluss aus Finanzierungstätigkeit	**−1.881**	**23.432**
Zahlungswirksame Veränderung aus Geschäftstätigkeit	**5.821**	**−2.803**
Zahlungsmittel und Zahlungsmitteläquivalente am 01.01.	**1.899**	**7.435**
Veränderung aus Konzernkreisänderungen	–	1
Veränderung aus Wechselkursänderungen	−139	−581
Zahlungsmittel und Zahlungsmitteläquivalente am 31.12.	**7.581**	**4.052**

Abbildung 22: Kapitalflussrechnung des Bayer-Konzerns aus dem Geschäftsbericht 2018

Unabhängig von der verwendeten Struktur schlägt das Cashflow-Statement die Brücke zwischen Gewinn und Liquidität. Es kann daher auch dazu verwendet werden, die Unterschiede zwischen Gewinn und Liquidität bzw. Cashflow zu erklären.

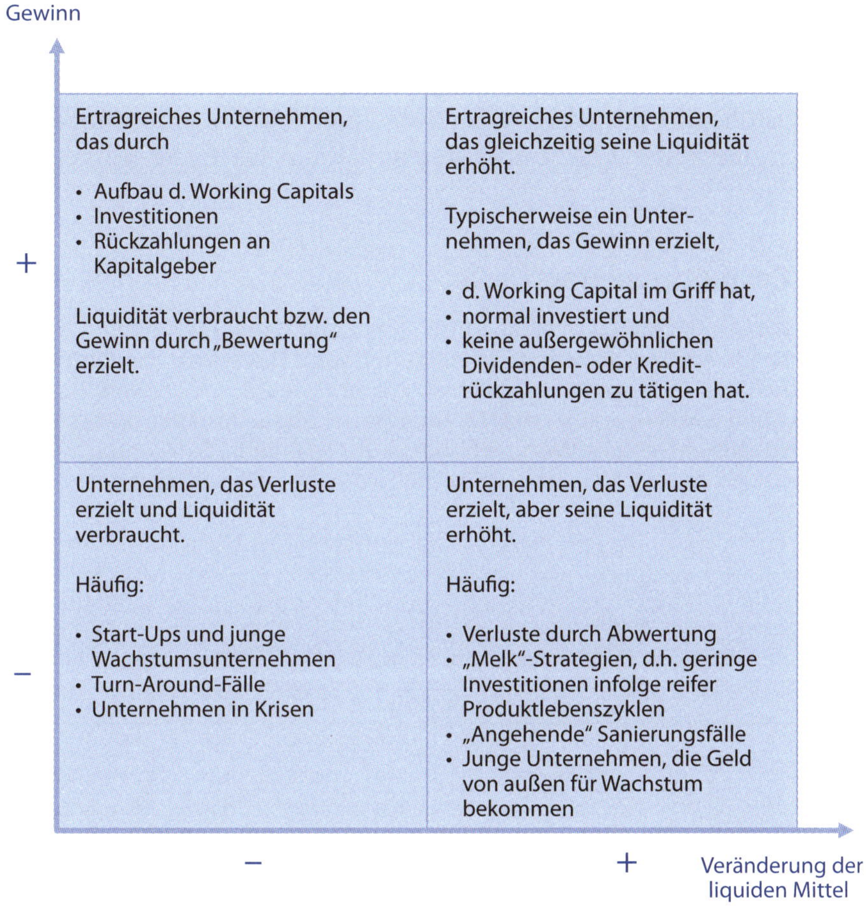

Abbildung 23: Gewinn-/Cashflow-Matrix

1.3. Grundlagen der Finanzplanung

1.3.1. Cash Conversion Cycle – Kapitalbindung und -bedarf

Der finanzwirtschaftliche Kreislauf. Im weitesten Sinne ist es die Aufgabe von Unternehmen, mit Hilfe der ihnen zur Verfügung stehenden Ressourcen, wie Grundstücke, Gebäude, Maschinen, Rohstoffe, Geld, Arbeit oder Ideen, in Waren und Dienstleistungen zu transformieren, die einem gesellschaftlichen *Bedürfnis* entsprechen. Zur Finanzierung dieser Produktionsfaktoren benötigen Unternehmen Kapital.

Üblicherweise müssen Unternehmen sowohl ihre Betriebsausstattung als auch die mit der laufenden Leistungserstellung verbunden Kosten (z.B. Löhne) vorfinanzieren, bevor sie von ihren Kunden für die geschaffenen Produkte und Dienstleistungen bezahlt werden. Der Kapitalbedarf ergibt sich aus der Notwendigkeit der zeitlichen Überbrückung zwischen der Beschaffung der Produktionsfaktoren und ihrer Bezahlung durch die Kunden.

Aus dem Blickwinkel der finanziellen Unternehmensführung kommt es in der Unternehmung daher zu einem ununterbrochenen *Geld ⇨ Ware ⇨ (mehr) Geld-Kreislauf*, bei dem Geld in Sachvermögen und Produktionsfaktoren (Anlagen, Maschinen, Rohstoffe etc.) investiert wird, Güter und Dienstleistungen produziert werden und Kapital/Geld über deren Verkauf ins Unternehmen zurückfließt.

Beispiel: Cash Conversion Cycle

Ein Investor sichert sich für € 2 Mio. die Musikrechte und damit die Erlöse an einem Song für fünf Jahre (Investition in immaterielles Vermögen). Die Erlöse werden jährlich auf € 500.000 geschätzt. Es fallen keine weiteren Kosten, wie z.B. für Verwaltung, Personal, an. Die Investition wird linear über die Nutzungsdauer abgeschrieben, da das Recht nach fünf Jahren erlischt und keinen Wert mehr darstellt. Die Bilanz-, G+V- und Liquiditätsentwicklung stellt sich daher unter Vernachlässigung der Steuern wie folgt dar:

	Geld ↓	Ware ↓					(mehr Geld) ↓
	Eröffnungsbilanz			**Schlussbilanz**			
in Tsd. €		**nach Kauf**	**Jahr 1**	**Jahr 2**	**Jahr 3**	**Jahr 4**	**Jahr 5**
Anlagevermögen	–	2.000	1.600	1.200	800	400	–
Liquide Mittel	2.000	–	500	1.000	1.500	2.000	2.500
Σ Aktiva	**2.000**	**2.000**	**2.100**	**2.200**	**2.300**	**2.400**	**2.500**
Nennkapital	2.000	2.000	2.000	2.000	2.000	2.000	2.000
Kum. Gewinne der Vorjahre	–	–	–	100	200	300	400
Aktueller Jahresgewinn	–	–	100	100	100	100	100
Fremdkapital	–	–	–	–	–	–	–
Σ Passiva	**2.000**	**2.000**	**2.100**	**2.200**	**2.300**	**2.400**	**2.500**

G+V	**Jahr 1**	**Jahr 2**	**Jahr 3**	**Jahr 4**	**Jahr 5**	**Gesamt**
Umsatz	500	500	500	500	500	2.500
Abschreibung	–400	–400	–400	–400	–400	–2.000
Betriebserfolg	**100**	**100**	**100**	**100**	**100**	**500**
EBT (Ergebnis vor Steuern)	**100**	**100**	**100**	**100**	**100**	**500**
JÜF	**100**	**100**	**100**	**100**	**100**	**500**

Finanzrechnung	**Jahr 1**	**Jahr 2**	**Jahr 3**	**Jahr 4**	**Jahr 5**	**Gesamt**
Einzahlungen	500	500	500	500	500	2.500
Auszahlungen	–2.000	0	0	0	0	–2.000
Veränderung liquider Mittel	**–1.500**	**500**	**500**	**500**	**500**	**500**

Abbildung 24: Cash Conversion – der finanzwirtschaftliche Kreislauf

Abbildung 24 zeigt den Geld-Ware-Geld-Kreislauf und den Unterschied zwischen Gewinn und Liquidität deutlich. Im ersten Schritt werden die vorhandenen liquiden Mittel (Geld) von € 2 Mio. in die Musikrechte investiert („Ware" = immaterielles Vermögen im

Wert von € 2 Mio.). Im zweiten Schritt wird über die Nutzungsdauer von fünf Jahren der ursprüngliche Geldbetrag plus Überschuss von € 500.000 zurückverdient. Die G+V zeigt betriebswirtschaftlich mit Recht einen jährlich über die Nutzungsdauer gleichmäßigen Gewinn von € 100.000 (idente Geschäftstätigkeit in den einzelnen Jahren, aliquote Abschreibung). Die Finanzrechnung zeigt hingegen die Zahlungsströme, wie sie tatsächlich anfallen.

Der Kapitalbedarf. Die Begriffe Kapital und Kapitalbedarf werden in der Literatur aus zwei unterschiedlichen Perspektiven definiert und verwendet. Die klassische betriebswirtschaftliche Definition betrachtet Kapital als die Summe der im Unternehmen gebundenen und damit in der Bilanz dargestellten Vermögensgegenstände. Diese Sicht beruht auf der Bilanzgleichheit, d.h. dem Faktum, dass bilanzielles Vermögen auf der Aktivseite der Bilanz durch Kapital zu finanzieren ist. Der Kapitalbedarf entspricht hier im Wesentlichen der Bilanzsumme. Demgegenüber wird Kapital in der neueren monetären Sicht enger als die tatsächlich im Unternehmen eingesetzten Geldmittel betrachtet. Rohstoffe, die von Lieferanten bereitgestellt, aber noch nicht bezahlt wurden, lösen in dieser Sicht bis zu ihrer Bezahlung keinen Kapitalbedarf aus. Aus didaktischen Gründen wird die Unterscheidung in den nachstehenden Ausführungen teilweise vermengt. Es wird als zielführender erachtet, zwischen einem mehr oder weniger breiten *bilanziellen Kapitalbedarf* und dem *tatsächlichen Liquiditäts- bzw. Finanzierungsbedarf*, d.h. dem Bedarf an zusätzlichen liquiden Mitteln im Rahmen der Finanzplanung, zu unterscheiden, wenngleich diese untrennbar miteinander verbunden sind.

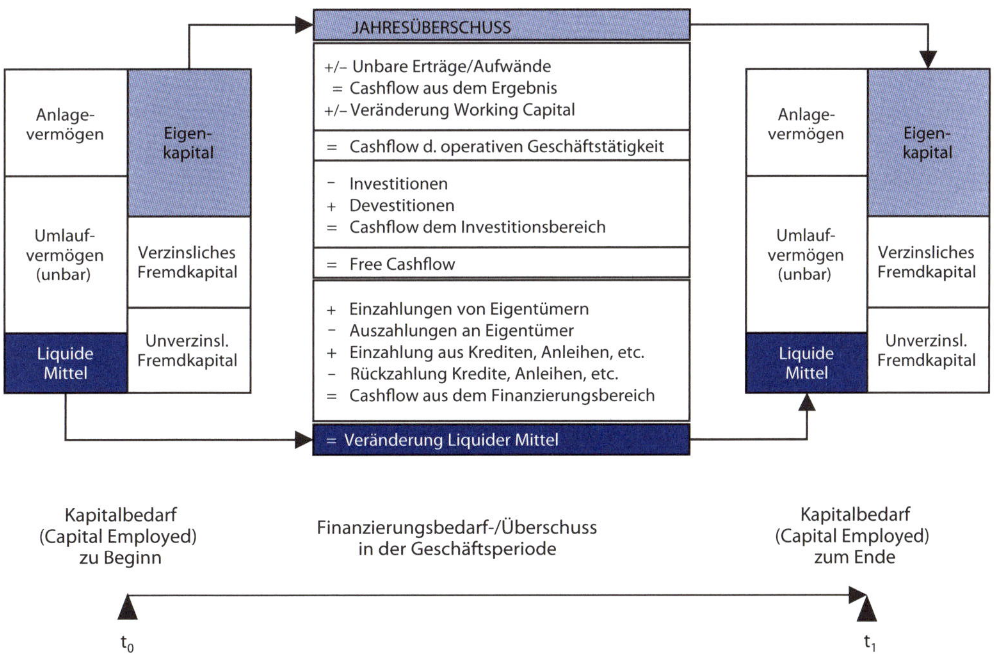

Abbildung 25: Zusammenhang Kapitalbedarf und Finanzierungsbedarf

Der Kapitalbedarf wird in weiterer Folge als *das im Unternehmen gebundene* und *durch verzinsliches Kapital zu finanzierende Vermögen* definiert. Der Kapitalbedarf entspricht damit dem aus der Bilanz ermittelten Capital Employed (CE).

Capital Employed = Anlagevermögen + Working Capital[3]

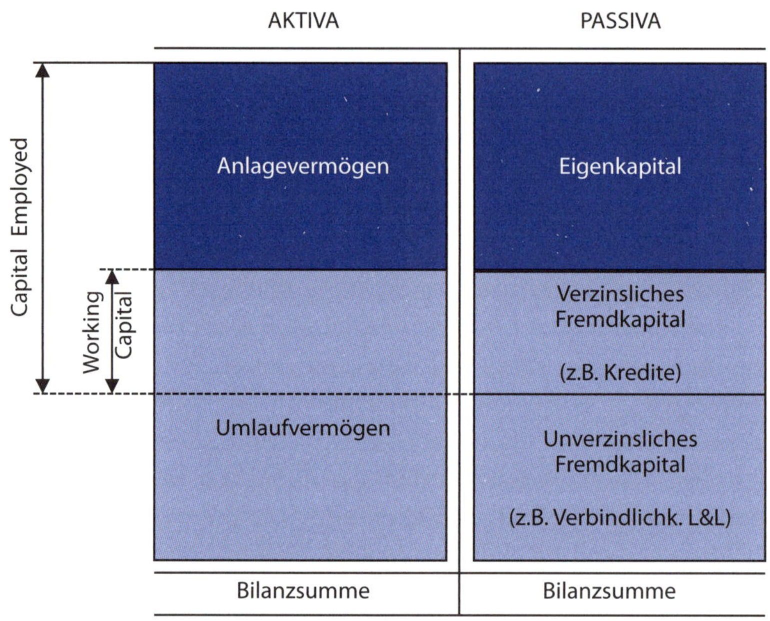

Abbildung 26: Grundstruktur des Kapitalbedarfs als Capital Employed

Die Determinanten des Kapital- bzw. Finanzierungsbedarfs sind dabei die *Kapitalintensität* (wie viel?) und die *Kapitalbindungsdauer* (wie lange?). Die Kapitalintensität wird vor allem von der Branche, in der sich ein Unternehmen befindet, definiert. Unternehmen in anlagenintensiven Branchen wie der Stahlindustrie benötigen relativ zur Geschäftsgröße deutlich mehr Kapital als beispielsweise Dienstleistungsbetriebe.

Darüber hinaus wird die Kapitalintensität maßgeblich durch die gewählten Finanzierungsformen (Leasing vs. Kauf) und das gewählte Geschäftsmodell und die damit verbundene Fertigungstiefe beeinflusst.

Das Geschäftsmodell beeinflusst in gleicher Weise die Kapitalbindungsdauer. Zur Reduktion des Kapitalbedarfs, insbesondere im Working Capital, sind heute viele Unternehmen bestrebt, die Kapitalbindungsdauer durch ein Working Capital Management, d.h. die Optimierung operativer Geschäftsprozesse, zu verkürzen.

3 Auf Berechnungsdetails des Capital Employed wird an dieser Stelle zu Gunsten der Verständlichkeit verzichtet. Zwei unterschiedliche Möglichkeiten der Berechnung des Working Capitals werden in Abbildung 27 gezeigt.

Unter Working Capital wird in der allgemeinsten Form die Saldogröße kurzfristigen Vermögens abzüglich kurzfristiger Verbindlichkeiten verstanden. Das Working Capital kann jedoch von zwei sehr unterschiedlichen Standpunkten definiert werden:

1. Working Capital als Liquiditätsreserve
2. Working Capital als gebundenes Kapital

Aus dem Blickwinkel der Liquiditätsreserve ist das Working Capital ein Gradmesser für die kurzfristige Zahlungsfähigkeit eines Unternehmens und dessen fristenkongruente Finanzierung. Ein positives Working Capital bedeutet, dass die kurzfristig fälligen Verbindlichkeiten durch Vermögensteile gedeckt sind, die im gleichen Zeitraum in Liquidität umgewandelt werden können. Je höher das Working Capital ist, desto wahrscheinlicher kann ein Unternehmen seinen kurzfristigen Zahlungsverpflichtungen nachkommen. In dieser risikoorientierten Sicht umfasst das Working Capital das gesamte Umlaufvermögen abzüglich aller kurzfristigen Verbindlichkeiten, d.h. auch verzinsliche und nicht mit dem operativen Geschäft verbundene Verbindlichkeiten, wie z.B. kurzfristige Bankkredite. Daraus leitet sich die fristenkongruente Finanzierung als Kernaufgabe des Working Capital Managements ab.

Aus Sicht des zweiten Standpunktes wird das Working Capital als gebundenes, nicht zinsbringendes oder „totes" Kapital betrachtet, das sowohl die verfügbare Liquidität als auch die Kapitalrendite eines Unternehmens reduziert. Das Working Capital sollte daher so gering wie möglich, wenn nicht negativ sein. Es wird als das durch die operative Geschäftstätigkeit gebundene Umlaufvermögen betrachtet, das durch verzinsliches Kapital zu finanzieren ist. Nach diesem Verständnis beinhaltet das Working Capital Management zwei Kernaufgaben: die Optimierung der Vorratsbestände sowie die laufende Verbesserung der Zahlungsziele bei Kunden und Lieferanten.

Die konkrete Definition und Berechnung des Working Capital wird in der Praxis von unternehmensindividuellen Faktoren, wie der Zielsetzung des Working Capital Managements, der Branche, dem Geschäftsmodell oder Rechnungslegungsstandards, bestimmt. Die Bandbreite reicht dabei vom „All-inclusive"-Ansatz der Liquiditätsreserve bis zur ganz engen operativen Definition des Working Capitals bestehend aus Vorräten, Kundenforderungen und Lieferantenverbindlichkeiten.

WC = Umlaufvermögen – Kurzfristige Verbindlichkeiten		WC = Vorräte + Forderungen L&L – Verbindlichkeiten L&L	
Aktiva	**Passiva**	**Aktiva**	**Passiva**
Anlagevermögen	Eigenkapital	Anlagevermögen	Eigenkapital
Vorräte	Langfristige Verbindlichk.	**Vorräte**	Langfristige Verbindlichk.
Forderungen L&L	**Verbindlichkeiten L&L**	**Forderungen L&L**	**Verbindlichkeiten L&L**
Sonst.Ford. & Vermögen	**Kurzfr. Rückstellungen**	Sonst.Ford. & Vermögen	Kurzfr. Rückstellungen
Wertpapiere und Anteile	**Kurzfr. Bankverbindlichk.**	Wertpapiere und Anteile	Kurzfr. Bankverbindlichk.
Liquide Mittel	**Sonst. Verbindlichkeiten**	Liquide Mittel	Sonst. Verbindlichkeiten
Aktive Rechnungsabgr.	**Passive Rechnungsabgr.**	Aktive Rechnungsabgr.	Passive Rechnungsabgr.
Umlaufvermögen	**Kurzfr. Verbindlichkeiten**	Umlaufvermögen	Kurzfr. Verbindlichkeiten

Abbildung 27: Working-Capital-Definitionen

Das Working Capital wird heute mit einer Vielzahl von Kennzahlen gemessen. Dabei haben sich in der Praxis Kennzahlen durchgesetzt, die das Working Capital in Relation zur Umsatztätigkeit messen. Insbesondere der C2C-Cycle hat dabei eine dominierende Stellung erlangt. Neben „C2C-Cycle" werden auch die Begriffe NWC-D – Net Working Capital Days oder CCC – Cash Conversion Cycle verwendet. Er definiert die durchschnittlich benötigte Zeitspanne, die es dauert, bis ein Euro, der für Rohmaterialien ausgegeben wurde, von den Kunden zurückfließt. Der C2C-Cycle misst somit die operative Kapitalbindung in Tagen. Grundsätzlich errechnet sich der C2C-Cycle aus der Vorratsreichweite (DIH – Days Inventory Held) zuzüglich der Außenstandsdauer der Forderungen (DSO – Days Sales Outstanding) abzüglich der Verbindlichkeitsdauer (DPO – Days Payables Outstanding).

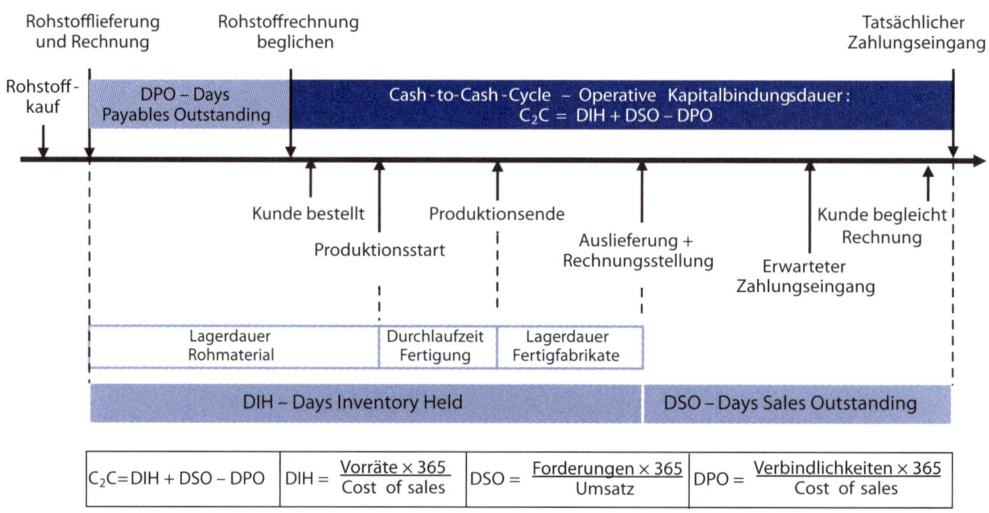

Abbildung 28: Aufbau und Berechnung des C2C-Cycle

Die konkrete Berechnung des C2C-Cycle hängt einerseits von den im Working Capital berücksichtigten Bestandteilen ab. Andererseits ist zwischen unterschiedlichen in der Literatur verfügbaren Definitionen zur Berechnung des C2C-Cycle abzuwägen. So kann die Berechnung durch die Verwendung der Umsätze anstatt der Herstellungskosten im Nenner der Komponenten DIH und DPO vereinfacht werden. Dadurch kann der C2C-Cycle auch für Unternehmen ermittelt werden, die ihre Erfolgsrechnung nach dem Gesamtkostenverfahren durchführen. Weiters gibt es Unterschiede in vielen Details der Berechnung. Diese betreffen Bereiche wie Umsatz vs. Betriebsleistung oder die Verwendung von 360 oder 365 Tagen. Die angeführten Berechnungsunterschiede sollten bei der Interpretation von Studien und externen Benchmarks berücksichtigt werden, um nicht „Äpfel mit Birnen" zu vergleichen. Sie sind jedoch für das eigentliche Working Capital Management in einem Unternehmen unerheblich. Viel entscheidender ist es, die Reduktion der Kapitalbindungsdauer im Zeitverlauf mit einem gleich bleibenden Maßstab zu messen.

Aus finanzwirtschaftlicher Sicht stellt der C2C-Cycle das im Working Capital gebundene Kapital in Relation zur Umsatztätigkeit dar und könnte auch als „Working Capital in % vom Umsatz" oder den „Working Capital Turns" dargestellt werden. Diese messen ebenfalls das im Working Capital gebundene Kapital relativ zur Umsatztätigkeit und können in direkte Relation zum C2C-Cycle gesetzt werden. Sofern der C2C-Cycle durchgehend auf Basis des Umsatzes gerechnet wird, kann dieser konsistent in das Working Capital in % vom Umsatz umgerechnet werden:

Working Capital in % vom Umsatz = C2C/365.

Die Working Capital Turns entsprechen dem jährlichen Umschlag des Working Capital und stehen zu den beiden genannten Kennzahlen wie folgt in Beziehung:

Working Capital Turns = 365/C2C bzw. 1/Working Capital in % v. Umsatz.

So entspricht ein C2C-Cycle von 73 Tagen einem Working Capital in % vom Umsatz von 20,0 % (73/365) bzw. Working Capital Turns von 5,0 (365/73 bzw. 1/20 %).[4]

Eine Verkürzung des C2C-Cycle entspricht somit der Reduktion des Working Capital relativ zur Umsatzgröße des Unternehmens. Die durch die Verkürzung des C2C-Cycle freigesetzte Liquidität reduziert den vom Unternehmen benötigten Kapitalbedarf. Umgekehrt erhöht die Verlängerung des C2C-Cycle den Kapitalbedarf (Abbildung 29).

4 Sofern DIH und DOP mit dem Umsatz und nicht mit den Herstellungskosten gerechnet werden.

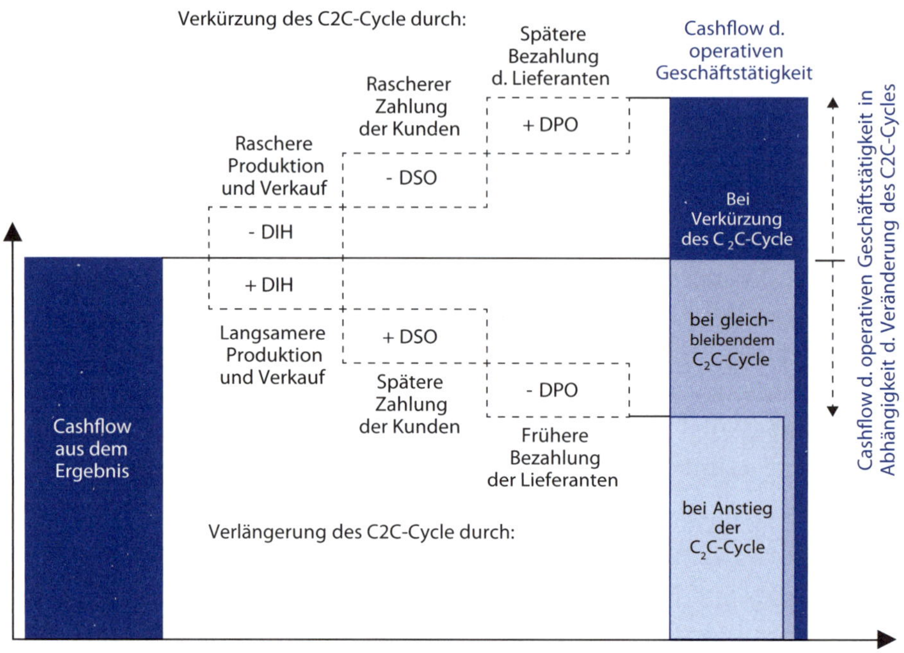

Abbildung 29: Einfluss der Änderung des C2C-Cycle auf den Cashflow

Beispiel: Umsatzwachstum, Working Capital und C2C-Cycle

Es ist wichtig, sich vor Augen zu halten, dass der C2C-Cycle das im Working Capital gebundene Kapital relativ zum Umsatzvolumen des Unternehmens darstellt. Eine Verkürzung des C2C-Cycle bei Umsatzwachstum führt nicht automatisch zu einer Reduktion des Working Capital. Abbildung 30 zeigt diese Zusammenhänge.

	Vorjahr	Wachstum			Kein Wachstum
		gleicher C2C erhöhtes WC	kürzerer C2C erhöhtes WC	kürzer C2C gleiches WC	kürzer C2C niedrigeres WC
Anlagevermögen	**100,00**	**100,00**	**100,00**	**100,00**	**100,00**
Vorräte	50,00	62,50	62,50	62,50	40,00
Forderungen	40,00	50,00	50,00	50,00	40,00
Liquide Mittel	10,00	10,00	10,00	10,00	10,00
Umlaufvermögen	**100,00**	**122,50**	**122,50**	**122,50**	**90,00**
Σ Aktiva	**200,00**	**222,50**	**222,50**	**222,50**	**190,00**
Eigenkapital	**100,00**	**100,00**	**100,00**	**100,00**	**100,00**
Kfr. Bankverbindlichkeit	70,00	85,00	77,50	70,00	60,00
Verbindlichkeiten L&L	30,00	37,50	45,00	52,50	30,00
Kfr. Fremdkapital	**100,00**	**122,50**	**122,50**	**122,50**	**90,00**
Passiva	**200,00**	**222,50**	**222,50**	**222,50**	**190,00**

Umsatz	400,00	500,00	500,00	500,00	400,00
Herstellkosten d. Umsatzes	200,00	250,00	250,00	250,00	200,00
Working Capital in % d. Umsatzes	15 %	15 %	14 %	12 %	13 %
Working Capital Turns	5,00	5,00	5,88	7,14	6,67
DIH	91,25	91,25	91,25	91,25	73,00
DSO	36,50	36,50	36,50	36,50	36,50
DPO	54,75	54,75	65,70	76,65	54,75
C2C	73,00	73,00	62,05	51,10	54,75
Working Capital (= Vorräte + Ford. L&L – Verbindl. L&L)	60,00	75,00	67,50	60,00	50,00
Capital Employed (= Anlagevermögen + Working Cap.)	160,00	175,00	167,50	160,00	150,00

Abbildung 30: Umsatzwachstum, Working Capital und C2C-Cycle

Die Optimierung des Working Capital wird durch die gezielte Gestaltung der operativen Geschäftsprozesse erreicht. Entsprechend den Komponenten des Working Capital stehen drei zu optimierende Geschäftsprozesse im Zentrum des Working Capital Managements:

1. Reduktion des in den Vorräten gebundenen Kapitals durch den *Order-to-fulfill-Prozess (DIH)*
2. Früherer Zahlungseingang von Kunden durch den *Order-to-cash-Prozess (DSO)*
3. Erhöhung des Vorfinanzierungsanteils der Lieferanten durch den *Purchaseto-pay-Prozess (DPO)*

Für alle drei Hauptprozesse gibt es Leading Practices und ein „Standardset" an Optimierungsmaßnahmen. Es ist dabei jedoch wichtig, die Wirkung der Maßnahmen auf Liquidität und Gewinn gut zu kennen. Abbildung 31 zeigt ein Beispiel, in dem ein Unternehmen jeweils zum Monatsbeginn die monatliche Verbrauchsmenge in Höhe von 40 bestellt und geliefert bekommt. Das Unternehmen hält ursprünglich einen Sicherheitsbestand von 60. Zum Zeitpunkt der Lieferung steigt damit der Lagerbestand auf 100, bevor dieser über das Monat kontinuierlich wieder auf 60 absinkt (obere Zackenlinie). Um den Lagerbestand zu optimieren, wird der Sicherheitsbestand auf 20 gesenkt, indem Anfang April die Bestellung ausgelassen wird. Damit sinkt der Bestand im April von anfangs 60 auf 20 am Ende. Danach wird wieder in gewohnter Weise bestellt (untere Zackenlinie). Als Konsequenz hat das Unternehmen im Jahr der Lagersenkung nur elf Bestellungen, d.h. 440 zu zahlen und Liquidität gespart. Der Materialaufwand beträgt aber unverändert 480, d.h. es gibt keine direkte Auswirkung auf die G+V. Im Folgejahr muss das Unternehmen wieder zwölf Bestellungen in Höhe von 480 bezahlen. Es zeigt sich, dass die Reduktion der Vorräte in Hinblick auf die Liquidität einen Einmaleffekt zum Zeitpunkt der Senkung, aber keinen dauerhaften Effekt darstellt. Was sich jedoch auf Dauer senkt, ist das Capital Employed und damit die Kapitelrendite (ROCE) des Unternehmens.

Beispiel Reduktion des Sicherheitsbestandes von Rohmaterialen:

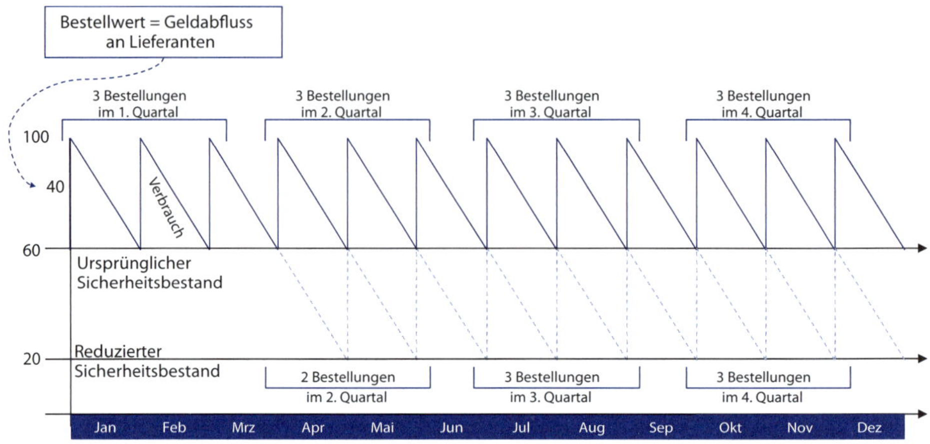

	Ohne Reduktion		Mit Reduktion	
	Aktuelles Jahr	Folgejahr	Aktuelles Jahr	Folgejahr
Bestellwert	480	480	440	480
Geldabfluss	480	480	440	480
Aufwand	480	480	480	480
Vorräte am Ende	60	60	20	20

Abbildung 31: Wirkung der Lagersenkung auf Liquidität und Materialaufwand

Die Kapitalbindungsdauer des C2C-Cycle wird primär durch die Durchlaufzeit der Leistungserstellung und die Zahlungskonditionen bestimmt. Die Auswirkungen der Zahlungskonditionen auf den C2C Cycle zeigt Abbildung 32.

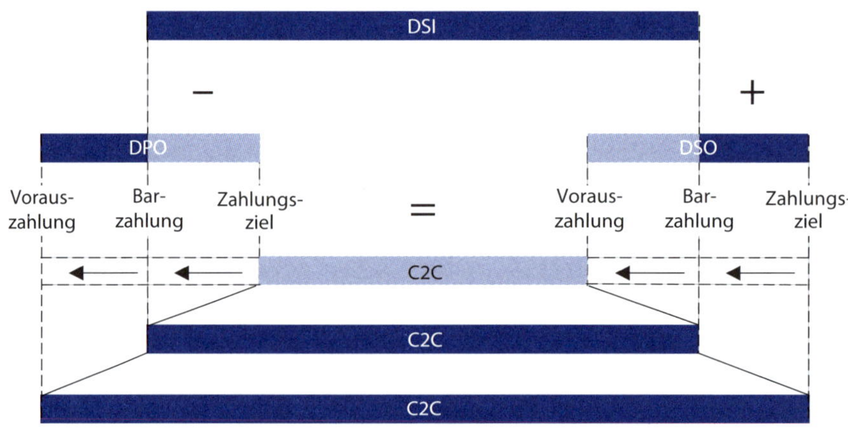

Abbildung 32: Cash-to-Cash-Cycle in Abhängigkeit von den Zahlungszielen

In der Wirtschaftspresse werden vielfach große Erfolge im Bereich des Working Capital Managements und damit der Reduktion des Kapitalbedarfs dargestellt. Eine Ausnahmeerscheinung ist dabei Walmart. So konnte Walmart den C2C-Cycle von ca. 80 Tagen im Jahr 1971 auf 1,8 Tage in 2019 reduzieren und dadurch einen Beitrag zur Finanzierung des Wachstums leisten (Abbildung 33).

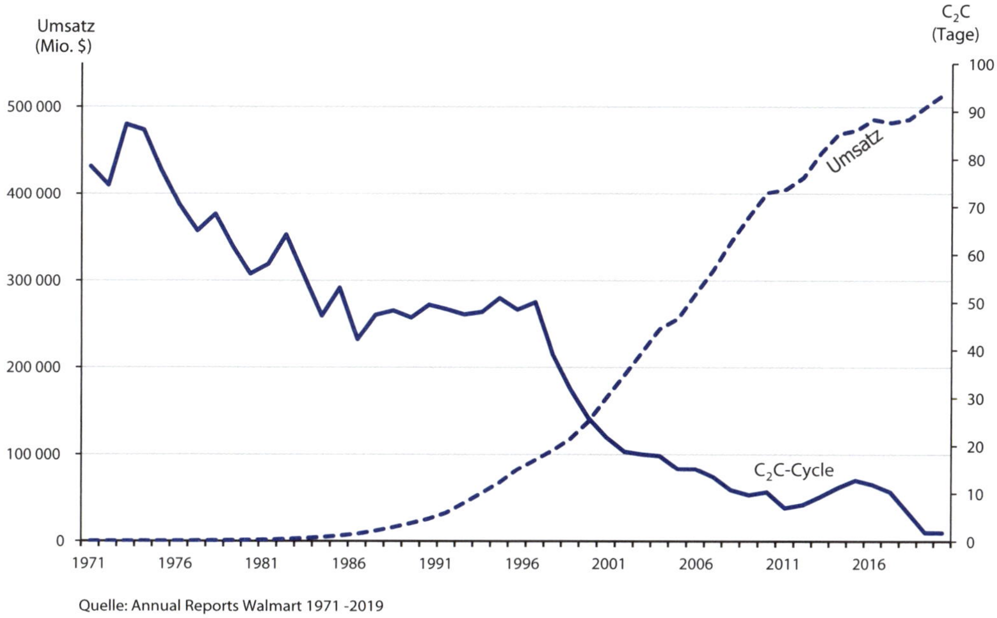

Abbildung 33: Entwicklung des C2C-Cycle von Walmart

Wie die Mehrzahl internationaler Studien jedoch zeigt, sind weder US-amerikanische noch europäische Unternehmen in der Lage, ihren C2C-Cycle dauerhaft erfolgreich zu senken.

Demgegenüber zeigen verschiedene US-amerikanische und europäische Studien keine nennenswerte Verbesserung des C2C-Cycles auf Gesamtebene, wohl jedoch deutliche Verschiebungen zwischen Branchen und Unternehmen.

Autor	Untersuchungsumfang		Von		Bis	Änderung
PWC	Weltweit, alle Branchen	2013:	43,8	2017:	45,1	3 %
Deloitte	Deutschland, größte Unternehmen	2010:	59,0	2015:	58,0	–2 %
EY	USA, alle Branchen	2002:	43,0	2015:	37,5	–13 %
EY	Europa, alle Branchen	2002:	48,0	2015:	38,0	–21 %
REL	1,000 größte US-Unternehmen ohne Finanzsektor	2003:	34,0	2013:	34,0	0 %

REL – Anzahl an Unternehmen	DSO	DIH	DPO	C2C
Verbessert	467	458	512	481
Unverändert	24	140	4	4
Verschlechtert	509	402	484	515

Abbildung 34: Entwicklung des C2C-Cycle in der Praxis

In der Vergangenheit ist es den Unternehmen nicht gelungen, den C2C-Cycle entscheidend zu reduzieren.

Bei der Analyse der Studienergebnisse ist es wichtig zu berücksichtigen, dass der C2C-Cycle in hohem Maße von der Branche bestimmt wird und es bei den in Abbildung 34 gezeigten Mittelwerten große Branchenunterschiede gibt. So haben Dienstleistungsunternehmen wie IBM üblicherweise keine oder nur geringe Vorräte und damit einen kürzeren C2C-Cycle als produzierende Unternehmen. Abbildung 35 zeigt diesen Unterschied. Obwohl Toyota mit seinem Toyota-Produktionssystem als Synonym für niedrige Lagerbestände gilt, hat IBM durch seinen hohen Dienstleistungsanteil eine deutlich niedrigere Lagerdauer (DIH). In ähnlicher Weise haben große Handels- oder Restaurantketten wie Rewe, Spar, Zara, Ikea, McDonalds etc., weil ihre Kunden an den Kassen bar bezahlen, keine nennenswerten Kundenforderungen und somit ein niedrigeres Working Capital bzw. einen kürzeren C2C-Cycle. Abbildung 35 zeigt weiters am Beispiel von IBM, wie viele Unternehmen versuchen, das operativ gebundene Kapital zinsfrei von Lieferanten finanzieren zu lassen. Obwohl die Kapitalbindung aus Lagerdauer und Forderungsdauer bei IBM 33,9 Tagen beträgt, weist IBM durch die späte Zahlung der Lieferanten einen negativen C2C-Cycle von –8,8 Tagen auf. IBM zahlt seine Lieferanten erst, nachdem das Geld von den Kunden eingeht.

Die Bilanz nimmt auf den Cash Conversion Cycle Bezug und gliedert die Aktivpositionen *von oben nach unten* entsprechend ihrer Refinanzierungsdauer. Z.B. gilt es bei Forderungen nur mehr das Zahlungsziel abzuwarten, bis sie wieder in Geld umgewandelt werden, während Vorräte noch produziert und verkauft werden müssen, bevor sie zu Forderungen und dann zu Geld werden.

	C_2C-Cycle Toyota 2018 (in Mrd. $)	C_2C-Cycle IBM 2018 (in Mrd. $)
$DIH = \frac{\text{Vorräte} \times 365}{\text{Cost of sales}} =$	$\frac{23{,}0 \times 365}{204{,}6} = 41{,}0$	$\frac{1{,}7 \times 365}{42{,}6} = 14{,}5$
$DSO = \frac{\text{Forderungen} \times 365}{\text{Umsatz}} =$	$\frac{20{,}1 \times 365}{248{,}2} = 29{,}6$	$\frac{7{,}4 \times 365}{79{,}6} = 33{,}9$
$DPO = \frac{\text{Verbindlichkeiten} \times 365}{\text{Cost of sales}} =$	$\frac{23{,}4 \times 365}{204{,}6} = 41{,}8$	$\frac{6{,}7 \times 365}{42{,}7} = 57{,}3$
$C_2C = DIH + DSO - DPO =$	$41{,}0 + 29{,}6 - 41{,}8 = 28{,}9$	$14{,}5 + 33{,}9 - 57{,}3 = -8{,}8$

Abbildung 35: C2C-Cycle von Toyota und IBM im Vergleich (Quelle: Geschäftsberichte 2018)

1.3.2. Liquidität und Zahlungsfähigkeit

Liquidität. Liquidität bedeutet die jederzeitige Zahlungsfähigkeit, d.h. die Fähigkeit, alle zwingend fälligen Zahlungsverpflichtungen zu jedem Zeitpunkt uneingeschränkt zu erfüllen. Die Liquidität muss zu jedem Zeitpunkt gegeben sein, da die Zahlungsunfähigkeit einen Insolvenzgrund darstellt. Die Existenz eines Unternehmens ist damit von seiner Zahlungsfähigkeit abhängig. Illiquide ist eine Unternehmung i.d.R. erst dann, wenn sämtliche Finanzierungsquellen (Mittelherkunft) ausgeschöpft sind und niemand mehr bereit ist, fällige Auszahlungen (Mittelverwendung) über den Fälligkeitszeitpunkt hinaus zu stunden. Die Frage der Zahlungsunfähigkeit ist damit vor allem eine Frage des Zugangs zu Kapitalquellen und des Vertrauens potenzieller Kapitalgeber. Theoretisch könnten auch die meisten „gesunden“ Unternehmen durch die überraschende Fälligstellung von Krediten in Zahlungsschwierigkeiten gebracht bzw. zahlungsunfähig werden.

Ein Unternehmen ist dann zahlungsunfähig, wenn es nachhaltig nicht in der Lage ist, die fälligen Zahlungsverpflichtungen zu erfüllen. Die Zahlungsunfähigkeit stellt meist den Endzustand eines Prozesses dar, welcher sich zunächst in Form von Zahlungsschwierigkeiten und später in Form von Zahlungsstockungen manifestiert. Liquiditätsprobleme werden bei Zahlungsstockungen das erste Mal nach außen sichtbar. In der Praxis werden Zahlungsstockungen vor allem bei Sportvereinen in Form ausstehender Spielergehälter publik.

Abbildung 36: Liquiditätszonen eines Unternehmens

In Phasen von Liquiditätsengpässen bieten sich abgesehen von der Zuführung zusätzlichen Kapitals von außen, wie der Aufnahme neuer Kredite oder der Einlagen der Gesellschafter, folgende interne Möglichkeiten der Finanzierung:

- Zahlungswirksame Kostenreduktion im laufenden Betrieb (Personal- und Sachkosten)
- Lagerabbau
- Aufschieben, Reduzieren oder Unterlassen von Investitionen
- Eintreiben der Forderungen
- Aufschieben von Verbindlichkeiten
- Verhandlung besserer Zahlungsziele bei Lieferanten und Kunden
- Veräußerung nicht betriebsnotwendigen Vermögens

Gerade bei Kostensenkungsmaßnahmen ist zwischen langfristiger und kurzfristiger Liquiditätswirkung zu unterscheiden. Beispielsweise führt eine Personalreduktion kurzfristig häufig zu einer zusätzlichen Liquiditätsbelastung in Form von Sozialplänen oder Abfertigungszahlungen (altes Abfertigungsmodell).

Liquiditätskrisen sind existenzielle Unternehmenskrisen, die den Fortbestand des Unternehmens gefährden und den Handlungsspielraum für die Unternehmensführung extrem einengen. Das Bekanntwerden von Liquiditätsengpässen und einer möglichen Insolvenzgefahr führt üblicherweise zu einem zusätzlichen Liquiditätsbedarf, weil z.B. Lieferanten oft ihre Forderungen fällig stellen oder nur mehr gegen Vorauskassa liefern.

1.3.3. Finanzplanung

Die Finanzplanung hat die Aufgabe, die zukünftige Liquidität und Zahlungsfähigkeit des Unternehmens durch die Gegenüberstellung der zu erwartenden Einzahlungen und Auszahlungen einer Planperiode sicherzustellen.

Die Zahlungsfähigkeit muss dabei zu jedem Zeitpunkt der Planperiode gegeben sein. Wenn eine Unternehmung zu jedem Zeitpunkt (Tag) liquide ist, so ist sie es auch im gesamten betrachteten Zeitraum. Aufgrund von Liquiditätsspitzen, wie Tage, an denen Löhne und Gehälter überwiesen werden, muss dies umgekehrt jedoch nicht unbedingt der Fall sein. Jederzeitige Zahlungsfähigkeit bedeutet, dass zu jedem Zeitpunkt der Anfangsbestand an Zahlungsmitteln plus erhaltene Einzahlungen größer als die fälligen Auszahlungen sein müssen.

Im Finanzplan geht es darum, die einzelnen Einzahlungs- und Auszahlungspositionen über den gesamten Planungszeitraum betrags- und zeitpunktgenau zu prognostizieren. Besonders schwierig sind dabei die aus dem geplanten Umsatz resultierenden Einzahlungen (wie viel wird tatsächlich verkauft und wann zahlen die Kunden?) zu bestimmen.

Das Ergebnis des Finanzplanes ist der *Zahlungsmittelüberschuss oder -fehlbetrag* je Periode. Im Rahmen der Finanzplanung gilt es im zweiten Schritt, die zu erwartenden überschüssigen Zahlungsmittel rentabilitätsorientiert zu verwenden. Eine über die jederzeitige Zahlungsfähigkeit hinausgehende Liquidität (Liquiditätsreserve) ist unter dem Rentabilitätsgesichtspunkt unwirtschaftlich, da brachliegendes Geld als Kassabestand oder Bankguthaben wesentlich niedriger verzinst wird als das Fremdkapital Zinsaufwand verursacht bzw. als Eigenkapital bei alternativer Veranlagung Zinsen erbringen würde. In gleicher Weise sind im Rahmen der Finanzplanung potenzielle Finanzierungslücken bzw. der entstehende Finanzierungsbedarf zu decken, um einer drohenden Zahlungsunfähigkeit rechtzeitig entgegenzuwirken.

Im Rahmen der Finanzplanung stellen sich nicht nur operative Finanzierungsfragen, wie die Wahl günstiger Finanzierungsalternativen, sondern auch strategische Fragen der *Finanzierungspolitik*. Ausgehend von der grundsätzlichen Finanzierungspolitik (z.B. Finanzierung über die Börse ja/nein) werden *Financial Covenants*, d.h. Kennzahlen festgelegt, innerhalb derer sich das Unternehmen zu bewegen hat: z.B. der Verschuldungsgrad (Gearing). Auf Basis dieser Grundsatzentscheidungen werden entsprechend den Entwicklungen an den Kapitalmärkten die primären Finanzierungsformen und Laufzeiten festgelegt (z.B. Anleihen,

Fremdwährungskredite). Zuletzt wird im Rahmen der Finanzierungsstrategie das entsprechende Finanzierungsrisiko (z.B. Währungsrisiko) analysiert und zumeist über Hedginginstrumente entsprechend abgefedert.

Dabei gilt es im Spannungsfeld der finanzwirtschaftlichen Ziele von Rentabilität, Liquidität, Sicherheit und Unabhängigkeit, die optimale Unternehmensfinanzierung zu finden. Die Thematik der Finanzierungsstrategie und Finanzierungsformen wird in Kap. 4 vertieft behandelt.

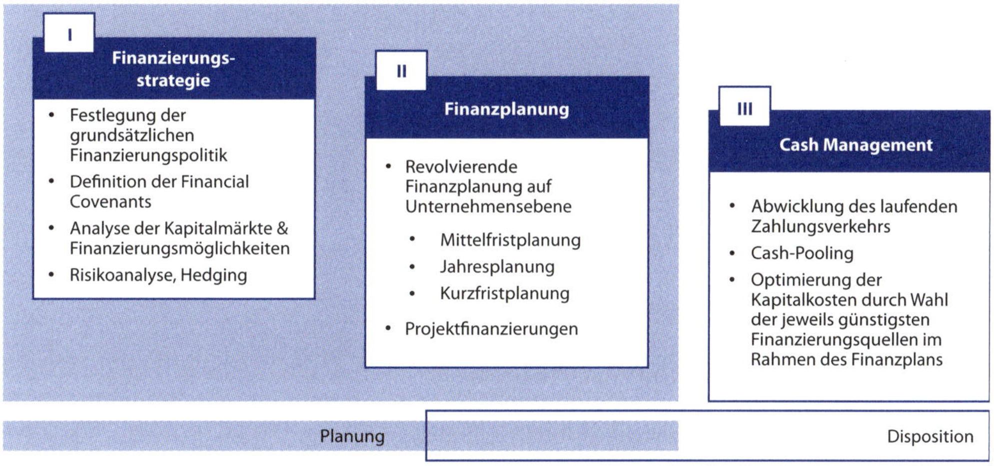

Abbildung 37: Gesamtprozess der Finanzplanung und Liquiditätssteuerung

Die Finanzplanung kann sowohl direkt als auch indirekt durchgeführt werden. In der Praxis wird häufig die kurzfristige Finanzplanung (bis zu drei Monaten) direkt, darüber hinaus indirekt durchgeführt. Bei der indirekten Methode mit Hilfe des Cashflow-Statements kann die Struktur für die Zwecke der Planung geändert werden, sodass z.B. der nötige Finanzierungs- bzw. Kreditbedarf sichtbar wird. Dazu wird der Bestand der Liquiden Mittel in Höhe einer bestimmten Liquiditätsreserve festgelegt und im Umlaufvermögen als Teil der Ursachenrechnung integriert. Im Gegenzug werden als Fonds die Bankverbindlichkeiten definiert. Damit kann mit Hilfe des Cashflow-Statements elegant die Höhe der Bankverbindlichkeiten errechnet werden.

Beispiel: Schema der Kapitalflussrechnung zur Ermittlung des benötigten Betriebsmittelkredits

	Finanzplanung	1. Q	2. Q	...
	Überschuss/-fehlbetrag			
+/–	Abschreibungen/Zuschreibungen auf das Anlagevermögen			
+/–	Dotierung/Auflösung langfristiger Rückstellungen			
=	**Cashflow aus dem Ergebnis**	...		
–/+	Veränderung von Vorräten inkl. geleisteter Anzahlungen, ARA			
+/–	Veränderung erhaltener Anzahlungen, PRA			
–/+	Veränderung Forderungen L&L und sonst. Forderungen			
+/–	Veränderung Verbindlichkeiten L&L u. sonst. Verbindlichkeiten			
+/–	Veränderung kurzfristige Rückstellungen			
+/–	**Veränderung Liquide Mittel (auf Basis der Liquiditätsreserve)**			
=	**Cashflow aus dem operativen Bereich**	...		
–	Investitionen in das Anlagevermögen			
+	Abgänge aus dem Anlagevermögen			
=	**Free Cashflow**	...		
+	Einzahlungen aus Kapitalerhöhung (inkl. Agio)			
+	Einzahlungen aus Gesellschafterzuschüssen			
–	Auszahlungen an Gesellschafter (Dividende, ...)			
+	Einzahlungen aus Anleihen, Darlehen und langfristige Krediten			
–	Tilgung von Anleihen, Darlehen und langfristigen Krediten			
=	**VERÄNDERUNG DER KURZFRISTIGEN KREDITE**	**–200**	**–500**	**–200**
+	*Anfangsbestand der kurzfristige Kredite*	1.000	800	300
=	**Endbestand der kurzfristige Kredite**	**800**	**300**	**100**

In der Unternehmenspraxis wird diese Form nur selten genommen, sondern überwiegend mit der klassischen Struktur gearbeitet und die Kredithöhe so lange angepasst, bis der gewünschte Endbestand an liquiden Mitteln erreicht ist.

Die indirekte Finanzplanung mit Hilfe der Kapitalflussrechnung setzt eine Planbilanz voraus, die gerade in KMU-Unternehmen häufig nicht vorhanden ist. Daher kommt dort in der Praxis häufig die direkte Finanzplanung zur Anwendung. Die Grundstruktur des direkten Finanzplans ist leicht verständlich und setzt keine Kenntnisse aus dem Rechnungswesen voraus.

	Finanzrechnung	Jan	Feb	Mrz	...
	Stand Liquide Mittel Anfang	1.000	800	300	100
+	Einzahlungen	500	200	500	0
–	Auszahlungen	700	700	700	
=	**Stand Liquide Mittel Ende**	**800**	**300**	**100**	

Abbildung 38: Grundschema der direkten Finanzplanung

Die Ermittlung eventueller Liquiditätsüberschüsse erfolgt, indem von den prognostizierten Liquiditätsständen der geplante Mindestbestand an liquiden Mitteln (Liquiditätsreserve) abgezogen wird.

Finanzplan	Jan	Feb	Mrz	...
Zahlungseingänge	200.000	100.000	250.000	
– Zahlungsausgänge	50.000	200.000	275.000	
= Net Cashflow	**150.000**	**–100.000**	**–25.000**	
+ Liquide Mittel Anfang	100.000	250.000	150.000	
= Liquide Mittel Ende	**250.000**	**150.000**	**125.000**	
– Liquiditätsreserve	150.000	150.000	150.000	
= Liquiditätsbedarf/-überschuss	**100.000**	**0**	**–25.000**	

Beispiel: einfacher direkter Finanzplan

Ein Unternehmen steht vor der Erfolgs- und Finanzplanung des nächsten Geschäftsjahres. Die Eröffnungsbilanz ist wie folgt gegeben:

Eröffnungsbilanz

Aktiva		Passiva	
Anlagevermögen	1.050.000	Grundkapital	200.000
Forderungen L&L	500.000	Bilanzgewinn	460.000
Liquide Mittel	50.000	Rückstellungen	500.000
		Verbindlichkeiten L&L	400.000
		Bankverbindlichkeiten	40.000
Σ Aktiva	**1.600.000**	**Σ Passiva**	**1.600.000**

Weiters geht das Unternehmen von folgenden Planungsprämissen aus:

- Die Absatzplanung zeigt, dass voraussichtlich 1.000 Produkte zu einem Preis von € 3.000 pro Stück abgesetzt werden können. Das Unternehmen produziert „just in time", d.h. die Produktionsmenge ist gleich der Absatzmenge.
- Die Materialkosten je Stück betragen € 800.
- Die variablen Personalkosten betragen ebenfalls € 800 je Stück.
- Fixe Personalkosten werden für die Planperiode auf € 800.000 geschätzt.
- Es sind Investitionen von € 200.000 mit einer Nutzungsdauer von zehn Jahren geplant (lineare Abschreibung). Die Abschreibung auf das bestehende Anlagevermögen wird mit € 200.000 geplant.
- Sonstige Kosten werden auf € 100.000 geschätzt.
- Bankverbindlichkeiten in Höhe von € 10.000 sind am Jahresende zurückzuzahlen. Der Zinssatz beträgt 5 %.
- Die Körperschaftsteuer beträgt 25 %.
- Es wird eine Dividende in Höhe von 20 % auf das Grundkapital ausgeschüttet.
- Bankguthaben bleiben unverzinst. Der Mindestbestand an Liquiden Mitteln beträgt € 20.000.

- Es wird geschätzt, dass sich die Forderungen L&L um € 100.000 erhöhen und die Verbindlichkeiten L&L um € 50.000 reduzieren.
- Die anderen Bilanzpositionen bleiben unverändert.
- Die Kosten und Steuern sind entsprechend zahlungswirksam.

Lösung

G+V in €		
	Umsatz	3.000.000
–	Materialaufwand	800.000
–	Personalkosten	1.600.000
–	Abschreibungen	220.000
–	Sonstiger Aufwand	100.000
=	**EBIT**	**280.000**
–	Zinsaufwand	2.000
=	**Ergebnis vor Steuern**	**278.000**
–	Steuern (25 % KÖSt)	69.500
=	**Jahresüberschuss**	**208.500**
–	Dividenden	40.000
=	**Bilanzgewinn**	**168.500**

Finanzplan in €		
	Einzahlungen von Kunden	2.900.000
–	Σ Auszahlungen	2.871.500
	Zahlungen an Lieferanten	850.000
	Personalkosten	1.600.000
	Sonstiger Aufwand	100.000
	Steuern	69.500
	Dividenden	40.000
	Investitionen	200.000
	Zinsen	2.000
	Kreditrückzahlung	10.000
=	**Veränderung liquider Mittel**	**28.500**
+	Liquide Mittel Anfang	50.000
=	**Liquide Mittel Ende**	**78.500**
	Bankverbindlichkeiten Ende	**30.000**

Im Vergleich zu den Erträgen der G+V ist der Zahlungseingang von Kunden um € 100.000 geringer. Grund dafür ist die Zunahme der Forderungen. Basis ist die nachstehende Gleichung:

Forderungen L&L Ende = Forderungen L&L Anfang + Umsatz – Zahlungseingang

Umsätze erhöhen die Forderungen, Zahlungseingänge der Kunden reduzieren die Forderungen. Wenn die Forderungen in der Planperiode um € 100.000 zunehmen, bedeutet dies, dass die Einzahlungen um € 100.000 geringer als die Umsätze sein müssen.

Analog verhält sich der Unterschied zwischen Materialaufwand und Auszahlung an Lieferanten. Die Basisgleichung lautet:

Verbindlichk. L&L Ende = Verbindlichk. L&L Anfang + Einkaufswert – Auszahlung

Entsprechend der „Just-in-time"-Politik entspricht der Materialaufwand dem Einkaufswert. Die Auszahlungen sind entsprechend der Abnahme der Verbindlichkeiten um € 50.000 höher als der Materialaufwand. Würde das Unternehmen keiner „Just-in-time"-Philosophie folgen, wären die Lagerveränderungen zu berücksichtigen. Es gilt dabei zwischen Materialaufwand und Einkaufswert folgender Zusammenhang:

Materialaufwand = Einkaufswert +/– Veränderung des Lagerwerts in der Bilanz

Weiters ist zu sehen, dass die Abschreibungen nicht in den Finanzplan eingehen, da sie keine Auszahlung sind. Im Gegenzug sind die Investitionen zur Gänze zahlungswirksam und gehen nur mit ihrem anteiligen Wertverlust (Abschreibung) in die G+V ein.

Ein weiterer Unterschied zwischen G+V und Finanzplan ist die Kreditrückzahlung, die eine Auszahlung, jedoch kein Aufwand ist (Finanzzahlung).

Formvorschriften für Finanzpläne. Finanzpläne unterliegen keinen gesetzlichen Vorschriften. Sie sind in ihrer Form grundsätzlich frei gestaltbar. Die explizite Darstellung des Liquiditätssaldos (Cashflows) aus der operativen Geschäftstätigkeit hat sich in der Praxis jedoch als nützlich erwiesen, um auf einfache Weise die operative Finanzkraft bereinigt von Investitionszahlungen, Zinsbelastung oder Sonderbelastungen analysieren zu können.

Abbildung 39 zeigt die Struktur des Finanzplans, die im Rahmen der Restrukturierung eines bekannten ATX-Unternehmens verwendet wurde. Dabei stellen die „Kreditlinien Banken – Kontokorrent" den von den Banken zugesicherten Maximalbetrag dar, ohne dass dieser vom Unternehmen sofort in Anspruch genommen werden muss. Die „Ausnutzung" zeigt den Betrag, den das Unternehmen tatsächlich beansprucht hat, d.h. den Betrag, der von den Banken zum Unternehmen geflossen ist und als Bankverbindlichkeit in der Bilanz ausgewiesen wird. Aus dem Saldo ergeben sich die „Freien Linien Kontokorrent". Dies ist jener Betrag, der dem Unternehmen zur Deckung eines evtl. negativen Liquiditätssaldos von den Banken noch zur Verfügung gestellt wird. Der Gesamtbetrag der noch zur Verfügung stehenden Zahlungsmittel ergibt sich aus der Summe aus Freien Kreditlinien sowie den vorhandenen Bankguthaben. Umgekehrt ergibt sich der Bankensaldo, d.h. die Nettoverschuldung eines Unternehmens bei den Banken, wenn dem ausgenutzten Kreditbetrag die Bankguthaben gegengerechnet werden.

				Jan	**Feb**	**Mrz**	**...**
Stand Anfang der Periode							
1		Kreditlinien Banken		1.000	1.100		
2	–	Ausnutzung		500	750		
3	**=**	**Freie Linien**	**1–2**	**500**	**350**		
4	+	Bankguthaben		100	150		
5	**=**	**Verfügbare Liquidität**	**3+4**	**600**	**500**		

Veränderung der Periode				
6	+/–	Erweiterung/Streichung Kreditlinien		100
7	–	Auszahlungen aus	8+9+10+11+12	400
8		Löhne, Gehälter		200
9		Rohstoffe, Betriebsmittel		100
10		Energie		25
11		Sonstiges (Miete …)		25
12		Steuern		50
13	+	Einzahlungen aus	14+15	300
14		Umsatzerlösen		300
15		Sonstige Erträge		0
16	**=**	**Operativer Liquiditätssaldo**	**13–7**	**–100**
17	–	Investitionen		100
18	+	Anlagenverkäufe		20
19	+/–	außerordentliche Ein-/Auszahlungen		10
20	**=**	**Liquiditätssaldo vor Finanzierung**	**16–17+18+/–19**	**–170**
21	+/–	Finanzierungssaldo	–22+23+/–24+/–25	–30
22		Zinsauszahlungen		10
23		Zinserträge		
24		Ein-/Auszahlungen Gesellschafter		–10
25		Aufnahme/Tilgung Investitionskredit		–10
26	**=**	**Liquiditätssaldo**	**20+/–21**	**–200**
Stand Ende der Periode				
27		Kreditlinien Banken	1+/–6	1.100
28	–	Ausnutzung	2–26–(4–30)	750
29	**=**	**Freie Linien**	**27–28**	**350**
30	+	Bankguthaben		150
31	**=**	**Verfügbare Liquidität**	**29+30**	**500**

Abbildung 39: Typische Struktur eines Finanzplans

Mit Hilfe des Finanzplans lassen sich die Ein- und Auszahlungen sowie der daraus resultierende Zahlungsmittelbestand im Periodenverlauf visualisieren.[5]

5 Eine detaillierte Auseinandersetzung mit den verschiedenen Kreditarten erfolgt in Kap. 4.5. Bankkredite und Fremdwährungskredite.

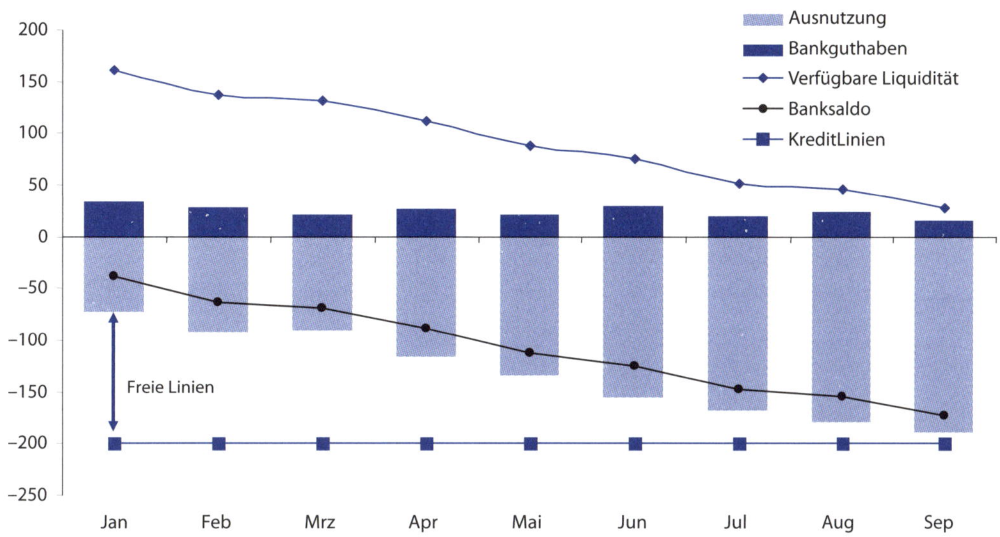

Ausnutzung: tatsächlich in Anspruch genommener Betriebsmittelkredit vergleichbar mit dem Überziehungsrahmen am Privatkonto)

Banksaldo = Bankguthaben – Ausnutzung

Freie Linien = Kreditlinien – Ausnutzung

Verfügbare Liquidität = Bankguthaben – freie Linien

Abbildung 40: Liquiditätsentwicklung im Zeitverlauf

Beispiel: Liquiditätsstatus

Entsprechend der Bedeutung, die ausreichende Liquidität für die Geschäftstätigkeit hat, gibt es in allen Unternehmen eine mehr oder weniger ausgeprägte Liquiditätssteuerung. Dabei gibt es keine gesetzlichen Formvorschriften, denen zu folgen ist. In der Praxis haben sich zur Liquiditätssteuerung der *Liquiditätsstatus* (auch *Kreditübersicht* genannt) und der *Finanzplan* als die zwei wesentlichen Instrumente bzw. Auswertungen etabliert. Der Liquiditätsstatus zeigt die stichtagsbezogene Liquidität des Unternehmens. Dabei werden die vorhandenen Liquiditätsquellen und Zahlungsverpflichtungen gegenübergestellt. Im konkreten Beispiel einer deutschen Konzernholding sind zwei verschiedene Kreditformen jeweils mit den einzelnen Krediten bei den Bankinstituten aufgelistet. Jeder Kredit wird mit seiner Höhe, seiner Fälligkeit und seinem eventuell noch ausnutzbaren oder auch gesperrten Betrag aufgelistet. In Summe stehen dem Unternehmen noch € 3,177 Mio. durch eine weitere Ausnutzung der Kreditlinien zur Verfügung, wobei sich die verfügbare Liquidität vom Vormonat um 10,0 % verringert hat. Zudem zeigt der Liquiditätsstatus, dass das Unternehmen seinen Lieferanten € 9,029 Mio. schuldet, gleichzeitig jedoch auf einen Zahlungseingang von € 29,939 Mio. von seinen Kunden wartet. In der Regel werden diese Kundenforderungen in einer „*Offene-Posten-Liste*" im Detail dargestellt und z.B. nach Kunden und Fälligkeiten gereiht.

FIRMA: **XY GmbH** **KREDITÜBERSICHT in T€ PER: 30.Jun**

Bankinstitut:	Konto:	Kreditrahmen:	davon gesperrt	bereits ausgenutzt:	noch ausnutzbar:	vorh. Bankguthaben:	davon gesperrt:	Verfügbare Liquidität:	Laufzeit:	Zinssatz: %	Verwendungszweck Anmerkungen:
		1	2	3	4 = 1 – 2 – 3	5	6	7 = 4 + 5 – 6			
KREDITLINIEN – BETRIEBSMITTELKREDITE											
Unicredit	99327000	12.000	4.000	6.432	1.568			1.568	b.a.w.	4,80	
Unicredit	99327084	3.000		3.000	0			0	14.Sep	4,20	Barvorlage
DB	651364	4.000		4.000	0			0	18.Okt	5,20	Barvorlage
Σ		**19.000**	**4.000**	**13.432**	**1.568**			**1.568**			
INVESTITIONSKREDITE											
Unicredit	99327075	4.333		4.333	0				31.12.2016	3,95	variabel
RLB	26420012	1.875		1.875	0				31.12.2015	4,70	fix
Σ		**6.208**	**0**	**6.208**	**0**						
Bankguthaben											
Unicredit	84340370					625	0	625		0,95	variabel
RLB	602723					984	0	984		0,80	variabel
Σ						**1.609**	**0**	**1.609**			
Gesamt		**25.208**	**4.000**	**19.640**	**1.568**	**1.609**	**0**	**3.177**			
Gesamt Vormonat								**3.530**			
Veränderung in %								**–10,0 %**			

KREDITOREN GESAMT:	9.029
● DAVON SICHERHEITSEINBEHALTE:	2.649
● DAVON ÜBER 60 TAGE:	598

DEBITOREN GESAMT:	29.939
● DAVON SICHERHEITSEINBEHALTE:	991
● DAVON ÜBER 60 TAGE:	9.884

KRED./DEB. SALDO:	**20.910**
Kred./Deb. Saldo Vormonat:	17.165
Veränderung:	21,8 %

Abbildung 41: Beispiel Kreditübersicht

In Konzernen wird heute *Cash Pooling* betrieben, d.h., dass die Liquiditätsüberschüsse, die von Konzernunternehmen erwirtschaftet werden, zur Deckung des Liquiditätsbedarfs der anderen Konzernunternehmen verwendet werden. Durch diesen konzerninternen Ausgleich wird nur der Nettofinanzbedarf von außen (z.B. Banken) finanziert, was zu einer Zins- und evtl. auch zur Steuerersparnis führt. In Konzernen ist daher eine Übersicht über die *Ausleihungen* im Konzern ein fester Bestandteil des Liquiditätsstatus.

Konzernausleihungen XY-Holding per 15. Aug in Mio. €

an / von	U1	U2	U3	U4	U5	U6	U7	U8	U9	U10	Ford. Konzern
U1	**0,6**	2,4									2,4
U2		**-2,4**									
U3	1,8		**3,1**		1,3						3,1
U4				**7,6**				6,1	1,5		7,6
U5					**–1,3**						
U6						**2,2**		2,2			2,2
U7											
U8								**–8,3**			
U9									**–1,5**		
U10											
Verbindl. Konzern	1,8	2,4			1,3			8,3	1,5		15,3 / 15,3

Abbildung 42: Beispiel Übersicht Konzernausleihungen

Das konkrete Beispiel zeigt für alle Konzernunternehmen die Beträge, die sie jeweils an andere Konzernunternehmen verliehen haben. So hat Unternehmen 1 z.B. € 2,4 Mio. an Unternehmen 2 „verliehen". Gleichzeitig hat es sich € 1,8 Mio. von Unternehmen 3 geborgt. Es hat damit Konzernforderungen in Höhe von € 2, 4 Mio. und Konzernverbindlichkeiten in Höhe von € 1,8 Mio., was zu einem Saldo von € 0,6 Mio. führt. In der rechten Spalte ist für jedes Unternehmen die Gesamtsumme des an andere Unternehmen verliehenen Geldes zu sehen. Unternehmen 4 hat z.B. insgesamt € 7,6 Mio. verliehen. In der unteren Zeile ist für jedes Unternehmen die Summe des von anderen Unternehmen geliehenen Geldbetrags dargestellt. Unternehmen 8 hat z.B. Konzernverbindlichkeiten von € 8,3 Mio. In den diagonalen Zellen ist jeweils der Saldo der Konzernfinanzierung zu sehen. In Summe sind im Konzern € 15,3 Mio. von Unternehmen mit überschüssiger Liquidität zu Unternehmen mit Liquiditätsbedarf geflossen. Da

Guthaben bei Banken deutlich niedrigere Zinssätze aufweisen als Kredite, ist die Spanne aus Soll- und Habenzinsen für diese € 15,3 Mio. eine unmittelbare Ersparnis im Konzern.

1.3.4. Finanzwirtschaftliche Ziele

Die Finanzplanung bewegt sich im Spannungsfeld konkurrierender finanzwirtschaftlicher Ziele:

- Sicherung der jederzeitigen Liquidität
- Maximierung der Kapitalrentabilität als Verhältnis zwischen erzieltem Gewinn und eingesetztem Kapital
- Minimierung des Risikos
- Erhaltung der unternehmerischen Entscheidungsfreiheit

Liquidität und Rentabilität. Zwischen dem Streben nach Liquidität und dem Streben nach Rentabilität besteht ein Zielkonflikt. Eine über die jederzeitige Zahlungsfähigkeit hinausgehende Liquidität ist unter Rentabilitätsaspekten unwirtschaftlich, da brachliegende Liquide Mittel meist niedriger verzinst werden, als sie Fremdkapitalzinsaufwand verursachen bzw. als Eigenkapital bei alternativer Veranlagung Zinsen erbringen würde. Zu hohe Liquidität vermindert somit in den meisten Fällen die Rentabilität eines Unternehmens.

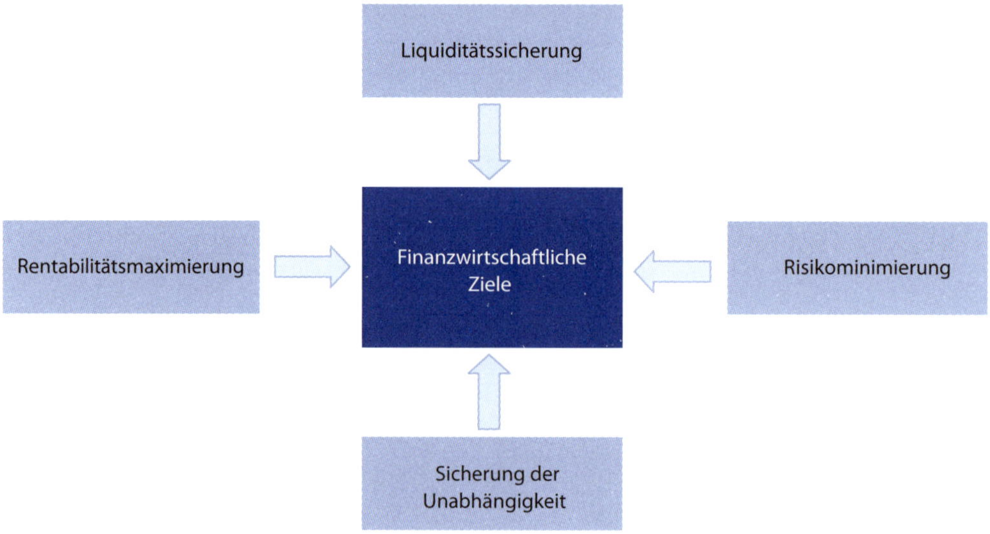

Abbildung 43: Finanzwirtschaftliches Zielsystem

Da die Zahlungsfähigkeit des Unternehmens in jedem Zeitpunkt gewährleistet sein muss, ist die Liquiditätssicherung das *vorrangige Ziel und Voraussetzung für das Rentabilitätsstreben.*

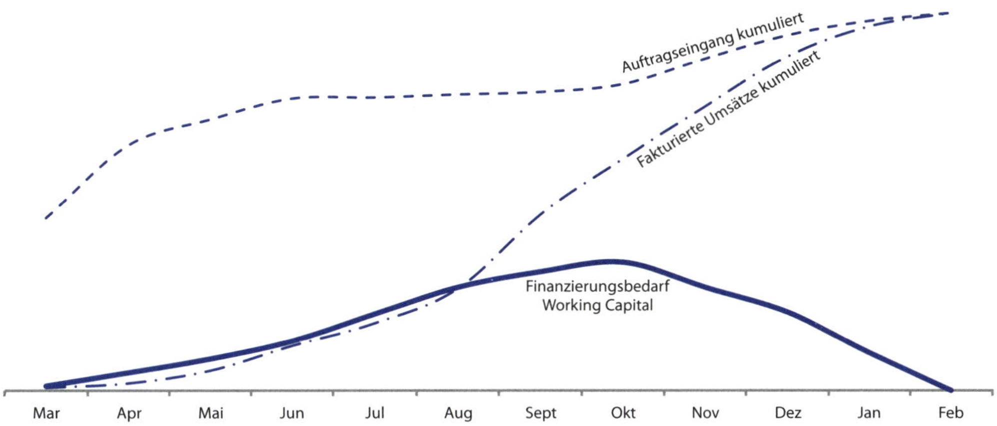

Abbildung 44: Saisonaler Liquiditätsbedarf in der Wintersportindustrie

Angesichts dieses Spannungsverhältnisses gilt es, im Rahmen der Finanzplanung ein *finanzielles Gleichgewicht* sicherzustellen, das die Zahlungsfähigkeit des Unternehmens zu jedem Zeitpunkt gewährleistet sowie das Ergreifen strategischer Chancen ermöglicht und unter dieser Voraussetzung die Unternehmensrentabilität maximiert (strategische Reagibilität). Viele Unternehmen versuchen daher einen Kompromiss aus ausreichender Liquidität (strategische Kriegskassa) und Rentabilität zu finden und ihre Liquidität entsprechend gut zu veranlagen.

Unternehmen	in Mio.	in Umsatzmonaten
Apple	237.100	10,7
Google	109.140	9,6
Microsoft	133.768	14,5
Netflix	3.794	2,9
SAP	10.611	5,2
McDonalds	866	0,5
Amazon	41.250	2,1
Walmart	7.722	0,2
Starbucks	9.206	4,5
Coca-Cola	15.964	6,0
Siemens	12.352	1,8
Tesla	3.686	2,1
BMW	10.979	1,4
Daimler	25.430	1,8
OMV	6.753	3,5
voestalpine	668	0,6

Abbildung 45: Zahlungsmittel, Zahlungsmitteläquivalente und sonstige kurzfristige finanzielle Vermögenswerte bekannter Unternehmen (Quelle: letzte verfügbare Geschäftsberichte zum 30.6.2019)

Gerade in den Jahren nach der Finanzkrise haben Unternehmen entsprechend der Marktunsicherheit wenig investiert und dadurch enorme Liquiditätsberge angehäuft.

Die Sicherheit. Das Streben nach Sicherheit bzw. die Vermeidung/Minimierung von Risiken steht wie die Liquiditätssicherung häufig im Konflikt zum Rentabilitätsziel. Im Regelfall gilt: *Je höher die Rentabilität, desto größer ist das Risiko und desto kleiner ist die Sicherheit.* Es ist zwischen hoher erreichbarer Rendite bei größerem Verlustrisiko und niedriger erreichbarer Rendite bei geringerem Verlustrisiko abzuwägen (siehe dazu auch Kapitel 4.2).

Die Unabhängigkeit. Finanzierungs- bzw. Kapitalbeschaffungsmaßnahmen sind oftmals mit Einschränkungen des unternehmerischen Entscheidungsspielraums verbunden. Durch die Aufnahme neuer Gesellschafter ändern sich in der Regel die Stimmrechtsverhältnisse und der Einfluss auf die Unternehmensleitung. Gerade in Wachstumsphasen junger Unternehmen besteht für die Gründungsmitglieder die Gefahr, die Entscheidungskontrolle zu verlieren. Auch die Aufnahme zusätzlicher Kredite kann den unternehmerischen Handlungsspielraum einengen, wenn die Gläubiger Einfluss auf die Geschäftsführung nehmen (insbesondere in Krisen), oder wenn durch die Notwendigkeit der Kreditbesicherung die Verfügungsgewalt über Vermögensteile beschränkt und unter Umständen auch die Möglichkeit weiterer Kreditaufnahmen begrenzt wird. Die Erhaltung der unternehmerischen Unabhängigkeit bzw. der Entscheidungsgewalt stellt somit eine nicht zu unterschätzende Nebenbedingung zum Rentabilitätsziel dar.

Zusammenfassung. Für die erfolgreiche finanzielle Unternehmenssteuerung ist die geschlossene Betrachtung der Ertrags-, Vermögens- und Finanzlage mit Hilfe von Gewinn- und Verlustrechnung, Bilanz und Cashflow-Statement notwendig. Entsprechend den Bewertungsspielräumen in G+V und Bilanz und den daraus entstandenen Bilanzskandalen, wie Enron oder Worldcom, tritt die Finanzrechnung in Form des Cashflow-Statements zusehends aus dem Schatten der Erfolgsrechnung. Das Cashflow-Statement wendet den Blick von bilanzpolitisch verzerrten Aufwänden und Erträgen zu den tatsächlichen Geldflüssen bzw. Cashflows und macht diese frei von Bewertung sichtbar.

Bei der Analyse der Finanzkraft eines Unternehmens ist es wichtig, die Bedeutung der unterschiedlichen Cashflow-Stufen zu beachten. Die Zwischenstufen *Cashflow aus dem Ergebnis, Cashflow aus der operativen Geschäftstätigkeit und Free Cashflow* dürfen nicht mit Veränderung der Zahlungsmittel verwechselt werden.

Die Feststellung des Kapitalbedarfs und die Sicherstellung der Zahlungsfähigkeit sind Gegenstand der Finanzplanung. Diese kann direkt durch Gegenüberstellung der Ein- und Auszahlungen oder indirekt mit Hilfe des Cashflow-Statements gemacht werden und soll das langfristige finanzielle Gleichgewicht des Unternehmens ermöglichen.

Der Cashflow stand lange im Schatten des Erfolgsdenkens und der Erfolgsrechnung. In „normalen“, stabilen Phasen der Betriebstätigkeit kann die Erfolgsrechnung auch ausreichen. Die Liquiditätsbetrachtung kann dabei – sofern die Finanzierungspartner stabil bleiben – in den Hintergrund treten. In starken Wachstumsphasen und Krisensituationen reicht die Erfolgsrechnung zur erfolgreichen Unternehmenssteuerung nicht aus. Umgekehrt wäre die *reine Cashflow-Steuerung eine Rückkehr zur Kameralistik.*

1.4. Kontrollfragen

- Welche Grundstruktur besitzen G+V und Bilanz?
- Wie ist der Zusammenhang zwischen Gewinn und Eigenkapital bzw. Cashflow und Liquiden Mitteln?
- Warum kann ein Unternehmen genügend Eigenkapital, aber keine Liquiden Mittel haben bzw. umgekehrt genügend Liquidität, aber kein Eigenkapital?
- Was ist der Unterschied zwischen Einzahlungen/Auszahlungen und Erträgen/Aufwendungen?
- Wie ist der Zusammenhang zwischen G+V, Bilanz und Cashflow-Statement?
- Welche Grundstruktur besitzt das Cashflow-Statement?
- Welche Cashflows kennen Sie und wie unterscheiden sie sich?
- Unter welchen Bedingungen sind der Cashflow aus dem Ergebnis und die Veränderung der Liquidität ident?
- Welche vier Möglichkeiten kennen Sie, die im Cashflow aus dem Ergebnis erwirtschafteten Zahlungsmittel zu verwenden?
- Was ist die Kernaussage des Free Cashflow?
- Welche Geschäftsfälle kennen Sie, bei denen die Zahlung erfolgt, bevor der Geschäftsfall in der G+V verbucht wird?
- Welche Geschäftsfälle kennen Sie, bei denen die Zahlung erfolgt, nachdem der Geschäftsfall in der G+V verbucht wurde?
- Was versteht man unter dem finanzwirtschaftlichen Kreislauf (Cash Conversion Cycle)?
- Welche Aussage hat das Capital Employed und wie wird es berechnet?
- Von welchen drei Faktoren wird der Kapitalbedarf in besonderem Maße bestimmt?
- Was versteht man allgemein unter dem Working Capital und welche zwei wesentlichen Sichten des Working Capital gibt es?
- Wie wird der C2C-Cycle berechnet und was ist seine Aussage?
- Wie hängen die Kennzahlen C2C-Cycle, Working Capital in % vom Umsatz und Working Capital Turns zusammen?
- Wie wirkt sich eine Verkürzung/Verlängerung des C2C-Cycles auf den Cashflow aus?
- Unter welchen Bedingungen führt eine Verkürzung des C2C-Cycles dennoch zu einer Erhöhung des Working Capital und damit zu zusätzlichem Liquiditätsbedarf?

- Wie hoch ist der C2C-Cycle durchschnittlich?
- Welche Möglichkeiten hat ein Unternehmen bei Liquiditätsengpässen, um Liquidität intern freizusetzen?
- Wie ist die Grundstruktur eines direkten Finanzplans?
- Wie hängen Verbindlichkeiten aus L&L, Lagerstand, Bestellmenge, Materialaufwand und die Auszahlungen an Lieferanten zusammen?
- Welche finanzwirtschaftlichen Ziele kennen Sie?
- Warum halten Unternehmen hohe Liquiditätsbestände, obwohl sie dafür kaum Zinserträge erwirtschaften?

1.5. Tutorials

Schwierigkeitsgrad: ••

Beispiel T01: Bilanz, G+V und Liquidität

Die Schlussbilanz der Edwards Industries AG für das abgelaufene Geschäftsjahr hat folgendes Bild:

Edwards Industries Bilanz per 31. Dezember in €

Aktiva		**Passiva**	
Maschinen	3.020.000	Grundkapital	540.000
Gebäude	1.650.000	Bilanzgewinn und -verlust	1.625.000
Anlagevermögen	**4.670.000**	**Eigenkapital**	**2.165.000**
Vorräte	150.000	Kfr. Bankverbindlichkeiten	90.000
Lieferforderungen	65.000	Kfr. Anleihen	75.000
Wertpapiere des UV	55.000	**Kfr. Verbindlichkeiten**	**165.000**
Liquide Mittel	140.000	Lfr. Verbindlichkeiten	2.750.000
Umlaufvermögen	**410.000**	**Verbindlichkeiten**	**2.915.000**
Σ Aktiva	**5.080.000**	**Σ Passiva**	**5.080.000**

Das Unternehmen erwartet für das Planjahr einen Nettogewinn von € 1.400.000. Der Vorstand überlegt zwischen vier Varianten der Gewinnverwendung, die er dem Aufsichtsrat zur Beschlussfassung vorlegen könnte.

Aufgabenstellung

Was wäre der Effekt auf die Schlussbilanz des Planjahres (alle nachfolgend nicht genannten Positionen bleiben unverändert, die Veränderung der Liquidität entspricht dem Gewinn), wenn Edwards Industries AG

- keine Dividende zahlt und den Gewinn von € 1.400.000 zu 100 % in Wertpapiere des Umlaufvermögens investiert?
- € 550.000 an Dividende zahlt und mit den verbleibenden Mitteln des Nettogewinns langfristige Verbindlichkeiten begleicht?

- € 550.000 an Dividende zahlt und die verbleibenden Mittel des Nettogewinns in den Bau eines neuen Kundenschauraums investiert?
- den gesamten Gewinn in Höhe von € 1.400.000 als Dividenden an seine Aktionäre auszahlt?

Lösung

- 100 % des Gewinns in Wertpapiere: Eigenkapital + € 1,4 Mio., Wertpapiere des Umlaufvermögens: + € 1,4 Mio.

Beispiel T02: Cashflow und Cashflow-Statement

Schwierigkeitsgrad: ••

Die Finkraft AG plant für das kommende Jahr einen Jahresüberschuss in Höhe von € 1.510.000. Die Schlussbilanz des Vorjahres und des Planjahres sind wie folgt gegeben:

Aktiva	Planjahr	Vorjahr
Brutto Anlagevermögen	28.400	27.700
– kumulierte Abschreibungen	14.100	12.800
Netto Anlagevermögen	**14.300**	**14.900**
Vorräte	3.500	2.400
Lieferforderungen	2.700	2.300
Wertpapiere des Umlaufvermögens	2.200	1.600
Liquide Mittel	1.300	1.100
Umlaufvermögen	**9.700**	**7.400**
Aktiva	**24.000**	**22.300**

Passiva		
Grundkapital	10.800	10.800
Bilanzgewinn und -verlust	2.700	2.100
Eigenkapital	**13.500**	**12.900**
Kfr. Rückstellungen	300	200
Kfr. Verbindlichkeiten aus L&L	1.800	1.700
Kfr. Verbindlichkeiten	**2.100**	**1.900**
Lfr. Verbindlichkeiten	8.400	7.500
Passiva	**24.000**	**22.300**

Aufgabenstellung

- Erstellen Sie die Bewegungsbilanz und unterteilen Sie diese in Mittelherkunft und Mittelverwendung. Zeigen Sie die A+, A–, P+ und P– Positionen.
- Erstellen Sie das Cashflow-Statement für das Planjahr.

Lösungen

- Cashflow aus der operativen Geschäftstätigkeit = € 1.510
- Free Cashflow = € 810
- Veränderung liquider Mittel und Wertpapiere des UV = € 800

Schwierigkeitsgrad: ••

Beispiel T03: Finanzplanung – Saisonale Spitzen

Ein Unternehmen erzeugt Snowboards. Die Verkaufsmenge wird auf 250.000 Stück mit einem Verkaufspreis von € 200 je Stück geschätzt. Die unterjährige Monatsverteilung der Verkaufszahlen sieht wie folgt aus:

	Jan	Feb	Mär	Apr	Mai	Jun	Jul	Aug	Sep	Okt	Nov	Dez
Verkaufsmenge	10 %	5 %	5 %	0 %	0 %	0 %	0 %	0 %	10 %	30 %	25 %	15 %

Weitere Finanzdaten (es gibt keine kalk. Kosten, d.h. Kosten und Aufwand sind ident):

- Das Zahlungsziel beträgt einen Monat, aus dem Vorjahr sind noch Forderungen in Höhe von € 4 Mio. offen, die im Jänner bezahlt werden.
- Das Unternehmen produziert je Monat idente Stückzahlen.
- Der Materialaufwand pro Stück beträgt € 40. Das Material wird von den Lieferanten „just in time" zur Verfügung gestellt (Vendor Managed Inventory) und entsprechend den Skontokonditionen noch im selben Monat bezahlt.
- Die variablen Lohnkosten pro Stück betragen € 20, die zur Gänze im selben Monat gezahlt werden.
- Die Auszahlungen für die fixen Lohnkosten betragen € 1.000.000 pro Monat, in den Monaten Mai und November jedoch € 2.000.000.
- Die sonstigen monatlichen Fixkosten sind zahlungswirksam und betragen € 2.000.000.
- Im Juni wird eine Investition über € 5.000.000 getätigt.
- Die liquiden Mittel betragen Anfang Jänner € 2.000.000.
- Der Kreditrahmen beträgt € 30 Mio.

Aufgabenstellung

- Berechnen Sie die Ein- und Auszahlungen, die während des Jahres auftreten.
- Berechnen Sie die monatliche Veränderung der liquiden Mittel.
- Berechnen Sie die monatliche Ausnutzung des Kreditrahmens und den verbleibenden Liquiditätsspielraum.

Lösungen

- Summe Auszahlungen gesamt = € 58,0 Mio.
- Ausnutzung Ende = € 9,5 Mio.

Beispiel T04: Finanzplanung – Errichtung Golfplatz

Schwierigkeitsgrad: •••

Ein Immobilienunternehmen plant, einen Golfplatz zu errichten. Dazu wird mit 1. Jänner des aktuellen Jahres eine GmbH mit einer Kapitaleinlage von € 100.000 gegründet. Es ist geplant, den Spielbetrieb mit 1. Juli aufzunehmen und bis Ende Oktober aufrechtzuerhalten. In den Folgejahren soll bereits mit 1. April geöffnet werden.

Gründungsaufwand:

- Das Grundstück wird von der Gemeinde noch im Jänner zu einem Preis von € 2 Mio. erworben und auf zehn Jahre bei einem Fixzinssatz von 5 % jährlich gleichmäßig getilgt (Zinsen und Tilgung am Jahresende fällig).
- Der Aufwand für die Errichtung des bezugsfertigen Clubgebäudes (inkl. Einrichtung …) wird auf € 500.000 geschätzt, die mit Fertigstellung im Juni zur Gänze fällig sind. Die Nutzungsdauer wird mit zehn Jahren veranschlagt.
- Der Aufwand für die Platzerrichtung wird auf € 1 Mio. geschätzt und ist zur Hälfte bei Baubeginn im April und Bauende im Juni fällig (Nutzungsdauer zehn Jahre).

Laufender betrieblicher Aufwand:

- Der monatliche Personalaufwand wird während der Betriebszeit mit € 18.000, in den Schließungsmonaten mit € 3.000 zahlungswirksam geschätzt (ab Firmengründung).
- Im Rahmen des laufenden Spielbetriebs entsteht in den Öffnungsmonaten in Summe ein weiterer zahlungswirksamer Aufwand (Wasser, Platzpflege, …) von € 20.000, in den Schließungsmonaten beträgt er € 2.000 (im ersten Jahr ab Ende Spielbetrieb).

Erträge:

- Das Werben der Clubmitglieder beginnt mit Februar, wobei ein Anreiz zur möglichst frühen Einzahlung der einmaligen Einschreibgebühr von € 4.000 und des Jahresmitgliedsbeitrags von € 1.000 geschaffen wird. Es wird im ersten Jahr mit insgesamt 150 Mitgliedern gerechnet. Es wird geschätzt, dass die Kunden wie folgt Mitglieder werden: im März und April jeweils 10 %, von Mai bis Juli jeweils 20 % und im August und September wiederum jeweils 10 %.
- Als weitere Einnahmequelle wird die Greenfee mit monatlich konstanten Einzahlungen von € 15.000 während der Betriebszeit budgetiert.
- Das Clubrestaurant wird fremd vergeben, wodurch während der Betriebszeit monatliche Einzahlungen von € 7.000 erzielt werden.

Finanzierung:

Erforderliches Fremdkapital (neben dem Gemeindekredit) steht in Form eines Investitionskredits in Höhe von € 900.000 (zehn Jahre Laufzeit, 5 % Zinsen, gleichmäßige Tilgung am Jahresende) zur Verfügung. Zudem steht ein Betriebsmittelkredit bis zur Höhe von € 300.000 zur Verfügung. Der Investitionskredit kann nur im ersten Monat und nur in voller Höhe aufgenommen werden. Die Zinsen des Betriebsmittelkredits betragen 0,5 % pro Monat. Sie werden von der Ausnutzung am Monatsende berechnet und jeweils im Folgemonat gezahlt. Eventuelle Liquiditätsüberschüsse durch die Kreditaufnahme werden als Bankguthaben mit 0,2 % pro Monat verzinst. Sie werden ebenfalls vom Guthaben am Monatsende berechnet und im Folgemonat gezahlt.

Aufgabenstellung

- Ermitteln Sie den monatlichen Finanzplan (direkt) für das erste Geschäftsjahr unter Vernachlässigung allfälliger Steuern. Reicht die Finanzierung?
- Diskutieren Sie den Gewinn des Unternehmens für das erste Geschäftsjahr.
- Ermitteln Sie den direkten Finanzplan für das zweite Geschäftsjahr. Es wird geschätzt, dass im zweiten Jahr die maximale Mitgliederanzahl von 250 erreicht wird und bestehen bleibt (die Mitglieder werden von Jänner bis April gleichmäßig akquiriert, keine Kündigungen der Mitglieder des ersten Jahres). Die bestehenden Kunden zahlen ihren Mitgliedsbeitrag jeweils zur Hälfte im März und April, die Neukunden gleichzeitig mit der Einschreibgebühr.
- Beurteilen Sie die finanzielle Situation in Stichworten und analysieren Sie die Unterschiede zwischen dem ersten und dem zweiten Jahr.
- Analysieren Sie die Veränderungen im dritten Jahr. Kann der Betrieb auf Dauer finanziert werden?

Lösungen

- Ausnutzung Betriebsmittelkredit Ende Jahr 1: € 266.792; Jahr 2: € 171.412

1.6. Übungsbeispiele und -aufgaben

Schwierigkeitsgrad: •

Beispiel U01: Bilanz, Gewinn und Liquidität

Im Rahmen des dreiteiligen Rechnungswesens gibt es nachfolgende Unterteilung der Geschäftsfälle bezüglich ihrer Liquiditäts- und Gewinnwirkung:

Geschäftsfälle		Beispiel 1	Beispiel 2
ausschließlich liquiditätswirksam	Einzahlung, aber kein Ertrag		
	Auszahlung, aber kein Aufwand		
ausschließlich erfolgswirksam	Ertrag, aber keine Einzahlung		
	Aufwand, aber keine Auszahlung		
liquiditäts- und erfolgswirksam	Ertrag und Einzahlung		
	Aufwand und Auszahlung		
ausschließlich vermögenswirksam	Weder Einzahlung/Ertrag noch Auszahlung/Aufwand		

Aufgabenstellung

- Finden Sie für jede Kategorie der Liquiditäts- und Gewinnwirkung (z.B. Einzahlungen – kein Ertrag) zwei Geschäftsfälle.

Lösungen

- Einzahlung, aber kein Ertrag: Kreditaufnahme
- Weder Einzahlung/Ertrag noch Auszahlung/Aufwand: Umwandlung von Bankkrediten in Eigenkapital

Beispiel U02: Bilanz, G+V und Liquidität

Schwierigkeitsgrad: ••

Welche Projekte führen zur Liquiditäts-, welche zur Ergebnisverbesserung? Unterscheiden Sie zwischen kurzfristiger und langfristiger Wirkung!

- Personalabbau
- Sofortige und dauerhafte Reduktion des Materialaufwands durch niedrigere Einkaufspreise
- Sofortige und dauerhafte Reduktion des Sonstigen Aufwands
- Abbau Vorräte vom derzeitigen Niveau auf ein niedrigeres Niveau, das dann wieder konstant gehalten wird
- Sofortige und dauerhafte Reduktion der Investitionen
- Kurzfristiger Verkauf des derzeit nicht betriebsnotwendigen Vermögens (zum Buchwert)

Lösungen

- Personalabbau kurzfristig: liquiditäts- und ergebnisverschlechternd durch Abfertigungszahlungen, Auszahlung Urlaub oder auch Sozialpläne; langfristig: liquiditäts- und ergebnisverbessernd

Beispiel U03: Bilanz, Gewinn und Liquidität

Schwierigkeitsgrad: •

Die Eröffnungsbilanz eines Unternehmens zeigt auf der Aktivseite € 100.000 Liquide Mittel. Diese sind zu 50 % durch Eigenkapital und zu 50 % durch Bankverbindlichkeiten finanziert.

Aufgabenstellung

- Zeigen Sie die Bilanzstruktur nach Rückzahlung der Bankverbindlichkeiten.
- War dies eine Finanz- oder eine Erfolgszahlung? Warum?

Lösungen

- Liquide Mittel: € 50.000, Finanzzahlung

Schwierigkeitsgrad: ••

Beispiel U04: Bilanz, Gewinn und Liquidität

Ein Unternehmen hat folgende Bilanzstruktur:

Bilanz per 31. Dezember in €

Aktiva		**Passiva**	
Maschinen	3.020.000	Grundkapital	540.000
Gebäude	1.650.000	Bilanzgewinn und -verlust	1.625.000
Anlagevermögen	**4.670.000**	**Eigenkapital**	**2.165.000**
Vorräte	150.000	Kfr. Bankverbindlichkeiten	90.000
Lieferforderungen	65.000	Verbindlichkeiten aus L&L	75.000
Wertpapiere des UV	55.000	**Kfr. Verbindlichkeiten**	**165.000**
Liquide Mittel	140.000	Lfr. Verbindlichkeiten	2.750.000
Umlaufvermögen	**410.000**	**Verbindlichkeiten**	**2.915.000**
Σ Aktiva	**5.080.000**	**Σ Passiva**	**5.080.000**

Aufgabenstellung

- Konstruieren Sie einen Geschäftsfall, bei dem das Unternehmen liquide bleibt, jedoch überschuldet ist.
- Konstruieren Sie einen Geschäftsfall, bei dem das Unternehmen Gewinn ausweist, jedoch illiquid ist.
- Unterstellen Sie, dass das Unternehmen zu 100 % mit Eigenkapital finanziert wäre. Welche Auswirkung hätte dies auf den von Ihnen konstruierten Geschäftsfall zur Überschuldung?

Lösungen

- Liquide, aber überschuldet: Brand, der alle Maschinen zerstört (ohne Versicherung)

Schwierigkeitsgrad: •

Beispiel U05: Bilanz, G+V, Liquidität und Cashflow

Ein Unternehmen hat eine Eröffnungsbilanz mit € 500.000 liquiden Mitteln, die zu 100 % Eigenkapital sind.

- Aus dem laufenden Geschäft ergeben sich keine Geschäftsfälle, jedoch ist mit einer Klage eines Konkurrenten in Höhe von € 100.000 zu rechnen.
- Im Folgejahr wird ein Grundstück um € 300.000 bar gekauft. Zudem konnte man sich mit dem Konkurrenten außergerichtlich vergleichen und zahlte eine Entschädigung von € 10.000 in bar.

Aufgabenstellung

- Erstellen Sie die Schlussbilanz für das Ende des laufenden Jahres und des Folgejahres.

- Wie hoch ist die Veränderung der liquiden Mittel für beide Geschäftsjahre?
- Wie hoch ist der Cashflow (Praktikerformel) im zweiten Jahr?

Lösungen

- Veränderung der liquiden Mittel: Jahr 1: +/– 0; Jahr 2: € –310.000

Beispiel U06: Bilanz, G+V, Liquidität und Cashflow

Schwierigkeitsgrad: ••

Ein Unternehmensgründer eröffnet ein Dienstleistungsunternehmen am 1. April. Die folgenden Transaktionen werden während des ersten Monats abgeschlossen:

Datum	Geschäftsfall
1. April	Unternehmensgründung mit einer Kapitaleinlage von € 100.000 in bar
2. April	Miete eines eingerichteten Büros und Barzahlung der Miete für April über € 5.500
4. April	Kauf von Werkzeugen über € 2.200 auf Ziel
6. April	Barzahlung über € 1.500 für den Aufwand des Eröffnungsevents
8. April	Leistung von Wartungsarbeiten für einen Kunden, sofortige Zahlung von € 950 in bar
14. April	Leistung von Wartungsarbeiten für einen Großkunden über € 8.200 auf Ziel
16. April	Barzahlung über € 850 für Mitarbeitergehalt für die erste Hälfte des Monats
20. April	Barzahlung der Forderungen durch den Großkunden vom 14. April
24. April	Leistung von Wartungsarbeiten für ein Hotel über € 650 auf Ziel
29. April	Barzahlung über € 2.200 für die am 4. April gekauften Werkzeuge
30. April	Privatentnahme über € 3.800 in bar

Aufgabenstellung

- Stellen Sie eine Bilanz mit 30. April und eine G+V für April auf.
- Kalkulieren Sie den Cashflow aus dem Ergebnis und die Veränderung der liquiden Mittel (ohne die Kapitaleinlage) und diskutieren Sie die Unterschiede.

Lösungen

- Summe Aktiva/Passiva = € 98.150
- Jahresüberschuss = € 1.950
- Cashflow = € 1.950
- Veränderung Liquide Mittel = € –4.700

Beispiel U07: Bilanz, G+V, Liquidität und Cashflow

Schwierigkeitsgrad: ••

Die Eröffnungsbilanz eines Unternehmens hat folgende Struktur (in €):

Eröffnungsbilanz

Aktiva		Passiva	
Maschinen	400.000	Eigenkapital	900.000
Material	400.000	Fremdkapital	0
Liquide Mittel	100.000		
Σ Aktiva	**900.000**	**Σ Passiva**	**900.000**

Das Unternehmen rechnet mit einem Planumsatz in Höhe von € 1,3 Mio. und folgenden Kosten in €:

Plankosten	
Personal	300.000
Material	400.000
Abschreibungen	100.000
Sonstiger Aufwand	200.000

Die geplanten Umsätze werden zu 100 % als zahlungswirksam angenommen. Personalaufwand und Sonstiger Aufwand werden nur zu 90 % gezahlt. Das Material wird vom Lager entnommen, der Auftrag wird unmittelbar bezahlt.

Aufgabenstellung

- Erstellen Sie Bilanz und G+V unmittelbar nach der Bezahlung durch den Kunden.
- Bestimmen Sie den Cashflow aus dem Ergebnis (nach der Praktikerformel).
- Bestimmen Sie den Netto-Cashflow (Veränderung Liquider Mittel).

Lösungen

- Gewinn = € 300.000
- Cashflow = € 400.000
- Veränderung Liquide Mittel = € 850.000

Schwierigkeitsgrad: •••

Beispiel U08: Bilanz, G+V, Liquidität und Cashflow

Vergleichen Sie die aktuellsten Geschäftsberichte von BMW, Amazon und Walmart bezüglich folgender Positionen:

- Wie hoch war der Jahresüberschuss der Unternehmen?
- Wie hoch waren die liquiden Mittel am Ende des Geschäftsjahres?
- Wie hoch ist die Veränderung der liquiden Mittel in diesem Geschäftsjahr?
- Errechnen Sie den Cashflow aus dem Ergebnis (Jahresüberschuss + Abschreibung des Anlagevermögens).
- Vergleichen Sie die Ergebnisse dieses Geschäftsjahres mit denen des Vorjahres.
- Analysieren Sie die finanzielle Situation der Unternehmen und erläutern Sie die Unterschiede.

Schwierigkeitsgrad: ••

Beispiel U09: Bilanz, G+V, Liquidität und Cashflow

Eine Maschine wurde um € 150.000 angeschafft (Nutzungsdauer fünf Jahre, lineare Abschreibung). Nach drei Jahren wird diese Maschine mit einem Restbuchwert von € 60.000 verkauft. Die Bilanz hat vor dem Verkauf folgendes Bild:

Bilanz in €

Aktiva		Passiva	
Maschinen	60.000	Nennkapital	60.000
Liquide Mittel	0	Gewinn	0
Σ Aktiva	**60.000**	**Σ Passiva**	**60.000**

Es gibt zwei Kaufinteressenten. Käufer A bietet einen Kaufpreis von € 63.000. Käufer B bietet einen Kaufpreis von € 58.000.

Aufgabenstellung

- Erstellen Sie die Bilanz, G+V und das Cashflow-Statement für beide Verkaufsmöglichkeiten.
- Berechnen Sie jeweils die Veränderung der Liquiden Mittel.

Lösungen

- Veränderung Liquide Mittel bei Käufer A: +€ 63.000

Beispiel U10: Cashflow-Statement

Schwierigkeitsgrad: ••

Im Beispiel der Consulting AG von Seite 9 wurden Bilanz und G+V sowohl für den Fall der unmittelbaren Barzahlung als auch für den Fall der Geschäftsabwicklung auf Ziel mit anschließender Bezahlung gezeigt.

Aufgabenstellung

- Erstellen Sie das Cashflow-Statement für beide Fälle.

	Cashflow-Statement	Barzahlung	Geschäft auf Ziel	Zahlung Reisespesen	Zahlung Kunde
	Jahresüberschuss-/fehlbetrag				
+/–	Abschreibungen/Zuschreibungen auf das Anlagevermögen				
+/–	Dotierung/Auflösung langfristiger Rückstellungen				
=	**Cashflow aus dem Ergebnis**				
–/+	Erhöhung/Senkung von Vorräten inkl. geleisteten Anzahlungen, ARA				
+/–	Erhöhung/Senkung erhaltener Anzahlungen, PRA				
–/+	Erhöhung/Senkung Forderungen L&L und sonst. Forderungen				
+/–	Erhöhung/Senkung Verbindlichkeiten L&L, Schuldwechsel u. sonst. Verb.				
+/–	Erhöhung/Senkung kurzfr. Rückstellungen				
=	**Cashflow aus dem operativen Bereich**				

	Cashflow-Statement	Bar-zahlung	Geschäft auf Ziel	Zahlung Reise-spesen	Zahlung Kunde
–	Investitionen in das Anlagevermögen				
+	Abgänge aus dem Anlagevermögen				
=	Cashflow aus dem Investitionsbereich				
	FREE CASHFLOW				
+	Einzahlung aus Kapitalerhöhung (inkl. Agio)				
–	Auszahlung an Gesellschafter (Dividende, Rückzahlung von Kapital)				
=	**Zwischensumme Cashflow von den (an die) Gesellschafter**				
+	Einzahlung aus kurzfristigen Krediten				
+	Einzahlung aus Anleihen, Darlehen und langfristigen Krediten				
–	Rückzahlung kurzfristiger Kredite				
–	Rückzahlung, Tilgung von Anleihen, Darlehen und langfristigen Krediten				
=	**Cashflow aus dem Finanzierungsbereich**				
=	**VERÄNDERUNG DER LIQUIDEN MITTEL**				
+	Anfangsbestand der liquiden Mittel				
=	**Endbestand der liquiden Mittel**				

Lösungen

- Veränderung der liquiden Mittel: bar = € 5.000; auf Ziel = 0; Zahlung Reisespesen = € –10.000; Zahlung Kunde = €+15.000

Schwierigkeitsgrad: ••

Beispiel U11: Cashflow und Cashflow-Statement

Vergleichen Sie die Kapitalbindungsdauer (wie lange das investierte Kapital gebunden ist) und die Kapitalintensität (Höhe des benötigten Kapitaleinsatzes) folgender Branchen:

1. Fertigung:
   - Serienfertigung Investitionsgüterindustrie – Autozulieferbereich
   - Serienfertigung Konsumgüterindustrie – Skiindustrie
2. Bauindustrie
3. Handel
   - „Greißler"
   - Lebensmitteldiskonter
   - Online-Händler
4. Dienstleistungsbereich
   - Beratung
   - Hotellerie

Zeigen Sie Möglichkeiten der Beeinflussung der Kapitalbindungsdauer und -intensität auf.

Lösungen

- Autozulieferindustrie: hohe Kapitalbindung und Kapitalintensität durch langfristige Maschineninvestitionen (abhängig von Fertigungstiefe)

Beispiel U12: Cashflow und Cashflow-Statement

Schwierigkeitsgrad: ••

Erstellen Sie das Cashflow-Statement für alle vier Varianten der Gewinnverwendung von T01.

Lösungen

- Free Cashflow (Kauf von Wertpapieren): 1.400.000
- Free Cashflow (Dividende + Rückzahlung Verbindlichkeiten): 550.000
- Free Cashflow (Dividende + Investition in Kundenschauraum): 550.000
- Free Cashflow (Dividende): 1.400.000
- Veränderung Liquidität: in allen vier Varianten 0

Beispiel U13: Cashflow und Cashflow-Statement

Schwierigkeitsgrad: ••

Erstellen Sie für das Beispiel U06 das Cashflow-Statement für den Zeitraum von 2. bis 30. April.

Lösungen

- Cashflow aus der operativen Geschäftstätigkeit: € 1.300
- Netto-Cashflow: € –4.700

Beispiel U14: Cashflow und Cashflow-Statement

Schwierigkeitsgrad: ••

Ein Unternehmen plant für das kommende Jahr einen Jahresüberschuss in Höhe von € 900.000. Die Schlussbilanz des Vorjahres und die Planbilanz des Folgejahres sind wie folgt gegeben (in 1.000 €):

Aktiva	Planjahr	Vorjahr
Brutto Anlagevermögen	25.500	24.000
– kumulierte Abschreibung	13.000	12.000
Netto Anlagevermögen	**12.500**	**12.000**
Vorräte	4.000	2.000
Lieferforderungen	3.500	4.000
Liquide Mittel	3.500	5.000
Umlaufvermögen	**11.000**	**11.000**
Aktiva	**23.500**	**23.000**

Passiva		
Grundkapital	10.000	10.000
Bilanzgewinn und -verlust	3.000	2.100
Eigenkapital	**13.000**	**12.100**
Kfr. Rückstellungen	400	200
Kfr. Verbindlichkeiten aus L&L	1.800	1.200
Kfr. Verbindlichkeiten	**2.200**	**1.400**
Lfr. Bankverbindlichkeiten	8.300	9.500
Passiva	**23.500**	**23.000**

Aufgabenstellung

- Erstellen Sie die Bewegungsbilanz und unterteilen Sie diese in Mittelherkunft und Mittelverwendung. Zeigen Sie die A+, A–, P+ und P– Positionen.
- Erstellen Sie das Cashflow-Statement für das Planjahr.

Lösungen

- Cashflow aus der operativen Geschäftstätigkeit = € 1.200
- Free Cashflow = € –300

Schwierigkeitsgrad: ••

Beispiel U15: Bilanz, G+V, Liquidität und Cashflow

Die Bilanz eines Unternehmens hat zum 31.12. des abgeschlossenen Jahres folgende Struktur (in 1.000 €):

Bilanz per 31. Dezember

Aktiva		Passiva	
Maschinen	100	Eigenkapital	100
Rohmaterial	100		
Cash	100		
Σ Aktiva	**300**	**Σ Passiva**	**100**

Das Unternehmen erwirtschaftet aktuell keinen Gewinn und keinen Netto-Cashflow, d.h. der Jahresüberschuss und die Veränderung der liquiden Mittel sind null. Die Eigentümer entnehmen daher auch keine Gewinne. Es wird nur in Höhe der planmäßigen Abschreibung investiert. Die monatliche Abschreibung beträgt € 5.000. Das Working Capital wurde bislang immer konstant gehalten. Die Produktion erfolgt erst auf Kundenbestellung (make to order), d.h. es gibt keine Halb- und Fertigfabrikate in der Bilanz. Für die Lagerung der Rohmaterialien fallen keine Kosten an. Produktion und Verkauf sind über das gesamte Jahr und auch innerhalb der Monate konstant. Das Unternehmen verbraucht monatlich Rohmaterial im Wert von € 40.000. Die Rohmateriallieferung durch den Lieferanten erfolgt jeweils am Monatsende in Höhe des Monatsverbrauchs, sodass am Monatsende immer wieder Rohmaterial in Höhe von € 100.000 bilanziert wird. Die Lieferanten werden unmittelbar bezahlt, d.h. es gibt keine Verbindlichkeiten gegenüber Lieferanten.

Aufgrund der schlechten Geschäftslage überlegt das Unternehmen, den Rohmaterialbestand zu senken. Dazu soll in einem Monat die Rohmateriallieferung ausgesetzt und dann wieder in gleicher Weise der Monatsverbrauch bestellt werden.

Aufgabenstellung

- Erstellen Sie Bilanz und Kapitalflussrechnung für die zwölf Monate des Folgejahres, wenn wie bisher weitergearbeitet wird und der Rohmaterialbestand nicht gesenkt wird.
- Erstellen Sie Bilanz und Kapitalflussrechnung für die zwölf Monate des Folgejahres unter der Annahme, dass der Rohmaterialbestand durch einen Entfall der März-Lieferung gesenkt wird.
- Wie viel Geld wird in beiden Varianten im Gesamtjahr an den Lieferanten überwiesen?
- Wie hoch ist der jährliche Materialaufwand in beiden Varianten?
- Diskutieren Sie die kurz- und langfristige Wirkung der Senkung von Rohmaterialbeständen auf Liquidität und Materialaufwand!

Lösungen

- Ohne Senkung des Rohmaterialbestands: Jahresüberschuss = 0, Eigenkapital Ende = € 300.000, Liquide Mittel Ende = € 100.000, Summe Investitionen = € 60.000; Bezahlung an Lieferanten: € 480.000; Materialaufwand: € 480.000
- Bei Bestandsenkung Jahresüberschuss = 0, Eigenkapital Ende = € 300.000, Materialaufwand: € 480.000, Liquide Mittel Ende = € 140.000; Bezahlung an Lieferanten: € 440.000

Beispiel U16: Cashflow und Cashflow-Statement

Schwierigkeitsgrad: •••

Buy.com war das Unternehmen, das die $-100-Mio.-Online-Umsatzgrenze in der Wirtschaftsgeschichte am schnellsten durchbrochen hat. Das Geschäftsmodell war darauf aufgebaut, Produkte unter dem Einstandspreis zu verkaufen (in der Hoffnung auf Werbeeinnahmen auf der Website die dann letztlich nicht realisiert wurden). BuyCheap.com verfolgt nun die gleiche Strategie und hat dazu Kapital an der Börse aufgenommen. Die Gründungsbilanz sieht wie folgt aus:

Gründungsbilanz in 1.000 €

Aktiva		Passiva	
Anlagevermögen	1.000	Grundkapital	4.200
Vorräte	200	Bankkredit	0
Liquide Mittel	3.000		
Σ Aktiva	**4.200**	**Σ Passiva**	**4.200**

Weiters dreht sich das Lager fünfmal pro Jahr (Handelswareneinsatz/Vorräte = 5) und der Handelswareneinsatz beträgt 120 % des Umsatzes. Die jährlichen zahlungswirksamen Fixkosten belaufen sich auf € 250.000 und die jährliche Abschreibung beträgt € 100.000. Es wird nicht investiert. Der Umsatz beträgt im ersten Jahr € 1 Mio. und wächst jährlich um 20 %. Kunden zahlen unmittelbar beim Online-Kauf, es gibt keine Forderungsausfälle. Auch die Lieferanten werden unmittelbar bezahlt.

Aufgabenstellung

- Erstellen Sie die Bilanz, G+V und Kapitalflussrechnung für die ersten fünf Jahre nach Gründung.
- Ist BuyCheap.com zuerst illiquid oder überschuldet?

Lösungen

- Jahresüberschuss: Jahr 1 = –550.000; Jahr 2 = –764.700
- Veränderung Liquider Mittel: Jahr 1 = –490.000; Jahr 2 = –747.700

Schwierigkeitsgrad: •••

Beispiel U17: Cashflow und Cashflow-Statement

Suchen Sie die Websites von drei internationalen Konzernen aus dem Bereich Investor Relations aus. Analysieren Sie die Cashflow-Statements:

- Nach welcher Grundstruktur sind die Cashflow-Statements gegliedert?
- Wie transparent bzw. schwierig erscheinen Ihnen diese Strukturen?
- Wo sind die großen Unterschiede?
- Versuchen Sie die Cashflow-Statements betriebswirtschaftlich zu analysieren!

Schwierigkeitsgrad: •

Beispiel U18: Finanzplanung – Kapitalbedarf/bindung

Berechnen Sie für das Beispiel Cash Conversion Cycle von Seite 30 die Entwicklung des Capital Employed über alle fünf Jahre. Diskutieren Sie, welche Working-Capital-Definition sinnvoll ist.

Lösungen

- Capital Employed Ende Jahr 1 = € 1.600

Schwierigkeitsgrad: •••

Beispiel U19: Finanzplanung – Kapitalbedarf/-bindung

Berechnen Sie für das Beispiel U14 Kennzahlen des Kapitalbedarfs bzw. der Kapitalbindung, wenn folgende zusätzliche Informationen gegeben sind:

- Umsatz Planjahr = € 26 Mio.
- Cost of Sales Planjahr = € 19 Mio.
- Umsatz Vorjahr = € 20 Mio.
- Cost of Sales Vorjahr = € 15 Mio.

Aufgabenstellung

- Berechnen Sie das Working Capital für das Plan- und das Vorjahr nach beiden Varianten:

Working Capital = Umlaufvermögen – kfr. Verbindlichkeiten
Working Capital = Vorräte + Forderungen L&L – Verbindlichkeiten L&L

- Berechnen Sie für die letztere Working-Capital-Definition den C2C-Cycle und das Working Capital in % des Umsatzes
- Diskutieren Sie die Veränderung des Working Capital und die Veränderung des C2C-Cycle im Hinblick auf den Kapitalbedarf
- Berechnen Sie das Capital Employed für das Planjahr mit der engen Definition des Working Capitals

Lösungen

- C2C-Cycle Planjahr = 91,4 Tage; Capital Employed Vorjahr = € 16,8 Mio.

Beispiel U20: Finanzplanung – Kapitalbedarf/-bindung

Schwierigkeitsgrad: ••

Berechnen Sie den C2C-Cycle von zwei direkten Wettbewerbern einer Branche (z.B. BMW vs. Daimler) auf Basis ihres aktuellen Geschäftsberichts.

Aufgabenstellung

- Wie hoch ist der C2C-Cycle für beide Unternehmen?
- Wie weit unterscheiden sich die Komponenten DIH, DSO, DPO des C2C-Cycle zwischen den Wettbewerbern?
- Worin können die Unterschiede begründet sein?

Beispiel U21: Finanzplanung – Liquiditätsentwicklung

Schwierigkeitsgrad: •

Ein Unternehmen erstellt den Finanzplan für das erste Halbjahr des Folgejahres. Der Anfangsstand der liquiden Mittel beträgt 100.

Monat	Einzahlung	Auszahlung
Jänner	40	50
Februar	0	60
März	30	40
April	10	20
Mai	100	100
Juni	50	10

Aufgabenstellung

- Erstellen Sie den direkten Finanzplan für die ersten sechs Monate!
- Welche Konsequenzen hat es, wenn im März die geplanten Kundenzahlungen in Höhe von 30 erst im April gezahlt werden?
- Welche Möglichkeiten stehen Ihnen dann zur Liquiditätsverbesserung zur Verfügung?

Lösungen

- Liquide Mittel Ende: 50

Schwierigkeitsgrad: •••

Beispiel U22: Finanzplan – Produktionsbetrieb

Ein Unternehmen befindet sich im Budgeterstellungsprozess für das kommende Jahr. Die Planung basiert auf nachstehender Eröffnungsbilanz (in €):

Aktiva		**Passiva**	
Anlagevermögen	900.000	Grundkapital	400.000
Forderungen	500.000	Bilanzgewinn/-verlust	170.000
Liquide Mittel	50.000	Rückstellungen	400.000
		Verbindlichkeiten L&L	400.000
		Lfr. Bankkredit	80.000
Aktiva	**1.450.000**	**Passiva**	**1.450.000**

Die weiteren Planungsprämissen sind wie folgt:

- Der Umsatz wird auf 10.000 verkaufte Einheiten zu einem Stückpreis von € 500 geschätzt. Das Unternehmen produziert „just in time“, wodurch es keinen Lagerbestand hat und Fertigungs- und Verkaufsmenge ident sind.
- Die Herstellungskosten betragen € 400 pro Stück (Materialaufwand von € 200 und variabler Personalaufwand ebenfalls € 200).
- Der weitere betriebliche Aufwand in Vertrieb und Verwaltung wird wie folgt geplant:
  - Fixer Personalaufwand in Höhe von € 700.000.
  - Abschreibung auf das bestehende Anlagevermögen in Höhe von € 200.000. Weiters wird eine Investition in Höhe von € 200.000 in bar geplant (Nutzungsdauer fünf Jahre, lineare Abschreibung).
- Vom langfristigen Kredit müssen in der Planperiode € 10.000 zurückbezahlt werden. Die Zinsen betragen 5 % auf den Kreditbetrag am Anfang der Periode.
- Die Körperschaftsteuer beträgt 25 % vom Gewinn vor Steuern und ist zahlungswirksam.
- Dividendenauszahlung in Höhe von 20 % des Grundkapitals.
- Eventuelle Bankguthaben bleiben unverzinst. Der Mindestbestand an liquiden Mitteln beträgt € 20.000.
- Die Forderungen aus L&L werden um € 50.000 höher geplant.
- Die Verbindlichkeiten bei Lieferanten sollen um € 100.000 erhöht werden.
- Das Unternehmen befürchtet Preiserhöhungen beim Fertigungsmaterial und plant erstmals, Vorräte in Höhe von € 50.000 aufzubauen.
- Alle anderen Bilanzpositionen bleiben unverändert.

Aufgabenstellung

- Bestimmen Sie die Gewinn- und Verlustrechnung der Planperiode
- Erstellen Sie den direkten Finanzplan für die Planperiode

Lösungen

- Jahresüberschuss/-fehlbetrag: € 42.000
- Zahlungsmittelüberschuss/-fehlbetrag: € –8.000

Beispiel U23: Finanzplanung – Zwei Finanzierungsvarianten

Schwierigkeitsgrad: •••

Ein Unternehmen steht für das zu planende Geschäftsjahr vor der Entscheidung, in ein neues Logistikzentrum um € 210 Mio. (zur Gänze zahlungswirksam, Nutzungsdauer zehn Jahre) zu investieren. Dadurch könnte das alte Zentrum zu seinem Buchwert von € 39 Mio. bar verkauft werden (Anschaffungswert € 104 Mio., Nutzungsdauer acht Jahre, keine Halbjahres-Abschreibung im Planjahr). Die Abschreibungen auf das sonstige Anlagevermögen bleiben unverändert. Das Unternehmen geht von einem Umsatzwachstum von 5 % bei gleichzeitiger Ertragssteigerung aus. Die Ertragssteigerung durch die Reduktion des betrieblichen Aufwands soll in der Planperiode zu einem EBIT in % des Umsatzes von 10 % führen. Der betriebliche Aufwand ist zur Gänze auszahlungswirksam. Weitere Planungsparameter:

- Es werden 20 % Dividende auf das Grundkapital (Stand Ende der Planperiode) ausgeschüttet.
- Die Körperschaftsteuer beträgt 25 %.
- Dividende und Körperschaftsteuer sind im Planjahr zahlungswirksam.
- Die bestehenden Bankverbindlichkeiten sind ein Betriebsmittelkredit mit einem Jahreszinssatz von 5 % und einem Rahmen von € 650 Mio.
- Die Bankguthaben werden nicht verzinst. Sie sollen jedoch zur Sicherstellung der kurzfristigen Liquidität und strategischen Reaktionsfähigkeit weiterhin € 80 Mio. betragen. Liquiditätsüberschüsse werden zur Tilgung des Betriebsmittelkredits verwendet, zusätzlich notwendiges Kapital wird aus den freien Linien des Betriebsmittelkredits gedeckt. Die Zinsen des Betriebsmittelkredits werden von der Ausnutzung am Jahresbeginn in der Planperiode bezahlt.
- In der Planperiode können die Forderungen L&L aller Voraussicht nach um € 30 Mio. gesenkt werden, gleichzeitig müssen die Verbindlichkeiten L&L um € 150 Mio. reduziert werden.
- Es ist eine Abwertung des Finanzanlagevermögens (FAV) in Höhe von € 50 Mio. geplant, die im Finanzergebnis darzustellen ist.
- Sonstige Bilanzpositionen bleiben unverändert.

Zur Finanzierung der € 210 Mio.-Investition überlegt die Geschäftsführung zwei Varianten:

1. Kreditfinanzierung zu 4 % p.a. Der Kredit ist in zehn gleichen Raten jeweils am Jahresende zu tilgen.
2. Kapitalerhöhung durch die Gesellschafter.

Schlussbilanz und G+V des laufenden Jahres:

Aktiva		Passiva	
SAV	550	Grundkapital	450
FAV	420	Gewinn/Verlust	450
Anlagevermögen	**970**	**Eigenkapital**	**900**
Vorräte	600	Rückstellungen	400
Halb- u. Fertigfabrikate	500	Erhaltene Anzahlungen	300
Forderungen	400	Kfr. Bankverbindlichkeiten	600
Liquide Mittel	80	Verbindlichkeiten L&L	350
Σ Aktiva	**2.550**	**Σ Passiva**	**2.550**

G+V	Vorjahr
Umsatz	2.200,00
ausgabewirksamer Aufwand	1.980,00
Abschreibung	55,00
Betriebserfolg – EBIT	**165,00**
in %	7,50 %
Zinsaufwand	30,00
Ergebnis vor Steuern – EBT	**135,00**
Steuern	33,75
Jahresüberschuss	**101,25**

Aufgabenstellung

- Erstellen Sie für beide Finanzierungsvarianten sowie die Variante ohne Investition den direkten Finanzplan und die G+V für das Planjahr

Lösungen

- Kapitalerhöhung: JÜF: € 113,3 Mio., Betriebsmittelkredit Ende: € 586,8 Mio.
- Kreditfinanzierung: JÜF: € 107,0 Mio., Betriebsmittelkredit Ende: € 572,1 Mio.

Schwierigkeitsgrad: •••

Beispiel U24: Finanzplanung – drei Jahre

Ein Unternehmen steht im Herbst vor der Finanzplanung der nächsten drei Geschäftsjahre. Die Schlussbilanz und die G+V der laufenden Periode werden wie folgt eingeschätzt (in Mio. €):

Aktiva		Passiva	
IV	70	Nennkapital	450
SAV	550	Rücklagen	300
FAV	350	Gewinn/Verlust	150
Anlagevermögen	**970**	**Eigenkapital**	**900**
Vorräte	600	Rückstellungen	400
Halb- u. Fertigfabrikate	500	Erhaltene Anzahlungen	300
Forderungen	400	Bankverbindlichkeiten	600
Liquide Mittel	80	Verbindlichkeiten L&L	350
Summe Aktiva	**2.550**	**Summe Passiva**	**2.550**

G+V	
Umsatz	5.000,0
Zahlungswirksamer Aufwand	4.750,0
Abschreibung	55,0
Betriebserfolg	**195,0**

Für das erste Budgetjahr ist eine Investition in ein neues Fertigungswerk in Höhe von € 100 Mio. (zur Gänze zahlungswirksam, Nutzungsdauer zehn Jahre) geplant. Durch die Investition kann das fünf Jahre alte Fertigungswerk mit einer Nutzungsdauer von acht Jahren und einem Anschaffungswert von € 96 Mio. um € 40 Mio. bar verkauft werden. Für das weitere Anlagevermögen ist mit keiner Änderung der Abschreibung zu rechnen.

Das Unternehmen geht von einem jährlichen Umsatzwachstum von 5 % bei gleichbleibender Ertragsentwicklung aus (der auszahlungswirksame Aufwand wird weiterhin auf 95 % des Umsatzes geschätzt). Weiters hat es sich verpflichtet, 25 % Dividende auf das Nennkapital auszuschütten. Die Dividenden werden im Folgejahr ausgeschüttet. Die im ersten Budgetjahr zu zahlende Dividende beträgt € 60 Mio. Die maßgebliche Körperschaftsteuer beträgt 25 % (im Folgejahr zahlungswirksam). Die Körperschaftsteuerzahlung für das erste Budgetjahr wird mit € 50 Mio. angesetzt. Auf die Bildung von Steuerrückstellungen wird im Rahmen der Planung verzichtet.

Im Budgetjahr ist mit einer Erhöhung der Forderungen L&L um € 30 Mio. und mit einer Reduktion der Verbindlichkeiten L&L um € 20 Mio. zu rechnen. In der Folgeperiode werden keine weiteren Veränderungen geplant. Weiters ist im ersten Planjahr eine Rückstellung in Höhe von € 20 Mio. zur Gänze erfolgswirksam aufzulösen. Im dritten Planjahr werden die Vorräte um € 80 Mio. aufgestockt.

Zur Finanzierung der Investition werden die gegenwärtigen Bankverbindlichkeiten in Höhe von € 600 Mio. in einen neuen Investitionskredit in Höhe von € 350 Mio. und einen Betriebsmittelkredit mit einer Obergrenze von € 350 Mio. umgeschuldet. Die Laufzeit des Investitionskredits beträgt fünf Jahre (Rückzahlung gleicher Beträge jeweils Ende des Jahres, Zinssatz: 5 % p.a. in der jeweiligen Periode zahlungswirksam). Der Betriebsmittelkredit wird jeweils mit seiner Höhe zum Jahresanfang mit einem Jahreszinssatz von 6 % in der Periode zahlungswirksam verzinst. Bankguthaben bleiben am Konto unverzinst und sollen auf € 50 Mio. gesenkt und dann konstant gehalten werden.

Zusätzlich notwendiges Kapital wird aus dem Betriebsmittelkredits gedeckt, Liquiditätsüberschüsse werden zur Reduktion des Betriebsmittelkredits verwendet, darüber hinausgehende Überschüsse werden in Wertpapieren mit einem Jahreszinssatz von 8 % veranlagt. Die Zinsen werden jeweils zum Jahresende gutgeschrieben.

Aufgabenstellung

- Erstellen Sie den direkten Finanzplan und die G+V für die drei Planjahre

Lösungen

- Jahresüberschuss (in Mio. €): Jahr 1: 150,8; Jahr 2: 143,9; Jahr 3: 157,4
- Zahlungsüberschuss/-bedarf: Jahr 1: –60,0; Jahr 2: 12,1; Jahr 3: –47,6

Schwierigkeitsgrad: •••

Beispiel U25: Finanzplanung – Surfboard-Hersteller

Ein Unternehmen stellt High-Tech-Surfboards für den Surf-Weltcup her. Für die Planung des Folgejahres gelten folgende Prämissen:

Das Unternehmen kauft die Surfboards als Rohteile zum Einstandspreis von 600 €/Stück zu. Die Boards werden mechanisch behandelt (Gewichtsreduktion, Erhöhung der Steifigkeit, Oberflächenoptimierung für bessere Gleiteigenschaften). Finne, Mastschiene und Fußschlaufen als weitere Bestandteile des Surfboards werden montagefertig zu einem Gesamtpreis von 230 €/Board zugekauft. Die Mastschiene wird in das Board eingeklebt, Finne und Fußschlaufen werden eingeschraubt. Die Jahresproduktionsmenge beträgt 1.000 Surfboards, die bei einem Verkaufspreis von 3.100 €/Stück auch abgesetzt werden können. Die weiteren Aufwandspositionen werden wie folgt geschätzt (in €):

Aufwandspositionen	
Löhne inkl. Nebenkosten	800.000
Gehälter inkl. Nebenkosten	800.000
Abschreibungen	200.000
Energie	190.000
Sonst. betrieblicher Aufwand	180.000

Die einzelnen Aufwandspositionen sind grundsätzlich in der Planungsperiode zahlungswirksam. In den Lohn- und Gehaltsnebenkosten sind neu gebildete Pensionsrückstellungen insgesamt in Höhe von € 50.000 enthalten.

Eröffnungsbilanz d. Budgetjahres in €

Aktiva		**Passiva**	
Sachanlagevermögen	1.200.000	Nennkapital	200.000
Finanzanlagevermögen	50.000	Bilanzgewinn	460.000
Rohmaterial	100.000	Pensionrückstellungen	500.000
Fertigfabrikate	200.000	Langfr. Bankverbindlichkeiten	500.000
Forderungen L&L	200.000	Kurzfr. Bankverbindlichkeiten	40.000
Bankguthaben	50.000	Verbindlichkeiten L&L	100.000
Σ Aktiva	**1.800.000**	**Summe Passiva**	**1.800.000**

Im Weiteren sind folgende Geschäftsfälle zu planen:

- Es werden insgesamt 960 Boards und Zusatzteile in jeweils gleichen Monatslieferungen eingekauft. Die Rechnungsstellung durch die Lieferanten erfolgt am Monatsletzten. Das Zahlungsziel beträgt 14 Tage netto. Die bestehenden Verbindlichkeiten gegenüber Lieferanten der Bilanz werden vollständig gezahlt.
- Die Forderungen L&L sollen um € 100.000 gesenkt werden.
- Zur Deckung der Pensionsrückstellung werden Wertpapiere in Höhe von € 25.000 zahlungswirksam gekauft.
- Das Finanzanlagevermögen (FAV) besteht aus US-amerikanischen Aktien. Es wird geschätzt, dass der $ in der Planperiode um 10 % an Wert verliert. Die Kursverluste sind im Finanzergebnis darzustellen.
- Es wird ein Grundstück in Höhe von € 200.000 zahlungswirksam gekauft.
- Die Körperschaftsteuer beträgt 25 %. Andere Steuern können vernachlässigt werden.
- Sofern ein JÜF erwirtschaftet wird, wird dieser bis zur Höhe von 20 % des Nennkapitals ausgeschüttet.
- Andere Bilanzpositionen bleiben unverändert, Herstellungskosten, Einkaufspreise bleiben ident.

Finanzierung:

Die kfr. Bankverbindlichkeiten entsprechen der Ausnutzung des Betriebsmittelkredits, der mit einem Rahmen in Höhe von € 300.000 zur Verfügung steht. Für den Betriebsmittelkredit wird ein Fixbetrag an Zinsen in Höhe von € 20.000 unabhängig von der Ausnutzung fällig, dafür werden eventuelle Bankguthaben nicht verzinst. Die langfristigen Bankverbindlichkeiten entsprechen einem Investitionskredit, von dem am Jahresende € 100.000 zu tilgen sind. Der jährliche Zinssatz beträgt 5 %. Der Stand der Bankguthaben soll unverändert bleiben.

Aufgabenstellung

- Ermitteln Sie G+V
- Erstellen Sie den direkten Finanzplan
- Bestimmen Sie die verfügbare Liquidität und die Bankverbindlichkeiten
- Interpretieren Sie die finanzielle Situation

Lösungen

- Jahresüberschuss: € 37.500; Zahlungsüberschuss/-fehlbetrag: € 29.600

Schwierigkeitsgrad: •••

Beispiel U26: Finanzplanung – Automobilzulieferbetrieb

Die Eröffnungsbilanz (in Mio. €) eines Automobilzulieferbetriebs hat folgendes Bild:

Aktiva		Passiva	
IV	20	Nennkapital	200
SAV	400	Bilanzgewinn	80
FAV	80		
Anlagevermögen	**500**	**Eigenkapital**	**280**
Rohmaterial	60	Abfertigungsrückstellungen	115
Fertigfabrikate	75	Sonstige Rückstellungen	30
Forderungen	100	Lfr. Investitionskredite	210
Liquide Mittel	35	Krf. Betriebsmittelkredite	25
		Verbindlichkeiten L&L	110
Summe Aktiva	**770**	**Summe Passiva**	**770**

Der Automobilzulieferbetrieb fertigt zwei unterschiedliche Produkte A und B aus Aluminium. Für Produkt A werden 16 kg Aluminium je Stück, für Produkt B 20 kg/Stück benötigt. Das Planjahr wird weiters wie folgt eingeschätzt:

Planaufwand in Mio. €	
Löhne	84,0
Gehälter	75,0
Abschreibungen	47,0
Energie	30,0
Fremdleistungen	5,0
Sonst. Aufwand	7,0

Vom Produkt A werden 4,0 Mio. und von Produkt B 1,4 Mio. Stück erzeugt. Aus Sicht des Vertriebs kann die gesamte Produktionsmenge abgesetzt werden. Die Durchschnittspreise betragen € 90 je Stück A und € 100 je Stück B.

Der Personalaufwand (inkl. Nebenkosten) ist ebenso wie Strom, Fremdleistungen und sonstiger Aufwand zur Gänze zahlungswirksam. In der angeführten Abschreibung ist bereits die aus den beabsichtigten €-20-Mio.-Investitionen entstehende Abschreibung enthalten. Der Materialaufwand ergibt sich entsprechend der Produktionsmenge und den Einkaufskonditionen. Ein Rahmenvertrag verpflichtet das Unternehmen in der Planperiode 100.000 Tonnen Aluminium zum Preis von 2,4 €/kg zu beziehen. Die Lieferintervalle betragen jeweils zwei Monate. Erste Lieferung erfolgt Mitte Februar. Es wird jeweils im Folgemonat bezahlt. Die bestehenden Lieferverbindlichkeiten werden zu 70 % gezahlt. Die bestehenden Forderungen aus L&L werden zur Gänze, der Planumsatz zu 80 % von den Kunden bezahlt.

Die sonstigen Rückstellungen der Eröffnungsbilanz enthalten eine Rückstellung für einen Prozess in Höhe von € 100.000, die nach letzten Einschätzungen um € 60.000 zu erhöhen ist (in € 7 Mio. Sonstiger Aufwand noch nicht enthalten). An Abfertigungen sind im Folgejahr € 1 Mio. auszuzahlen, die bereits zur Gänze in der Bilanz rückgestellt sind. Der Körperschaftsteuersatz beträgt 25 % und ist zur Gänze zahlungswirksam. Sofern ein Jahresüberschuss erwirtschaftet wird, wird dieser bis zur Höhe von 15 % des Grundkapitals als Dividende zahlungswirksam ausgeschüttet. Die Zinsbelastung kann als Fixbetrag mit € 15 Mio. geplant werden. Im Planjahr wird ein lfr. Investitionskredit in Höhe von € 18 Mio. getilgt. Ein eventuell entstehender Liquiditätsbedarf wird über die liquiden Mittel und, falls diese nicht ausreichen, über die zusätzliche Ausnutzung des Betriebsmittelkredits bis zur maximalen Rahmenhöhe von € 150 Mio. gedeckt. Liquiditätsüberschüsse werden in erster Linie zur Verringerung des Betriebsmittelkredits und darüber hinaus zur Tilgung weiterer lfr. Investitionskredite verwendet. Die Zinsbelastung bleibt davon unberührt.

Aufgabenstellung

- Erstellen Sie den direkten Finanzplan für das Planjahr (nur als Jahressumme). Wie hoch sind die Ausnutzung des Betriebsmittelkredits und die verfügbare Liquidität am Ende des Planjahrs?
- Ermitteln Sie die G+V für das Planjahr!
- Wie beurteilen Sie die finanzielle Situation?

Lösungen

- Jahresüberschuss: € 12, 1 Mio.; Ausnutzung Betriebsmittelkredit: € 38,1 Mio.

Beispiel U27: Finanzplanung – Wickie, Slime & Paiper

Schwierigkeitsgrad: •••

Angeregt vom großen Erfolg von „Wickie, Slime und Paiper“ versucht ein Medienkonzern das Konzept mit den „60er Jahren“ zu kopieren. Dazu wird mit 1. Jänner eine GmbH gegründet. Im Rahmen der Gründung entsteht ein Aufwand von € 6.000, der je zur Hälfte in den ersten beiden Monaten fällig ist. Es ist geplant, bis September ein Buch und eine CD auf den Markt zu bringen. Da Bucherscheinungen hohes mediales Interesse genießen, wird mit dem Verkauf des Buches im August als Werbeträger begonnen. Der Verkaufsstart der CD wird im September mit einem großen Live-Event mit Musik und Bands dieser Zeit beworben.

Die benötigten Büroräumlichkeiten (200 m^2) können für eine Monatsmiete von 7 €/m^2 angemietet werden. Die Miete ist bis zum Monatsende des jeweiligen Monats zu bezahlen. Der Anschaffungswert für die Büroeinrichtung, die im Gründungsmonat gekauft wird, beträgt € 50.000 (Zahlung im Folgemonat, Nutzungsdauer zehn Jahre). Das Unternehmen beschäftigt ab Beginn einen Geschäftsführer mit einem Monatsgehalt von € 7.000, eine Sekretariatskraft (€ 2.000) und drei Mitarbeiter mit einem durchschnittlichen Gehalt von € 3.500. Es wird mit Gehaltsnebenkosten von 35 % gerechnet. Sie sind zur Gänze zahlungswirksam. Das 13. bzw. 14. Gehalt wird in den Monaten Mai bzw. November überwiesen und führt zu den gleichen Nebenkosten für das Unternehmen.

Das Firmenauto für den Geschäftsführer wird im ersten Monat um € 35.000 gekauft (sofort zahlbar, Nutzungsdauer acht Jahre). Es wird mit monatlichen Reisespesen (Flug, Benzin, Diäten ...) von € 5.000 über das ganze Jahr gerechnet. Die Marketingkampagne (Schaltung von Inseraten, TV, Radio, ...) beginnt im März mit einem monatlichen Aufwand von € 4.000 bis Mai. Von Juni bis August beträgt der Aufwand je Monat € 8.000. Der größte Marketingaufwand ist zum Verkaufsstart im September mit € 30.000 geplant. Von Oktober bis Dezember wird mit einem monatlichen Aufwand von € 10.000 geworben. Der Marketingaufwand ist im selben Monat zahlungswirksam. Sonstige Aufwände (Telefon ...) werden pauschal mit € 5.000 je Monat zahlungswirksam geschätzt.

Für die Erstellung der Master-CD wird mit folgendem Aufwand gerechnet: Der externe Produzent bekommt im Jänner und Mai ein fixes Honorar von jeweils € 10.000. Die Abgeltung der Musikrechte wird mit € 20.000 im April fällig. Aus urheberrechtlicher Unklarheit wird am Jahresende vorsichtshalber eine Rückstellung von € 30.000 gebildet. Die Tonstudioarbeiten (unmittelbar zahlungswirksam) beginnen im Juni (€ 2.500). Der Hauptteil der Arbeit erfolgt im Juli (€ 5.000). Die Finalisierung im August kostet € 2.500. Die Kosten für die physische Produktion der CDs und andere Abgaben werden über einen Lizenzdeal direkt vom Handel übernommen. Entsprechend dem Lizenzvertrag bekommt der Medienkonzern von den Händlern je verkauftes Stück € 8. Der Zahlungseingang ist im Folgemonat. Die Verkaufsschätzungen liegen für die Monate September bis November bei je 15.000 Stück, für Dezember bei 20.000 Stück.

Für das Buch wird mit einem fixen Autorenhonorar von jeweils € 5.000 – ebenfalls im Jänner und Mai zahlbar – budgetiert. Um das Risiko zu begrenzen, wird nur in Auflagen von 5.000 Stück ein Monat vor Bedarf gedruckt und im selben Monat bezahlt. Die Druckkosten betragen € 2 je Stück. Die Verkaufsschätzungen liegen für August bei 2.000 Stück, für September bei 3.000 Stück, für Oktober und November bei 2.000 Stück und im Weihnachtsgeschäft im Dezember bei

6.000 Stück. Die Druckkosten sind je Auflage sofort zu bezahlen. Der Nettoabgabepreis an die Händler beträgt € 15 je Stück. Die Zahlung erfolgt im Folgemonat.

Für das Eröffnungsevent beginnen die Organisationsvorbereitungen im Juni und enden mit dem Event im September. Der Aufwand wird mit € 4.000 je Monat geschätzt. Zahlungsziel 30 Tage. Der Aufwand für die Technik beim Event wird mit € 20.000 im September geplant und ist unmittelbar zu zahlen. Die Tickets werden nur im September verkauft. Man rechnet mit 9.500 Besuchern bei einem Kartenpreis von € 50 (sofort zahlungswirksam).

Die erforderlichen finanziellen Mittel werden einerseits durch einen auf € 500.000 beschränkten Betriebsmittelkredit für 1 % Zinsen pro Monat (monatliche Zinsverrechnung im Folgemonat) und andererseits durch Eigenmittel aufgebracht. Der Medienkonzern stellt für das Projekt € 150.000 Eigenmittel zur Verfügung. Der Betriebsmittelkredit wird so gering wie möglich ausgenutzt. Bankguthaben werden nicht verzinst. Sämtliche Steuern sind zu vernachlässigen.

Aufgabenstellung

Ermitteln Sie den direkten Finanzplan für das Geschäftsjahr nach folgender Mindestgliederung:

	Jan	...	Dez	Summe
Gründung				
Allgemeiner Betrieb				
CD				
Buch				
Event				
Σ Auszahlungen				
CD				
Buch				
Event				
Σ Einzahlungen				
Finanzzahlungen				

- Wie hoch ist der maximale Finanzbedarf (maximale Kreditausnutzung)?
- Wie hoch sind Umsatz und EBIT im Geschäftsjahr? (Die Büroeinrichtung wird auf zehn Jahre abgeschrieben, das Auto auf acht Jahre.)
- Interpretieren Sie die finanzielle Situation!

Lösungen

- Maximaler Finanzbedarf: € 533.125

Schwierigkeitsgrad: •••

Beispiel U28: Finanzplanung – Handelsunternehmen

Für die Gründung eines Handelsunternehmens stellt sich folgendes Szenario:

Das benötigte Bürogebäude kann im ersten Jahr gegen eine Monatsmiete von € 2.400 angemietet werden. Für die zu errichtende Lagerhalle soll das an das Bürogebäude angrenzende 10.000 m^2 große Grundstück um 20 €/m^2 gekauft werden. Die damit verbundenen Steuern und Gebühren belaufen sich auf 10 % des Kaufpreises und sind wie der Kaufpreis selbst im ersten Monat fällig. Der Aufwand für die Errichtung der Lagerhalle inkl. Karusselllager wird sich voraussichtlich auf € 900.000 belaufen, wovon die Hälfte sofort zu zahlen ist. Der Rest wird in drei gleichen Monatsraten beim Hersteller beglichen. Die Büroeinrichtung kann für einen Kaufpreis von € 35.000 übernommen werden und ist ebenfalls sofort zu zahlen. Die monatliche Beschaffung der Handelswaren beginnt im Jänner mit Zahlungen im Folgemonat in Höhe von € 85.000. Von den Handelswaren kann im Anschaffungsmonat ca. die Hälfte, im Folgemonat die zweite Hälfte jeweils mit einem Aufschlag von 80 % abgesetzt werden. Die Hälfte der Abnehmer wird unter Inanspruchnahme der 2 % Skonto unmittelbar ihre Verbindlichkeiten begleichen, die restlichen 50 % werden ein Zahlungsziel von 30 Tagen in Anspruch nehmen. Der Personalaufwand ist monatlich zahlungswirksam mit € 37.000 zu veranschlagen (Vernachlässigung des 13./14. Gehalts). Zusätzlich sind laufende Rückstellungen für die freiwillige Firmenpension in Höhe von 5 % des Personalaufwands zu bilden. Das Firmenauto, das bereits im ersten Monat notwendig ist, kostet € 30.000 (sofort zahlbar). Weiters sind sonst. monatliche zahlungswirksame Aufwände in Höhe von € 20.000 und ein einmaliger Aufwand im Rahmen der Gründung im ersten Monat von € 3.000 zu berücksichtigen.

Das verfügbare Eigenkapital beträgt € 640.000. Weiters kann auf eine Jungunternehmerförderung von € 40.000 zurückgegriffen werden (sechs Jahre zinsenlos und tilgungsfrei). Für zusätzlich erforderliche Fremdmittel wird dem Unternehmer ein besonders günstiger Investitionskredit von € 500.000, 5 % Fixzinsen p.a. (Zinsen am Jahresende fällig, Tilgung in beliebiger Höhe jeweils am Jahresende), angeboten. Im Gegenzug bleiben die Bankguthaben des Unternehmens unverzinst. Der darüber hinausgehende Kapitalbedarf ist mit Hilfe eines Betriebsmittelkredits von max. € 60.000 zu decken. Für die Inanspruchnahme werden Monatszinsen von 1 % im Folgemonat verrechnet. Die geförderten Mittel und der Investitionskredit sind im Gründungsmonat in voller Höhe zu beanspruchen, der Betriebsmittelkredit kann nach Bedarf ausgenutzt werden.

Aufgabenstellung

- Erstellen Sie den monatlichen Finanzplan für das erste Jahr
- Erstellen Sie den Finanzplan für die Jahre 2 bis 5 (als Jahressumme)
- Welche wesentliche Auszahlungsposition wurde im Finanzplan nicht berücksichtigt?

- Ist das Unternehmensergebnis im ersten Geschäftsjahr höher oder niedriger als der Finanzmittelbedarf/-überschuss? Welche Positionen sind dafür verantwortlich?

Lösungen

- Ausnützung Betriebsmittelkredit am Ende des ersten Jahres: € 17.272

2. Der Zeitwert des Geldes

Um im Alter versorgt zu sein, muss man entweder Human- oder Realkapital bilden. Tut man beides nicht, muss man hungern. *(Hans Werner Sinn)*

Lernziele

Wenn Sie dieses Kapitel durchgearbeitet haben, sollten Sie

- den Zeitwert des Geldes verstehen und berechnen können
- die Begriffe Barwert und Endwert unterscheiden können
- Barwerte und Endwerte für beliebige Zahlungsströme berechnen können
- die finanzmathematischen Funktionen in MS-Excel kennen und verwenden können
- Zahlungsströme mit Hilfe von Barwerten und Endwerten auf ihre Vorteilhaftigkeit vergleichen können.

Anleitung zum Reichwerden

Wer kennt sie nicht, die Superreichen dieser Welt? Jeff Bezos – Amazon, Bill Gates – Microsoft, Warren Buffett – Berkshire Hathaway, Mark Zuckerberg – Facebook, Bernard Arnault – LVMH – Louis Vuitton Moët oder Amancio Ortega – Zara, um nur einige der reichsten Menschen der Welt zu nennen. Wer träumt nicht zumindest ein wenig, durch ausreichend Vermögen finanziell unabhängig zu sein?

Wie ist es nun möglich, mit einem durchschnittlichen Gehalt Vermögen aufzubauen? Die Antwort liefert das Konzept des „Zeitwerts des Geldes", das im deutschen Sprachraum vor allem als Zinseszinsrechnung bekannt ist. Nachstehende Tabelle zeigt das jeweils nötige Startkapital in Abhängigkeit von der Spardauer und dem jährlichen Zinssatz, um ein Vermögen in Höhe von € 1,0 Mio. zu erreichen und damit „Millionär" zu werden.

Jahre	1 %	5 %	10 %	20 %
5	951.466	783.526	620.921	401.878
10	905.287	613.913	385.543	161.506
15	861.349	481.017	239.392	64.905
20	819.544	376.889	148.644	26.084
25	779.768	295.303	92.296	10.483
30	741.923	231.377	57.309	4.213
35	705.914	181.290	35.584	1.693
40	671.653	142.046	22.095	680

Abbildung 46: Notwendiges Anfangskapital in Abhängigkeit von Spardauer und Zinssatz

Während bei einem jährlichen Zinssatz von 1 % und einer Spardauer von 5 Jahren € 951 TEUR notwendig sind, reduziert sich dies bei einem jährlichen Zinssatz von 20 % und einer Dauer 40 Jahren auf unglaubliche € 680.

2.1. Grundlagen der Zinseszinsrechnung

2.1.1. Zeit ist Geld

Der *Zeitwert des Geldes*, auch *Zinseszinsrechnung* oder „*time value of money*" genannt, ist eines der wichtigsten Konzepte des Finanzbereichs. Das Konzept des Zeitwerts geht von der Grundannahme aus, dass ein Geldbetrag, den man heute besitzt, mehr wert ist als der gleiche Geldbetrag, den man erst in der Zukunft bekommt. Die Grundannahme stützt sich auf zwei wesentliche Faktoren:

1. Durch die Inflation wird die Kaufkraft des Geldes im Zeitverlauf schleichend entwertet. Für den gleichen Geldbetrag bekommt man daher in Zukunft entsprechend der Inflation (Preissteigerung) weniger Waren als heute. So betrug die Inflation in Österreich in 2018 2,0 %, d.h. für die gleichen Waren musste um 2,0 % mehr gezahlt werden als im Jahr zuvor.
2. Geld, das man besitzt, kann zinsbringend veranlagt werden.

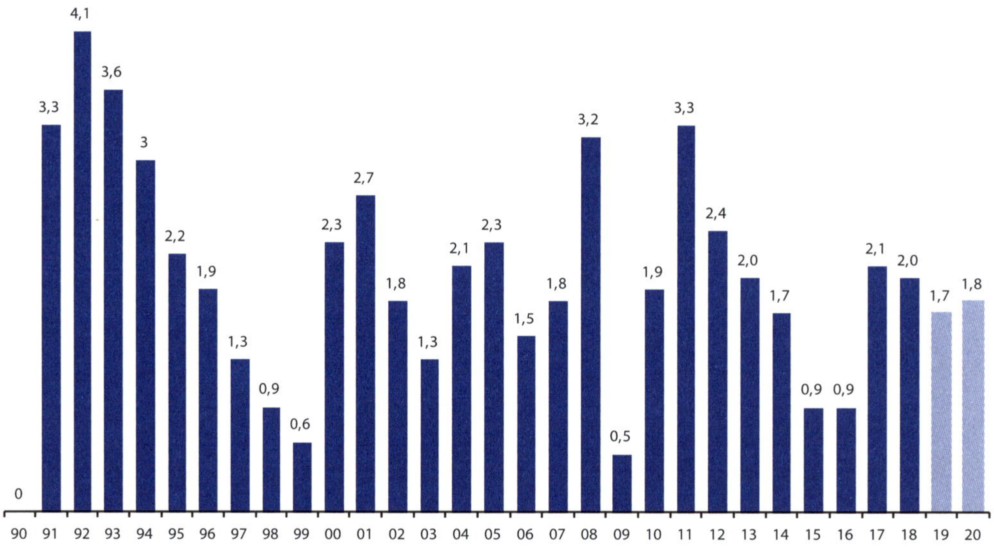

Abbildung 47: Entwicklung der jährlichen Inflation in Österreich in Prozent (Quelle: Statistik Austria, Mai 2019)

Jährliche Inflation in %	Durchschnitt 2000–2009	Durchschnitt 2010–2014	2018	Prognose 2020
Deutschland	1,6	1,6	1,9	1,5
Österreich	1,9	2,3	2,0	2,0
Eurozone (19)	2,1	1,7	1,7	1,5
Rumänien	15,7	4,0	4,1	3,1
EU (28)	2,5	2,0	1,9	1,8
Türkei	22,1	8,1	16,3	10,7

Schweiz	1,0	0,0	1,0	1,1
Japan	-0,3	0,4	1,0	1,9
USA	2,6	2,3	2,2	2,4

Tabelle 1: Inflationsentwicklung international (Quelle: Statistik Austria, Mai 2019)

Die Systeme der Finanzbuchhaltung und Kostenrechnung berücksichtigen den Zeitwert des Geldes vordergründig nicht. Sie erstrecken sich über einen kurzen Zeithorizont. Sie zeigen den Unternehmenserfolg einer einzelnen Geschäftsperiode, typischerweise eines Monats, Quartals oder Jahres (im Rahmen von IFRS ist der Fair Value und damit die zinseszinsmäßige Bewertung von Bilanzpositionen jedoch ein wesentliches Element geworden).

Viele betriebswirtschaftliche Entscheidungen erstrecken sich jedoch über einen wesentlich längeren Zeitraum als eine Geschäftsperiode. Insbesondere bei Investitionsentscheidungen ist Geld am Beginn des Investitionszeitraums auszugeben, in der Hoffnung, dass es über den Investitionszeitraum entsprechend zurückfließt. Zeiträume von mehr als 20 Jahren, wie z.B. bei großen Kraftwerks- oder Immobilienprojekten, sind dabei keine Seltenheit. Eine sofortige Auszahlung zum Investitionszeitpunkt ist dabei *nicht gleichwertig* mit den Rückflüssen in gleicher Höhe über den Verlauf der Nutzungsdauer. Das eingesetzte Kapital hätte sich nicht verzinst bzw. vermehrt.

Der Zeitfaktor kann nur mit *zinseszinsmäßiger* Berechnung adäquat in die Betrachtung einbezogen werden. Durch Auf- oder Abzinsung werden die zu verschiedenen Zeitpunkten anfallenden Ein- und Auszahlungen auf einen gemeinsamen Bezugszeitpunkt gebracht. Erst damit sind sie vergleichbar.

Der *Aufzinsungsfaktor* dient zur Ermittlung des Wertes, den eine *vor* dem Bezugszeitpunkt anfallende Zahlung im Bezugszeitpunkt besitzt. Umgekehrt dient der *Abzinsungsfaktor* zur Ermittlung des Wertes, den eine *nach* dem Bezugszeitpunkt anfallende Zahlung im Bezugszeitpunkt besitzt. Als Bezugszeitpunkt wird dabei der Beginn oder das Ende des Betrachtungszeitraums genommen. Der Wert zum Ende wird als *Endwert* (engl. *Future Value*), der Wert zu Beginn als *Barwert* (engl. *Present Value*) bezeichnet.

Am Beginn jeder Zinseszinsrechnung steht damit die Aufgabe, die anfallenden Zahlungsströme auf der Zeitleiste zu positionieren, um sie dann entsprechend einfach auf- oder abzinsen zu können. Die Zeitleiste ist eine grafische Darstellung, in der sämtliche Zahlungsströme sowohl durch ihren Betrag als auch durch ihren Zahlungszeitpunkt beschrieben werden. Die Zahlungsbeträge werden direkt über oder unter den Kennzeichnungen für den Zeitpunkt geschrieben. Dabei werden Auszahlungen mit negativem Vorzeichen, Einzahlungen mit positivem Vorzeichen bzw. ohne Vorzeichen gekennzeichnet. In der Zeitleiste steht t_0 in der Regel für heute, den Entscheidungszeitpunkt oder den Zeitpunkt der ersten Zahlung.

Weiters wird in der Zeitleiste der Zinssatz für die jeweiligen Perioden eingesetzt. Bei konstanten Zinssätzen wird der Zinssatz meist nur für eine Periode gekennzeichnet, um die Übersichtlichkeit zu bewahren.

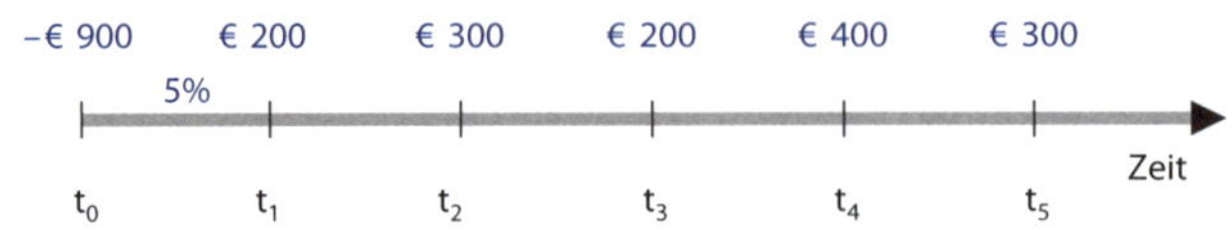

Abbildung 48: Zeitleiste als Basis des Auf- und Abzinsens

Die Positionierung der Zahlungsströme auf der Zeitleiste ist gerade für den Einstieg in die Thematik eine wichtige Hilfestellung und sollte immer am Beginn der Zinseszinsrechnung stehen.

Nominalwert. Mit dem Nominalwert einer Zahlung ist der *tatsächliche Zahlungsbetrag unabhängig vom zeitlichen Anfall* und dem daraus abgeleiteten Zeitwert durch Auf- oder Abzinsen gemeint. Auf die Zeitleiste werden somit die Nominalwerte zu den jeweiligen Zeitpunkten aufgetragen.

Endwert. Der Endwert einer Ein- oder Auszahlung bzw. einer ganzen Zahlungsreihe ist jener Wert, den sie *am Ende der Betrachtungsperiode* hat. Er ergibt sich durch Aufzinsen.

Barwert. Der Barwert einer Ein- oder Auszahlung bzw. einer ganzen Zahlungsreihe ist jener Wert, den sie *zu Beginn der Betrachtungsperiode* hat. Er ergibt sich durch Abzinsen. Dabei kann der Abzinsungsfaktor als Kehrwert des Aufzinsungsfaktors definiert werden.

Der Endwert einer beliebigen Zahlungsreihe kann allgemein als Summe aller aufgezinsten Einzelzahlungen, d.h. als Summe der Endwerte der Einzelzahlungen definiert werden. Analog wird der Barwert einer beliebigen Zahlungsreihe allgemein als Summe aller abgezinsten Einzelzahlungen, d.h. als Summe der Barwerte der Einzelzahlungen definiert.

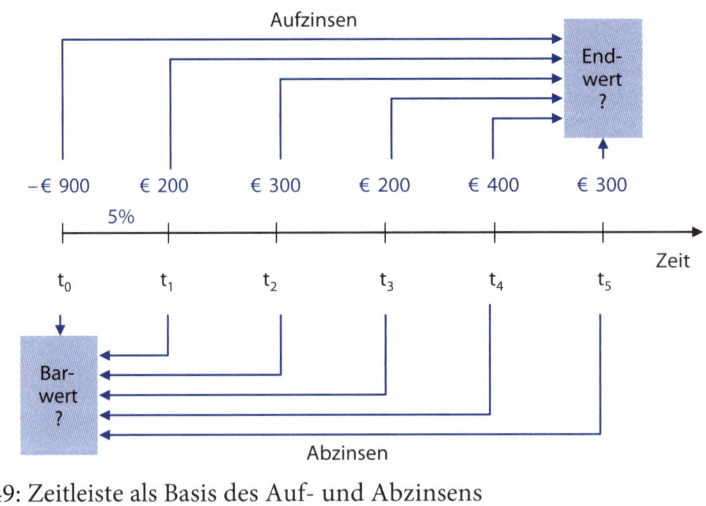

Abbildung 49: Zeitleiste als Basis des Auf- und Abzinsens

Ausgehend von den Allgemeindefinitionen gibt es für entsprechende Muster von Zahlungsströmen vereinfachte Berechnungsformeln bzw. auch spezielle Problemstellungen. Dabei wird zwischen *drei wesentlichen Zahlungsstrom-Mustern* unterschieden:

- **Einzelzahlung (engl. single amount):** eine einzige Zahlung (z.B. eine Einzahlung auf ein Sparbuch, oder Auszahlung im Rahmen der Abfertigung)

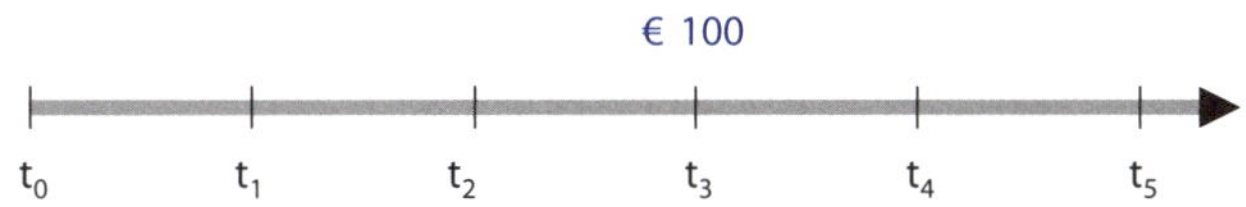

- **Annuität, Rente (engl. annuity):** *Renten* sind Zahlungsreihen, bei denen die Zahlungen in jeder Periode ident sind. Diese Zahlungen werden auch *Annuitäten* genannt. Typische Anwendungsbeispiele für Renten sind Ratenzahlungen wie Kreditrückzahlung, Leasingraten oder Versicherungen.

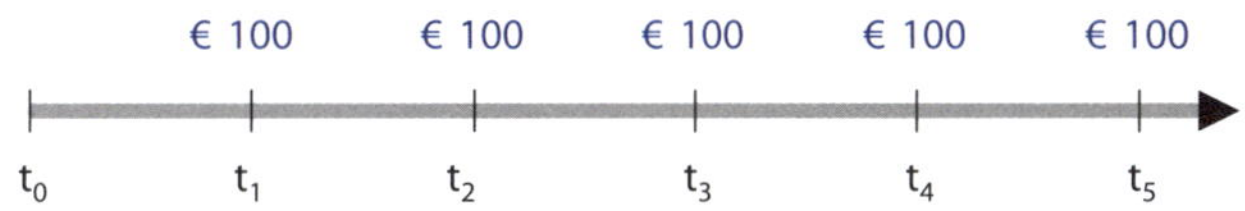

- **Beliebige Zahlungsströme (engl. mixed stream):** beliebige Zahlungsreihen, die keinen der vorher genannten Mustern entsprechen, d.h. sie beinhalten zumindest zwei betragsmäßig ungleiche Zahlungen zu unterschiedlichen Zeitpunkten.

2.1.2. Barwert und Endwert von Einzelzahlungen

Bei der Berechnung der Bar- und Endwerte für Einzelzahlungen handelt es sich um die einfachste Form. Dabei genügt es in der Regel, heutige Geldbeträge auf den gewünschten Endzeitpunkt aufzuzinsen oder zukünftige Geldbeträge auf heute abzuzinsen:

Endwert. Der Endwert einer Zahlung ergibt sich aus der Multiplikation des ursprünglichen Betrags (zumeist der Barwert) mit dem Aufzinsungsfaktor.

Endwert = Zahlungsbetrag × Aufzinsungsfaktor

Der Aufzinsungsfaktor wird bei konstantem Zinssatz durch Potenzieren des Aufzinsungsfaktors einer Periode mit der Anzahl der Perioden wie folgt ermittelt:

$$K_n = K_0 \times (1 + i)^n = K_0 \times q^n \qquad \textit{(Formel 2.1)}$$

K_n = Endwert zum Zeitpunkt t_n
K_0 = Barwert zum Zeitpunkt t_0
i = Periodenzinssatz
q = $1 + i$ = Aufzinsungsfaktor je Periode
q^n = Aufzinsungsfaktor für den Zeitraum t_0 bis t_n
n = Anzahl der Perioden

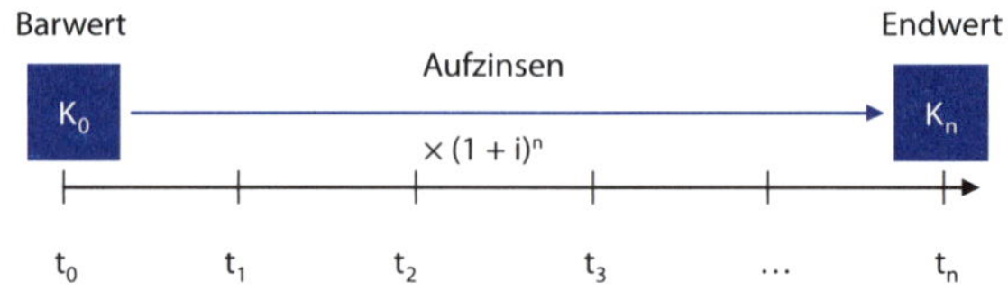

Abbildung 50: Endwert einer einzelnen Zahlung

Beispiel: Endwert

Ein Guthaben in der Höhe von € 100.000 wird fünf Jahre auf einem Sparbuch mit einem jährlichen Zinssatz von 5 % veranlagt. Wie hoch ist der Betrag am Sparbuch nach fünf Jahren?

Die Zinsen betragen im ersten Jahr 5 % des Anfangsguthabens in Höhe von € 100.000. Dies entspricht € 5.000. Die Zinsen erhöhen das Anfangsguthaben, womit das Guthaben nach einem Jahr € 105.000 ($K_1 = K_0 \times [1+i]$) beträgt. Im zweiten Jahr wird nun das Guthaben in Höhe von € 105.000 wieder mit 5 % verzinst. Der Endbetrag am Ende des zweiten Jahres beträgt somit € 110.250 (= € 100.000 × [1+5 %] × [1+5 %]). Die Zinsen im zweiten Jahr betragen somit € 5.250. Dieser Gesamtbetrag ergibt sich aus den Zinsen des Anfangsbetrags (€ 100.000 × 5 % = € 5.000) und den Zinsen auf die Zinsen des ersten Jahres (€ 5.000 × 5 % = € 250). Daher resultiert auch der Begriff der Zinseszinsrechnung. Im Zeitverlauf steigt somit der Gesamtbetrag der Zinsen kontinuierlich, da der gleiche Zinssatz von einem immer höheren Guthaben (aus Anfangskapital und Zinsen der Vorperioden) berechnet wird. Der Endwert beträgt nach fünf Jahren € 127.628, die entweder durch fünfmaliges Aufzinsen von Jahr zu Jahr oder einfacher durch Einsetzen in die oben genannte Gleichung zur Ermittlung des Endwertes: $K_5 = K_0 \times (1 + 5\ \%)^5$ = € 100.000 × 1,27628 = € 127.628.

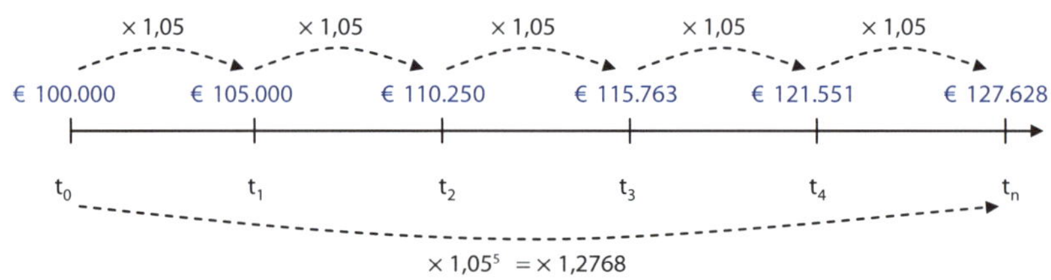

Die jährliche Vermehrung des eingelegten Betrags von € 100.000 durch Zinsen und Zinseszinsen auf € 127.628 stellt sich wie folgt dar, wobei die jährlichen Zinsen bei gleichem Zinssatz von anfangs € 5.000 auf über € 6.000 steigen:

Jahr	Höhe d. Sparbuchs am Anfang	Zinsen auf Anfangs-kapital	Zinses-Zinsen	Zinsen gesamt	Höhe d. Sparbuchs am Ende
1	100.000	5.000	0	5.000	105.000
2	105.000	5.000	250	5.250	110.250
3	110.250	5.000	513	5.513	115.763
4	115.763	5.000	788	5.788	121.551
5	121.551	5.000	1.078	6.078	127.628

Für die Berechnung der Zinsen bzw. die Bestimmung der Auf- und Abzinsungsfaktoren stehen heute drei grundsätzliche Möglichkeiten zur Verfügung: Zinstabellen, Taschenrechner und MS-Excel. In der betrieblichen Praxis dominiert Excel.

Aus Zinstabellen kann der Auf- oder Abzinsungsfaktor relativ einfach abgelesen werden, da diese die Auf- und Abzinsungsfaktoren für alle Kombinationen an Zinssätzen und Perioden beinhalten. So kann beispielsweise der Aufzinsungsfaktor des vorangegangenen Beispiels von 1,27628 aus jener Zelle abgelesen werden, die den Schnittpunkt von fünf Jahren und dem Jahreszinssatz von 5 % bildet:

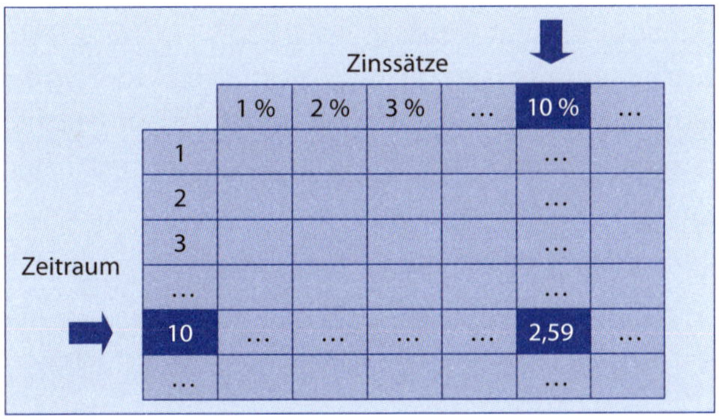

Abbildung 51: Zinstabellen

In der Praxis dominiert heute der Einsatz von MS-Excel. MS-Excel bietet vielfältige Funktionen zur Berechnung finanzmathematischer Probleme, insbesondere der Zinseszinsrechnung. Die Funktionen sind äußerst leistungsfähig und häufig für mehrere Problemstellungen geeignet, sodass nicht immer alle vorgesehenen Parameter auszufüllen sind. Diese werden durch die rechteckigen Klammern als optional gekennzeichnet. Grundsätzlich empfiehlt es sich, anfangs die Hilfefunktion zu verwenden, da diese am Ende des Hilfetextes sehr einfache und aufschlussreiche Beispiele zur richtigen Verwendung der Funktionen zeigt. Scrollen lohnt sich!

Die MS-Excel-Funktion zur Berechnung des Endwerts heißt ZW()/Zukunftswert. In der englischen Version heißt diese Funktion FV()/Future Value. Zur Berechnung des Endwerts einer Einzelzahlung sind die Parameter Zinssatz (5 %), Perioden (fünf Jahre) und der Barwert (Anfangsguthaben von € 100.000) auszufüllen. Sofern der Endwert einer Annuität gewünscht ist, ist auch dieser optionale Parameter mit dem periodisch gleichen Zahlungsbetrag der Annuität auszufüllen.

Excel-Berechnung

Barwert	100.000	**Excel Funktion: Zukunftswert**
i	5 %	= ZW (Zinssatz; Perioden; [Annuität]; Barwert)
n	5	= ZW (5 %; 5; ; –100.000)
Endwert?	127.628	

Abbildung 52: Endwert einer Einzelzahlung in MS-Excel

Der Einfluss des Zinssatzes und der Zeitdauer auf den Endwert. Entsprechend der Definition des Endwertes als Funktion des Anfangsbetrags, des periodischen Zinssatzes und der Anzahl der Perioden steigt der Endwert mit der Höhe dieser Parameter. Die Zeitdauer ist insbesondere im Bereich der Altersvorsorge ein wesentlicher Faktor. Je früher mit der Altersvorsorge begonnen wird und je besser das Geld veranlagt wird, desto größer ist das verfügbare Vermögen. Abbildung 53 zeigt in Abhängigkeit vom Zinssatz und der Zeitdauer den Faktor, um den sich das eingesetzte Vermögen erhöht. Beispielsweise müsste zu einer Verzehnfachung des Vermögens bei einem jährlichen Zinssatz von 10 % ca. 25 Jahre veranlagt werden, während bei einem (realistisch nicht zu erreichenden) jährlichen Zinssatz von 20 % nur ca. 13 Jahre gespart werden müsste. Umgekehrt zeigt sich, dass sich das Vermögen nach fünf Jahren bei einem jährlichen Zinssatz von 5 % nicht einmal verdoppelt – bei einem Zinssatz von 20 % hingegen versechsfacht.

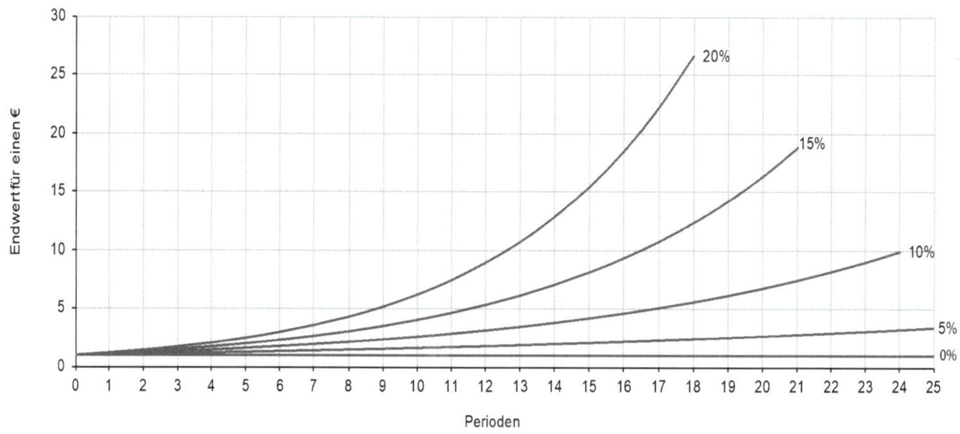

Abbildung 53: Entwicklung des Endwerts in Abhängigkeit des Zinssatzes und der Zeitdauer

Der wirklich signifikante Unterschied zwischen Endwerten wird vor allem durch die Zinseszinsen bestimmt. Insbesondere bei langen Zeiträumen sind die Zinseszinsen der wertmäßig größte Bestandteil des Endwerts, wie nachfolgende Abbildung schematisch zeigt.

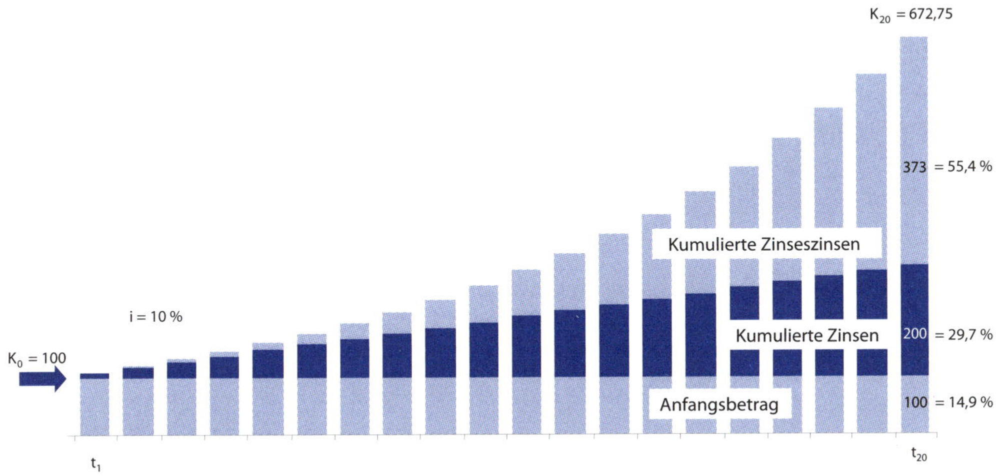

Abbildung 54: Entwicklung von Anfangskapital, Zinsen und Zinseszinsen

Sparen ist ein wesentlicher Anwendungsbereich des Endwerts (wie viel Geld habe ich am Ende zur Verfügung?). Dabei sollten sich Sparer nicht von der Höhe des Zinssatzes blenden lassen. Einerseits ist (in Österreich) ein Viertel des Zinssatzes in Form der Kapitalertragsteuer (KESt) abzuführen und andererseits wird die nominelle Kapitalerhöhung durch die Inflation real wieder reduziert, wenn nicht gar zunichte gemacht. Abbildung 55 zeigt diesen Umstand am Beispiel einer Bruttoverzinsung von 2,0 %, die abzüglich KESt zu einer nominellen Nettoverzinsung von 1,5 % führt. Im Jahr 2018 führt dies bei einer Inflation von 2,0 % zu einem Realverlust von 0,5 %.

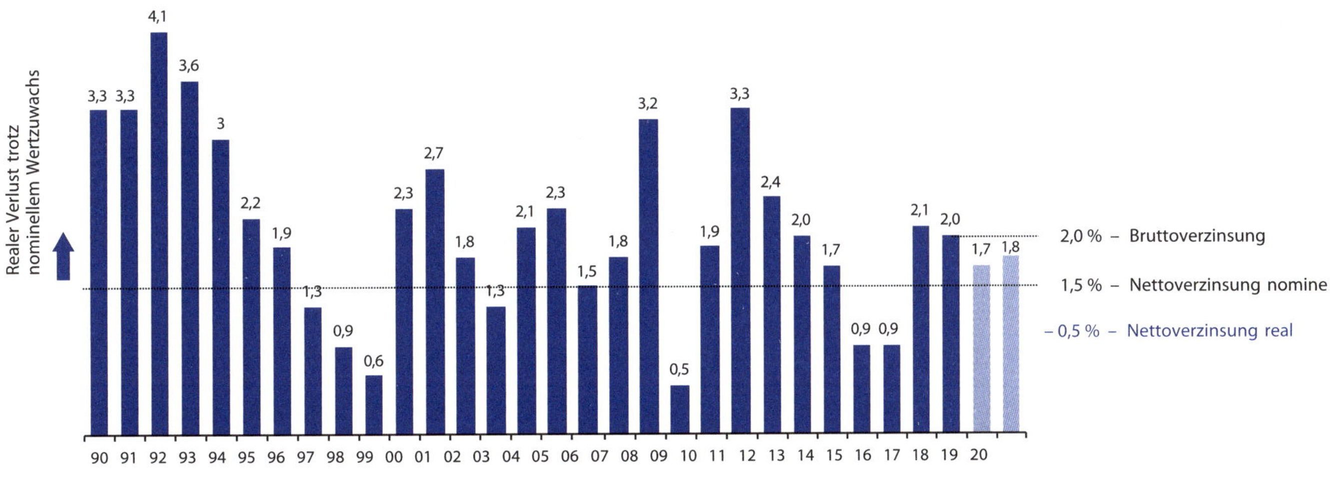

Abbildung 55: Nominelle Bruttoverzinsung vs. reale Nettoverzinsung

In Niedrigzinsphasen, (wie dies die letzten Jahre waren), wurde am klassischen Sparbuch trotz der absoluten Erhöhung Kapital vernichtet, d.h., dass der Sparer nach der Spardauer weniger Waren für sein Geld bekommen hat als vorher. Der

Mindestzinssatz, bei dem sich das Vermögen real weder erhöht noch vermindert, kann wie folgt bestimmt werden:

$$\text{Mindestverzinsung in \%} = \frac{\text{Inflation in \%}}{(1 - \text{KESt in \%})}$$ ***(Formel 2.2)***

Beispiel: Wertverlust durch Inflation

Eine Studentengruppe trinkt gerne Red Bull und kauft die Dosen zu einem durchschnittlichen Preis von € 1,00. Sie gewinnt im Rahmen eines Wettbewerbs an der Universität € 1.000. Die Studierenden könnten das Geld zu einem jährlichen Zinssatz von 2 % netto veranlagen. Gleichzeitig schätzen sie, dass sich der Preis von Red Bull in den nächsten zehn Jahren um jährlich 3 % erhöhen wird.

- Wie viele Dosen Red Bull könnte die Studentengruppe derzeit kaufen?
- Wie hoch ist der Geldbetrag, den sie nach zehn Jahren zur Verfügung hätten, wenn sie das Geld zu einem jährlichen Zinssatz von 2 % netto veranlagen?
- Um wie viel % hat sich das Anfangskapital über die zehn Jahre insgesamt erhöht?
- Wie viel kostet eine Dose Red Bull nach zehn Jahren?
- Um wie viel % hat sich der Preis insgesamt erhöht?
- Wie viele Dosen Red Bull kann sich die Studentengruppe nach zehn Jahren kaufen?
- Wie hoch ist der reale Wertgewinn/-verlust?

Jahr	Preis je Dose	Kapital am Sparbuch	Anzahl Dosen	Jährlicher Wertverlust	
	in €	in €	in Stk.	in Dosen	in %
0	1,00	1.000,00	1.000,00		
1	1,03	1.020,00	990,29	–9,71	–0,97 %
2	1,06	1.040,40	980,68	–9,61	–0,97 %
3	1,09	1.061,21	971,16	–9,52	–0,97 %
4	1,13	1.082,43	961,73	–9,43	–0,97 %
5	1,16	1.104,08	952,39	–9,34	–0,97 %
6	1,19	1.126,16	943,14	–9,25	–0,97 %
7	1,23	1.148,69	933,99	–9,16	–0,97 %
8	1,27	1.171,66	924,92	–9,07	–0,97 %
9	1,30	1.195,09	915,94	–8,98	–0,97 %
10	1,34	1.218,99	907,05	–8,89	–0,97 %
Veränderung	**34,39 %**	**21,90 %**	**–9,30 %**	**–92,95**	**–9,30 %**

Die Entwicklung zeigt deutlich, dass die Studierenden durch die Veranlagung zu 2 % ihr Vermögen nominell tatsächlich erhöhen. Anstatt der ursprünglichen € 1.000 können sie nach zehn Jahren auf € 1.218,99 zurückgreifen, d.h. nominell hat sich ihr „Vermögen" jährlich um 2 % oder insgesamt um 21,9 % erhöht. Dieser nominellen Wertsteigerung wirkt jedoch die Inflation, hier die Preiserhöhung der Red-Bull-Dosen, entgegen. Anstatt dass nach zehn Jahren um 21,9 % mehr Dosen gekauft werden können, tritt das genaue Gegenteil ein. Die Studierenden bekommen für € 1.218,99 nur mehr 907 Dosen. Dies entspricht einem realen Kaufkraftverlust von insgesamt 9,3 %.

Barwert. Der Barwert einer Zahlung ergibt sich aus Umkehrung der Gleichung zur Berechnung des Endwerts, d.h. durch das Abzinsen des Nominalwerts einer zukünftigen Zahlung (zumeist der Endwert).

$$K_n = K_0 \times (1 + i)^n$$

$$\rightarrow K_0 = \frac{K_n}{(1 + i)^n} = \frac{K_n}{q^n} = K_n \times q^{-n}$$ ***(Formel 2.3)***

K_n = Endwert zum Zeitpunkt t_n
K_0 = Barwert zum Zeitpunkt t_0
i = Periodenzinssatz
q = $1 + i \rightarrow$ Abzinsungsfaktor je Periode: $1/(1+i)$
q^{-n} = Abzinsungsfaktor für n Perioden
n = Anzahl der Perioden

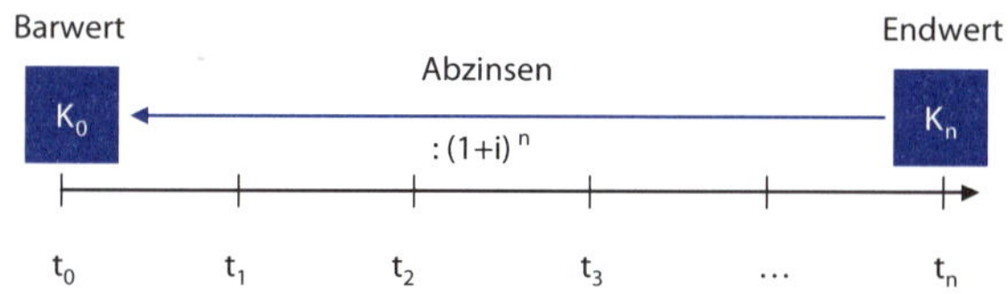

Abbildung 56: Barwert einer Zahlung

Aus der Umkehrung der Gleichung kann das Verhältnis zwischen Aufzinsungs- und Abzinsungsfaktor wie folgt definiert werden:

Endwert = Barwert × Aufzinsungsfaktor

Barwert = Endwert × Abzinsungsfaktor

$$\rightarrow \text{Abzinsungsfaktor} = \frac{1}{\text{Aufzinsungsfaktor}}$$ ***(Formel 2.4)***

Beispiel: Barwert

Wie viel müssen Sie heute auf ein Sparbuch legen, wenn Sie jährlich 3 % Zinsen (garantiert, netto nach Abzug der Kapitalertragssteuer) bekommen und in fünf Jahren € 100.000 für eine Weltreise zur Verfügung haben wollen? Alternativ könnten Sie auch in Aktien investieren. Ein Anlageberater verspricht Ihnen 10 % jährliche Verzinsung. Wie hoch wäre der nötige Investitionsbetrag? Welche Unterschiede im Sinne von Risiko bestehen zwischen den beiden Anlageformen?

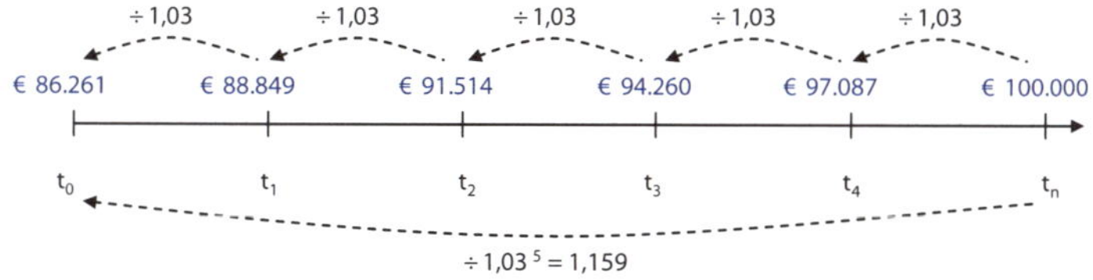

Der Barwert kann in Analogie zum Beispiel der Bestimmung des Endwerts durch das sukzessive Abzinsen des gewünschten Endbetrags bestimmt werden. Wie viel müsste am

Ende des vierten Jahres vorhanden sein, um nach fünf Jahren den gewünschten Betrag zur Verfügung zu haben? $K_5 = K_4 \times (1+i) \Rightarrow K_4 = K_5/(1+i)$ = € 100.000 / (1+3 %) = € 97.087. Der Betrag am Ende des dritten Jahres könnte durch neuerliches Abzinsen ($K_3= K_4/(1+i) = K_5/ (1+i)/(1+i) = = K_5/ (1+i)^2$ ermittelt werden. Insgesamt ergibt sich der Anfangsbetrag bzw. Barwert K_0 durch Einsetzen in die Barwertgleichung $K_0 = K_n/ (1+i)^n = K_0 = K_5/ (1+i)^5$ = € 100.000 / $(1+3\ \%)^5$ = € 100.000 / 1,159 = € 86.261. Das heißt, es müssten am Sparbuch € 86.261 über fünf Jahre veranlagt werden.

In Aktien müssten hingegen nur € 62.092 (= € 100.000 /$[1+10\ \%]^5$) veranlagt werden. Der wesentliche Unterschied liegt im Risiko der beiden Anlageformen. Während der Zinssatz am Sparbuch de facto als risikolos betrachtet werden kann, ist der tatsächliche Zinssatz zum Zeitpunkt der Veranlagung in Aktien unbekannt. Bei Aktien kann ein wesentlich höherer Zinssatz als die erhofften 10 % erreicht werden, es muss aber im Gegenzug ein möglicher Totalverlust des Kapitals in Kauf genommen werden.

Die Funktion zur Berechnung des Barwerts heißt in MS-Excel BW() oder Barwert. In der englischen Version heißt sie PV() oder Present Value. Die Funktion ermöglicht wiederum auch die Berechnung des Barwerts einer Annuität durch den optionalen Parameter Annuität.

Excel-Berechnung

Endwert	100.000	**Excel Funktion: Barwert**
i	3 %	= BW (Zinssatz; Perioden; [Annuität]; Endwert)
n	5	= BW (3 %; 5; ; –100.000)
Barwert?	86.261	

Abbildung 57: Barwert einer Einzelzahlung in MS-Excel

Bestimmung des Zinssatzes und der Periodenanzahl aus Bar- und Endwert. In der Gleichung zur Berechnung des Endwerts bzw. Barwerts sind vier Variable: K_0, K_n, i und n. In den Ausführungen zum Endwert und Barwert waren der Zinssatz, die Anzahl der Perioden sowie entweder der Barwert oder der Endwert gegeben, woraus die verbleibende Größe berechnet wurde. In der Praxis sind jedoch auch der Zinssatz bzw. die Periodendauer von Interesse. Sind beispielsweise das vorhandene Anfangskapital und das zu einem späteren Zeitpunkt benötigte Endkapital gegeben, stellt sich die Frage, zu welchem Zinssatz das Anfangskapital für eine bestimmte Zeitperiode veranlagt werden muss, oder wie lange das Anfangskapital zu einem bestimmten Zinssatz veranlagt werden muss, um das gewünschte Endkapital zu erreichen. Dazu wird die Gleichung zur Berechnung des Endwerts entweder nach i oder nach n aufgelöst:

$$K_n = K_0 \times (1 + i)^n \rightarrow$$

$$i = \sqrt[n]{\frac{K_n}{K_0}} - 1 \qquad \textit{(Formel 2.5)}$$

Die Bestimmung des Zinssatzes ist eine zentrale betriebswirtschaftliche Fragestellung, weil es letztlich darum geht, Kapital möglichst gewinnbringend, d.h. mit einem möglichst hohen Zinssatz, einzusetzen. Diese zentrale Fragestellung wird in Kap. 3.2.4 unter dem Titel *Interner Zinsfuß* noch ausführlich behandelt. Ist die Bestimmung des Zinssatzes, d.h. die Lösung der Endwertgleichung nach i bei Einzelzahlungen mathematisch noch einfach, kann dies bei anderen Zahlungsströmen relativ komplex werden. In gleicher Weise ist die Lösung der Endwertgleichung nach n für weniger mathematisch Versierte nicht mehr trivial. In der Praxis wird daher die Endwertgleichung heute häufig mit Hilfe der Zielwertsuche in MS-Excel aufgelöst.

Sofern der Zinssatz nur für eine Einzelzahlung bestimmt werden soll, d.h. der Zinssatz, der Barwert und Endwert für eine gegebene Anzahl an Perioden verbindet, kann dieser in MS-Excel mit Hilfe der Funktion Zins() bestimmt werden. In der englischen Version heißt diese Funktion Rate().

Excel-Berechnung

Barwert	86.261	**Excel Funktion: Zins**
Endwert	100.000	
n	5	= Zins (Perioden; [Annuität]; Barwert; Endwert) = Zins (5; ; –86.261; 100.000)
i?	3 %	

Abbildung 58: Zinssatz einer Einzelzahlung in MS-Excel

In gleicher Weise ist die Periodendauer von Interesse. Eine typische Fragestellung ist die geforderte Dauer, die notwendig ist, bis ein gewünschter Zielbetrag erreicht wird. Dazu wird die Endwertgleichung nach n aufgelöst.

$$n = \frac{\ln\left(\frac{K_n}{K_0}\right)}{\ln(1+i)}$$

In MS-Excel kann die benötigte Periodendauer mit Hilfe der Funktion ZZR() bestimmt werden. In der englischen Version heißt diese Funktion NPER().

Excel-Berechnung

Barwert	86.261	**Excel Funktion: ZZR**
Endwert	100.000	
i	3 %	= ZZR (Zinssatz; [Annuität]; Barwert; Endwert) = ZZR (3 %; ; –86.261; 100.000)
n?	5	

Abbildung 59: Periodendauer einer Einzelzahlung in MS-Excel

Variable Zinssätze. Die bisherigen Ausführungen sind von konstanten Zinssätzen über die gesamte Laufzeit ausgegangen. Sofern sich die Zinssätze je Periode ändern, sind die Beträge schrittweise mit dem jeweiligen Periodenzinssatz auf- bzw. abzuzinsen. Für variable Zinssätze gibt es keine einfache Unterstützung durch MS-Excel-Funktionen.

Beispiel: Variable Zinssätze

Ein Unternehmen benötigt in vier Jahren € 100.000. Wie hoch ist der Betrag, der heute in Aktien zu veranlagen ist, wenn die jährlichen Kurssteigerungen wie folgt geschätzt werden und keine Dividendenzahlungen zu erwarten sind: Jahr 1: 8 %, Jahr 2: 10 %, Jahr 3: 12 %, Jahr 4: 10 %?

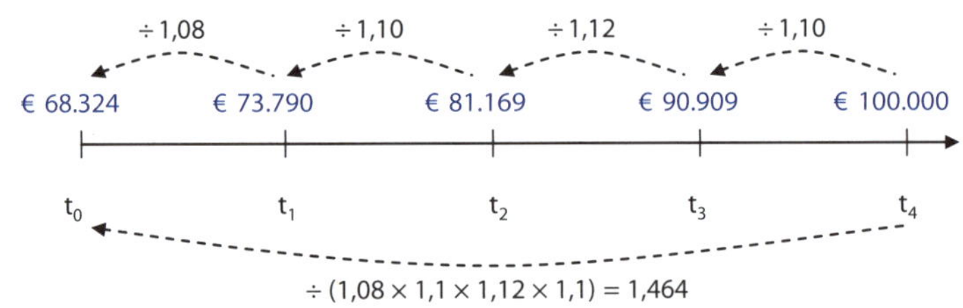

Entsprechend den unterschiedlichen Zinssätzen je Periode wird der gewünschte Endbetrag von t_4 Periode für Periode abgezinst. Sofern die Aktien im vierten Jahr wie angenommen um 10 % steigen, ist am Ende des dritten Jahres ein Kapital von € 90.909 nötig. Aus der schrittweisen Abzinsung ergibt sich ein Barwert bzw. notwendiger Investitionsbetrag von € 68.324.

2.1.3. Unterjährige Verzinsung

Die bisherigen Beispiele sind von Jahreszinssätzen und einer jährlichen Auf- bzw. Abzinsung ausgegangen. In diesem Fall entspricht der nominelle Zinssatz dem Effektivzinssatz. In der Praxis wird jedoch vielfach auch unterjährig in kürzeren Intervallen verzinst. Beispielsweise verändert sich der Kontostand von Bankkonten nahezu täglich. Die ordnungsgemäße Berechnung der Soll- und Habenzinsen muss daher auf Tagesbasis erfolgen.

Unterjährige Verzinsung mit aliquotem nominellen Jahreszinssatz. Wird bei unterjähriger Verzinsung der unterjährige Zinssatz durch Division des nominellen Jahreszinssatzes mit der entsprechenden Periodenanzahl (z.B. bei quartalsweiser Verzinsung durch die Anzahl der Quartale pro Jahr) ermittelt, hat dies die Folge, dass der aliquote nominelle Jahreszinssatz über mehrere Perioden gewährt wird, beispielsweise bei quartalsweiser Verzinsung ein Viertel des Jahreszinssatzes, dies jedoch viermal. Dies führt dazu, dass der effektive Jahreszinssatz (der tatsächliche Jahreszinssatz) höher ist als der nominale Jahreszinssatz, weil die Zinsen früher und damit auch die Zinseszinsen früher bzw. häufiger berechnet werden.

Beispiel: Der Endwert in Abhängigkeit von der unterjährigen Verzinsung

Ein Betrag von € 100 wird über einen Zeitraum von fünf Jahren mit einem Jahreszinssatz von 12 % veranlagt. Bei jährlicher Verzinsung ergibt sich ein Endbetrag von € 176,23.

$K_5 = 100 \times (1 + 12\,\%)^5 = 176{,}23$

Wird hingegen der gleiche Betrag über den gleichen Zeitraum monatlich mit dem aliquoten Zinssatz von 1 % verzinst, ergibt sich ein Endbetrag von € 181,67.

Jährlich:	$100 \times (1 + 12\,\%)^5$	=	**€ 176,23**
Halbjährlich:	$100 \times (1 + 06\,\%)^{10}$	=	**€ 179,09**
Quartalsweise:	$100 \times (1 + 03\,\%)^{20}$	=	**€ 180,61**
Monatlich:	$100 \times (1 + 01\,\%)^{60}$	=	**€ 181,67**

Die Differenz entsteht durch den früheren Anfall an Zinseszinsen. Während bei der jährlichen Verzinsung erst nach einem Jahr der Anspruch auf Zinseszinsen entsteht, ergibt sich dieser bei der monatlichen Verzinsung bereits nach einem Monat.

Die allgemeine Formel zur Berechnung des Endwerts bei unterjähriger Verzinsung lautet wie folgt:

$$K_n = K_0 \times \left(1 + \frac{i}{m}\right)^{m \times n}$$

K_n = Endwert zum Zeitpunkt t_n
K_0 = Barwert zum Zeitpunkt t_0
i = nomineller Jahreszinssatz
m = Anzahl der Perioden, in denen pro Jahr verzinst wird
n = Anzahl der Jahre

Wird m = 1 gesetzt, reduziert sich die Gleichung auf die ursprüngliche Form bei jährlicher Verzinsung. Im extremen Fall der kontinuierlichen Verzinsung würde unendlich oft für unendlich kleine Zeitintervalle verzinst, wodurch sich die Gleichung wie folgt verändert:

$$K_n = K_0 \times e^{i \times n} \qquad \textit{(Formel 2.8)}$$

Unterjährige Verzinsung und jährlicher Effektivzinssatz. Eine betriebswirtschaftlich richtige Verzinsung sollte auf Basis des Effektivzinssatzes und nicht des Nominalzinssatzes erfolgen, da der Effektivzinssatz den tatsächlichen Jahreszinssatz darstellt. Die Umrechnung des jährlichen Nominalzinssatzes in den jährlichen Effektivzinssatz folgt nachstehender Gleichung:

$$i_{effektiv} = \left(1 + \frac{i_{nominal}}{m}\right)^m - 1 \qquad \textit{(Formel 2.9)}$$

Beispielsweise entspricht ein jährlicher Nominalzinssatz von 12 % bei monatlicher Verzinsung einem jährlichen Effektivzinssatz von 12,68 %. In MS-Excel kann mit der Funktion NOMINAL aus dem Effektivzinssatz der Nominalzinssatz berechnet werden.

$$i_{effektiv} = \left(1 + \frac{12\%}{12}\right)^{12} - 1 = 12{,}68\,\%$$

Soll ganz allgemein aus einem gegebenen unterjährigen Zinssatz der jährliche Effektivzinssatz berechnet werden, so kann dies ebenfalls mit Hilfe der Formel 2.9 geschehen. Es ist dabei lediglich der entsprechende unterjährige Zinssatz mit der entsprechenden Periodenanzahl einzusetzen. Ist z.B. ein Monatszinssatz von 1 % gegeben, wird der effektive Jahreszinssatz analog zu oben berechnet.

$$i_{effektiv} = (1 + 1\,\%)^{12} - 1 = 12{,}68\,\%$$

Aus Formel 2.9 lässt sich in umgekehrter Richtung auch jener Zinssatz bestimmen, der unterjährig angewendet werden muss, damit der jährliche Effektivzinssatz tatsächlich dem jährlichen Nominalzinssatz entspricht. Dieser Zinssatz wird auch als konformer Zinssatz oder Äquivalenzzinssatz bezeichnet.

$$K_n = K_0 \times (1 + i_j)^n = K_0 \times (1 + i_m)^{m \times n} \rightarrow (1 + i_j)^n = (1 + i_m)^{m \times n}$$

$$\rightarrow (1 + i_j) = (1 + i_m)^m \rightarrow$$

(Formel 2.10)

$$i_m = \sqrt[m]{(1 + i_j)} - 1$$

n = Anzahl Jahre

m = Anzahl der Perioden pro Jahr (z.B. 12 bei monatlicher Verzinsung)

i_j = jährlicher Nominalzinssatz

i_m = unterjähriger Zinssatz, bei dem der jährliche Effektivzinssatz gleich dem Nominalzinssatz ist

Im konkreten Beispiel bedeutet dies, dass, wenn der jährliche Effektivzinssatz dem jährlichen Nominalzinssatz von 12 % entsprechen soll, nur 0,9489 % statt 1 % je Monat berechnet werden dürfen.

$$K_n = K_0 \times (1 + i_j)^n = 100 \times (1 + 12\,\%) = 112{,}00$$

$$K_n = K_0 \times (1 + i_m)^{m \times n} = 100 \times (1 + 0{,}9489\,\%)^{12} = 112{,}00$$

In der Praxis spielt die unterjährige Verzinsung insbesondere bei der Abrechnung von Krediten und Wertpapieren eine wichtige Rolle. Dabei haben sich verschiedene Methoden wie 30/360, 30/365, Actual/360, Actual/365 und act/act etabliert. Diese unterscheiden sich in der Bestimmung des Zeitraums, für den z.B. die Zinsen gewährt werden. So kann die Anzahl der Tage eines Jahres mit 360, 365 oder 366 in Schaltjahren angesetzt werden. Ebenso kann die Anzahl der Tage des Monats konstant mit 30 oder mit den tatsächlichen Kalendertagen angesetzt werden.

2.2. Barwert und Endwert von Annuitäten

Annuitäten. Annuitäten bzw. Renten sind Zahlungsreihen, bei denen die Zahlungen in den einzelnen Perioden gleich groß sind. Ratenzahlungen wie Kreditrückzahlungen, Leasingraten oder Versicherungen sind typische Beispiele. Die Berechnung ihrer Bar- und Endwerte kann prinzipiell in gleicher Weise wie bei allgemeinen Zahlungsströmen erfolgen. Aufgrund der identen Beträge lassen sie sich jedoch vereinfacht berechnen.

Grundsätzlich wird bei Annuitäten zwischen *vor-* und *nachschüssigen* Annuitäten unterschieden. Bei vorschüssigen Annuitäten (engl. annuity due) findet die Zahlung am Anfang der Periode, bei nachschüssigen Annuitäten (engl. ordinary annuity) am Ende der Periode statt. Der unterschiedliche Zahlungsmodus wirkt sich dementsprechend auf die Verzinsung aus.

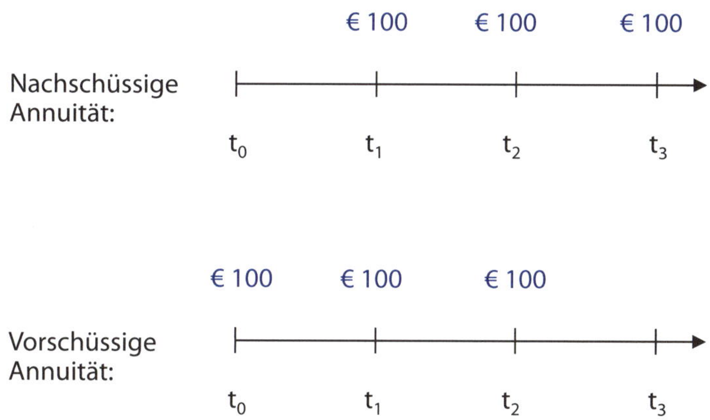

Abbildung 60: Zeitpunkte der Zahlungen nachschüssiger und vorschüssiger Annuitäten

Endwert von Annuitäten. Der Endwert einer Annuität ist jener Wert, den sie am Ende der Betrachtungsperiode hat. Er ergibt sich durch Aufzinsung der einzelnen Zahlungen der Annuität. Ein typisches Anwendungsbeispiel für den Endwert einer Rente ist das Bausparen, bei dem konstante Raten über einen Zeitraum eingezahlt werden und der Endwert entsprechend der Verzinsung am Ende ausgezahlt wird.

Die vereinfachte Berechnung ergibt sich aufgrund der Summenformel der geometrischen Reihe.

$$K_n = \sum_{t=1}^{n} A \times q^t = A \times \sum_{t=1}^{n} q^t = A \frac{q^n - 1}{q - 1} \qquad \textbf{\textit{(Formel 2.11)}}$$

n = Anzahl der Perioden

A = Zahlungsbetrag je Periode

q = 1 + i = Aufzinsungsfaktor je Periode

Endwert nachschüssiger Annuitäten. Bei nachschüssigen Annuitäten erfolgt die Zahlung jeweils am Periodenende, d.h. die letzte Zahlung fällt bereits auf den Endzeitpunkt und wird damit nicht mehr aufgezinst. Für die Berechnung des Endwerts *nachschüssiger Annuitäten* gilt die oben allgemein angeführte Formel zur Berechnung des Endwerts:

$$K_n = A \times \frac{q^n - 1}{q - 1} \qquad \textit{(Formel 2.12)}$$

Werden beispielsweise € 100 über einen Zeitraum von drei Jahren jeweils am Jahresende mit einem Zinssatz von 10 % veranlagt, ergibt sich der Endwert wie folgt.

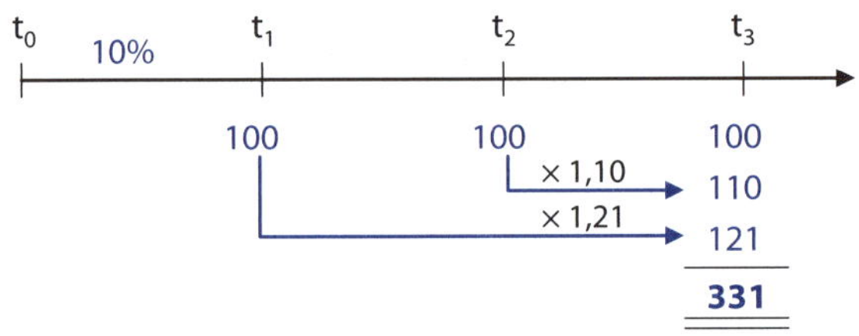

$$K_n = \sum_{t=1}^{n} A \times q^t \Rightarrow K_3 = \sum_{t=1}^{3} 100 \times 1{,}1^t = 100 \times 1{,}1^0 + 100 \times 1{,}1^1 + 100 \times 1{,}1^2 = 331$$

Vergleicht man die drei Terme der Endwertgleichung mit den Werten der Zeitleiste, zeigt sich, dass der erste Term $100 \times 1{,}1^0$ der letzten Zahlung in t_3 entspricht, der zweite Term der Zahlung in t_2, die eine Periode aufgezinst wird, entspricht und der dritte Term der ersten Zahlung in t_1, die über zwei Perioden aufgezinst wird, entspricht. Die Summenfunktion in der Endwertgleichung „scannt" quasi die Zahlungen ausgehend vom Zeitpunkt t_n bis zum Zeitpunkt t_0.

Die Verwendung der Endwertformel für Annuitäten zeigt natürlich das gleiche Ergebnis. Sie erweist sich insbesondere bei hohen Periodendauern für die manuelle Berechnung mit Hilfe des Taschenrechners als wesentlich zeitsparender:

$$K_n = A\,\frac{q^n - 1}{q - 1} = 100\,\frac{1{,}1^3 - 1}{1{,}1 - 1} = 331$$

Die Vermögensentwicklung kann auch wie folgt dargestellt werden:

Jahr	Anfang	Zinsen	Einlage	Ende
1	0	0	100	100
2	100	10	100	210
3	210	21	100	331

Ab der Einlage am Ende des ersten Jahres beginnt der Anspruch auf Zinsen. Am Ende des zweiten Jahres werden 10 % auf das Guthaben von € 100 als Zinsen ausgezahlt. Gleichzeitig wird die zweite Einlage entrichtet, d.h. das Kapital hat sich auf 100 + 10 + 100 = 210 erhöht. Am Ende des dritten Jahres werden wiederum 10 % Zinsen, diesmal jedoch auf 210, bezahlt. 10 % von 210 entspricht 21. Zudem erhöht die letzte Einlage das Gesamtkapital auf 210 + 21 + 100 = 331.

Der nachschüssige Endwert von Annuitäten kann in MS-Excel mit der gleichen Funktion berechnet werden, wie sie bei Einzelzahlungen verwendet wurde. Bei Annuitäten wird jedoch der optionale Parameter Annuität statt des Barwert-Parameters verwendet.

Excel-Berechnung

Annuität	100	**Excel Funktion: Zukunftswert**
i	10 %	
n	3	= ZW (Zinssatz; Perioden; [Annuität]; [Barwert]; [vor-/nachschüssig]) = ZW (10 %; 3; 100; ;)
Endwert?	331	

Abbildung 61: Endwert einer nachschüssigen Annuität in MS-Excel

Endwert vorschüssiger Annuitäten. Bei *vorschüssigen Renten* findet die Zahlung am Periodenanfang statt, nicht am Periodenende. Da jede Zahlung genau um eine Periode früher gezahlt wird, fallen Zinsen für eine zusätzliche Periode je Annuität und damit auch für die gesamte Rente an. Die Berechnung des Endwerts vorschüssiger Renten kann daher aus dem nachschüssigen Endwert abgeleitet werden:

Vorschüssiger Endwert = nachschüssiger Endwert × q

$$K_n = A \times \frac{q^n - 1}{q - 1} \times q \qquad \textbf{\textit{(Formel 2.13)}}$$

Die vorhergehende Annuität stellt sich im Falle vorschüssiger Zahlungen wie folgt dar:

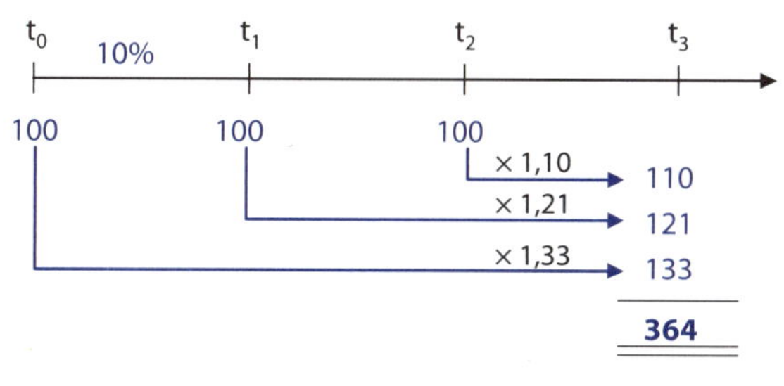

Bei der Berechnung des Endwerts vorschüssiger Annuitäten in MS-Excel ist zu beachten, dass der letzte optionale Parameter, der die Zahlungen als vorschüssig kennzeichnet, auf 1 gesetzt wird.

Excel-Berechnung

Annuität	100	**Excel Funktion: Zukunftswert**
i	10 %	
n	3	= ZW (Zinssatz; Perioden; [Annuität]; [Barwert]; [vor-/nachschüssig]) = ZW (10 %; 3; 100; ;1)
Endwert?	364	

Abbildung 62: Endwert einer vorschüssigen Annuität in MS-Excel

Endwerte von Annuitäten haben insbesondere im Bereich des Sparens und Veranlagens große Bedeutung.

Beispiel: Altersvorsorge

Nach dem erfolgreichen Abschluss seines Controlling-Studiums überlegt Hermann Mayr, inwieweit es Sinn ergibt, unmittelbar beim Berufseinstieg mit der Pensionsvorsorge zu beginnen. Gleichzeitig möchte er wissen, welchen Unterschied es macht, konservativ, d.h. mit geringeren Zinssätzen, dafür aber ohne nennenswertes Risiko, bzw. spekulativ, d.h. mit hohen Ertragsaussichten unter hohem Risiko, zu investieren. Entsprechend seiner Einkommenssituation plant er, jeweils am Ende des Jahres € 3.000 zu veranlagen. Wie viel Geld hat Hermann Mayr bei seinem Pensionsantritt zur Verfügung, wenn er 20, 30 oder 40 Jahre vor Pensionsantritt mit der Pensionsvorsorge beginnt? Die Zinssätze sind dabei 5 %, 10 % oder 15 % p.a.

Veranlagung pro Jahr	Anzahl Jahre	Vermögen am Ende bei ... 5 %	10 %	15 %
3.000	20	99.198	171.825	307.331
3.000	30	199.317	493.482	1.304.235
3.000	40	362.399	1.327.778	5.337.271

Die verschiedenen Endwerte zeigen deutlich, welche Bedeutung die Veranlagungsdauer und der Veranlagungszinssatz haben. Bei 5 % Zinssatz bewirkt eine doppelt so lange Veranlagungsdauer das fast vierfache Kapital bei Pensionsantritt. Bei 15 % Zinssatz bewirkt eine doppelt so lange Veranlagungsdauer das fast 17-fache Kapital!

Umgekehrt zeigt sich, dass bei gleicher Veranlagungsdauer von 20 Jahren ein doppelt so hoher Zinssatz (10 % statt 5 %) ein um 73 % höheres Endvermögen bewirkt. Bei einer Veranlagungsdauer von 40 Jahren bewirkt diese Verdoppelung ein beinahe vierfaches Endvermögen.

Barwert nachschüssiger Annuitäten. Der Barwert einer Annuität ist jener Wert, den sie zu Beginn der Betrachtungsperiode hat. Er ergibt sich durch Abzinsung der Annuitäten. Die Berechnung des Barwerts kann aus der Berechnung des Endwerts hergeleitet werden, indem der Endwert mit dem Faktor q^{-n} auf den Zeitpunkt t_0 abgezinst wird. Ein typisches Anwendungsbeispiel ist die Rückzahlung eines Kredites, bei der die Kreditsumme = Barwert in den Folgeperioden mit entsprechenden Zinsen zurückgezahlt wird.

Im Fall der nachschüssigen Annuität wird der Barwert wie folgt berechnet:

$$K_0 = \sum_{t=1}^{n} \frac{A}{q^t} = A \times \sum_{t=1}^{n} \frac{1}{q^t} = \frac{A}{q^n} \times \frac{q^n - 1}{q - 1} \qquad \textbf{\textit{(Formel 2.14)}}$$

n = Anzahl der Perioden
A = Zahlungsbetrag je Periode
q = 1 + i = Abzinsungsfaktor je Periode

Formel 2.14 zeigt deutlich die Verbindung von Endwert und Barwert. Die Formel ist bis auf die Division der Annuität durch q^n ident. Die Formel kann auch so interpretiert werden, dass die Annuitäten zuerst auf den Endwert aufgezinst werden. Durch die Division durch q^n wird der Endwert im zweiten Schritt auf den Barwert abgezinst.

$$\text{nachschüssiger Barwert} = \text{nachschüssiger Endwert} \times \frac{1}{q^n} \qquad \textbf{\textit{(Formel 2.15)}}$$

Für die vorher angeführte Annuität ergibt sich im Fall nachschüssiger Zahlungen folgender Barwert:

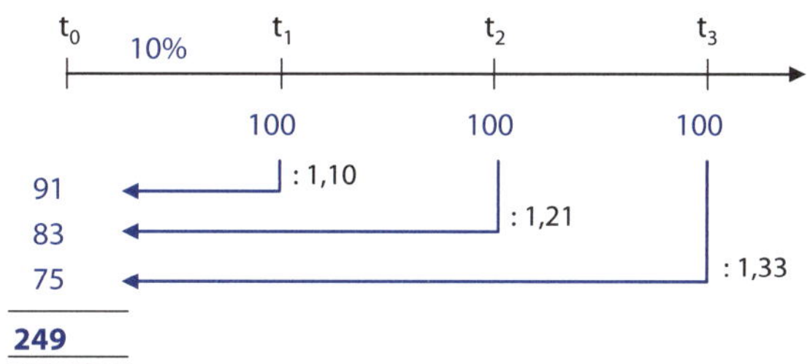

$$K_0 = \sum_{t=1}^{n} \frac{A}{q^t} \Rightarrow K_0 = \sum_{t=1}^{3} \frac{100}{1{,}1^t} = \frac{100}{1{,}1^1} + \frac{100}{1{,}1^2} + \frac{100}{1{,}1^3} = 249$$

$$K_0 = \frac{A}{q^n} \times \frac{q^n - 1}{q - 1} = \frac{100}{1{,}1^3} \times \frac{1{,}1^3 - 1}{1{,}1 - 1} = 249$$

Auch der Barwert von Annuitäten kann in MS-Excel mit der gleichen Funktion berechnet werden, wie sie bei Einzelzahlungen verwendet wurde. Es wird jedoch der optionale Parameter Annuität statt des Barwert-Parameters verwendet.

Excel-Berechnung

Annuität	100	**Excel Funktion: Barwert**
i	10 %	
n	3	= BW (Zinssatz; Perioden; [Annuität]; [Barwert]; [vor-/nachschüssig]) = BW (10 %; 3; 100; ;)
Barwert?	249	

Abbildung 63: Barwert einer nachschüssigen Annuität in MS-Excel

Barwert vorschüssiger Annuitäten. Die Berechnung des Barwerts einer nachschüssigen Annuität kann analog auf den Barwert vorschüssiger Annuitäten übertragen werden. Da alle Zahlungen um eine Periode früher anfallen, werden die Zahlungen im Vergleich zur nachschüssigen Annuität um eine Periode weniger abgezinst.

vorschüssiger Barwert = nachschüssiger Barwert × q

$$K>_0 = \frac{A}{q^n} \times \frac{q^n - 1}{q - 1} \times q = \frac{A}{q^{n-1}} \times \frac{q^n - 1}{q - 1}$$ ***(Formel 2.16)***

Der Barwert vorschüssiger Annuitäten kann in gleicher Weise durch Abzinsen ihres Endwerts hergeleitet werden.

$$\text{vorschüssiger Barwert} = \text{vorschüssiger Endwert} \times \frac{1}{q^n}$$

$$K_0 = \frac{A}{q^n} \times \frac{q^n - 1}{q - 1} \times q = \frac{A}{q^{n-1}} \times \frac{q^n - 1}{q - 1}$$

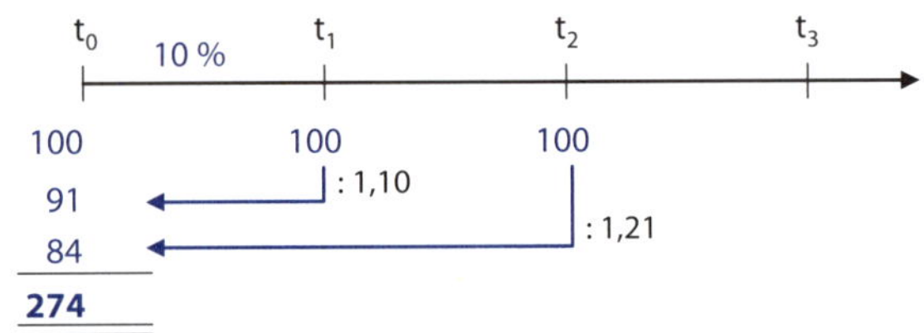

Bei der Berechnung des Barwerts vorschüssiger Annuitäten in MS-Excel ist wie beim Endwert zu beachten, dass der letzte optionale Parameter, der die Zahlungen als vorschüssig kennzeichnet, auf 1 gesetzt wird.

Excel-Berechnung

Annuität	100	**Excel Funktion: Barwert**
i	10 %	
n	3	= BW (Zinssatz; Perioden; [Annuität]; [Barwert]; [vor-/nachschüssig]) = BW (10 %; 3; 100; ;1)
Barwert?	274	

Abbildung 64: Barwert einer vorschlüssigen Annuität in MS-Excel

Beispiel: Autokauf

Franz Mustermann möchte sich ein Auto kaufen. Er kann dabei auf keine Ersparnisse zurückgreifen. Da bei Leasingfinanzierung üblicherweise eine Anzahlung (down payment) zu leisten ist, möchte er das Auto über einen Bankkredit finanzieren. Entsprechend seinen Einkommensverhältnissen glaubt er € 300 an monatlichen Kreditraten nachschüssig zurückzahlen zu können. Er plant, das Auto acht Jahre zu fahren, und möchte den Kaufpreis auch innerhalb dieser Nutzungsdauer „fristenkongruent" zurückzahlen, da er ansonsten nach dem Fahrzeugwechsel gleichzeitig den Kredit für das aktuelle Auto und einen neuen Kredit für das Folgeauto zurückzahlen müsste. Einen eventuellen Verkaufserlös durch den Restwert des Autos stellt Franz Mustermann nicht in Rechnung, da dieser für die Anschaffung des Folgeautos verwendet werden soll. Entsprechend der Auskunft der Bank könnte er einen Kredit mit einem fixen Jahreszinssatz von 6 % bekommen, wobei der Zinssatz für die monatlichen Raten aliquot vom Jahreszinssatz berechnet wird (Division durch 12). Es fallen keine Nebengebühren an.

- Wie teuer darf das Auto sein, damit Franz Mustermann es sich leisten kann, wenn er die Raten jeweils am Monatsende zurückzahlt?
- Wie viel zahlt Herr Mustermann über die acht Jahre an die Bank insgesamt nominal zurück?

$$K_0 = \frac{A}{q^n} \times \frac{q^n - 1}{q - 1} = \frac{€\,300}{1{,}005^{96}} \times \frac{1{,}005^{96} - 1}{1{,}005 - 1} = €\,22.829$$

Gesamtrückzahlung = € 300 × 96 = € 28.800

Die Berechnung des maximalen Kaufpreises erfolgt über den Barwert der Kreditraten. Herr Mustermann zahlt insgesamt 96 Raten (8 Jahre à 12 Monate) mit je € 300, also insgesamt € 28.800, an die Bank zurück. Bei einem monatlichen Zinssatz von 0,5 % (6 %/12) ergibt sich ein Barwert von € 22.829, d.h. die Differenz von € 5.971 sind die Zinsen, die die Bank für die Bereitstellung des Kaufpreises von € 22.829 verlangt.

Barwert unendlicher Renten (engl. perpetuity). Annuitäten mit einem immerwährenden Zahlungsstrom, d.h. einer unendlichen Periodenanzahl, werden unendliche Renten genannt. Die bisherige Diskussion von Annuitäten hat sich auf idente Zahlungsströme über einen endlichen Zeitraum, d.h. mit einer begrenzten Periodenanzahl (Zeitrenten) beschränkt. In der betrieblichen Praxis gibt es Entscheidungssituationen, wie z.B. beim Kauf eines Unternehmens, in denen die Nutzungsdauer eines Investitionsobjektes nicht bestimmbar bzw. extrem lange ist. In der Praxis wird bei langen Zeitrenten zur Vereinfachung häufig eine unendliche Rente unterstellt. Wegen der starken Abzinsung der weit in der Zukunft liegenden Zahlungen nähert sich der Barwert einer unendlichen Rente dem Grenzwert einer geometrischen Reihe. Unendliche Renten liefern daher annähernd gleiche Ergebnisse wie Zeitrenten mit langer Nutzungsdauer. Der Endwert einer unendlichen Rente ist naturgemäß unendlich.

Barwert nachschüssiger unendlicher Renten. Auch bei unendlichen Renten wird zwischen vorschüssig und nachschüssig unterschieden. Die Formel für den Barwert der nachschüssigen Rente ist:

$$K_0 = \sum_{t=1}^{\infty} \frac{A}{(1+i)^t} = \frac{A}{i}$$ ***(Formel 2.17)***

Abbildung 65 zeigt links den immer kleiner werdenden Barwert der immer weiter in der Zukunft liegenden Einzelzahlungen bei einem jährlichen Zinssatz von 10 %. Rechts wird die Entwicklung des Barwerts der Annuität mit € 100 im Zeitverlauf dargestellt, bei dem diese immer kleineren Barwerte im Zeitverlauf aufsummiert werden. Im Falle des 10 %-Zinssatzes ist der Barwert einer 50-jährigen Annuität bereits 99,15 % des Barwerts bei unendlicher Laufzeit.

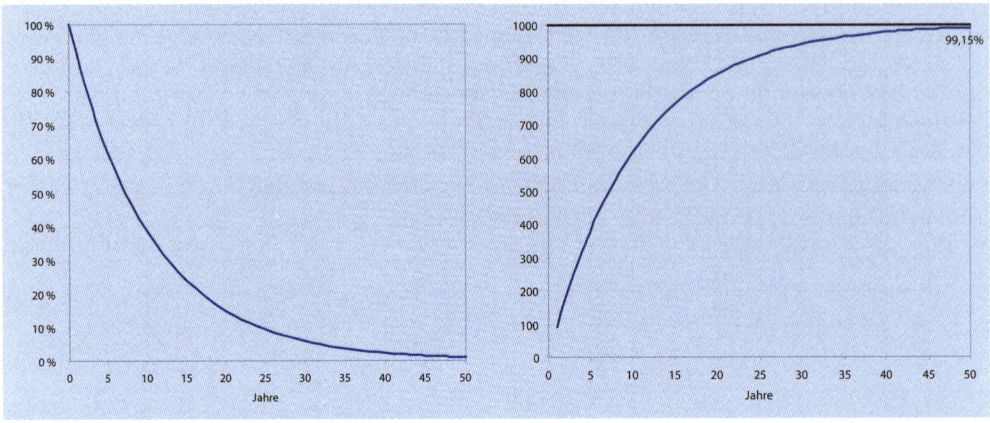

Abbildung 65: Barwert unendlicher Renten bei 10 % Zinssatz

Beispiel: Unendliche Rente

Ein Beispiel für unendliche Renten sind private Finanzierungsmodelle, bei denen für den Lebensunterhalt ein konstanter Betrag aus den Zinsen des veranlagten Kapitals zur Verfügung stehen soll, während das Anfangskapital = Barwert immer wieder die Zinsen erwirtschaftet. Was wäre beispielsweise, wenn sich Brad Pitt überlegt, sich vorzeitig aus dem Showbusiness zurückzuziehen und von seinem bereits ansehnlichen Vermögen zu leben? Der Schauspieler möchte jährlich $ 12 Millionen (jeweils am Jahresende) zur Verfügung haben. Er glaubt, bei konservativer, risikoarmer Veranlagung eine Nettoverzinsung von 5 % pro Jahr erzielen zu können. Wie hoch muss das bereits vorhandene Vermögen sein, um davon unter den gegebenen Bedingungen leben zu können?

$$K_0 = \frac{A}{i} = \frac{\$\ 12.000.000}{0{,}05} = \$\ 240.000.000$$

Im vorangegangenen Beispiel muss Brad Pitt das erste Jahr von anderen Einkommensquellen leben, d.h. er kann sich erst in einem Jahr zur Ruhe setzen. Will er sein Jahreseinkommen sofort zur Verfügung haben, ist die Frage des notwendigen Vermögens mit Hilfe einer vorschüssigen unendlichen Rente zu beantworten.

Barwert vorschüssiger unendlicher Renten. Bei einer vorschüssigen unendlichen Rente muss der Barwert um die Zinsen einer Periode höher sein, da diese bereits am Beginn verwendet werden. Der Barwert ist daher wieder ein um q erhöhter Barwert der vorschüssigen Rente:

$$K_0 = \frac{A}{i} \times q \qquad \textit{(Formel 2.18)}$$

Für Brad Pitt bedeutet dies, dass er ein Vermögen von $ 252 Mio. benötigt, um sich sofort zur Ruhe setzen zu können.

$$K_0 = \frac{\$\ 12.000.000}{0{,}05} \times 1{,}05 = \$\ 252.000.000$$

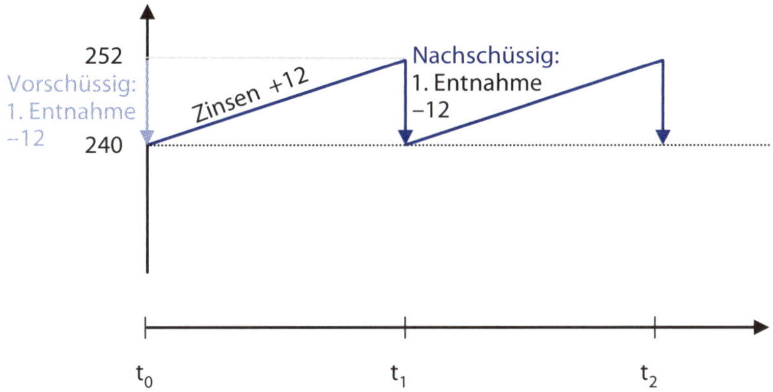

Abbildung 66: Unterschied im Zahlungsstrom vor- und nachschüssiger unendlicher Renten

Gleichmäßig wachsende unendliche Renten. In der Praxis ist noch eine Sonderform der unendlichen Renten von Bedeutung: gleichmäßig wachsende unendliche Renten. Im Gegensatz zu gewöhnlichen unendlichen Renten sind die Zahlungen nicht ident, sondern wachsen um einen konstanten Prozentsatz, d.h., dass die zweite Zahlung um den gegebenen Prozentsatz höher ist als die erste Zahlung und die dritte Zahlung wiederum um den gleichen Prozentsatz höher ist als die zweite Zahlung. Wichtigster Anwendungsbereich in der Praxis ist die Bewertung von Unternehmen, von denen üblicherweise erwartet wird, dass sie ihren Gewinn laufend steigern (siehe dazu Kap. 4.3.3. Aktienbewertung). Der Barwert gleichmäßig wachsender Renten ist wie folgt definiert:

$$K_0 = \frac{A}{i - k}$$ ***(Formel 2.19)***

k = jährliches Wachstum in %
i = jährlicher Zinssatz

Übersteigt das jährliche Wachstum den Zinsfaktor, so führt dies dazu, dass der Barwert keinem Grenzwert zustrebt, sondern gegen unendlich geht.

2.3. Barwert und Endwert beliebiger Zahlungsströme

Zahlungsreihen, die keinem der beiden vorher genannten Muster entsprechen, bestehen zumindest aus zwei betragsmäßig ungleichen Zahlungen, die zu unterschiedlichen Zeitpunkten anfallen. Ihr Endwert ist als die Summe der Endwerte der Einzelzahlungen definiert. Analog dazu ist der Barwert als Summe der Barwerte der Einzelzahlungen definiert.

$$K_n = \sum_{t=0}^{n} CF_t \times (1+i)^{n-t}$$ ***(Formel 2.20)***

$$K_0 = \sum_{t=0}^{n} \frac{CF_t}{(1+i)^t}$$ ***(Formel 2.21)***

CF_t	=	Cashflow (Zahlungsmittelsaldo) der Periode t
K_0	=	Barwert
K_n	=	Endwert
i	=	Zinssatz
n	=	Anzahl Perioden

Entsprechend der Summenformel werden Endwert und Barwert durch die Addition der Endwerte/Barwerte der einzelnen Zahlungen des Zahlungsstroms ermittelt.

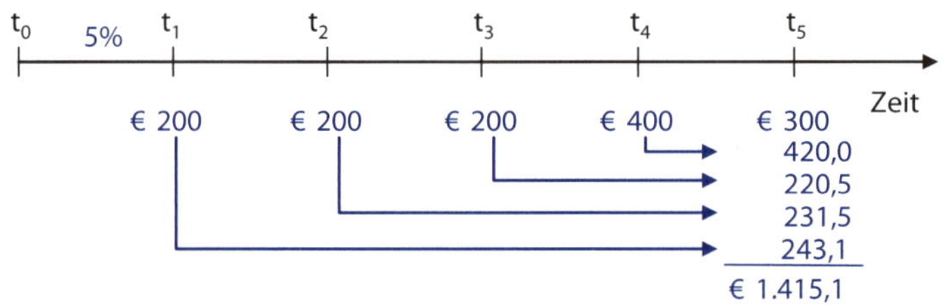

$$K_5 = \sum_{t=0}^{5} CF_t \times (1+5\%)^{5-t} = 200 \times 1{,}05^4 + 200 \times 1{,}05^3 + 200 \times 1{,}05^2 + 200 \times 1{,}05^1 + 200 \times 1{,}05^0 = 1.415{,}1$$

In gleicher Weise wie der Endwert von € 1.415,1 kann auch der Barwert in Höhe von € 1.108,8 ermittelt werden.

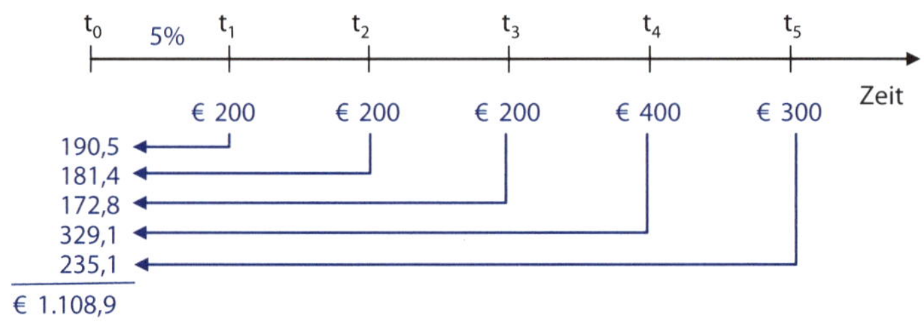

$$K_0 = \sum_{t=0}^{5} \frac{CF_t}{(1+5\%)^t} = \frac{200}{1{,}05^1} + \frac{200}{1{,}05^2} + \frac{200}{1{,}05^3} + \frac{200}{1{,}05^4} + \frac{200}{1{,}05^5} = 1.108{,}8$$

Bei genauerer Betrachtung des Zahlungsstroms sieht man, dass dieser aus drei gleichen Zahlungen von t_1 bis t_3, gefolgt von zwei unterschiedlichen Zahlungen in t_4 und t_5, besteht. Der Barwert könnte daher auch aus der Summe des Barwerts einer Annuität von t_1 bis t_3 und den Barwerten der Zahlungen in t_4 und t_5 berechnet werden.

$$K_0 = \frac{A}{q^3} \times \frac{q^3 - 1}{q - 1} + \frac{CF_4}{q^4} + \frac{CF_5}{q^5} = \frac{200}{1{,}05^3} \times \frac{1{,}05^3 - 1}{1{,}05 - 1} + \frac{400}{1{,}05^4} + \frac{300}{1{,}05^5} = 1.108{,}8$$

Bei der Berechnung des Barwerts einer beliebigen Zahlungsreihe in MS-Excel ist zu beachten, dass die entsprechende Excelfunktion Nettobarwert (Net Present Value – NPV) die erste Zahlung am Ende der ersten Periode betrachtet, d.h. Zahlungen in t_0 dürfen nicht in die Funktion inkludiert werden, sondern werden einfach mit ihrem Wert dazugezählt.

Excel-Berechnung

Zahlung 1	200	**Excel Funktion: Nettobarwert**
Zahlung 2	200	
Zahlung 3	200	
Zahlung 4	400	
Zahlung 5	300	
i	10 %	= NBW (Zinssatz; Wert 1; Wert 2; …) = NBW (5 %; 200; 200; 200; 400; 300)
n	5	
Barwert?	1.109	

Abbildung 67: Barwert einer beliebigen Zahlungsreihe in MS-Excel

Für die Bestimmung des Endwerts einer beliebigen Zahlungsreihe in MS-Excel ist der einfachste Weg, den Nettobarwert wie eben angeführt zu bestimmen und diesen auf den Endwert mit Hilfe der ZW-Funktion aufzuzinsen:

= ZW(5 %;5;;–NBW(0,05; 200; 200; 200; 400; 300))

Bestimmungsparameter von Bar- und Endwert. Barwert und Endwert von Zahlungsströmen werden durch drei Parameter bestimmt:

1. Höhe der Zahlungen
2. Zeitlicher Anfall der Zahlungen
3. Zinssatz

Die Bedeutung des zeitlichen Anfalls und damit des Zeitwerts des Geldes zeigt sich im nachstehenden Beispiel, bei dem die Nominalbeträge in Summe in beiden Varianten mit € 300 ident sind. Der Barwert des rechten Zahlungsstroms ist höher, da € 50 anstatt in t_3 in t_1 fließen und daher um zwei Perioden weniger abgezinst werden. Die Differenz von € 256,57 und € 248,69 entspricht exakt dieser Differenz (wenn € 50 um zwei Perioden abgezinst werden, ist der Barwert € 41,32 im Vergleich zu € 50, wenn diese Zahlung nicht abgezinst werden muss).

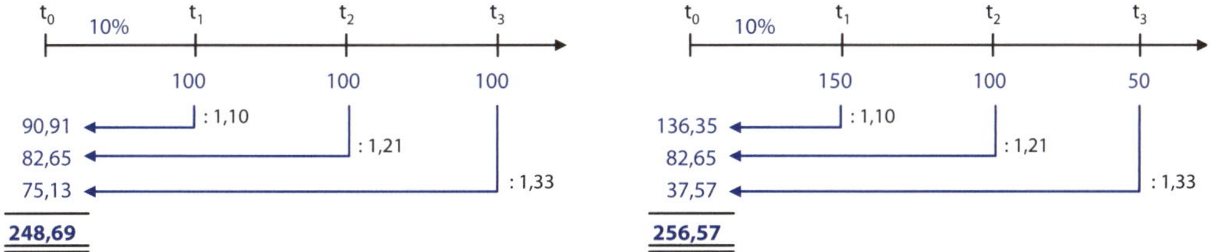

Umwandlung einer beliebigen Zahlungsreihe in eine Annuität. Zahlungsreihen lassen sich unabhängig von der Struktur ihres Zahlungsstroms in eine ihr entsprechende Annuität umwandeln. Dabei wird der Barwert einer beliebigen Zahlungsreihe mit Hilfe des Wiedergewinnungsfaktors in eine Annuität gleichen Barwerts umgewandelt.

Barwert = Annuität × Barwertfaktor

$$K_0 = A \times BF = \frac{A}{q^n} \times \frac{q^n - 1}{q - 1} = A \times \frac{q^n - 1}{q^n (q - 1)}$$

$$\text{Annuität} = \text{Barwert} \times \frac{1}{\text{Barwertfaktor}} = \text{Barwert} \times \text{Wiedergewinnungsfaktor}$$

$$\rightarrow A = K_0 \times \frac{q^n \times (q - 1)}{q^n - 1}$$ ***(Formel 2.22)***

Beispiel: Soziales Engagement

Zur temporären Unterstützung eines Sozialvereins hat ein Vereinsmitglied Kapital in Form von Festgeldern angelegt. Es kann mit der Auszahlung der Festgeldbeträge von € 10.000 in t_0 und € 7.500 in t_2, d.h. am Ende des zweiten Jahres, rechnen. Mit welchem konstanten Betrag kann das Mitglied den Verein in den nächsten vier Jahren jährlich nachschüssig unterstützen, wenn das Vermögen mit 8 % verzinst wird?

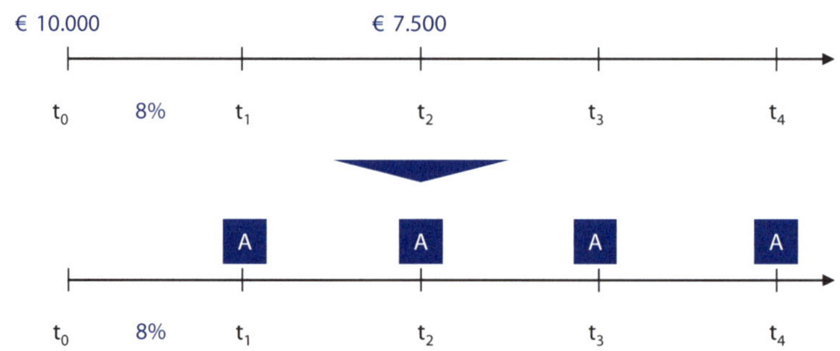

$$K_0 = \sum_{t=0}^{2} \frac{CF_t}{(1+8\%)^t} = \frac{10.000}{1{,}08^0} + \frac{7.500}{1{,}08^2} = 16.430$$

$$A = K_0 \frac{q^n(q-1)}{q^n - 1} = 16.430 \times \frac{1{,}08^4(1{,}08-1)}{1{,}08^4 - 1} = 4.960{,}6$$

Zinsfaktor 8 %		Beispiel bei der Veranlagung der Festgelder			
Periode	**Stand Anfang**	**Zinsen**	**Entnahme**	**Einzahlung**	**Stand Ende**
0				10.000	10.000
1	10.000	800	–4.961		5.839
2	5.839	467	–4.961	7.500	8.846
3	8.846	708	–4.961		4.593
4	4.593	367	–4.961		0

Die Transformation der beiden Einzahlungen durch die Festgelder in die vier gleichmäßigen Auszahlungen an den Verein erfolgt in zwei Schritten. Zuerst wird der Barwert der beiden Einzahlungen berechnet. Im zweiten Schritt wird der Barwert in Höhe von € 16.430 mit Hilfe des Wiedergewinnungsfaktors auf die vier Annuitäten in Höhe von € 4.960,6 aufgeteilt. Die Tabelle weist dabei die Ein- und Auszahlungen z.B. auf dem Sparbuch aus. Es zeigt sich, dass am Ende das gesamte Guthaben ausgezahlt wurde.

Zum Abschluss dieses Kapitels sollen in einem Beispiel beliebige Zahlungsströme miteinander verglichen werden.

Beispiel: Vorteilhaftigkeit der Zahlung

Ein Unternehmer hat beim Kauf einer Maschine die Optionen, den Rechnungsbetrag von € 10.000 entweder

1. sofort zu zahlen,
2. oder nach sechs Jahren € 14.000,
3. oder sechs gleiche Raten in Höhe von € 1.850 jeweils am Jahresende,
4. oder jeweils am Jahresende folgende Beträge zu zahlen: $t_1 = 1.800$, $t_2 = 1.900$, $t_3 = 1.800$, $t_4 = 1.900$, $t_5 = 2.000$, $t_6 = 2.000$

Der Unternehmer hätte die Möglichkeit, Geld zu 4 % zu veranlagen. Welche Variante ist für ihn die günstigste?

Die Varianten, bei denen die Zahlungen zu unterschiedlichen Zeitpunkten anfallen, werden mit Hilfe des Barwerts vergleichbar gemacht.

$$K_{0Barzahlung} = € \, 10.000$$

$$K_{0Endzahlung} = \frac{K_n}{(1+i)^n} = \frac{14.000}{1{,}04^6} = € \, 11.064$$

$$K_{0Rate} = \frac{A}{q^n} \times \frac{q^n - 1}{q - 1} = 1.850 \times \frac{1{,}04^6 - 1}{1{,}04^6\,(1{,}04 - 1)} = € \, 9.698$$

$$K_0 = \sum_{t=0}^{6} \frac{CF_t}{(1+4\%)^t} = \frac{1.800}{1{,}04^1} + \frac{1.900}{1{,}04^2} + \frac{1.800}{1{,}04^3} + \frac{1.900}{1{,}04^4} + \frac{2.000}{1{,}04^5} + \frac{2.000}{1{,}04^6} = 9.936$$

Entsprechend den Barwerten ist die Ratenzahlung von sechs gleichen Raten à € 1.850 am günstigsten. Vergleicht man die Summe der Nominalzahlungen, wäre die Sofortzahlung die günstigste Variante mit Auszahlungen in Höhe von € 10.000 im Vergleich zu Variante 2 = € 14.000, Variante 3 = € 11.100 und Variante 4 = € 11.400. Der Grund, warum Variante 3 entsprechend dem Barwertvergleich die günstigste Variante ist, liegt darin, dass der Unternehmer zumindest € 10.000 haben muss, ansonsten wäre diese Variante nicht in Betracht zu ziehen. Wird nun in Form Raten gezahlt, können von diese anfänglichen € 10.000 ein Jahr mit 4 % verzinst werden. Das Guthaben beträgt daher nach einem Jahr € 10.400, von denen dann die erste Rate in Höhe von € 1.850 beglichen wird. Damit stehen im zweiten Jahr € 8.550 zur Verfügung, für die wiederum 4 % Zinsen lukriert werden können. Die nachstehende Tabelle zeigt die Entwicklung des Guthabens für Variante 3. Sofern am Ende des sechsten Jahres ein Guthaben vorhanden ist, ist die Variante günstiger als die Sofortzahlung, bei der das anfängliche Guthaben in Höhe von € 10.000 sofort ausgegeben wird.

Periode	Stand Anfang	Zinsen	Entnahme	Stand Ende
1	10.000	400	–1.850	8.550
2	8.550	342	–1.850	7.042
3	7.042	282	–1.850	5.474
4	5.474	219	–1.850	3.843
5	3.843	154	–1.850	2.146
6	2.146	86	–1.850	382

Wird das Guthaben in t_6 von 382 mit 4 % auf t_0 abgezinst, ergibt dies einen Wert von 302, was exakt der Differenz der Barwerte von Variante 1 und Variante 3 entspricht.

Aus diesem Beispiel wird nochmals der Zeitwert des Geldes deutlich ersichtlich: Obwohl bei Variante 1 absolut weniger gezahlt werden müsste, ist Variante 3 durch die Möglichkeit, Zinsen zu erhalten, vorteilhafter.

2.4. Formelverzeichnis

Bezeichnung	Formel
Endwert von Einzelzahlungen	$K_n = K_0 \times (1+i)^n = K_0 \times q^n$
Barwert von Einzelzahlungen	$K_0 = \frac{K_n}{(1+i)^n} = \frac{K_n}{q^n}$
Endwert bei unterjähriger Verzinsung mit dem aliquoten Jahreszinssatz	$K_n = K_0 \times \left(1+\frac{i}{m}\right)^{m \times n}$
Endwert bei kontinuierlicher Verzinsung	$K_n = K_0 \times e^{i \times n}$
Jährlicher Effektivzinssatzes bei unterjähriger Verzinsung mit dem aliquoten Nominalzinssatz	$i_{effektiv} = \left(1+\frac{i_{nominal}}{m}\right)^m - 1$
Unterjähriger Äquivalenzzinssatz, bei dem der jährliche Effektivzinssatz und Nominalzinssatz ident sind	$i_{äquivalent} = \sqrt[m]{(1+i_{nominal})} - 1$
Endwert nachschüssiger Annuitäten	$K_n = A \times \frac{q^n - 1}{q-1}$
Endwert vorschüssiger Annuitäten	$K_n = A \times \frac{q^n - 1}{q-1} \times q$

Barwert nachschüssiger Annuitäten	$K_0 = A \times \frac{q^n - 1}{q - 1} \times \frac{1}{q^n}$
Barwert vorschüssiger Annuitäten	$K_0 = A \times \frac{q^n - 1}{q - 1} \times q \times \frac{1}{q^n} = A \times \frac{q^n - 1}{q - 1} \times \frac{1}{q^{n-1}}$
Nachschüssiger Barwert unendlicher Renten	$K_0 = \frac{A}{i}$
Vorschüssiger Barwert unendlicher Renten	$K_0 = \frac{A}{i} \times q$
Barwert gleichmäßig wachsender unendlicher Renten	$K_0 = \frac{A}{i - k}$
Endwert beliebiger Zahlungsströme	$K_n = \sum_{t=0}^{n} CF_t \times (1+i)^{n-t}$
Barwert beliebiger Zahlungsströme	$K_0 = \sum_{t=0}^{n} \frac{CF_t}{(1+i)^t}$

2.5. Kontrollfragen

- Warum ist eine erhaltene Zahlung heute mehr wert als eine Zahlung in drei Jahren?
- Zwischen welchen drei wesentlichen Zahlungsströmen kann man grundsätzlich unterscheiden?
- Was ist der Barwert einer Zahlung bzw. eines Zahlungsstroms und wie wird er grundsätzlich berechnet?
- Was ist der Endwert einer Zahlung bzw. eines Zahlungsstroms und wie wird er grundsätzlich berechnet?
- Wie wirkt sich die Inflation grundsätzlich auf Zahlungen aus bzw. was versteht man unter dem Wertverlust durch Inflation?
- Wie lauten die Excelfunktionen zur Berechnung von Bar- und Endwert?
- Wie werden Barwert und Endwert bei unterschiedlichen Periodenzinssätzen berechnet?
- Wie wirkt sich eine unterjährige Verzinsung auf den jährlichen Effektivzinssatz aus?
- Wie heißt der unterjährige Zinssatz, der zum jährlichen Effektivzinssatz führt?

- Was sind Annuitäten und welche Arten gibt es?
- Warum gibt es bei unendlichen Renten einen Barwert?
- Unter welchen Bedingungen gibt es bei gleichmäßig wachsenden Renten einen Barwert?
- Wie kann ein beliebiger Zahlungsstrom in eine Annuität mit gleichem Barwert umgerechnet werden?

2.6. Tutorials

Schwierigkeitsgrad: •

Beispiel T05: Endwert – Segelboot

Ein begeisterter Segler will sich in fünf Jahren ein Segelboot um € 20.000 kaufen. Er will seine derzeitigen Mittel dazu ansparen, weiß aber nicht, wie hoch der Zinssatz sein muss, damit er sein Sparziel erreicht.

Aufgabenstellung

Wie hoch muss der jährliche Nettozinssatz für die nachstehenden Varianten des Anfangskapitals sein?

- Anfangskapital € 15.200
- Anfangskapital € 13.150
- Anfangskapital € 12.150

Wie hoch sind die Bruttozinssätze, wenn die Kapitalertragsteuer 25 % beträgt?

Lösung

- Bruttozinssatz für Anfangskapital € 15.200: 7,5 %

Schwierigkeitsgrad: ••

Beispiel T06: Barwert – unterschiedliche Zinssätze

Aufgabenstellung

- Wenn Sie die Inflationsrate in Österreich (Abbildung 55) analysieren: Wie teuer waren am 1.1.1990 Waren, die am 31.12.2018 € 1.000 gekostet haben?

Lösungen

- 1.1.1990: € 548

Schwierigkeitsgrad: •••

Beispiel T07: Renten und Annuitäten

Zum Kauf einer Eigentumswohnung nehmen Sie ein Bauspardarlehen in Höhe von € 150.000 auf. Die Rückzahlung erfolgt über 20 Jahre mit 6 % Jahreszins jeweils zu Monatsanfang.

Aufgabenstellung

- Wie hoch ist die monatliche Belastung?
- Ist das Vorhaben bei einem monatlichen Nettoeinkommen von € 1.500 realisierbar?

- Zeigen Sie die Belastung in Jahresintervallen bei einer Inflation von 2 %, wobei das Gehalt inflationsangepasst ist und darüber hinaus gesicherte Netto-Gehaltssprünge alle zwei Jahre in Höhe von 4 % vorgegeben sind. Nachstehende Tabelle zeigt Ihnen die Grundstruktur der Gehaltsentwicklung.

Jahr	Inflations-faktor	Biennal-sprung	Gehalt	Monatliche Rück-zahlung	Freies Einkommen	Rückzahlung in % v. Gehalt	Freies Einkommen	Freies Einkommen in % v. Jahr 1
	2 %	4 %			Nominell		Real	Real
1	1,000		1.500					
2	1,020		1.530					
3	1,040	61	1.623					
4	1,061							
5								
...								
20								

Lösungen

- Monatliche Belastung: € 1.055,80
- Gehalt im 20. Jahr: € 3.110
- Freies Einkommen nominell: € 2.054
- Freies Einkommen real in % v. Jahr 1: 317 %

Beispiel T08: Unterjährige Verzinsung

Schwierigkeitsgrad: ••

Eine junge Akademikerin hat € 10.000 zur Veranlagung zur Verfügung. Sie holt Angebote von drei Banken ein. Alle Angebote haben den gleichen Jahreszinssatz von 4 %. Bank A verzinst jährlich, Bank B quartalsweise und Bank C monatlich. Bank B und C verwenden zur unterjährigen Verzinsung den aliquoten Jahreszinssatz. Die Kapitalertragsteuer beträgt 25 %.

Aufgabenstellung

- Wie hoch ist der Betrag bei allen drei Bankinstituten nach zwei Jahren?
- Wie hoch ist der jährliche Effektivzinssatz bei allen drei Banken?
- Welchen effektiven Monats- bzw. Quartalszinssatz bietet Bank A?

Lösungen

- Jährlicher Effektivzinssatz: Bank B 3,034 % und Bank C 3,042 %

Beispiel T09: Veranlagungsdauer

Schwierigkeitsgrad: •••

Ein leitender Angestellter hat für seine Pension laufend vorgesorgt. Er möchte in acht Jahren in Pension gehen und kann aus seinen Veranlagungen folgende Zahlungen erwarten:

€	In 3 Jahren	In 5 Jahren	In 7 Jahren
Betrag	70.000	150.000	150.000

Aufgabenstellung

- Wie hoch ist der Barwert der drei Veranlagungen in Summe, wenn der kalk. Zinssatz 8 % beträgt?
- Wie hoch ist der Betrag, den der Angestellte bei Pensionsantritt zur Verfügung hat?
- Wie lange reicht das Guthaben, wenn der Angestellte jeweils am Monatsanfang € 3.500 entnimmt und das Guthaben effektiv zu 8 % p.a. veranlagt wird?
- Welchen Betrag kann er monatlich entnehmen, damit seiner Pensionsdauer kein finanzielles Limit gesetzt ist?

Lösungen

- Vermögen bei Pensionsantritt: € 453.810; Dauer: 294 Monate

2.7. Übungsbeispiele und -aufgaben

Schwierigkeitsgrad: •

Beispiel U29: Inflation und Endwert

In fünf Jahren wollen Sie ein Auto anschaffen. Das gewünschte Modell kostet heute € 17.000. Es ist anzunehmen, dass der Preis in den nächsten fünf Jahren zwischen 3 und 5 Prozent pro Jahr steigen wird.

Aufgabenstellung

- Berechnen Sie den Kaufpreis des Autos nach fünf Jahren, wenn die Preissteigerung 3 % bzw. 5 % pro Jahr beträgt.
- Wie hoch ist die Differenz des Kaufpreises zwischen der Preissteigerung von 3 % und 5 %?
- Wie viel Geld müssen Sie, bei einem Zinssatz von 6 %, heute anlegen, um das Auto in fünf Jahren kaufen zu können (beide Varianten)?

Lösungen

- Endwert bei 3 %: € 19.708, benötigter Geldbetrag bei 3 %: € 14.727

Schwierigkeitsgrad: •

Beispiel U30: Endwert, CAGR

Die Umsatzentwicklung eines KMU stellt sich in den abgelaufenen zwölf Jahren wie folgt dar:

- Umsatz zum Ausgangspunkt: € 18,00 Mio.
- Umsatz 12 Jahre später: € 11,86 Mio.
- Umsatzverlust in den ersten neun Jahren: € 5,8 Mio.

Aufgabenstellung

- Wie hoch war der Umsatz nach neun Jahren?
- Wie viel Prozent des Umsatzes hat das Unternehmen in diesem Zeitraum insgesamt verloren?

- Wie hoch war der jährliche prozentuelle Verlust in den ersten neun Jahren nach der Compound Annual Growth Rate (CAGR)?
- Wie hoch war der jährliche prozentuelle Verlust in den ersten neun Jahren, wenn Sie den prozentuellen Gesamtverlust einfach durch die Anzahl der Jahre dividieren?
- Zeigen Sie die Umsatzentwicklung in den ersten neun Jahren mit beiden Prozentwerten Jahr für Jahr und diskutieren Sie die Ergebnisse!
- Wie hoch war der jährliche prozentuelle Verlust (CAGR) in den Jahren zehn bis zwölf?
- Wie hoch war der jährliche durchschnittliche prozentuelle Verlust (CAGR) in den letzten zwölf Jahren?

Lösungen

- Jährlicher prozentueller Umsatzverlust in den ersten neun Jahren (CAGR): –4,23 %
- Jährlicher prozentueller Umsatzverlust in den Jahren zehn bis zwölf (CAGR): –0,94 %

Beispiel U31: Endwert, CAGR

Schwierigkeitsgrad: ••

Die Lohnentwicklung in verschiedenen Provinzen Chinas stellt sich laut einem Artikel des Wall Street Journals wie folgt dar:

Provinz	Monatslohn indexiert	Jährliche Steigerung in %
Jiangsu	131,03 %	19 %
Shanghai	147,13 %	14 %
Chongqing	100,00 %	28 %
Zhejiang	150,57 %	19 %
Guangdong	149,43 %	18 %

Aufgabenstellung

- Wenn sich die Lohnentwicklung weiter so fortsetzt: Wie lange würde es dauern, bis die Löhne in der im Landesinneren gelegenen Provinz Chongqing gleich hoch sind wie jene in den anderen Provinzen?
- Wie hoch wären dann die Monatslöhne indexiert (Prozentsatz ausgehend von 100 % in Chongquing)?

Lösungen

- Zeitdauer Shanghai: 3,33 Jahre
- Monatslohn indexiert: 227,71 %

Schwierigkeitsgrad: ••

Beispiel U32: Endwert, CAGR

Der durchschnittliche Bruttomonatsverdienst von Vollbeschäftigten hat sich in der Vergangenheit wie folgt entwickelt (Quelle: Eurostat 2019):

Land	1995 in €	2014 in €
Slowenien	750	1.594
Kroatien	460	1.055
Tschechien	280	927

Aufgabenstellung

- Welche durchschnittliche jährliche prozentuelle Lohnsteigerung (CAGR) gab es in diesen Ländern?
- Welche Einflussfaktoren müssten noch in den Vergleich eingebracht werden, um einen objektiven Standortvergleich vornehmen zu können?
- Für welches Land würden Sie sich entscheiden, wenn Sie einen neuen Produktionsstandort wählen müssten? Begründen Sie Ihre Entscheidung!

Lösungen

- Jährliche Lohnsteigerung Slowenien: 4,0 %
- Jährliche Lohnsteigerung Tschechien: 6,5 %

Schwierigkeitsgrad: ••

Beispiel U33: Endwert – Personalkosten

Der Vergleich der Kosten eines bekannten deutschen Unternehmens im Großraum Stuttgart zeigt enorme Lohnkostenunterschiede zwischen den Fertigungsstandorten in mehreren Ländern:

Index D = 100	D	CH	A	USA	China
Effekt. Arbeitszeit in Std./Tag	100	121	118	117	122
Effekt. Arbeitszeit in Std./Jahr	100	129	119	128	136
Bruttolohn im Jahr	100	113	67	79	30
Kosten/Fertigungsstunde*	100	88	56	62	24

* auf Basis € inkl. Fertigungsqualität, Kosten für Umweltschutz, Arbeitszeit, Urlaub, etc.

Aufgabenstellung

- Wie hoch wären die indexierten Kosten je Fertigungsstunde in Deutschland und China sowie der indexierte Kostenunterschied nach acht Jahren, wenn sich die Löhne in Deutschland durchschnittlich um 3 % und in China um 15 % erhöhen würden und andere Faktoren wie Arbeitszeit, etc. unverändert blieben?
- Um wie viel Prozent könnten die Lohnkosten je Fertigungsstunde in China jährlich steigen (CAGR), sodass der Kostenunterschied in € nach acht Jahren

unverändert ist, wenn die jährlichen Bruttolöhne am deutschen Standort zu Beginn 40 TEUR betragen und sich jährlich um 3 % erhöhen?

- Um welchen Prozentsatz müssten die Lohnkosten je Fertigungsstunde in China jährlich steigen (CAGR), damit es nach acht Jahren keinen Kostenunterschied zwischen dem deutschen und chinesischen Standort gibt, wenn sich die Kosten je Fertigungsstunde in Deutschland jährlich um 3 % erhöhen?

Lösungen

- Indexierte Kosten je Fertigungsstunde nach acht Jahren: Löhne Deutschland: 126,68 %; Löhne China: 73,42 %
- Maximale jährliche Lohnerhöhung in China, damit Lohnabstand in Euro gleich bleibt: 9,79 %
- Jährliche Steigerung in China in Prozent, damit sich die Löhne angleichen: 23,11 %

Beispiel U34: Endwert – CAGR

Schwierigkeitsgrad: ••

In einer österreichischen Zeitung wurden die unterschiedlichen Lohn- und Gehaltserhöhungen auf Basis der Kollektivvertragsverhandlungen wie folgt dargestellt:

Erhöhung p.a. in %	2008	2009	2010	2011	2012	2013	2014	2015	2016	2017	2018
Metallbranche	3,9	1,5	2,5	4,4	3,4	3,2	2,1	1,5	2,0	3,0	4,3
Sozialberufe	3,0	3,6	1,5	2,0	3,4	2,7	2,5	2,0	1,3	1,3	2,5

Aufgabenstellung

- Wie hoch ist die prozentuelle Gesamtsteigerung gegenüber 2008, wenn Sie die jährlichen Steigerungen addieren?
- Zeigen Sie indexiert (2008 = 100 %), wie sich die Löhne bis 2018 tatsächlich entwickelt haben?
- In der Schlagzeile des Zeitungsartikels wird argumentiert, dass die Metaller 2018 in Summe um 31,8 % höhere Löhne haben und die Sozialberufe um 25,93 %. Dies bedeutet laut Zeitungsartikel, dass Metaller um 22 % mehr Geld verhandelt haben als die Sozialberufe. Wie kommt die Zeitung auf diese Zahlen und stimmt diese Aussage?
- Wie hoch ist die tatsächliche jährliche Steigerung (CAGR) für beide Berufsgruppen?

Lösungen

- Indexierte Löhne 2018 Metaller: 131,61 %; Sozialberufe: 125,41 %
- CAGR Metaller: 2,53 %; Sozialberufe: 2,08 %

Beispiel U35: Endwert – Verdoppelung

Es gibt folgende Faustformel, um sich zu errechnen, wie viele Jahre es dauert, bis sich ein Wert in Abhängigkeit des prozentuellen Wachstums verdoppelt: „Die Zahl 70 dividiert durch den Zinssatz ergibt die Zahl der Jahre bis zu einer Verdoppelung der ursprünglichen Summe. Ein Betrag, der sich zu 10 % verzinst, verdoppelt sich also alle sieben Jahre."

Aufgabenstellung

- Leiten Sie diese Aussage mathematisch her und verifizieren Sie, ob diese exakt stimmt, eine Näherung ist oder gar nicht stimmt. Hinweis: Unter Zinssatz ist wirklich die Zahl und nicht der Prozentsatz zu verstehen (70/10 = 7 und nicht 70/10 % = 700).

Schwierigkeitsgrad: •

Beispiel U36: Endwert, CAGR

In den teuersten Einkaufsstraßen der Welt müssen Mieter folgende Quadratmeterpreise pro Jahr zahlen:

Rang	Straße	Stadt	Top-m^2 Preis in €	Veränderung in 2 Jahren
1	Severn Road	Hongkong	57.000	9 %
2	Kensington Palace Gardens	London	55.000	2 %
3	Avenue Princesse Grace	Monaco	50.000	2 %
4	Chemin de Saint-Hospice	Cap Ferrat	45.000	5 %
4	Fifth Avenue	New York	45.000	–4 %

Aufgabenstellung

- Welcher durchschnittlichen jährlichen prozentuellen Veränderung (CAGR) entspricht die Gesamtveränderung?
- Wie lange würde es dauern, bis Cap Ferrat zur Nummer zwei aufsteigt, wenn die jährliche Veränderung konstant ist?

Lösungen

- CAGR Severn Road: 4,4 %
- Bis Cap Ferrat Nummer zwei ist: 13,85 Jahre

Schwierigkeitsgrad: •

Beispiel U37: Endwert – San Diego, Hauskauf

Ein erfolgreicher junger Anwalt hat ein Barvermögen in Höhe von $ 600.000. Er steht vor der Wahl, ein Haus entweder in Scripps Ranch – einem neu aufgeschlossenen Stadtteil von San Diego – oder in La Jolla, dem Nobelviertel direkt am Meer, zu kaufen. Da er eine große Familie hat und die m^2-Preise in Scripps Ranch deutlich niedriger sind, entscheidet er sich für ein Haus mit 400 m^2

Wohnfläche in Scripps Ranch. In La Jolla hätte er für den gleichen Betrag nur ein Haus mit 250 m^2 Wohnfläche bekommen. Nach zehn Jahren überlegt er, ob er nicht doch in ein kleineres 250-m^2-Haus nach La Jolla ziehen sollte. Dabei stellt er fest, dass der Wert seines Hauses erfreulicherweise um 10 % pro Jahr gestiegen ist. Gleichzeitig muss er feststellen, dass die Preise in La Jolla um 15 % pro Jahr gestiegen sind.

Aufgabenstellung

- Wie hoch ist der Wert des Hauses des Anwalts in Scripps Ranch nach zehn Jahren?
- Wie hoch ist der Wert des 250-m^2-Hauses in La Jolla nach zehn Jahren?
- Wie groß wäre das Haus, das sich der Anwalt leisten könnte, wenn er das 250-m^2-Haus in La Jolla gekauft hätte und nach zehn Jahren von La Jolla nach Scripps Ranch umzieht?

Lösungen

- Wert des Hauses in Scripps Ranch: $ 1,556 Mio.; Größe: 624 m^2

Beispiel U38: Endwert – Reale Wertsteigerung

Schwierigkeitsgrad: ••

Ein Immobilienmakler verfügt über € 2.000.000 freie Liquide Mittel. Der Makler überlegt, diesen Betrag entweder sofort in eine Eigentumswohnung in London zu investieren oder den Betrag vorerst in Wertpapiere mit einer jährlichen Nettoverzinsung von 10 % zu investieren und den nach zehn Jahren wesentlich höheren Betrag in eine größere Eigentumswohnung zu investieren. Der aktuelle Quadratmeterpreis für Eigentumswohnungen im Zentrum von London beträgt € 25.000. Die Steigerung der Immobilienpreise wird für die nächsten zehn Jahre auf ca. 15 % pro Jahr geschätzt.

Aufgabenstellung

- Wie groß ist die Eigentumswohnung, die sich der Makler derzeit kaufen könnte?
- Wie hoch ist der Geldbetrag, den der Makler nach zehn Jahren zur Verfügung hätte, wenn er in Wertpapiere investiert hätte?
- Um wie viel % hat sich das Anfangskapital über die zehn Jahre insgesamt erhöht?
- Um wie viel % haben sich die Preise für Eigentumswohnungen über die zehn Jahre erhöht?
- Wie groß ist die Eigentumswohnung, die sich der Makler nach zehn Jahren aus dem Erlös der Wertpapiere kaufen könnte? Wie hoch ist der reale Wertgewinn/-verlust?

Lösungen

- Wohnungsgröße derzeit: 80 m^2; Endbetrag bei Investition in Wertpapiere: € 5.187.485; Preiserhöhung für Eigentumswohnungen: 305 %

Schwierigkeitsgrad: ••

Beispiel U39: Staatsverschuldung

Die Verschuldungsquote (Staatsschulden in % des BIP) ausgewählter europäischer Länder betrug Ende 2018:

Land	Schulden-quote	BIP in Mio. €	Schul-denstand in Mio. €	Defizit/ Überschuss in % d. BIP
Euro-Zone	85,2 %	11.573.948	9.859.512	–0,5 %
Deutschland	60,9 %	3.386.000	2.063.171	1,7 %
Österreich	73,8 %	386.093	284.758	0,1 %
Griechenland	181,1 %	184.713	334.573	1,1 %
Estland	8,4 %	25.656	2.151	–0,6 %

(Quelle: eurostat, 20.5.2019)

Aufgabenstellung

- Berechnen Sie die Verschuldungsquote (Schulden in % des BIP), wenn die Länder in Zukunft keine Neuschulden eingehen und jährlich 1 %, 2 %, 3 % oder 5 % im BIP wachsen. Wie hoch ist die Verschuldungsquote nach zehn Jahren? Welche Länder würden davon am meisten profitieren?
- Wie lange würde es bei einem BIP-Wachstum von 5 % dauern, bis die Maastrichtgrenze von 60 % erreicht ist?
- Berechnen Sie für Österreich und Deutschland, bei einem durchschnittlichen jährlichen BIP-Wachstum von 5 %, wie hoch die jährliche Neuverschuldung sein darf, damit die Maastrichtgrenze von 60 % Verschuldungsquote in zehn Jahren erreicht wird bzw. damit die Verschuldungsquote konstant bleibt.

Lösungen

- Verschuldung bei 5 % nach zehn Jahren: Österreich: 45,3 %, Griechenland: 111,2 %
- Dauer bis zum Erreichen der Maastrichtgrenze: Deutschland: 0,3 Jahre; Griechenland: 22,6 Jahre
- Jährliche Neuverschuldung für Maastrichtgrenze in zehn Jahren: Deutschland: 2,86 %

Schwierigkeitsgrad: •

Beispiel U40: Endwert – Inflation

Zeigen Sie grafisch, wie ein Vermögen von € 10.000 über 20 Jahre bei einer negativen Realverzinsung (Verzinsung abzüglich Inflationsrate) seine Kaufkraft verliert.

Aufgabenstellung

- Wie hoch ist die Kaufkraft nach 5, 10, 15 und 20 Jahren bei einer negativen Realverzinsung von 1 %, 2 %, 3 %, 5 % und 10 %?
- Welchem Prozentsatz der ursprünglichen Kaufkraft entspricht dies?

Lösungen

- Kaufkraft nach 20 Jahren bei 5 %: € 3.768,89; 37,7 %

Beispiel U41: CAGR – durchschnittliches Wachstum

Schwierigkeitsgrad: ••

Ein Unternehmen erzielt im aktuellen Jahr einen Umsatz von € 13,382 Mrd. und plant, in den Folgejahren wie folgt zu wachsen:

Jahr	Jahr 1	Jahr 2	Jahr 3	Jahr 4	Jahr 5	Jahr 6	Jahr 7
Wachstum in %	3,7	1,7	2,4	2,4	2,4	3,3	3,0

Aufgabenstellung

- Wie hoch ist der Umsatz Folgejahren?
- Welchem durchschnittlichen Wachstum pro Jahr entspricht dies (CAGR)?
- Wie hoch ist das geplante Gesamtwachstum des Unternehmens in Prozent?
- Stellen Sie das geplante Wachstum einer jährlichen Inflationsrate von 1,8 % gegenüber. Wie hoch ist das reale Wachstum des Unternehmens über den Gesamtzeitraum in € und in Prozent?

Lösungen

- Umsatz Jahr 7: € 16,12 Mrd., CAGR: 2,698 %, Gesamtwachstum in %: 20,49 %, reales Wachstum: € 0,961 Mrd.

Beispiel U42: Inflation

Schwierigkeitsgrad: ••

Die langfristige Entwicklung des durchschnittlichen Bierpreises im Einzelhandel bzw. Supermarkt zeigt in Österreich folgendes Bild:

Jahr	Menge	Preis
1948	1,0 Liter	S 2,00
1958	1,0 Liter	S 5,00
1968	0,5 Liter	S 3,55
1978	0,5 Liter	S 5,55
1988	0,5 Liter	S 7,50
1998	0,5 Liter	S 9,10
2008	0,5 Liter	€ 0,90
2018	0,5 Liter	€ 1,03

Aufgabenstellung

- Welcher durchschnittlichen jährlichen Preissteigerung in % entspricht diese Preisentwicklung, wenn der Umrechnungskurs zwischen Schilling und Euro 13,7603 (1 Euro = 13,7603 Schilling) beträgt?

- Wie groß ist die durchschnittliche jährliche Preissteigerung in % in den einzelnen Dekaden?
- Vergleichen Sie die Preissteigerungen bei Bier mit der allgemeinen Preisentwicklung.

Lösungen

- Jährlicher Preisanstieg: Gesamt 1948–2018: 3,86 %; 1948–1958: 9,6 %; 2008–2018: 1,36 %

Schwierigkeitsgrad: ••

Beispiel U43: Annuität – Millionär

Eine Studentin hat sich zum Ziel gesetzt, €-Millonärin zu werden. Sie glaubt, dass sie jeweils am Monatsende € 1.000 veranlagen könnte.

Aufgabenstellung

- Berechnen Sie, wie lange es dauert, bis die jetzige Studentin € 1.000.000 besitzt, wenn der jährliche Nettozinssatz 3 % bzw. 6 % beträgt! Der Jahreszinssatz kann gezwölftelt werden.
- Versuchen Sie, die Lösung sowohl mit der entsprechende Excel-Funktion, mit der Zielwertsuche, als auch händisch durch Umformen der Endwert-Formel zu ermitteln.

Lösungen

- Dauer bei 3 %: 502 Monate bzw. knapp 42 Jahre

Schwierigkeitsgrad: •

Beispiel U44: Annuität – Endwert

Ein Angestellter möchte in zehn Jahren € 100.000 zur Verfügung haben. Er kann jeweils am Monatsende nach Einlangen des Gehalts veranlagen.

Aufgabenstellung

- Berechnen Sie, wie viel der Angestellte monatlich veranlagen muss, wenn der jährliche Nettozinssatz 1 %, 3 % bzw. 5 % beträgt! Der Jahreszinssatz kann gezwölftelt werden.
- Wie viel muss der Angestellte bei den drei Varianten veranlagen?
- Welchen Anteil machen die Zinsen und Zinseszinsen in allen Varianten aus?

Lösungen

- Monatliche Rate bei 1 %: € 792,71
- Veranlagter Betrag bei 1 %: 95.124,95
- Anteil Zinsen bei 1 %: 4,9 %

Schwierigkeitsgrad: •••

Beispiel U45: Annuität „Projekt Superreich"

Herr Optimist hat sich zum Ziel gesetzt, zu den reichsten Menschen der Welt zu gehören, und ein Vermögen von € 40 Mrd. zu besitzen. Der Mann geht von einem jährlichen Nettoeinkommen von € 85.000 (ca. € 140.000 Bruttoeinkommen) aus.

Herr Optimist geht von einem konstanten Nettogehalt aus. Er glaubt, 50 % seines Nettogehalts für das Projekt „Superreich" verwenden zu können. Vereinfacht kann angenommen werden, dass der verfügbare Betrag jeweils am Jahresende veranlagt wird.

Aufgabenstellung

- Berechnen Sie, wie lange es dauert, bis Herr Optimist das angestrebte Vermögen besitzt, wenn der jährliche Nettozinssatz 3 %, 5 %, 10 %, 20 %, 50 %, 100 % beträgt!

Lösungen

- Dauer bei 3 %: 346,7 Jahre

Beispiel U46: Annuität

Schwierigkeitsgrad: •

Ein Ehepaar möchte seiner Tochter ein Studium an einer ausländischen Universität ermöglichen und entsprechend vorsorgen. Die Tochter ist sechs Jahre alt. In der Planung geht das Ehepaar davon aus, dass die Tochter mit 18 Jahren zu studieren beginnen wird. Weiters rechnet es mit einem monatlichen Nettozinssatz von 0,5 %.

Aufgabenstellung

- Welchen monatlichen Betrag muss das Ehepaar jeweils am Monatsende ansparen, wenn in den zwölf Jahren bis zum Studienbeginn ein Betrag von € 80.000 vorhanden sein soll?

Lösungen

- Monatliche Sparleistung: € 381

Beispiel U47: Unendliche Rente

Schwierigkeitsgrad: •••

Ein Unternehmer erzielt einen konstanten jährlichen Gewinn von € 600.000. Als GmbH zahlt er für die Einkünfte Körperschaftsteuer in Höhe von 25 %. Auf die aus der GmbH zu 100 % entnommenen Gewinne zahlt er als Privatperson 27,5 % Kapitalertragsteuer. Der Unternehmer überlegt, die GmbH zu verkaufen und anstatt dessen festverzinsliche Wertpapiere mit einer jährlichen Verzinsung von 7 % zu erwerben (Annahme: unendliche Laufzeit). Die Zinsen aus der Wertpapierveranlagung unterliegen der Kapitalertragsteuer von 27,5 %. Sonstige Gebühren und Steuern durch den Verkauf der GmbH bzw. den Kauf der Wertpapiere können vernachlässigt werden.

Aufgabenstellung

- Wie hoch ist die Gesamtsteuerbelastung für den Unternehmer derzeit?
- Wie hoch muss der Verkaufserlös für das Unternehmen sein, damit die Veranlagung der Anleihen nach Steuern vorteilhaft ist?

Lösungen

- Steuerbelastung: 45,6 %
- Verkaufserlös: € 6.214.286

Schwierigkeitsgrad: ••

Beispiel U48: Annuität – Zusatzpension

Eine Studentin möchte im Alter unabhängig von der staatlichen Pension sein und über eine € 1.000 monatlich nachschüssige Zusatzpension verfügen können. Sie geht von einem Pensionsantrittsalter von 65 Jahren aus und rechnet mit einer Lebenserwartung von 85 Jahren. Die Inflationsentwicklung bezieht sie nicht in ihre Überlegungen mit ein.

Aufgabenstellung

- Welchen Betrag muss sie jeweils am Monatsende ansparen, wenn sie mit 25, 35, 45 bzw. 55 Jahren zu sparen beginnt und der Zinssatz 2 % bzw. 4 % beträgt? Der Jahreszinssatz kann gezwölftelt werden.
- Zeigen Sie die Entwicklung des Guthabens für den Fall, dass sie mit 55 Jahren zu sparen beginnt und der Zinssatz 4 % beträgt. Wie hoch ist das Guthaben nach fünf Jahren, bei Pensionsantritt, wenn sie 75 bzw. 85 Jahre alt ist?
- Welchen grundsätzlichen Einfluss hätte die Berücksichtigung der Inflation?

Lösungen

- Monatliche Sparleistung bei Start mit 55 Jahren und 4 %: € 1.120,69
- Guthaben nach fünf Jahren: € 74.301
- Guthaben im Alter von 75: € 98.770

Schwierigkeitsgrad: ••

Beispiel U49: Altersvorsorge

Eine 30-jährige Angestellte überlegt eine private Pensionsvorsorge durch laufende Investition in Aktien. Sie geht davon aus, dass sie mit 65 Jahren in Pension gehen kann, und rechnet mit einer Lebenserwartung von 85 Jahren. Weiters glaubt sie, bis zum Pensionsantritt monatlich € 500 (am Monatsende) für die Pensionsvorsorge abzweigen zu können. Sie hofft auf eine durchschnittliche jährliche Effektivverzinsung von 6 %.

Aufgabenstellung

- Wie hoch ist das Kapital, das die Frau bei Pensionsantritt erwarten kann?
- Wie hoch sind die monatlichen Raten, die die Frau ab ihrem Pensionsantritt jeweils am Monatsende entnehmen kann, wenn das Kapital mit 85 aufgebraucht sein kann?
- Wie hoch sind beide Beträge bei einer jährlichen Effektivverzinsung von 4 % bzw. 8 %?
- Wie hoch sind beide Beträge, wenn die Frau schon mit 60 anstatt mit 65 in Pension geht?
- Die Frau überlegt, ob sie mit 60, 61, 62, 63, 64 oder 65 Jahren in Pension geht. Zeigen Sie, ausgehend vom Pensionsantritt mit 60 Jahren und 4 % Verzin-

sung, um wie viel Prozent die monatliche Pension mit jedem Jahr des späteren Pensionsantritts gegenüber dem Pensionsantritt mit 60 steigen würde, wenn die Lebenserwartung unverändert bleibt.

- Zeigen Sie ausgehend vom Szenario Pensionsantritt mit 60 Jahren, 85 Jahre Lebenserwartung, 4 % Verzinsung, um wie viel länger die Frau arbeiten müsste für jedes Jahr, das sie länger lebt, wenn sie die gleiche Pension haben möchte. Zeigen Sie diese Entwicklung bis zu einer Lebenserwartung von 100 Jahren. Diskutieren Sie die Ergebnisse im Hinblick auf das derzeitige Pensionsantrittsalter.

Lösungen

- Endwert 65J/6 %: € 686.802, monatl. Raten 65J/6 %: € 4.858
- Pensionsantritt mit 62: +17,6 % höhere Pension
- Lebenserwartung 90: 16,42 Monate längere Arbeitszeit

Beispiel U50: Annuitäten

Schwierigkeitsgrad: •••

Ein Unternehmen wird von einem Konkurrenten bezüglich einer Patentverletzung im Jänner geklagt. Im anschließenden langwierigen Rechtsstreit über alle Instanzen entschied das zuständige Gericht mit Wirkung exakt 3 Jahre später wie folgt:

> Das Unternehmen wäre aufgrund der Patentrechtsverletzung berechtigt gewesen, eine zehnjährige Rente von € 5.000 pro Jahr zu beziehen. Die erste Zahlung hätte zum Zeitpunkt der Patentverletzung stattfinden müssen. Die nicht geleisteten Zahlungen bis zum Urteilsspruch sind unter Berücksichtigung von 8 % Zinsen nachzuholen. Der verurteilten Partei steht es frei, dies in Form eines einmaligen Aufschlags auf die Rate vom 1.1. des Folgejahres oder auf die zehnte und damit letzte Rate oder in Form einer Erhöhung der Raten vom 1.1. des Folgejahres bis zur letzten Rate zu tun.

Aufgabenstellung

- Welchen Zusatzbetrag zu der am 1.1. des Folgejahres auf alle Fälle zu zahlenden Rate müsste das Unternehmen seinem Konkurrenten bezahlen, wenn es die nicht geleisteten Zahlungen durch einen einmaligen Aufschlag am 1.1. des Folgejahres kompensieren möchte?
- Welchen Zusatzbetrag zu der auf alle Fälle zu zahlenden letzten Rate müsste das Unternehmen seinem Konkurrenten bezahlen, wenn es die nicht geleisteten Zahlungen durch einen einmaligen Aufschlag am Ende kompensieren möchte?
- Wie hoch wäre die jährliche Rate, wenn sich das Unternehmen dazu entschließt, die Zahlungen in Form einer erhöhten Rate ab dem 1.1. des Folgejahres bis zur letzten Rate nachzuholen?

Lösungen

- Einmalzahlung am 1.1. des Folgejahres: € 24.333, erhöhte Raten: € 4.874

Schwierigkeitsgrad: •

Beispiel U51: Barwert

Sie haben die Wahl zwischen zwei Rückzahlungsalternativen für das Geld, das Sie einem Bekannten geliehen haben.

Alternative 1		Alternative 2	
Ende Jahr 1	5.000	Ende Jahr 1	6.000
Ende Jahr 2	5.000	Ende Jahr 2	5.000
Ende Jahr 3	5.000	Ende Jahr 3	4.000

Aufgabenstellung

- Welche Alternative bevorzugen Sie? Warum?
- Wie groß ist der Unterschied bei einem Zinssatz von 8 %?
- Wandeln Sie den Barwert der Alternative 2 in eine dreijährige nachschüssige Annuität um und diskutieren Sie die Ergebnisse.

Lösungen

- Barwert A1: € 12.885, Barwert A1: € 13.018; Annuität: € 5.051

Schwierigkeitsgrad: ••

Beispiel U52: Barwert, Endwert

Beim Kauf eines Oldtimers werden Ihnen drei Zahlungsmöglichkeiten angeboten:

- Barzahlung: € 10.500
- Kauf auf Ziel: € 14.500 am Ende des sechsten Jahres
- Ratenzahlung jeweils am Jahresende:

in €	Jahr 1	Jahr 2	Jahr 3	Jahr 4	Jahr 5	Jahr 6
Betrag	1.200	2.100	1.800	1.900	2.100	2.000

Aufgabenstellung

- Welche Variante bevorzugen Sie, wenn Sie 5 % Zinsen (nach KESt) für eventuelle Barguthaben bekommen können?
- Um Variante 1 ernsthaft in die Entscheidung mit einbeziehen zu können, ist der Besitz von zumindest € 10.500 notwendig. Zeigen Sie die Wertentwicklung am Sparbuch, für Variante 2 und 3 (d.h. Sie veranlagen die € 10.500 am Sparbuch zu 5 % und entnehmen entsprechend den Zahlungsbedingungen zu den jeweiligen Zeitpunkten die nötigen Beträge).

Lösungen

- Beste Variante V3: Barwert = 9.303; es wären bei Ratenzahlung am Ende noch € 1.603 am Sparbuch

Beispiel U53: Wachsende Annuität

Schwierigkeitsgrad: •••

Ein Unternehmen plant den Einstieg in ein neues technologisches Geschäftsfeld. Dazu sind Investitionen in Fertigungsanlagen mit einer Nutzungsdauer von fünf Jahren für € 10 Mio. nötig. Nach der Nutzungsdauer ist kein Veräußerungserlös zu erwarten. Jährlich können 5 Mio. Stück produziert und zum Preis von € 1 verkauft werden. Für die Produktion eines Stücks werden 0,1 kg vom Rohstoff A und 0,14 kg vom Rohstoff B benötigt. Rohstoff A kostet € 1 je kg, Rohstoff B kostet € 0,75 je kg. Die jährlichen Lohnkosten betragen € 300.000 und die sonstigen Kosten € 150.000 pro Jahr. Beide Kostenblöcke sind zur Gänze zahlungswirksam. Die Zahlungen können vereinfacht mit dem jeweiligen Jahresende angenommen werden.

Aufgabenstellung

- Wie hoch ist der Cashflow aus der operativen Geschäftstätigkeit, den das Geschäftsfeld jährlich erwirtschaftet (Umsatz ist zur Gänze zahlungswirksam)?
- Wie hoch ist der Barwert der Free Cashflows bei einem Kalkulationszinssatz von 10 %?
- Entsprechend den Marktaussichten ist bereits beim Einstieg in das Geschäftsfeld klar, dass sich die Geschäftstätigkeit auf die fünf Jahre beschränken wird und der Free Cashflow zur Gänze in andere Geschäftsfelder investiert wird. Welcher konstante jährliche Betrag kann für den Aufbau anderer Geschäftsfelder jeweils am Ende entnommen werden, der dem Barwert entspricht?
- Welchen Betrag kann die Geschäftsleitung im ersten Jahr entnehmen, wenn die Entnahme jährlich um 6 % steigen soll?

Lösungen

- Cashflow aus der operativen Geschäftstätigkeit: € 3.525.000
- Jährlich konstante Entnahme: € 887.025

3. Investitionsbewertung und -entscheidung

Good judgement comes from experience, and often experience comes from bad judgement. *(Rita Mae Brown)*

Lernziele

Wenn Sie dieses Kapitel durchgearbeitet haben, sollten Sie

- den Zusammenhang zwischen Investition und Finanzierung verstehen
- sich der Unsicherheit von Investitionsentscheidungen bewusst sein
- Unsicherheitsfaktoren identifizieren und Risiken abschätzen können
- die von Investitionen ausgelösten Zahlungsströme ermitteln können
- Investitionsrechnungsverfahren kennen und anwenden können
- Investitionsrechnungsverfahren auf ihre Aussagekraft beurteilen können
- Investitionen auf ihre betriebswirtschaftliche Attraktivität und die damit verbundenen Risiken beurteilen können

Die Tragweite von Investitionsentscheidungen

Investitionsentscheidungen gehören zu den schwierigsten und bedeutendsten Managemententscheidungen. Investitionen binden in der Regel signifikante Geldbeträge über einen langen Zeitraum. Sie sind damit in hohem Maße irreversibel und zwingen Unternehmen, der durch die Investition eingeschlagenen Richtung über einen längeren Zeitraum zu folgen. Investitionen definieren die zukünftige Kosten- und Erlösstruktur und damit die Wettbewerbsfähigkeit eines Unternehmens entscheidend.

Angesichts der Tragweite von Investitionsentscheidungen ist für Unternehmen ein gut strukturierter Investitionsplanungs- und -auswahlprozess unabdingbar.

Ein Blick in die Praxis zeigt sowohl die finanzielle Dimension, die Investitionen erreichen können, insbesondere, wenn es sich um Unternehmensakquisitionen und Investitionen in neue Technologien handelt, als auch das Risiko, das derartige Entscheidungen mit sich tragen:

- **Produktinvestitionen – Airbus 380**
  Der EADS-Konzern investierte in ein Zehnjahresprojekt zur Entwicklung des A380 mehr als € 10 Mrd. Nach der Anfangseuphorie mit einem Auftragseingang von mehr als 150 Flugzeugen (Listenpreis > € 200 Mio., durchschnittliche Rabatte von 50 %) verzögerten Produktionsprobleme die Auslieferung des Prestigeprojektes. Dies stürzte den Konzern in eine tiefe Krise mit Milliardenbelastungen, die den Abbau von 10.000 Stellen zur Folge hatte. In den besten Zeiten wurden 30 Flugzeuge pro Jahr gefertigt. Bis Jänner 2018 gab es insgesamt 313 Bestellungen, von denen 234 ausgeliefert wurden. Das ursprüngliche Verkaufsziel lag bei 700 Fliegern. Im Februar 2019 verkündete Airbus das Aus für den A380. Der kommerzielle Einsatz der Maschine war im Oktober 2007 gestartet. Das gesamte Programm soll rund € 22 Mrd. gekostet haben.
- **Anlageninvestition – Lenzing**
  Die Lenzing AG, Weltmarktführer bei Spezialfasern, verfolgt seit Jahren einen Wachstumskurs. Zur notwendigen Kapazitätserweiterung plante das Unternehmen die Investition in ein neues Werk in den USA. Entsprechend der unsicheren Rahmenbedingungen stoppte der Vorstand das Projekt, und entschied sich für einen Standort in Thailand. Insgesamt hat das Unternehmen für das neue Werk Investitionen in Höhe von mehr als einer Milliarde Euro geplant.
- **Investitionen in Lizenzen – Mobilfunk in Deutschland**
  Bei der Versteigerung der UMTS-Lizenzen in Deutschland im Jahre 2000 zahlten die Telekom-Unternehmen wie Vodafone, T-Mobile jeweils ca. € 8,5 Mrd., womit die Unternehmen zusammen mehr als € 50 Mrd. investierten, um sich unmittelbar darauf enormen Verlusten gegenüberzusehen. Entsprechend der technologischen Entwicklung sahen sich die Marktteilnehmer im Jahr 2019 gezwungen, sich an der 5G-Versteigerung zu beteiligen und weitere € 6,6 Mrd. zu investieren.

Die spektakulären Negativbeispiele sollen nicht über die Investitionserfordernisse und die Vielzahl erfolgreicher Investitionen hinwegtäuschen. Sie zeigen aber die Tragweite von Investitionsentscheidungen und den schmalen Grat zwischen Erfolg und Misserfolg.

3.1. Grundprobleme bei Investitionsentscheidungen und Investitionsrechnungsverfahren im Überblick

3.1.1. Investitionsarten und -gründe im Spannungsfeld von Investition und Finanzierung

Investieren heißt im Regelfall, den Einsatz signifikanter Geldmittel mit dem Zweck, Anlagevermögen anzuschaffen bzw. zu errichten. Investitionen (capital expenditures – CAPEX) sind somit Auszahlungen für langlebige betriebliche Wirtschaftsgüter. Gewinnziele, Rationalisierung, Ersatz alter Anlagen, Kapazitätserweiterungen, Erweiterung der Produktpalette oder Unternehmenskäufe sind typische Gründe für betriebliche Investitionen. Investitionen können grundsätzlich nach der Art des Investitionsobjektes und nach dem Investitionszweck unterschieden werden.

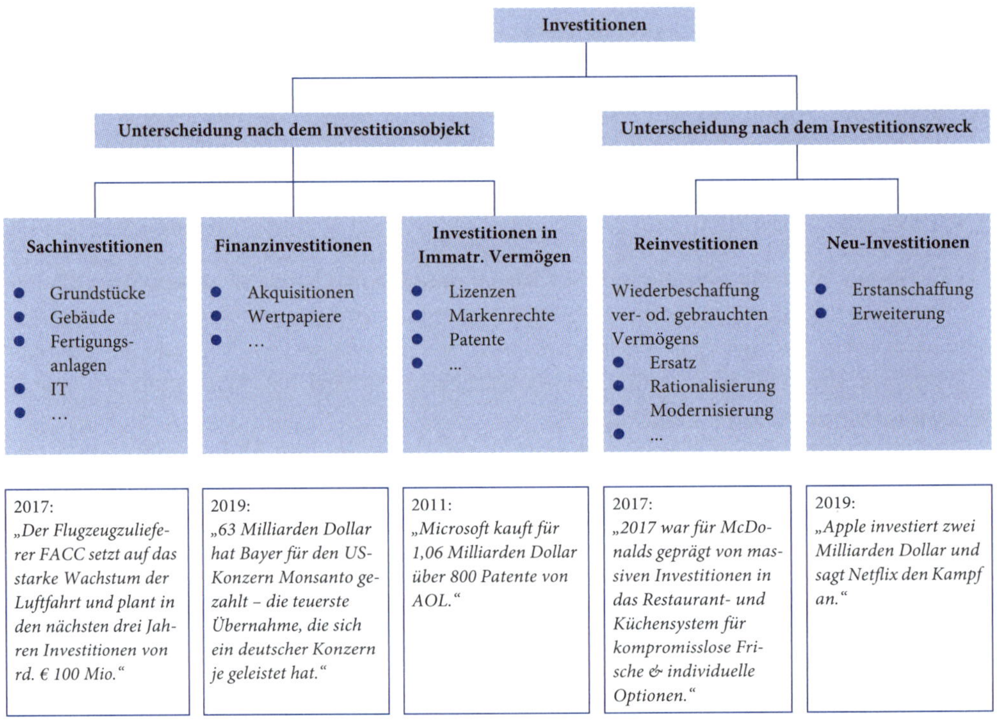

Abbildung 68: Klassifikation von Investitionen

Der Vorgang der Investition wird auch als Mittelverwendung bezeichnet, da Kapital (Geld) in konkreten Vermögensgegenständen langfristig gebunden wird. Entsprechend den typischerweise hohen Geldbeträgen, die mit Investition verbunden sind, ist mit dem Investitionsbegriff die Frage der Finanzierung (Mittelherkunft) untrennbar verbunden. Jede Investition setzt ihre Finanzierbarkeit voraus. Investitionen und der damit verbundene Kapitalbedarf sind damit der Anlass für Finanzierungsvorgänge.

Aktiva	Passiva
Bestehende Aktiva	Eigenkapital
	Fremdkapital
geplante Investition = Mittelverwendung	mögliche Finanzierung? = Mittelherkunft

Abbildung 69: Mittelverwendung und -herkunft in der Bilanz

Während Investitionen in der Gewinn- und Verlustrechnung ihrer Nutzungsdauer entsprechend anteilig in Form der Abschreibung dargestellt werden, sind sie, sofern nicht über Leasing finanziert, in voller Höhe auszahlungswirksam. Investitionsentscheidungen sind mit der Frage, welche Investitionen wirtschaftlich notwendig bzw. sinnvoll sind, und damit mit dem Begriff der Investitionsrechnung verbunden.

3.1.2. Der Investitionsplanungs- und -entscheidungsprozess

Betriebliche Investitionen sind in der Regel mit der Bindung signifikanter Geldbeträge über einen langen Zeitraum, d.h. einer hohen Kapitalbindungsdauer, gleichzusetzen. Investitionen sind in hohem Grade irreversibel und zwingen Unternehmen, der durch die Investition eingeschlagenen Richtung über einen längeren Zeitraum zu folgen. Investitionen bestimmen die zukünftige Kosten- und Erlösstruktur und damit die Wettbewerbsfähigkeit eines Unternehmens in hohem Maße. Investitionsentscheidungen sind überwiegend strategische Entscheidungen und eng mit der Unternehmensstrategie verbunden.

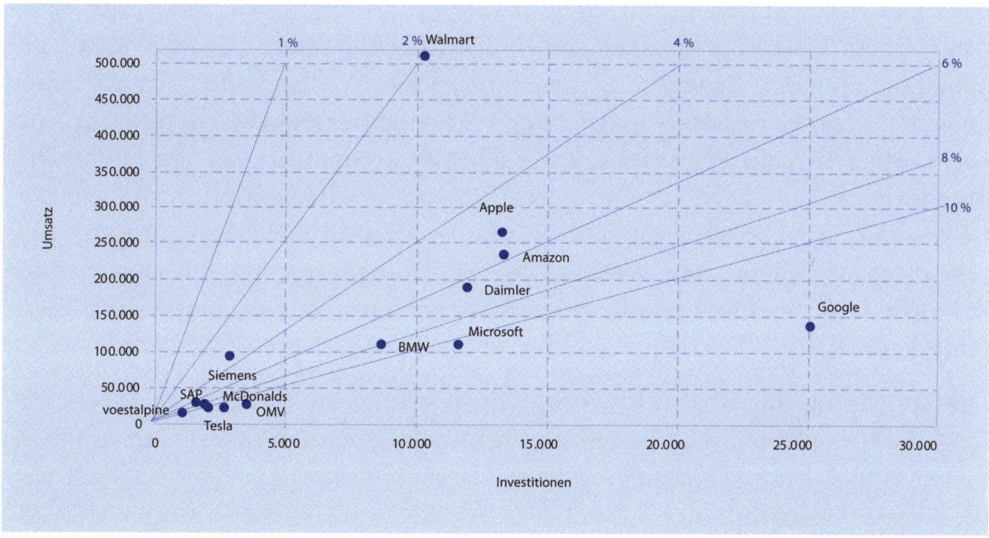

Abbildung 70: Investitionen in immaterielles Vermögen und Sachanlagen relativ zum Umsatz in Mio. $[6]

Angesichts der Tragweite von Investitionsentscheidungen ist für Unternehmen ein gut strukturierter Investitionsplanungs- und -steuerungsprozess unabdingbar.

Abbildung 71: Die Investitionsrechnung im Rahmen des Planungs- und Steuerungsprozesses

Zur systematischen Entscheidungsvorbereitung von Investitionen ist es erforderlich,

- Ziele und Zielkriterien strategiekonform festzulegen
- Daten der verfügbaren Alternativen zu erfassen und strukturiert aufzubereiten
- Investitionsprojekte einzeln zu beurteilen und einander gegenüberzustellen
- das Investitionsprogramm, d.h. die Gesamtheit aller Investitionsvorhaben einer Geschäftsperiode auszuwählen.

Bei der Auswahl des Investitionsprogramms ist grundsätzlich zwischen voneinander unabhängigen und sich wechselseitig ausschließenden Investitionen zu unterscheiden. Unabhängig heißt, dass die Investitionen in keiner direkten Beziehung stehen und die Genehmigung eines Investitionsvorhabens nicht notwendigerweise zur Ablehnung eines anderen führt. Beispielsweise ist die Investition in ein Customer-Relationship-Management-System (CRM-System) unabhängig von der Erneuerung des Fuhrparks. Wechselseitig ausschließend bedeutet, dass die Investitionsvorhaben demselben Zweck dienen und nur eines der Vorhaben realisiert werden kann. Dies ist typisch bei der Gegenüberstellung unterschiedlicher Realisierungsvarianten eines Investitionsvorhabens. Ein Beispiel für wechselseitig ausschließende Investitionsvorhaben wäre die Entscheidung zwischen dem Ausbau der Fertigungskapazität am bestehenden Standort und der Übernahme eines Konkurrenten mit der passenden Fertigungskapazität.

Die Festlegung des Investitionsprogramms erfolgt stufenweise. In einem ersten Schritt werden die sich wechselseitig ausschließenden Investitionsmöglichkeiten (meist unterschiedliche Realisierungsvarianten eines Vorhabens) entsprechend Zielkriterien gereiht und die jeweils beste Variante ausgewählt. Die

6 Quelle: Aktuellster Geschäftsbericht zum 1.6.2019. Die Euro/Dollarumrechnung erfolgte auf Basis des Stichtagskurses vom 31.5.2018: 1,1199. Die ausgewiesenen Werte sind von der Struktur und dem Detaillierungsgrad des Cashflow-Statements der Geschäftsberichte abhängig.

verbleibenden Investitionsanträge sind voneinander unabhängig. Von diesen werden jene ausgeschieden, die den geforderten Mindestkriterien, wie z.B. Strategie-Fit, Mindestrendite oder Amortisationsdauer, nicht entsprechen. Die verbleibenden Investitionsvorhaben würden bei erfolgreicher Realisierung dazu beitragen, die Unternehmensziele zu erreichen bzw. den Unternehmenswert zu steigern. Dem daraus resultierenden Finanzierungsbedarf stehen in der Praxis begrenzte Ressourcen, insbesondere Finanzmittel und Mitarbeiterkapazitäten, gegenüber. Entsprechend den verfügbaren Ressourcen gilt es, jene Investitionsvorhaben auszuwählen, die einerseits finanziert werden können und andererseits die größte Wirtschaftlichkeit oder allgemein den größten Zielbeitrag besitzen.

So einfach und logisch dieser Prozess aus theoretischer Sicht erscheint, so schwierig ist er in der Praxis. Persönliche bzw. unterschiedliche Präferenzen der Entscheidungsträger (z.B. Prestigeprojekte oder unterschiedliche Risikobereitschaft), Zwänge aus dem Geschäft (gesetzliche Umweltauflagen, notwendige Ersatzinvestitionen), das Abwägen zwischen kurz- und langfristigem Erfolg, Risiko und vor allem die Unsicherheit, auf der die Investitionsrechnung basiert, erschweren die Auswahl und Selektion des optimalen Investitionsprogramms. Die einzelnen Investitionsvorhaben des Investitionsprogramms werden in der Praxis üblicherweise von einander getrennt bewertet. Es ist zu beachten, dass dies zu Doppelzählung oder auch Nichtbetrachtung, z.B. von Synergien, führen kann.

Die Auswahl der „richtigen" Investitionsvorhaben ist der entscheidende Schritt im Rahmen des Prozesses der Investitionsplanung und -steuerung. Sie garantiert jedoch keinesfalls die angestrebte Wirtschaftlichkeit. Investitionen sind mehr als eine „Kaufentscheidung". Sie sind Projekte mit einem beträchtlichen Zeit- und Kostenaufwand bis zur tatsächlichen Inbetriebnahme. Eine mehrjährige Entwicklungszeit bei Autos oder Flugzeugen steht heute stellvertretend für einen beträchtlichen Aufwand in der Vorbereitungsphase. Allgemein gilt es in dieser Phase vielfältige Interessen in Einklang zu bringen, Kapazitäten bereitzustellen und Hürden zu überwinden. McCafé wurde beispielsweise bereits im Jahre 2003 mit einzelnen Testfilialen gestartet. Nach der Überzeugung der Konzernmutter in der USA galt es Standortentscheidungen zu treffen, Franchise-Partner zu gewinnen oder z.B. den enormen Schwund des Geschirrs in den Testfilialen in den Griff zu bekommen. Häufig ist diese Phase von Kostenüberschreitungen begleitet, die viele ursprünglich wirtschaftlich beurteilte Projekte unrentabel machen.

Beispiele von Zeit- und Kostenüberschreitungen in der Realisierungsphase:

- „Flughafen Berlin seit 2.500 Tagen nicht eröffnet" [Berliner Morgenpost online, 30.5.2019]
- „Kostenexplosion bei der Elbphilharmonie – Aus 77 wurden 800 Millionen [Deutschlandfunk Kultur online, 30.5.2019]
- „voest-Werk in Texas deutlich teurer" [orf.at, 27.1.2017]

Entsprechend den gezeigten Schwierigkeiten in der Phase der Vorbereitung und Inbetriebnahme ist ein begleitendes Investitionsmonitoring ein wesentlicher Baustein eines integrierten Prozesses der Investitionsplanung und -steuerung. Das Monitoring bezieht sich sowohl auf jedes einzelne Investitionsvorhaben (Projektfortschritt, verbrauchtes Investitionsbudget, ev. zusätzlich erforderliche Mittel, Wirtschaftlichkeit) als auch auf die Abstimmung des Investitionsportfolios.

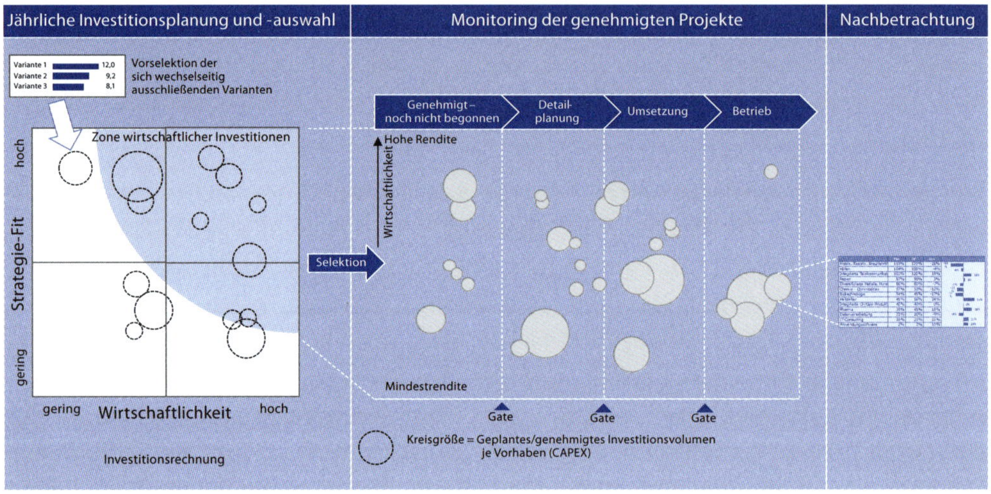

Konzern	xx. QUARTALSBERICHT	Blatt Nr.:	12/A
Teilkonzern	INVESTITIONEN IN SAV UND IV (incl. geleaste Anlagen)	Datum:	17-10-08
Gesellschaft	per xx.xxxxx.20xx. in Mio	Bearb.:	N.N.

Z Nr.	INVESTITIONSVORHABEN	GESAMTPROJEKT							VORP.	BERICHTSPERIODE					FOLGEP.
		Genehm. am	Präliminare	Nachtr. + Streich. –	**Gesamt Prälimin.**	Inv. Typ	Real. %	Inbetr. JJ/MM	Aufwand bis E/VP	Offenes Präliminare	**Aufwand lfd. Per.**	Jahres-budget	**Jahres-vorschau**	Abw. %	Restl. Präliminare
(a)	(b)	(c)	(d)	(e)	(f)	(g)	(h)	(i)	(j)	(k)	(l)	(m)	(n)	(o)	(p)
	NEUEINREICHUNGEN														
1	Einzelprojekte:														
2															
3															
4															
5															
6															
7															
8															
9															
10															
11															
12															
13															
14															
49	Kleininvestitionen														
	FORTFÜHRUNGEN														
50	Einzelprojekte:														
51															
52															
53															
54															
55															
56															
57															
58															
59															
60															
61															
62															
99	Kleininvestitionen														
100	**SUMME NEUEINREICHUNGEN**														
101	**SUMME FORTFÜHRUNGEN**														
102	**GESAMTSUMME**														
103	**davon Leasingfinanzierung**														

Abbildung 72: Der integrierte Prozess der Investitionsplanung und -steuerung

3.1.3. Unsicherheit bei Investitionsentscheidungen

Investitionsentscheidungen gehören zu den schwierigsten Managemententscheidungen, da sie auf einer Vielzahl von Annahmen über zukünftige Entwicklungen in einem dynamischen Umfeld basieren und gleichzeitig hohe Liquide Mittel auf Dauer binden. Gerade die *Ermittlung und Bewertung des Nutzeneffekts einer Investition stellt lediglich eine Erwartung* dar. Risikofaktoren können sowohl quantitativer als auch qualitativer Natur sein, wobei sich qualitative Faktoren letztlich wieder in den quantitativen „hard facts" niederschlagen, z.B. nicht realisierte Einsparungen durch mangelnde Mitarbeiterakzeptanz.

quantitativ	qualitativ
Erhöhte Projektierungs- und Anlaufkosten	Konkurrenzverhalten
Nicht berücksichtigte Nebenkosten, Folgekosten d. Anschaffung	Reaktion der Öffentlichkeit
Verspätete Markteinführung	Organisatorische Auswirkungen
Währungsverschiebungen	Mitarbeiterakzeptanz
Unabsehbare Preis- und Kostenverschiebungen	...
Rückgang des Marktvolumens	
Kürzere Nutzungsdauer	
Geringere Absatzmenge	
...	

Abbildung 73: Qualitative und quantitative Risikofaktoren

Entsprechend der Unsicherheit, unter der Investitionsentscheidungen zu treffen sind, und ihrer finanziellen Auswirkung empfiehlt es sich, entsprechende Risikoanalysen durchzuführen.

In der Praxis haben sich drei Konzepte durchgesetzt, die einander ähnlich sind, jedoch unterschiedliche Schwerpunkte setzen bzw. aufeinander aufbauen.

- Sensitivitätsanalyse
- Szenarioanalyse
- Roll-back-Analyse

Bei der *Sensitivitätsanalyse* wird die Auswirkung der Veränderung der ursprünglich getroffenen Annahmen auf das Gesamtergebnis durchgerechnet und bewertet. Der Fokus liegt dabei auf der Identifikation der größten Risikofaktoren. Es werden die Rechenparameter (z.B. Nutzungsdauer, Absatzmenge, Betriebskosten) einzeln um entsprechende Prozentsätze variiert und die prozentuelle Veränderung auf das Gesamtergebnis ermittelt. Mit dieser Form der Sensitivitätsanalyse kann der Einfluss der einzelnen Parameter auf das Gesamtergebnis verglichen werden. Jene Parameter, die den höchsten Einfluss haben, sind auf die in der Bewertung angesetzten Annahmen besonders zu hinterfragen. In Abbildung 74 hätten die Kapitalkosten den größten Einfluss auf die Wirtschaftlichkeit der Investition in Form des Kapitalwerts. So würde eine Veränderung der Kapitalkosten von 10 % eine Veränderung des Kapitalwerts von 45 % bewirken. Bei der Sensitivitätsanalyse liegt die Schwierigkeit vor allem in der Quantifizierung qualitativer Risikofaktoren.

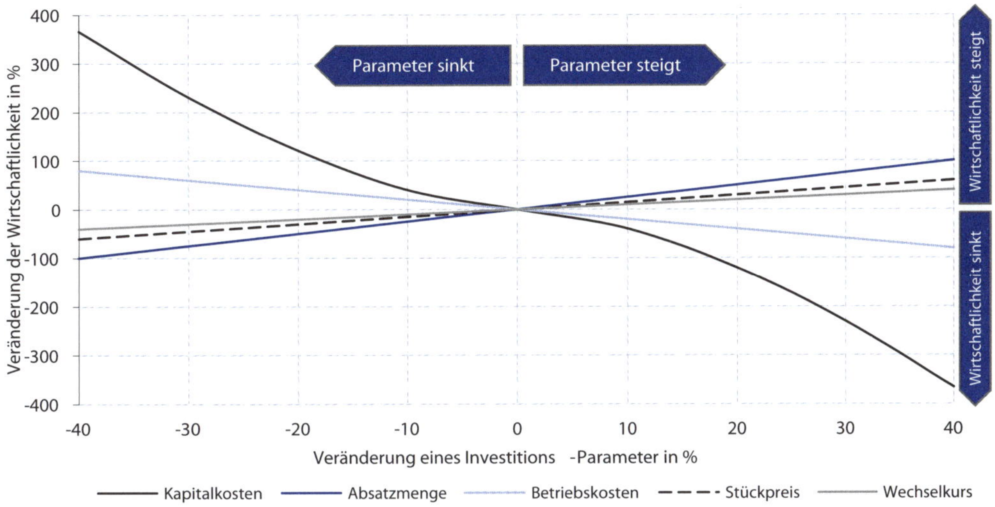

Abbildung 74: Sensitivitätsanalyse

Bei der *Szenariotechnik* werden hingegen mehrere Parameter gleichzeitig variiert und in Szenarios zusammengefasst. Allgemein werden *drei Szenarien*, ein pessimistisches (worst case), ein wahrscheinliches (most likely case) und ein optimistisches (best case) verwendet. Typischerweise erfolgt die Investitionsbewertung auf Basis des wahrscheinlichen Szenarios. Der worst case dient vor allem zur Risikoabschätzung. Die Entscheidungsträger stellen sich die Frage, ob sie die damit verbundenen Konsequenzen akzeptieren können bzw. wollen.

Mit Hilfe des *Entscheidungsbaum-Verfahrens* bzw. der Roll-back-Analyse können die Szenarien in Form des Erwartungswertes quantifiziert werden. Dabei werden den Szenarien entsprechende Wahrscheinlichkeiten des Eintretens zugeordnet und entsprechende Reaktionsmöglichkeiten durch das Management integriert. Das Entscheidungsbaum-Verfahren unterscheidet zwischen bewusst zu treffenden Entscheidungen und zufälligen, von den Entscheidungsträgern nicht zu beeinflussenden Ereignissen. Entscheidungen und Zufallsereignisse werden über „Äste" miteinander verbunden. Entscheidungsbäume können sowohl einstufig, wie in Abbildung 75, als auch mehrstufig sein. Entlang des so entstehenden Baums werden die jeweils anfallenden Erlöse/Einzahlungen und Kosten/Auszahlungen dargestellt und entlang der Äste summiert. Daraus ergeben sich die verschiedenen finanziellen Endresultate, die aus der Investitionsentscheidung entstehen können (in Abbildung 75 vier Resultate: 50, 150, 0 und 200). Zuletzt werden die jeweiligen finanziellen Resultate mit Hilfe des Erwartungswerts bewertet.

$$E = \sum_{j=1}^{n} E_j \times w_j \qquad \textit{(Formel 3.1)}$$

E = Erwartungswert

E_j = Erwartetes finanzielles Ergebnis der Alternative j

w_j = Wahrscheinlichkeit der Alternative j

n = Anzahl der Alternativen

Beispiel: Entscheidungsbaumverfahren

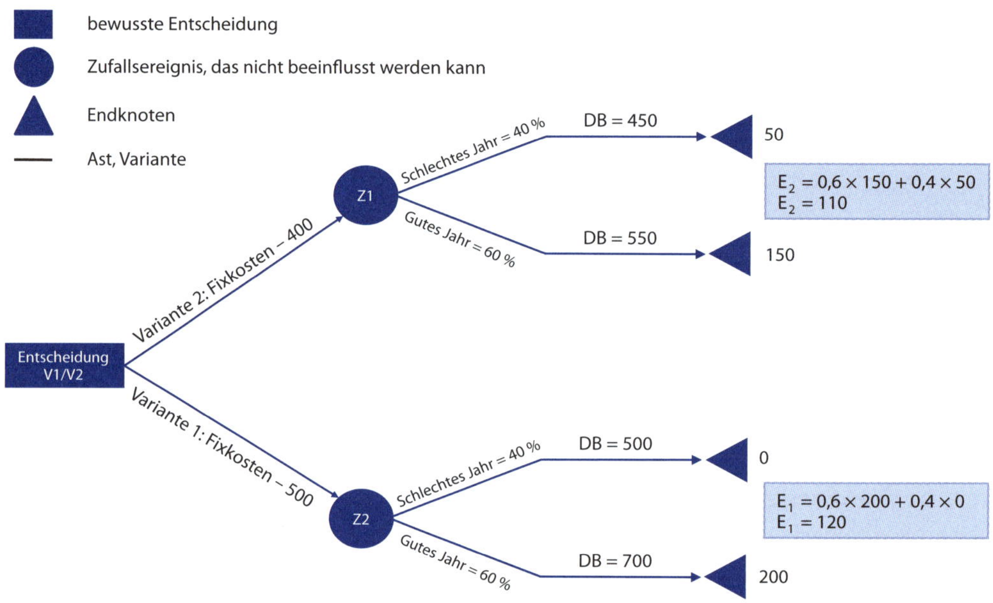

Abbildung 75: Entscheidungsbaumverfahren mit Roll-back-Analyse

Abbildung 75 zeigt einen Entscheidungsbaum, bei dem sich das Management zwischen zwei Produktvarianten im Bereich der Bademode zu entscheiden hat. Der Gewinn wird in beiden Varianten in hohem Maße vom Wetter bestimmt. Das Management schätzt die Wahrscheinlichkeit guten Wetters w_g mit 60 % ein. Die Wahrscheinlichkeit schlechten Wetters w_s wird mit 40 % eingeschätzt. Mit Produktvariante 1 sind Fixkosten von 500 verbunden, während diese bei Variante 2 auf 400 geschätzt werden. Der Deckungsbeitrag (Umsatz – variable Kosten für Produktion und Vertrieb) wird für beide Varianten je nach Wetter eingeschätzt. Das Management steht nun vor der Entscheidung, Variante 1 oder Variante 2 auszuwählen. Bei Variante 1 ist bei gutem Wetter mit einem Gewinn in Höhe von 200 zu rechnen (Gewinn = Deckungsbeitrag – Fixkosten → 200 = 700 – 500). Bei schlechtem Wetter ist hingegen kein Gewinn zu erwarten. Variante 2 verspricht hingegen bei gutem Wetter einen Gewinn von 150 und bei schlechtem Wetter zumindest einen Gewinn in Höhe von 50.

Entsprechend der Wetterunsicherheit kann der Vergleich auf Basis des Erwartungswerts erfolgen. Variante 1 lässt einen Gewinn von 120 erwarten, während Variante 2 einen Gewinn von 110 erwarten lässt. Bei strenger Anwendung der Roll-back-Analyse wäre Variante 1 auszuwählen. Der Erwartungswert vernächlässigt jedoch, dass bei Variante 1 eine Bandbreite von 200 (von +200 bis 0) besteht, während bei Variante 2 lediglich eine Bandbreite von 100 (von 150 bis 50) gegeben ist. Das Risiko ist damit bei Variante 1 größer. Varianz, Standardabweichung bzw. Variationskoeffizient als wesentliche Maßgrößen des Risikos wären in die Entscheidung mit einzubeziehen.

Der große Wert der Sensitivitätsanalyse, der Szenariotechnik als auch des Entscheidungsbaumverfahrens ist es, mögliche unterschiedliche Entwicklungen aufzuzeigen und zu visualisieren und damit den Bewusstseinsprozess zu fördern bzw. eine Risikosteuerung zu ermöglichen. Sie verändern jedoch nichts am Tatbestand der Unsicherheit, unter der die Entscheidung stattfindet.

3.1.4. Investitionsrechnungsverfahren im Überblick

Mit Hilfe der Investitionsrechnung sollen mögliche Investitionsvorhaben bewertet und gegenübergestellt werden. Ein allgemeines Unterscheidungsmerkmal von Investitionsrechnungsverfahren im Vergleich zur Kostenrechnung, Gewinn- und Verlustrechnung oder dem Cashflow Statement ist der berücksichtigte Zeitraum. Investitionsrechnungsverfahren bewerten die finanziellen Auswirkungen über die gesamte mit der Investition verbundene Nutzungsdauer.

Im Laufe der Zeit wurde eine Fülle an Investitionsrechnungsverfahren entwickelt. Mit der Vielzahl der Verfahren haben sich auch verschiedene Kategorisierungs- bzw. Unterscheidungskriterien gebildet.

Grundsätzlich ist zwischen *Partialmodellen* und *Programmplanungsmodellen*, d.h. Operations-Research-Verfahren, zu unterscheiden. Mit Hilfe von Partialmodellen werden Investitionsvorhaben einzeln bewertet. Sie betrachten ausschließlich die Einzelinvestition und versuchen, folgende Fragen zu beantworten:

- Soll ein einzelnes Investitionsprojekt durchgeführt werden oder nicht?
- Welche Investitionsmöglichkeit ist die erfolgversprechendste und soll daher ausgewählt werden?

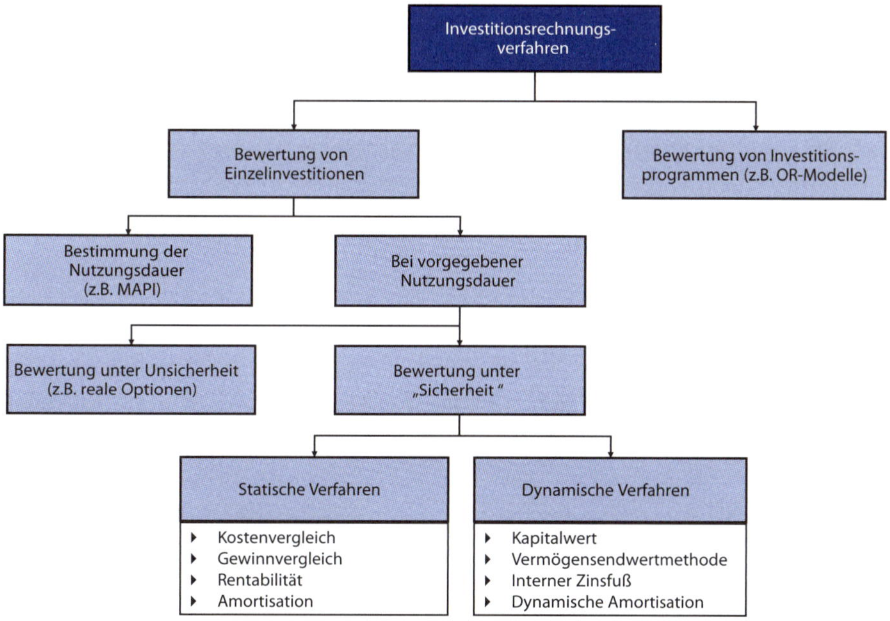

Abbildung 76: Investitionsrechnungsverfahren im Überblick

Partialmodelle vernachlässigen dabei die Wechselwirkungen zwischen verschiedenen sich nicht ausschließenden und häufig parallel durchgeführten Investitionen. Demgegenüber versuchen Programmplanungsmodelle die Frage des optimalen Investitionsprogramms, d.h. welche Kombination von Investitionsprojekten realisiert werden soll, zu behandeln. Methodisch basieren Programmplanungsmodelle auf den Grundlagen des Operations Research. Es werden zuerst die zu optimierende Zielvariable (z.B. Gewinn) und die beschränkenden Nebenbedingungen (z.B. max. Kapitaleinsatz) bestimmt und mit Hilfe von Algorithmen, wie z.B. dem Simplex-Algorithmus, das optimale Investitionsprogramm bestimmt. In der Praxis werden jedoch nahezu ausschließlich Partialmodelle verwendet. Bei der Bewertung von Einzelinvestitionen geht die Mehrzahl der Verfahren von einem festen Betrachtungszeitraum bzw. einer fixen Nutzungsdauer aus. Demgegenüber gibt es einige wenige Verfahren, wie das MAPI-Verfahren (Machinery and Allied Products Institute), die insbesondere die Frage der optimalen Nutzungsdauer oder des optimalen Ersatzzeitpunktes beantworten.

Partialmodelle mit fixer Nutzungsdauer können grundsätzlich in Verfahren mit expliziter Berücksichtigung des Investitionsrisikos (wie z.B. Entscheidungsbauverfahren, reale Optionen[7], Monte-Carlo-Simulation) und die Gruppe der klassischen Verfahren „unter Sicherheit" unterteilt werden. Diese können entweder in Cashflow- und kosten/gewinnorientierte Verfahren oder in statische und dynamische Verfahren unterteilt werden. Statische Verfahren ignorieren im Vergleich zu dynamischen Verfahren den Zeitwert von Einzahlungen und Auszahlungen im Zuge des Investitionsprozesses und arbeiten mit durchschnittlichen Periodenkosten und Erlösen. Aufgrund ihrer Einfachheit waren statische Verfahren in der Praxis lange Zeit sehr beliebt. Mit Einzug von MS-Excel und einer generell verstärkten Orientierung an Cashflows sind die dynamischen Verfahren in letzter Zeit mehr oder weniger zum Standard geworden.

In der betrieblichen Praxis haben sich zur finanziellen Bewertung von Investitionen folgende Verfahren etabliert:

- Kostenvergleichsrechnung
- Amortisationsrechnung
- Kapitalwertmethode
- Methode des Internen Zinsfußes

Sollen über die reine wirtschaftliche Betrachtung auch qualitative Faktoren bewertet werden, wird dies heute überwiegend mit Hilfe der *Nutzwertanalyse* gemacht.

---

7 Reale Optionen stellen Handlungsspielräume im Rahmen der Investitionsentscheidung, vergleichbar mit dem Entscheidungsbaum, dar. Dabei wird die Theorie der Finanzoptionen auf reale Vermögensgegenstände (Investitionsobjekte) angewandt. In der betrieblichen Praxis der Investitionsrechnung haben sich reale Optionen bislang jedoch nicht durchsetzen können.

	Methode	Grundziel	Messgröße	Annahmen	Schwachpunkt
Kosten/gewinnorientierte, stat. Verfahren	Kostenvergleichsrechnung	geringste Kosten	durchschnittliche Periodenkosten	gleicher Output	Vernachlässigung des Zeitwerts des Geldes, Vernachlässigung der Liquiditätswirkung
	Gewinnvergleichsrechnung	höchster Gewinn	durchschnittlicher Periodengewinn	gleicher durchschnittlicher Kapitaleinsatz	analog Kostenvergleichsrechnung
Cashflow-orientierte (dynamische) Verfahren	Kapitalwertmethode	höchster Cashflow bzw. Zahlungsüberschuss	Barwert aller Ein- und Auszahlungen (Totalerfolg)	vollkommener Kapitalmarkt mit gleich bleibendem Zinssatz, Differenzinvestition liefert keinen Kapitalwert	Prognostizierbarkeit der Cashflows, insbesondere in weit in die Zukunft gerichtete Perioden
	Interner-Zinsfuß-Methode	höchste Rendite	Interner Zinsfuß	Wiederveranlagungsprämisse: Kapitalüberschüsse werden zum internen Zinsfuß angelegt	Prognostizierbarkeit der Cashflows Wiederveranlagungsprämisse kann bei hohem Internem Zinsfuß zu falschen Erwartungen führen
	(Dynamische) Amortisationsrechnung	geringstes Risiko	Amortisationsdauer – Zeitspanne, bis investiertes Kapital zurückgeflossen ist	Risiko wird durch die Amortisationsdauer repräsentiert	nicht zur Beurteilung der Wirtschaftlichkeit und damit nur als Ergänzung geeignet

Abbildung 77: Investitionsrechnungsverfahren unter Sicherheit und bei vorgegebener Nutzungsdauer

3.2. Cashflow-orientierte (dynamische) Investitionsrechnungsverfahren

Im Rahmen der Cashflow-orientierten Investitionsrechnungsverfahren werden Investitionen auf Basis der durch die Investition ausgelösten Zahlungsströme bewertet, die auch als *Relevanter Cashflow* bezeichnet werden. Der Relevante Cashflow beinhaltet alle Ein- und Auszahlungen, die direkt durch das Investitionsvorhaben ausgelöst werden und sonst nicht bzw. in anderer Form anfallen würden. Diese werden aus der Differenz der Zahlungsströme im Falle der Investition und den Zahlungsströmen ohne Investition errechnet.

Idealtypische Investitionen beginnen mit einer Auszahlung zum Investitionszeitpunkt, der ausschließlich positive Cashflows bzw. Periodenüberschüsse bis zum Ende der Nutzungsdauer folgen. Der Relevante Cashflow besteht in diesem Falle aus drei wesentlichen Komponenten:

- Initial Investment (Anfangsauszahlung)
- Operativen Cashflows (laufenden Zahlungsüberschüssen)
- Terminal Cashflow (Verkaufserlös am Ende)

Die exakte Bestimmung des Relevanten Cashflow wird in Kapitel 3.2.5 ausführlich erläutert.

3.2.1. Amortisationsrechnung

Grundidee. Mit Hilfe der Amortisationsrechnung, auch *Pay-back-Methode* oder *Kapitalwiedergewinnungsrechnung* genannt, wird die Frage beantwortet, zu welchem Zeitpunkt die im Rahmen der Investition notwendigen Anfangsauszahlungen von den daraus resultierenden Einzahlungen ausgeglichen werden, d.h. innerhalb welchen Zeitraums das investierte Kapital in das Unternehmen zurückfließt. Die Amortisationsdauer oder kritische Nutzungsdauer gibt Auskunft, wie lange eine Investition genutzt werden muss, damit ein Liquiditätsüberschuss erzielt wird. Je kürzer die Amortisationsdauer ist, als desto geringer wird das mit der Investition verbundene Risiko betrachtet und desto schneller kann das Geld reinvestiert werden. Die Amortisationsdauer der Investitionsvorhaben wird in der Praxis zumeist einer maximal akzeptablen Amortisationsdauer gegenübergestellt. IBM akzeptiert beispielsweise in der Regel eine Amortisationsdauer von 18 Monaten. Investitionen, die die maximale Investitionsdauer überschreiten, werden dabei ausgeschieden.

Entscheidungskriterium. Die Investitionsvariante mit der kürzesten Amortisationsdauer ist die vorteilhafteste und sollte ausgewählt werden, sofern die Amortisationsdauer unter der maximal akzeptierten Zeitspanne liegt.

Die Amortisationsrechnung nimmt eine Zwitterstellung zwischen statischen und dynamischen Investitionsrechnungsverfahren ein. Sie operiert wie die dynamischen Verfahren mit Ein- und Auszahlungen, wird aber gleichzeitig *in der Praxis zumeist ohne Berücksichtigung des Zeitwerts des Geldes* angewandt, d.h. die prognostizierten Cashflows gehen meist mit ihrem Nominalwert anstatt ihres Barwerts in die Berechnung ein.

Die Amortisationsrechnung ist damit mit der Break-even-Analyse verwandt. Sie stellt jedoch die Zeitdauer und nicht die Ausbringungsmenge in den Vordergrund. Sie kann sowohl nach der *Kumulationsmethode* als auch nach der *Durchschnittsmethode* durchgeführt werden.

Die Kumulationsmethode. Bei der Kumulationsmethode werden, ausgehend vom Investitionszeitpunkt t_0, alle Ein- und Auszahlungen entlang der Zeitachse schrittweise summiert, bis ein kumulierter Einzahlungsüberschuss erreicht ist.

Tsd. €	Variante 1				Variante 2			
	Jährlich			Kumuliert	Jährlich			Kumuliert
Jahr	Ausz.	Einz.	Saldo	Saldo	Ausz.	Einz.	Saldo	Saldo
0	-100		-100	-100	-110		-110	-110
1	-5	30	25	-75	-10	35	25	-85
2	-5	26	21	-54	-10	50	40	-45
3	-5	17	12	-42	-10	38	28	-17
4	-5	25	20	-22	-10	30	20	**3**
5	-5	33	28	**6**	-10	15	5	8
6	-5	12	7	13	-10	12	2	10

Abbildung 78: Kumulationsmethode

Wird ein gleichmäßiger unterjähriger Anfall der Ein- und Auszahlungen unterstellt, zeigt das Beispiel, dass sich Variante 2 bereits im vierten Jahr (genau nach drei Jahren und zehn Monaten) amortisiert hat, im Vergleich zu vier Jahren und neun Monaten bei Variante 1. Im Sinne der Amortisationsrechnung ist Variante 2 die vorteilhaftere.

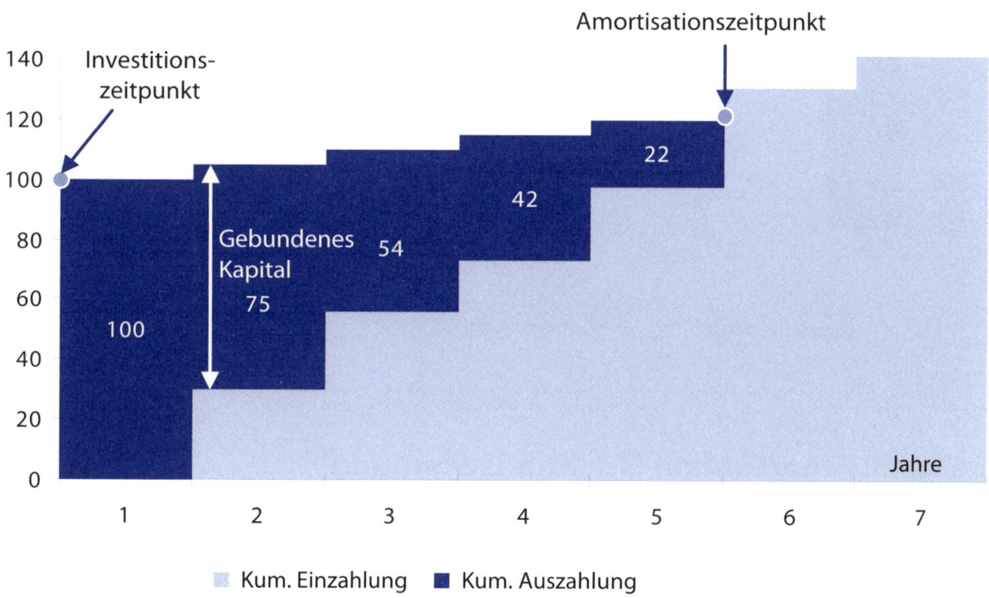

Abbildung 79: Amortisationsdauer nach der Kumulationsmethode (Variante 1)

Die Durchschnittsmethode. Während die Kumulationsmethode unterschiedlich hohe Rückflüsse in den einzelnen Perioden berücksichtigt, operiert die Durchschnittsmethode mit konstanten, meist geglätteten durchschnittlichen Rückflüssen. Sie ist daher für Annuitäten oder als rasche Näherung für relativ gleichbleibende Rückflüsse geeignet. Die Amortisationszeit wird bei der Durchschnittsmethode auf zwei Arten berechnet:

$$t = \frac{\text{Investitionsbetrag}}{\text{Ø Rückfluss}} \qquad \textbf{\textit{(Formel 3.2)}}$$

$$t = \frac{\text{Investitionsbetrag} - \text{Restwert}}{\text{Ø Rückfluss}} \qquad \textbf{\textit{(Formel 3.3)}}$$

Als Kapitaleinsatz wird vielfach nur der Anschaffungswert der Investition ohne Abzug des Restwerts angesetzt, da dies der eigentlichen Fragestellung nach der Zeitdauer des Kapitalrückflusses besser entspricht. Als Rückfluss wird zumeist der geschätzte durchschnittliche Relevante Cashflow vor Steuern angesetzt. Die Durchschnittsmethode hat den Vorteil eines verhältnismäßig geringen Aufwands bei der Datenbeschaffung. Weiters täuscht sie bei großer Unsicherheit keine Scheingenauigkeit vor.

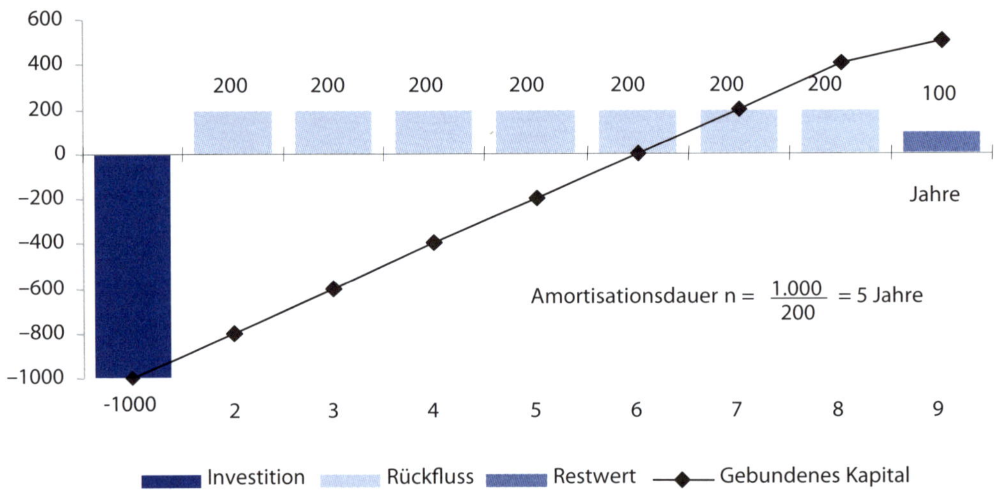

Abbildung 80: Amortisationsdauer nach dem Konzept der Durchschnittsmethode

Beispiel: Amortisation Eigentumswohnung

Eine 5,0-KWp-Anlage lässt in unseren Breiten eine jährliche Energiegewinnung von 5.000 KWh erwarten. Die Anlage kostet abzüglich öffentlicher Förderungen € 7.500. Es wird ein Eigenverbrauch von 3.000 KWh pro Jahr geschätzt. Bei einem Strompreis von 20,0 Cent pro KWh entspricht dies einer jährlichen Ersparnis von € 600, weil dieser Strom nicht mehr zugekauft, sondern durch die Fotovoltaik-Anlage selbst produziert wird. Die über den Eigenverbrauch produzierte Energie in Höhe von 2.000 KWh kann in das öffentliche Netz zu einem Preis von 8 Cent je KWh eingespeist werden. Dies führt zu jährlichen Erlösen in Höhe von € 160 und damit zu einer Gesamtersparnis von € 760 pro Jahr. Die Amortisationsdauer beträgt bei gleichbleibenden Strompreisen und Eigenanteil 9,9 Jahre.

Kritikpunkte an der Amortisationsrechnung. An der klassischen Amortisationsrechnung gibt es zwei zentrale Kritikpunkte. Einerseits ignoriert sie die Cashflows, die nach dem Amortisationszeitpunkt anfallen. Damit ist sie nicht zur Bewertung der Wirtschaftlichkeit von Investitionen geeignet. Anderseits repräsentiert sie den zeitlichen Anfall der Ein- und Auszahlungen nur bedingt, wie Abbildung 81 zeigt. Obwohl beide Projekte die gleiche Amortisationszeit haben, wird das Kapital bei Alternative B deutlich rascher zurückverdient. Demzufolge ist das bis zum Amortisationszeitpunkt gebundene Kapital und damit das Risiko deutlich geringer.

	Projekt A	**Projekt B**
Investition	50.000	50.000

Jahr	**Rückflüsse**		
1	2.000	40.000	
2	8.000	8.000	← Zeitwert wird nicht berücksichtigt
3	40.000	2.000	
4	10.000	1.000	← Zahlungen nach Amortisationszeitpunkt bleiben unberücksichtigt
5	10.000	1.000	
Amortisationsdauer	**3 Jahre**	**3 Jahre**	

Abbildung 81: Schwächen der Amortisationsrechnung

Die Aussagekraft der Amortisationsrechnung kann verbessert werden, wenn die Rückflüsse der einzelnen Perioden in Form der *dynamischen Amortisationsrechnung* mit ihrem Barwert angesetzt werden. In dieser Form wird sowohl die geforderte Verzinsung auf das eingesetzte Kapital als auch der zeitliche Anfall der Zahlungen berücksichtigt (siehe Kapitel Kapitalwert). Zur Auswahl der wirtschaftlichsten Alternative ist jedoch auch die dynamische Amortisationsrechnung nicht geeignet.

Zusammenfassend ist die Amortisationsrechnung eines der meistverwendeten Verfahren. Ihr Vorteil liegt in ihrer Einfachheit und Anschaulichkeit. Trotzdem kann sie nur eine Ergänzung zu anderen Verfahren darstellen und darf auch zur Risikobeurteilung nicht kritiklos angewendet werden. Einerseits sind Investitionen mit einer kürzeren Amortisationsdauer nicht automatisch risikoärmer und anderseits ist die maximal akzeptierte Amortisationsdauer eine vom Management willkürlich festgelegte Zeitspanne, die ein Maßstab für subjektive Risikobereitschaft der Entscheidungsträger, aber kein Maßstab für die Wirtschaftlichkeit und das tatsächliche Risiko einer Investition ist.

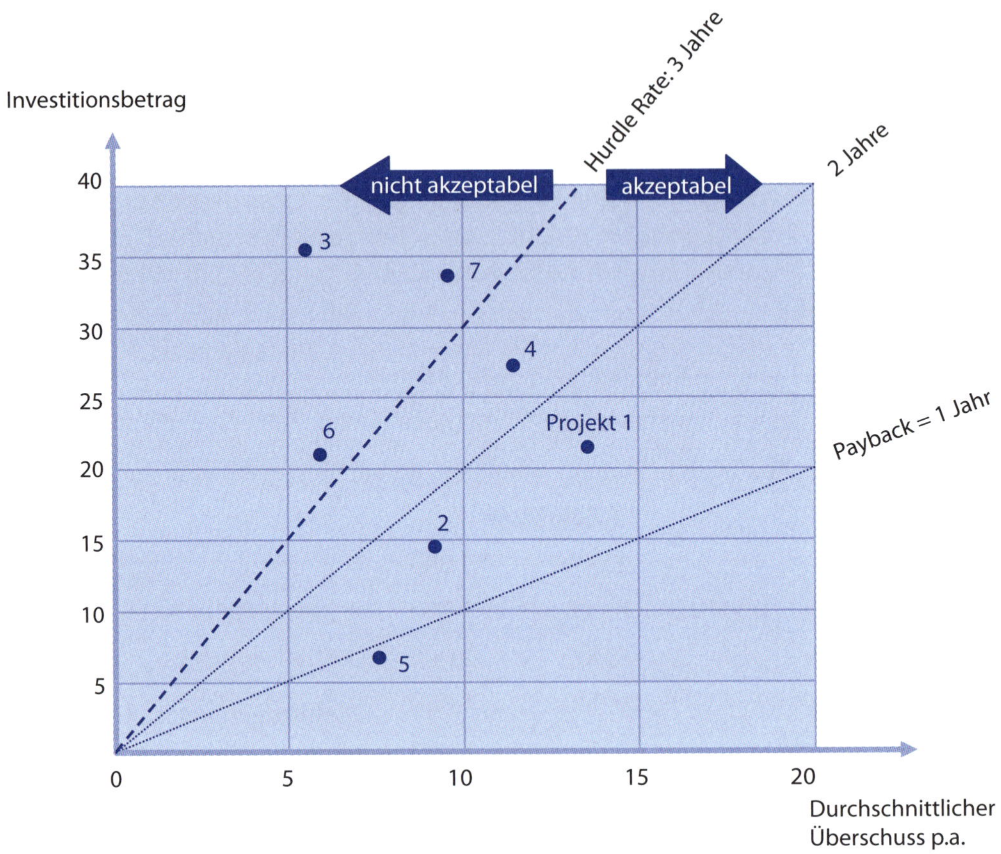

Abbildung 82: Grafische Darstellung der Amortisationsdauer von Investitionsalternativen

3.2.2. Kapitalwertmethode

Die Kapitalwertmethode ist *das* klassische dynamische Investitionsrechnungsverfahren. Dabei werden alle investitionsbedingten Zahlungen (der Relevante Cashflow) auf den Investitionszeitpunkt t_0 diskontiert und aufsummiert. Die Kapitalwertmethode ermittelt damit den Totalerfolg über die gesamte Nutzungsdauer.

Entscheidungskriterium. Die Investitionsvariante mit dem höchsten Kapitalwert ist die vorteilhafteste und sollte ausgewählt werden, sofern der Kapitalwert positiv ist.

Der Kapitalwert K_0 (engl. Net Present Value) einer Investition im Zeitpunkt t_0 ist die Summe aller Barwerte der durch die Investition ausgelösten Ein- und Auszahlungen, bzw. der Barwert des Relevanten Cashflow. Die Berechnungsformel gleicht exakt der Formel zur Bestimmung des Barwerts beliebigen Zahlungsströme:

$$K_0 = \sum_{t=0}^{n} \frac{E_t - A_t}{(1+i)^t} = \sum_{t=0}^{n} \frac{CF_t}{q^t} \qquad \textbf{\textit{(Formel 3.4)}}$$

E_t = Einzahlungen zum Zeitpunkt t
A_t = Auszahlungen zum Zeitpunkt t
$CF_t = E_t - A_t$ = Zahlungsüberschuss zum Zeitpunkt t
K_0 = Kapitalwert
i = Kalkulationszinssatz
q = 1 + i – Abzinsungsfaktor je Periode
n = Anzahl der Perioden (Nutzungsdauer)

Zahlungsreihen von idealtypischen Investitionen haben folgenden Verlauf:

- Im Zeitpunkt t_0 eine Auszahlung für die Anschaffung der Investition
- in den Folgeperioden Einzahlungen, die über den Auszahlungen liegen ($CF_t > 0$)
- am Ende der Nutzungsdauer t_n eine abschließende Einzahlung durch den Liquidationserlös der Investition

Aus einem derartigen Verlauf kann die Definition des Kapitalwerts in die drei Bestandteile Initial Investment, Operativer Cashflow und Terminal Cashflow aufgesplittet werden:

$$K_0 = -I + \sum_{t=0}^{n} \frac{E_t - A_t}{(1+i)^t} + \frac{T}{(1+i)^n} = -I + \sum_{t=0}^{n} (E_t - A_t) * (1+i)^{-t} + T * (1+i)^{-n} \qquad \textbf{\textit{(Formel 3.5)}}$$

I = Anschaffungs-Auszahlung der Periode t = 0 (Initial Investment)
T = Liquidationserlös am Ende der Nutzungsdauer t = n (Terminal Cashflow)

Ist die Summe der abgezinsten Zahlungsüberschüsse über die gesamte Nutzungsdauer größer als die Auszahlung für den Anschaffungswert der Investition, so ist der Kapitalwert positiv: $K_0 > 0$. *Ein positiver Kapitalwert bedeutet, dass die Investition neben der Amortisation des eingesetzten Kapitals (Kapitalrückfluss) und der geforderten Mindestverzinsung des jeweils gebundenen Kapitals auch noch einen Überschuss in der Höhe des Kapitalwerts erwirtschaftet.* Eine Investition ist daher bei $K_0 > 0$ als vorteilhaft zu beurteilen.

Der Kapitalwert wird beeinflusst von

- der Höhe der Aus- und Einzahlungen
- ihrem zeitlichen Anfall
- der Höhe des Kalkulationszinssatzes

Als Kalkulationszinssatz wird üblicherweise die von Investitionen geforderte Mindestrendite verwendet. Diese wird häufig in Höhe der angestrebten Unternehmensrentabilität (ROCE) oder in Höhe der vom Kapitalmarkt abgeleiteten Kapitalkosten (WACC) gewählt, da das durch die Investition gebundene Kapital nicht anderweitig zinsbringend angelegt werden kann. Die Investition muss daher den Gewinnentgang durch das Nichtveranlagen des Kapitals erwirtschaften. Dieses Opportunitätskostendenken beruht auf der Annahme eines vollkommenen Kapitalmarkts, auf dem Kapital zum Kalkulationszinssatz unbeschränkt aufgenommen und wieder angelegt werden kann. Sofern günstige, ausschließlich für die Investition verfügbare und an diese zweckgebundene Finanzierungen (z.B. geförderte Kredite) zur Verfügung stehen, sind derartige Annahmen zu hinterfragen und im Einzelfall zu entscheiden.

Eine Einzelinvestition ist vorteilhaft, wenn ihr Kapitalwert $K_0 > 0$ ist. In diesem Fall wird die geforderte Mindestverzinsung erreicht bzw. überschritten. *Der Kapitalwert kann auch als die Differenz zu dem, was erwirtschaftet werden hätte müssen, interpretiert werden.* Die Funktionsweise der Kapitalwertmethode soll mit nachfolgendem Beispiel verdeutlicht werden.

Beispiel: Kapitalwert Einführung

Ein Immobilieninvestor überlegt, für € 400.000 ein sehr kleines Apartment in London zu kaufen. Entsprechend seiner Markteinschätzung glaubt er, das Apartment nach vier Jahren für € 540.000 verkaufen zu können. Der Investor erwartet sich 10 % Rendite. Soll der Investor das Apartment kaufen?

Wie bereits in Kapitel 2 ausgeführt, ist der erste Schritt die Ermittlung des Relevanten Cashflow und die Positionierung auf der Zeitleiste. Im konkreten Beispiel ist dies sehr einfach. Durch die Investition wird zum Investitionszeitpunkt t_0 eine Auszahlung (Initial Investment) in Höhe von € 400.000 und zum Verkaufszeitpunkt t_4 eine Einzahlung in Höhe von € 540.000 ausgelöst.

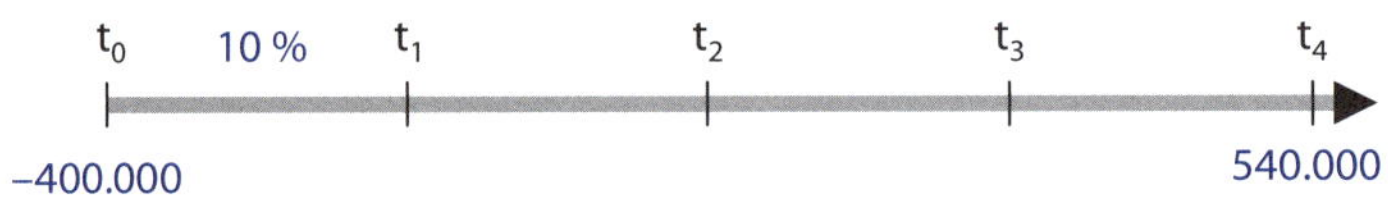

Im nächsten Schritt wird der Kapitalwert berechnet:

$$K_0 = \sum_{t=0}^{n} \frac{E_t - A_t}{(1+i)^t} = \sum_{t=0}^{n} \frac{CF_t}{q^t} = -400.000 + \frac{540.000}{(1+10\%)^4} = -31.173$$

Der negative Kapitalwert in Höhe von –31.173 bedeutet, dass sich die Investition in das Apartment zwar amortisiert (Auszahlungen von € 400.000 stehen Einzahlungen von € 540.000 gegenüber), dass aber die Investition die geforderte Mindestverzinsung von 10 % p.a. nicht erwirtschaftet und damit nicht getätigt werden sollte. Diese Beurteilung ist unabhängig von der gewählten Finanzierung.

Wird der Kauf mit Eigenkapital finanziert, könnte der Zinssatz von 10 % im Vergleich mit einer Sparbuchverzinsung von 10 % veranschaulicht werden. Legt der Investor den Kaufpreis von € 400.000 über den Zeitraum von vier Jahren auf ein Sparbuch mit 10 % Nettoverzinsung p. a., hätte er am Ende ein Vermögen in Höhe von € 585.640, während er durch den Verkauf des Apartments nur € 540.000 zur Verfügung hätte und damit das geforderte Renditeziel von 10 % um € 45.640 (€ 540.000 – € 585.640) verfehlt hätte. Die Investition erwirtschaftet zwar das eingesetzte Kapital und darüber hinaus noch einen Überschuss, d.h. die Investition erhöht das ursprüngliche Vermögen des Investors, aber nicht in dem Maße, wie es sich der Investor erwartet, nämlich um 10 % p.a.

Wird der Kauf des Apartments mit Fremdkapital finanziert, weil der Investor keine Eigenmittel besitzt, könnte der Kalkulationszinssatz als Kreditzinssatz in Höhe von 10 % interpretiert werden. Da der Kredit erst nach vier Jahren beim Verkauf des Apartments zurückbezahlt werden kann, sind am Ende nicht nur der Kreditbetrag, sondern auch die Zinsen, die sich über die vier Jahre angesammelt haben, zu begleichen. Insgesamt müsste der Investor € 585.640 zurückzahlen. Durch den Verkauf des Apartments wird aber nur ein Betrag in Höhe von € 540.000 erwirtschaftet, d.h. die Investition hat wiederum die nötige Verzinsung von 10 % nicht erwirtschaftet.

Tsd. €		Eigenkapitalfinanzierung		Fremdkapitalfinanzierung	
Jahr	**Apartment**	**Sparbuch**	**Vermögen**	**Kredithöhe**	**Vermögen**
0	–400,00	400,00	400,00	400,00	0,00
1		440,00		440,00	
2		484,00		484,00	
3		532,40		532,40	
4	540,00	585,64	540,00	585,64	–45,64

Bei beiden Finanzierungsvarianten zeigt sich, dass die geforderte Verzinsung von 10 % nicht erreicht wird. Der wesentliche Unterschied besteht nun in der Interpretation des Ergebnisses. Bei der Eigenkapitalfinanzierung erhöht der Investor sein Vermögen. Sofern er keine anderen Alternativen mit höherer Verzinsung zur Verfügung hat, sollte der Investor trotzdem investieren, bevor er das vorhandene Kapital unverzinst oder zu niedrigeren Zinsen am Sparbuch liegen lässt. Bei der Kreditfinanzierung sollte der Investor die Investition auf keinen Fall tätigen, da er am Ende tatsächlich sein Vermögen um die Differenz von € 45.640 (€ 540.000 – € 585.640) schmälert.

Der Kapitalwert in Höhe von € –31.173 entspricht exakt der Differenz von € –45.640 in t_4, jedoch mit Kalkulationszinssatz von 10 % auf t_0 abgezinst. Dies ist ein Resultat der Prämisse des vollkommenen Kapitalmarkts, d.h., dass jederzeit Geld zum Kalkulationszinssatz aufgenommen und angelegt werden kann. Zur Veranschaulichung dieser Prämisse dient das nächste Beispiel.

Beispiel: Interpretation des Kapitalwerts

Ein Unternehmen verfügt über keine liquiden Mittel. Trotzdem überlegt das Unternehmen, eine Werbeaktion in Höhe von € 100.000 durchzuführen. Durch die Werbeaktion werden erhöhte Einnahmen für die nächsten fünf Jahre (vereinfacht jeweils am Jahresende zahlungswirksam) laut Tabelle erwartet. Der Kalkulationszinssatz entspricht dem Kreditzinssatz von 10 % p.a. Der Kredit kann und wird so rasch wie möglich zurückgezahlt. Soll die Werbeaktion durchgeführt werden?

Periode	t_0	t_1	t_2	t_3	t_4	t_5
Barwert/Zeitwert	–100.000	30.000	40.000	30.000	20.000	20.000
–100.000	1,000					
36.364		0,909				
24.793			0,826			
22.539				0,751		
13.660					0,683	
12.418						0,621
9.775						

Nominalwert der Zahlung

Abzinsungsfaktor = 1 / (1 + 0,1)^3

30.000 × 0,751 = 22.539

Die Kapitalwertberechnung ergibt einen Kapitalwert in Höhe von € 9.775.

$$K_0 = \sum_{t=0}^{n} \frac{E_t - A_t}{(1+i)^t} = -100.000 + \frac{40.000}{(1{,}1)^1} + \frac{30.000}{(1{,}1)^2} + \frac{30.000}{(1{,}1)^3} + \frac{20.000}{(1{,}1)^4} + \frac{20.000}{(1{,}1)^5} = 9.775$$

Wie kann der Kapitalwert in Höhe von € 9.775 nun interpretiert werden? Die Analyse des Zahlungsstroms zeigt, dass der anfänglichen Investition in Höhe von € 100.000 Einzahlungen von € 140.000 gegenüberstehen und damit ohne Berücksichtigung des Zeitwerts des Geldes ein Überschuss von € 40.000 erwirtschaftet wird. Gemäß der vorangegangenen Definition bedeutet dies, dass bei zu erwartenden Zusatzeinnahmen von € 140.000 die ursprüngliche Kredithöhe von € 100.000 zurückgezahlt wird, darüber hinaus 10 % Zinsen für die in den Perioden jeweils ausstehenden Kreditbeträge bezahlt werden können und obendrein ein Überschuss von € 9.775 erzielt wird, der im Unternehmen verbleibt. Wesentlich bei der Interpretation der € 9.775 ist, dass dieser Betrag nicht der Stand an zusätzlichen liquiden Mitteln am Ende des Investitionszeitraums (Endwert) ist, sondern der Barwert des am Ende zu erwartenden Überschusses von € 15.743. Der Kapitalwert kann auch als jener Betrag interpretiert werden, der heute mit dem Kalkulationszinssatz angelegt werden müsste, um am Ende den zu erwartenden Überschuss zu erreichen.

Abbildung 83 zeigt die Liquiditätsentwicklung im Rahmen der Werbeaktion in Form eines Finanzplans. Aus den Rückflüssen am Jahresende werden sofort die anfallenden Kreditzinsen gezahlt. Die verbleibenden Mittel werden zur sofortigen Rückzahlung des Kredits verwendet. Im ersten Jahr werden beispielsweise von den € 40.000 Rückfluss die Zinsen in Höhe von € 10.000 bezahlt. Der verbleibende Rest von € 30.000 wird zur Tilgung des Kredits verwendet, sodass ein Restkredit in Höhe von € 70.000 verbleibt. Entsprechend den Tilgungen in den Perioden 2, 3 und 4 werden im fünften Jahr nicht mehr die gesamten Rückflüsse zur Deckung der Zinsen und Rückzahlung des Kredits benötigt. Es bleibt ein Überschuss in Höhe von € 15.743. Durch die Investition von € 100.000 haben sich die liquiden Mittel von € 0 vor der Investition auf € 15.743 am Ende des fünften Jahres erhöht. Das heißt, die Investition hat über einen Zeitraum von fünf Jahren unter Berücksichtigung von Zinsen einen Cashflow von € 15.743 erwirtschaftet und damit die liquiden Mittel um diesen Betrag erhöht. Werden die € 15.743 auf den Investitionszeitpunkt t_0 mit dem Kalkulationszinssatz abgezinst, ergibt sich der Kapitalwert von € 9.775.

Periode	t_0	t_1	t_2	t_3	t_4	t_5
Rückfluss		40.000	30.000	30.000	20.000	20.000
davon Zinsen		–10.000	–7.000	–4.700	–2.170	–387
davon Amortisation	**10 %**	30.000	23.000	25.300	17.830	19.613
Kontostand	–100.000	–70.000	–47.000	–21.700	–3.870	15.743
Abzinsungsfaktor (10 %)	$1{,}1^{-0}$	$1{,}1^{-1}$	$1{,}1^{-2}$	$1{,}1^{-3}$	$1{,}1^{-4}$	$1{,}1^{-5}$
	1,000	0,909	0,826	0,751	0,683	0,621
Kapitalwert	**9.775**					

Abzinsung: 15.743 × 0,621

Abbildung 83: Veranschaulichung der Funktionsweise des Kapitalwerts

Zur Verdeutlichung der Annahme eines vollkommenen Kapitalmarkts wird das Beispiel dahingehend verändert, dass die Werbeaktion auch noch im sechsten Jahr Rückflüsse von € 20.000 erwirtschaftet.

Der Kapitalwert erhöht sich dabei um den Barwert der Einzahlung im sechsten Jahr in Höhe € 11.289 auf € 21.065. Wie bereits vorher gezeigt wurde, entsteht im Rahmen der Werbeaktion am Ende des fünften Jahres erstmals ein Guthaben. Das Kapitalwertverfahren unterstellt nun, das der Bestand an Liquiden Mitteln am Ende des fünften Jahres in Höhe von € 15.743 zu 10 %, d.h. mit dem gleichen Zinssatz wie der Kreditzinssatz veranlagt wird. Dementsprechend ergibt sich ein Endbestand von € 37.317 (Guthaben in t_5 € 15.743 + Zinsen für diese Guthaben in t_6 € 1.574 + Rückfluss in t6 € 20.000). Wird der Endbestand von € 37.317 wiederum auf t0 abgezinst, ergibt sich der Kapitalwert in Höhe von € 21.065. Wie aus dem Vergleich der Perioden 1 bis 5 und Periode 6 deutlich zu sehen ist, operiert die Kapitalwertmethode mit einem einzigen Zinssatz, was allgemein der Prämisse des vollkommenen Kapitalmarkts entspricht: es kann zu jedem Zeitpunkt Geld zum gleichen Zinssatz aufgenommen und angelegt werden. In der Praxis kann diese Prämisse wie folgt interpretiert werden: Der Kapitalwert zeigt, ob das eingesetzte Kapital die geforderte Verzinsung in Höhe des Kalkulationszinssatzes unabhängig von der Finanzierungsform erwirtschaftet. Sofern unterschiedliche Zinssätze abgebildet werden sollen, sind diese entweder explizit im Zahlungsstrom der Kapitalwertgleichung abzubilden oder andere Verfahren zu verwenden (siehe dazu die Beispiele Leasing oder Kredit). Z.B. verwendet die Vermögensendwertmethode zwei unterschiedliche Zinssätze für die Mittelaufnahme (Soll-Zinssatz) und Mittelverwendung (Haben-Zinssatz). Darüber hinaus werden die Zahlungen auf den Endwert in t_n aufgezinst und nicht auf den Barwert in t_0 abgezinst.

Periode	t_0	t_1	t_2	t_3	t_4	t_5	t_6
Rückfluss		40.000	30.000	30.000	20.000	20.000	20.000
davon Zinsen		–10.000	–7.000	–4.700	–2.170	–387	1.574
davon Amortisation	10 %	30.000	23.000	25.300	17.830	19.613	
Kontostand	–100.000	–70.000	–47.000	–21.700	–3.870	15.743	37.317
Abzinsungsfaktor (10 %)	$1{,}1^{-0}$	$1{,}1^{-1}$	$1{,}1^{-2}$	$1{,}1^{-3}$	$1{,}1^{-4}$	$1{,}1^{-5}$	$1{,}1^{-6}$
	1,000	0,909	0,826	0,751	0,683	0,621	0,564
	9.775						
	+11.289	Abzinsung: 20.000 × 0,564					
Kapitalwert	**21.065**	Abzinsung: 37.317 × 0,564					

Abbildung 84: Veranschaulichung der Funktionsweise des Kapitalwerts

Dynamische Amortisationsdauer. Zwischen dem Kapitalwert und der Amortisationsdauer besteht ein logischer Zusammenhang. Während die Amortisationsrechnung nur den Zeitraum der Kapitalwiedergewinnung betrachtet, berücksichtigt die Kapitalwertmethode die gesamte Nutzungsdauer. Werden bei einem positiven Kapitalwert, ausgehend vom Ende der Nutzungsdauer, die Zahlungen der jeweils letzten Perioden vernachlässigt, so verringert sich der Kapitalwert stetig, bis er schließlich negativ wird. *Die dynamische Amortisationsdauer kann somit als jene kritische Nutzungsdauer definiert werden, bei welcher der Kapitalwert 0 ist.*

Zusammenfassung. Die Kapitalwertmethode geht von der Überlegung aus, dass alle zukünftigen Ein- und Auszahlungen, die dem Investitionsobjekt zugerechnet werden müssen (Relevanter Cashflow), mit dem Barwert in das Investitionskalkül einzubeziehen sind. Sie unterstellt dabei aber einen vollkommenen Kapitalmarkt, d.h., dass beliebig viel Kapital zum Kalkulationszinssatz verfügbar ist und dass die Rückflüsse der Investition wieder zum Kalkulationszinssatz veranlagt werden.

3.2.3. Theoretische Aspekte des Alternativenvergleichs mittels Kapitalwertmethode

In der Praxis ist häufig zwischen verschiedenen Investitionsmöglichkeiten zu entscheiden. Einerseits sind mehrere Alternativen für ein und denselben Investitionszweck einander gegenüberzustellen. Andererseits sind im Rahmen begrenzter Investitionsbudgets die wirtschaftlichsten Alternativen auszuwählen. Nachstehende Ausführungen behandeln theoretische Problemstellungen, die sich beim Vergleich von Investitionsalternativen mit Hilfe der Kapitalwertmethode ergeben. Dazu gehören unterschiedlicher Kapitaleinsatz, unterschiedliche Nutzungsdauern und die Frage der Berücksichtigung eventueller Nachfolgeinvestitionen nach der geplanten Nutzungsdauer. Diese Probleme sind eher theoretischer als praktischer Natur, weil die Abschätzung zukünftiger Cashflows wesentlich höheren Einfluss auf die Ergebnisse hat als mögliche methodische Unsauberkeiten.

Gemäß dem Entscheidungskriterium der Kapitalwertmethode ist jene Variante die vorteilhafteste, die den höchsten Kapitalwert aufweist.

Zinsfaktor	**10 %**	**Variante 1**		**Variante 2**	
Periode	**Abzinsungsfaktor**	**Nettozahlungen**	**Barwert**	**Nettozahlungen**	**Barwert**
0	1,000	−100.000	−100.000	−60.000	−60.000
1	0,909	40.000	36.364	30.000	27.273
2	0,826	30.000	24.793	26.000	21.488
3	0,751	30.000	22.539	26.000	19.534
4	0,683	20.000	13.660		
5	0,621	20.000	12.418		
Kapitalwert		**$K0_1$**	**9.775**	**$K0_2$**	**8.295**

Abbildung 85: Vergleich zweier Alternativen mit Hilfe des Kapitalwerts ohne Differenzinvestition

Beim Vergleich von Alternativen wird unterstellt, dass alle Alternativen finanzierbar sind, d.h. Geld auch für die teuerste Variante verfügbar ist. Es stellt sich daher die Frage, wie der Differenzbetrag zwischen der teuersten Variante und der Vergleichsvariante verwendet werden würde. Aus theoretischer Sicht sind Investitionsmöglichkeiten nur dann vergleichbar, wenn das zu jedem Zahlungszeitpunkt gebundene Kapital gleich hoch und die Nutzungsdauer gleich lang ist. Diese Bedingung ist in der Praxis nicht gegeben. Es wäre daher notwendig, die Alternativen mit Hilfe der *Differenzinvestition* vergleichbar zu machen, d.h. die Verwendung des Differenzbetrags in die Rechnung miteinzubeziehen. Bei der Bildung *„vollständiger Alternativen"* stehen die Möglichkeiten der

- impliziten und
- der expliziten

Differenzinvestition zur Verfügung, wobei diese in Bezug auf unterschiedliche Nutzungsdauern prinzipiell mit oder ohne Einbeziehung der Nachfolgeinvestitionen gebildet werden können.

In der Praxis werden *kaum* Differenzinvestitionen gebildet, d.h. es wird von *impliziten Differenzinvestitionen* ausgegangen. Diese unterstellen, dass der Differenzbetrag zum Kalkulationszinssatz veranlagt werden kann. Da der Kapitalwert die Vorteilhaftigkeit einer Investition relativ zum Kalkulationszinssatz zum Ausdruck bringt, hat eine implizite Differenzinvestition immer den *Kapitalwert 0* (der Differenzbetrag erwirtschaftet somit Erträge in Höhe des Kalkulationszinssatzes, die jedoch gleichzeitig mit dem Kalkulationszinssatz wieder abgezinst werden). Da in der Praxis zumeist die geforderte Mindestverzinsung – die sich häufig aus Zielen der Gesamtkapitalrentabilität (z.B. ROCE) des Unternehmens ableitet – als Kalkulationszinssatz verwendet wird, ist diese Annahme durchaus realitätsnah.

Sollen Differenzinvestitionen *explizit* berücksichtigt werden, so wird im ersten Schritt der Kapitalwert einer *fiktiven Differenzinvestition* errechnet. Dies ist der Kapitalwert der Differenzzahlungsreihe, der sich aus den unterschiedlichen Zahlungsströmen der beiden Alternativen über die Perioden der Nutzungsdauer ergibt. Der Kapitalwert der Differenzinvestition K_{0D} entspricht dabei der Differenz der Kapitalwerte der beiden Alternativen.

$K_{0D} = K_{01} - K_{02} = 9.775 - 8.295 = 1.480$

Zinsfaktor: 10 %	**Variante 1**	**Variante 2**	**Differenzrechnung**		
Periode	**Netto-zahlungen**	**Netto-zahlungen**	**Differenz**	**Abzinsungs-faktor**	**Barwert Differenz**
0	–100.000	–60.000	–40.000	1,000	–40.000
1	40.000	30.000	10.000	0,909	9.091
2	30.000	26.000	4.000	0,826	3.306
3	30.000	26.000	4.000	0,751	3.005
4	20.000		20.000	0,683	13.660
5	20.000		20.000	0,621	12.418
Kapitalwert				K_{0D}	**1.480**

Abbildung 86: Vergleich zweier Alternativen auf Basis von Differenzinvestitionen

Der Kapitalwert der fiktiven Differenzinvestition wird dem tatsächlich erwarteten Kapitalwert einer *konkreten* Differenzinvestition in Höhe von € 40.000 gegenübergestellt:

- Wird mit dem Differenzbetrag ein Kapitalwert von € 1.480 erwirtschaftet, sind beide Alternativen gleich vorteilhaft.
- Ist der Kapitalwert des Differenzbetrags größer € 1.480, so ist Variante 2 zu wählen.
- Ist der Kapitalwert des Differenzbetrags kleiner € 1.480, so ist Variante 1 zu wählen.

Wird beispielsweise der Anfangsdifferenzbetrag von € 40.000 mit einen Kapitalwert von € 3.000 investiert, so zeigt sich, dass $K_{02} > K_{01}$ und somit Variante 2 die vorteilhaftere ist.

K_{01} = € 9.775

K_{02} = € 8.295 + K_{0D} = € 8.295 + € 3.000 = € 11.295

Der Ansatz der expliziten Differenzinvestition ist in der Praxis jedoch kaum möglich, da die zeitliche Verteilung der Differenzbeträge selten der Verteilung einer typischen Investition entspricht. Als konkrete Alternative wäre die Veranlagung in Finanzanlagen denkbar. Dies entspricht aber nicht dem eigentlichen Unternehmenszweck. Das Thema Differenzinvestition ist eher ein theoretisches Problem als ein praktisches. In der Unternehmenspraxis wird die Problematik des unterschiedlichen Kapitaleinsatzes zumeist mit Hilfe der Internen Zinsfuß Methode gelöst.

Alternativenvergleich unter Einbeziehung der Nachfolgeinvestitionen. Kann bei der Investitionsentscheidung von Alternativen mit unterschiedlicher Lebensdauer bereits abgeschätzt werden, dass die Investitionen Nachfolger mit gleicher oder ähnlicher Funktion haben, so wären diese Nachfolgeinvestitionen aus theoretischer Sicht in den Entscheidungsprozess mit einzubeziehen. Von entscheidendem Einfluss auf die Investitionsentscheidung ist dabei die Frage, ob die Zahlungsreihen der Nachfolgeinvestitionen bekannt oder unbekannt sind.

Sind sie unbekannt, so kann in einer Näherung angenommen werden, dass die ursprüngliche Investition immer wieder durch identische Nachfolgeinvestitionen gleichen Kapitalwerts ersetzt wird.

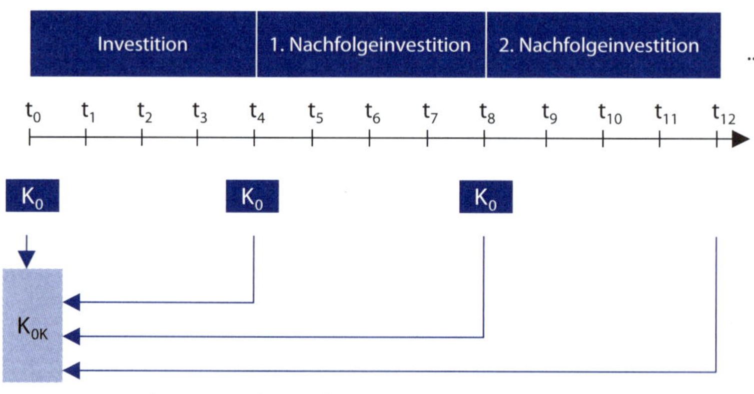

Abbildung 87: Konzept der Kettenkapitalwerte

Der Kapitalwert der Investitionskette entspricht daher einer unendlichen Rente der Kapitalwerte der Einzelinvestition mit jeweils der Lebensdauer *t*. Für den Ketten-Kapitalwert ergibt sich:

$$K_{0K} = K_0 + K_0 \times q^{-t} + K_0 \times q^{-2t} + K_0 \times q^{-3t} + \ldots \qquad \textbf{\textit{(Formel 3.6)}}$$

$$K_{0K} = K_0 \times \frac{q^t}{q^t - 1}$$

Für die Varianten von Abbildung 85 ergibt sich damit:

$$K_{01} = 9.775 \times \frac{1{,}1^5}{1{,}1^5 - 1} = \frac{1{,}6105}{0{,}6105} = 9.775 \times 2{,}638 = 25.787$$

$$K_{02} = 8.295 \times \frac{1{,}1^3}{1{,}1^3 - 1} = \frac{1{,}3310}{0{,}3310} = 8.295 \times 4{,}021 = 33.353$$

Sind die Zahlungsreihen der Nachfolgeinvestitionen im Rahmen eines bestimmten Planungszeitraums bekannt, so werden alle Zahlungen innerhalb dieses Zeitraums berücksichtigt. Bei unterschiedlichen Planungshorizonten der Alternativen sollte der kürzere Zeitraum – für den Informationen über beide Alternativen vorliegen – verwendet werden. Deckt sich das Ende des Planungszeitraums nicht mit dem Ende der Nutzungsdauer, so sind entsprechende Liquidationserlöse zu berücksichtigen.

	Variante 1		Variante 2				
Periode	**Nettozahlungen**	**Barwert**	**Nettozahlungen**	**Barwert**	**Nachfolgeinvestitionen**	**Barwert**	**Abzinsungsfaktor (10 %)**
0	−100.000	−100.000	−60.000	−60.000			1,000
1	40.000	36.364	30.000	27.273			0,909
2	30.000	24.793	26.000	21.488			0,826
3	30.000	22.539	26.000	19.534	−60.000	−45.079	0,751
4	20.000	13.660		0	30.000	20.490	0,683
5	20.000	12.418		0	50.000	31.046	0,621
Kapitalwert		**9.775**		**8.295**		**6.458**	
						+8.295	
						=14.752	

Abbildung 88: Miteinbeziehung der Nachfolgeinvestitionen bei einem Planungszeitraum von t = 5

Der Vergleich zeigt, dass Variante 2 unter Berücksichtigung der Nachfolgeinvestition von € 60.000 mit einem fiktiven Liquidationserlös in Höhe von € 24.000 (wird dem Überschuss von Periode 5 zugerechnet) vorteilhafter ist.

Alternativenvergleich auf Basis der Annuität. Die Kapitalwertmethode ermittelt den *Totalerfolg* eines Investitionsvorhabens über den gesamten Investitionszeitraum. Für die Entscheidungsträger ist es vielfach schwierig, ein „Gefühl“ für den Totalerfolg zu entwickeln, da die Sichtweise der Praxis vom Denken in jährlichen Gewinnen geprägt ist. Zu diesem Zweck kann der Kapitalwert in einen äquivalenten *Periodenerfolg* in Form einer Annuität umgewandelt werden. Die finanzmathematischen Grundlagen wurden bereits im Kapitel 2 dargelegt.

Neben einer evtl. leichteren Verständlichkeit kann die Annuität auch gezielt zum Vergleich von Alternativen mit unterschiedlicher Nutzungsdauer eingesetzt werden. Bei gleicher Nutzungsdauer liefert der Vergleich mit Hilfe des Kapitalwerts bzw. der Annuität das gleiche Ergebnis. Im Falle unterschiedlicher Nutzungsdauern und gleicher Anschaffungsauszahlung kann bei Verwendung der Annuität auf die Bildung der Differenzinvestition verzichtet werden, weil die Annuität versucht, den Totalerfolg der Alternativen über die Periodisierung vergleichbar zu machen.

Aus dem Vergleich der Kapitalwerte der beiden Alternativen scheint Variante 1 vorteilhafter zu sein. Diese Beurteilung ist jedoch nur dann richtig, wenn das freigesetzte Kapital nur mehr zum Kalkulationszinssatz und nicht zum tatsächlichen Zinssatz (internen Zinsfuß) der Variante angelegt werden kann (da der Kapitalwert > 0 ist, verzinst sich die Variante höher als der Kalkulationszinssatz). Unterstellt man eine Wiederveranlagung in Höhe des tatsächlichen Zinssatzes, ist der Kapitalwertvergleich mit Hilfe der impliziten Differenzinvestition fehlleitend. Für die annähernde Vergleichbarkeit der beiden Kapitalwerte sind diese in Jahreswerte umzurechnen. Die Variante 2 erweist sich unter derartigen Gesichtspunkten als vorteilhafter. Bei Variante 1 entspricht der Kapitalwert von € 9.775 einer jährlichen Annuität von € 2.579 über fünf Jahre. Bei Variante 2 entspricht der Kapitalwert von € 8.295 einer jährlichen Annuität von € 3.335 über drei Jahre. Insgesamt ist jedoch die Interne-Zinsfuß-Methode die einfachste Form, um Differenzen der Nutzungsdauer und des gebundenen Kapitals von Alternativen zu vergleichen.

Kapitalwert-Indifferenz-Isoquante. Die Vorteilhaftigkeit einzelner Alternativen ist in hohem Maße von der Entwicklung wesentlicher Parameter der Investitionsrechnung abhängig. Wird z.B. beim Autokauf ein Dieselfahrzeug mit einer Benzinvariante vergleichen, ist das Ergebnis primär von der Entwicklung der Diesel- und Benzinpreise abhängig. Zur Abschätzung, bei welchen Preisniveaus welche Alternative vorteilhaft ist, kann die Grundidee der Sensitivitätsanalyse verwendet werden. Konkret wird der kritische Parameter jeder Alternative (z.B. Benzinpreis/Dieselpreis) variiert und dazu der jeweilige Kapitalwert berechnet. Damit lassen sich Kombinationen ermitteln, in denen die Alternativen den gleichen Kapitalwert aufweisen. Diese Kombinationen beschreiben die Grenzlinie, an der die Vorteilhaftigkeit einer Variante zugunsten der Vergleichsvariante umschlägt, die Kapitalwert-Indifferenz-Isoquante.

Beispiel: Nespresso

Eine Familie legt großen Wert auf guten Kaffee. Sie überlegt sich, entweder eine Nespresso- oder eine klassische Espresso-Maschine mit Mahlwerk anzuschaffen. Der Preis der in Betracht kommenden Nespressomaschine beträgt € 149. Die Nespresso-Kaffeekapseln kosten 36 Cent pro Stück. Als Alternative wird eine klassische Espresso-Maschine von Jura für € 799 betrachtet. Der Kaffee der Marke Illy würde in 250-Gramm-Dosen für durchschnittlich € 6,99 gekauft. Dabei werden für eine Tasse Kaffee 8,5 Gramm benötigt. Bei beiden Maschinen wird von einer Nutzungsdauer von fünf Jahren ohne Restwert und gleichen Instandhaltungs- und Betriebsaufwendungen ausgegangen (Strom, Reinigung etc.). Der tägliche Kaffeeverbrauch der Familie beträgt acht Tassen. Dies entspricht jährlich 2.920 Tassen bzw. Kapseln Kaffee. Die Familie ist sich unsicher, wie sich die Kaffeepreise entwickeln werden und welche Variante günstiger ist. Der Kalkulationszinssatz beträgt 10 %.

Bei den aktuellen Preisen wäre die klassische Variante mit einem Barwert der Auszahlungen in Höhe von € 3.430 im Vergleich zum Kapitalwert der Nespresso-Variante von € 4.134 vorteilhaft. Die günstigere Anschaffung bei Nespresso würde durch jährliche Auszahlungen für die Kaffeekapseln in Höhe von € 1.051,20 (2.920 × 0,36) kompensiert, da die Auszahlungen bei der Illy-Variante jährlich nur € 693,97 betragen. Bei gleichbleibendem Kaffeeverbrauch und gleichbleibenden Preisen kann der Kapitalwert für jede Variante aus der Anschaffungsinvestition zuzüglich einer nachschüssigen Annuität der jährlichen Zahlungen berechnet werden.

$$K_0 = \text{Anschaffung} + \text{jährliche Zahlungen} \times \frac{q^n - 1}{q - 1} \times \frac{1}{q^n}$$

$$K_{0\text{Nespresso}} = 149 + 1.051{,}20 \times \frac{1{,}1^5 - 1}{1{,}1 - 1} \times \frac{1}{1{,}1^5} = 4.134$$

$$K_{0\text{Illy/Jura}} = 799 + 693{,}97 \times \frac{1{,}1^5 - 1}{1{,}1 - 1} \times \frac{1}{1{,}1^5} = 3.430$$

In einem ersten Schritt könnte nun beim gegebenen Preis der Nespresso-Kapseln von 36 Cent jener Preis der Illy-Kaffeedose ausgerechnet werden, bei dem die Kapitalwerte beider Varianten gleich sind. Dazu werden

- die Kapitalwertgleichungen gleich gesetzt,
- bis auf die Kaffeepreise alle Parameter (Anschaffungsauszahlungen, Nutzungsdauer oder Kaffeeverbrauch, etc.) betragsmäßig fix angenommen und
- die Gleichung so aufgelöst, dass der Preis der Illy-Dose eine Funktion des Preises der Nespresso-Kapseln ist.

$$K_{0\text{Nespresso}} = \text{Anschaffung Nespresso} + \text{Tassen je Jahr} \times \text{Kapselpreis} \times \frac{q^n - 1}{q - 1} \times \frac{1}{q^n}$$

$$K_{0\text{Nespresso}} = 149 + 2.920 \times \text{Kapselpreis} \times \frac{1{,}1^5 - 1}{1{,}1 - 1} \times \frac{1}{1{,}1^5} = 149 + 2.920 \times \text{Kapselpreis} \times 3{,}791$$

$$K_{0\text{Nespresso}} = 149 + 11.069 \times \text{Kapselpreis}$$

$$K_{0\text{Illy/Jura}} = \text{Anschaffung Jura} + \text{Tassen je Jahr} \times \frac{\text{Preis je Dose} \times \text{Verbrauch je Tasse}}{\text{Inhalt je Dose}} \times \frac{q^n - 1}{q - 1} \times \frac{1}{q^n}$$

$$K_{0\text{Illy/Jura}} = 799 + 2.920 \times \frac{\text{Preis je Dose} \times 8{,}5}{250} \times 3{,}791$$

$$K_{0\text{Illy/Jura}} = 799 + 11.069 \times \text{Preis je Dose} \times 0{,}034$$

$$K_{0\text{Nespresso}} = K_{0\text{Illy/Jura}}$$

$$149 + 11.069 \times \text{Kapselpreis} = 799 + 11.069 \times \text{Preis je Dose} \times 0{,}034$$

$$-650 + 11.069 \times \text{Kapselpreis} = 11.069 \times \text{Preis je Dose} \times 0{,}034$$

$$\frac{-650}{11.069} + \text{Kapselpreis} = \text{Preis je Dose} \times 0{,}034$$

$$\text{Preis je Dose} = -1{,}727 + \frac{\text{Kapselpreis}}{0{,}034}$$

Daraus folgt, dass beim gegebenen Preis der Nespresso-Kapseln von 36 Cent die Illy-Kaffeedose € 8,86 kosten dürfte. Abbildung 89 zeigt darauf aufbauend für die Bandbreite von € 0,25 bis € 0,45 je Nespressokapsel, den Preis je Kaffeedose Illy, bei der beide Varianten den gleichen Kapitalwert aufweisen.

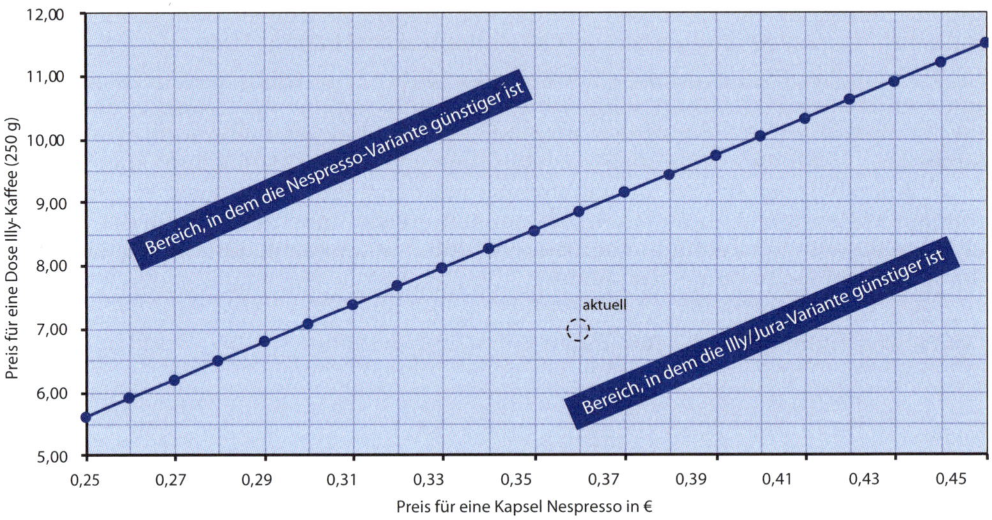

Abbildung 89: Kapitalwert-Indifferenz-Isoquante am Beispiel Nespresso

3.2.4. Methode des Internen Zinsfußes

Als Interner Zinsfuß (engl. Internal Rate of Return – IRR) wird die Effektivverzinsung einer Investition bezeichnet. Es ist jener Zinssatz, bei dem der Kapitalwert einer Investition 0 ist. *Ist der Interne Zinsfuß größer als die geforderte Mindestverzinsung, so ist die Investition vorteilhaft.*

Entscheidungskriterium. Die Investitionsvariante mit dem höchsten Internen Zinsfuß ist die vorteilhafteste und sollte ausgewählt werden, sofern der Interne Zinsfuß höher als die vorgegebene Mindestverzinsung ist.

Die Interne-Zinsfuß-Methode stellt somit eine Umkehrung der Kapitalwertmethode dar. Während die Kapitalwertmethode in Abhängigkeit des frei wählbaren Kalkulationszinssatzes *i* den Kapitalwert ermittelt, wird bei der Internen-Zinsfuß-Methode jener Zinssatz errechnet, bei dem der Kapitalwert $K_0 = 0$ ist. Somit ist die Kapitalwertgleichung nach i aufzulösen.

$$K_0 = \sum_{t=0}^{n} \frac{(E_t - A_t)}{(1+i)^t} = 0 \qquad \textit{(Formel 3.7)}$$

Die Ermittlung des Internen Zinsfußes ist mathematisch nicht trivial. Zum Einstieg wird auf das Beispiel des Immobilieninvestors, der ein Apartment für € 400.000 kaufen und nach vier Jahren um € 540.000 verkaufen kann, zurückgegriffen. Bei einer Renditeerwartung von 10 % betrug der Kapitalwert –31.173, d.h., dass die Investition zwar das eingesetzte Kapital und darüber hinaus noch einen Überschuss erwirtschaftet, jedoch nicht die geforderten 10 % p.a. Der Interne Zinsfuß ist daher kleiner 10 %.

Entsprechend der in diesem Fall einfachen Kapitalwertgleichung wird diese zur Bestimmung des Internen Zinsfußes problemlos nach i aufgelöst.

$$K_0 = \sum_{t=0}^{n} \frac{E_t - A_t}{(1+i)^t} = CF_0 + \frac{CF_4}{(1+i)^4} = 0$$

$$\Rightarrow CF_0 \times (1+i)^4 = CF_4 \Rightarrow i = \sqrt[4]{\frac{CF_4}{CF_0}} - 1 = \sqrt[4]{\frac{540.000}{400.000}} - 1 = 7{,}79\%$$

Die Probleme bei der Ermittlung des Internen Zinsfußes. Der Interne Zinsfuß wird durch Lösung einer Gleichung n-ten Grades ermittelt. Dieses Polynom n-ten Grades kann bis zu *n* verschiedene Lösungen haben, die entweder reell oder komplex sein können.

Werden beispielsweise einem Investor für sein Investment von € 100.000 Erträge am Ende der nächsten drei Jahre von jeweils € 50.000 garantiert, stellt sich die Kapitalwertgleichung wie folgt dar:

$$K_0 = \sum_{t=0}^{n} \frac{E_t - A_t}{(1+i)^t} = CF_0 + \frac{CF_1}{(1+i)^1} + \frac{CF_2}{(1+i)^2} + \frac{CF_3}{(1+i)^3}$$

$$K_0 = -100.000 + \frac{50.000}{(1+i)^1} + \frac{50.000}{(1+i)^2} + \frac{50.000}{(1+i)^3} = 0$$

Wird nun versucht, den Internen Zinsfuß durch einfaches Probieren bzw. Einsetzen verschiedener Zinssätze zu bestimmen (d.h. jenen Zinssatz zu finden, bei dem der Kapitalwert 0 ist), ergibt sich zu jedem Zinssatz ein entsprechender Kapitalwert. Das Resultat dieser „Näherungsversuche“ wird formell als *Kapitalwertfunktion* bezeichnet.

i =	5 %	10 %	15 %	20 %	23 %	25 %	30 %
K_0	36.162	24.343	14.161	5.324	0	–2.400	–9.194

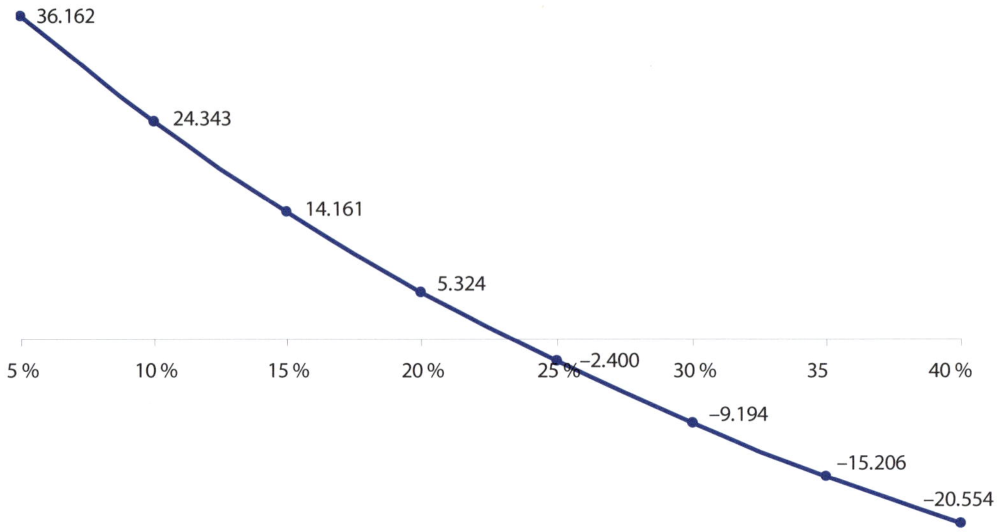

Abbildung 90: Kapitalwertfunktion

Die Kapitalwertfunktion ordnet jedem Kalkulationszinssatz *i* den entsprechenden Kapitalwert zu, wobei jeder Interne Zinsfuß eine Nullstelle der Kapitalwertfunktion ist ($K_0 = 0$). Eine Zahlungsreihe besitzt jedoch höchstens so viele Interne Zinsfüße, wie Vorzeichenwechsel in ihr vorkommen. Idealtypische Investitionsprojekte beginnen mit einer Anschaffungsauszahlung und darauf folgenden Zahlungsüberschüssen, d.h. sie sind durch Zahlungsreihen charakterisiert, die einen einzigen Vorzeichenwechsel und damit einen eindeutigen Internen Zinsfuß besitzen.

Die Berechnung des Internen Zinsfußes erfolgt heute mit Hilfe von MS-Excel oder finanzmathematischen Taschenrechnern, die sich des Newtonschen Näherungsverfahrens bedienen.

Excel-Berechnung

t_0	–100.000	**Excel Funktion: IKV**
t_1	50.000	
t_2	50.000	= IKV (Werte; [Schätzwert])
t_3	50.000	= IKV (B1:B4)
Int. Zinsfuß?	23,4 %	

Ist der Interne Zinsfuß händisch zu bestimmen, empfiehlt sich die „Probiermethode". Dabei werden so lange unterschiedliche Zinssätze gewählt, bis ein positiver und ein negativer Kapitalwert gegeben sind. Der Interne Zinsfuß wird dann von den beiden Zinssätzen mit dem jeweils kleinsten positiven und negativen Kapitalwert linear interpoliert.

Die Interpretation des Internen Zinsfußes. Die Interne-Zinsfuß-Methode stellt eine Umkehrung der Kapitalwertmethode dar. Bei der Kapitalwertmethode wird in Abhängigkeit des Kalkulationszinssatzes der Kapitalwert ermittelt. Ein positiver Kapitalwert bedeutet, dass die Investition die in Form des Kalkulationszinssatzes gewünschte Mindestrendite überschreitet, d.h. dass sie eine höhere *Effektivverzinsung* aufweist. Mit der Internen-Zinsfuß-Methode wird exakt diese Effektivverzinsung ermittelt. *Der Interne Zinsfuß ist damit jener Zinssatz (Rendite), mit dem sich das jeweils gebundene, also noch nicht amortisierte Kapital je Periode verzinst.* Der im Beispiel ermittelte Interne Zinsfuß von 23,4 % kann so interpretiert werden, dass es abgesehen von Risikoaspekten für den Investor keinen Unterschied macht, ob er die € 100.000 in der gezeigten Form investiert oder den gleichen Betrag auf ein Sparbuch mit 23,4 % jährlicher Nettoverzinsung legt. Der Investor hätte nach drei Jahren in beiden Fällen das gleiche Vermögen.

Wiederveranlagungsprämisse. Eine derartige Interpretation ist jedoch nur dann richtig, wenn die Rückflüsse pro Periode für die Dauer der Investition wiederum zum Internen Zinsfuß angelegt werden können.

Werden im konkreten Beispiel die € 100.000 über drei Jahre am Sparbuch zu 23,4 % angelegt, müsste der Investor am Ende ein Vermögen in Höhe von € 187.795 haben.

$K_n = K_0 \times (1 + i)^n = 100.000 \times (1 + 23,4\ \%)^3 = 187.795$

Vergleicht man dazu den Zahlungsstrom der konkreten Investition, so erhält der Investor drei Mal € 50.000, d.h. in Summe € 150.000. Die Differenz von € 37.795 muss der Investor durch Wiederveranlagung der beiden Zahlungen in t_1 und t_2 erwirtschaften.

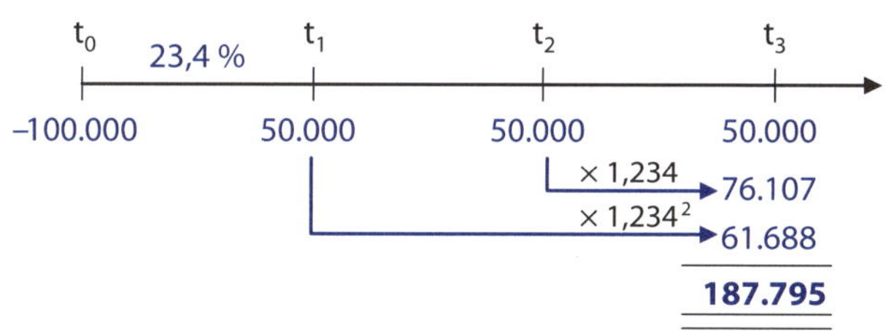

Bei der Beurteilung hoher Interner Zinsfüße ist daher Vorsicht geboten. Es sollte der Interne Zinsfuß ergänzend auch ohne Wiederveranlagung bzw. mit einer realistischen Wiederveranlagung, z.B. in Höhe der Unternehmensrendite, berechnet werden.

Im konkreten Beispiel würde der Investor ohne Wiederveranlagung sein Anfangskapital von € 100.000 auf € 150.000 erhöhen. Dies entspricht einer Effektivverzinsung von 14,5 %.

$$K_n = K_0 \times (1+i)^n \Rightarrow i = \sqrt[n]{\frac{K_n}{K_0}} - 1 = \sqrt[3]{\frac{150.000}{100.000}} - 1 = 14{,}5\%$$

Gelingt es dem Investor, die Rückflüsse zu 10 % zu veranlagen, ergibt sich ein Endvermögen in Höhe von € 165.500. Dies entspricht einer jährlichen Verzinsung von 18,3 %. Die Berechnung des Internen Zinsfußes mit einem anderen Wiederveranlagungszinssatz wird auch als *modifizierte Interne Zinsfußmethode* (Modified Internal Rate of Return – M-IRR) bezeichnet.

$$K_n = 50.000 \times (1+10\%)^2 + 50.000 \times (1+10\%) + 50.000 = 165.500$$

$$i = \sqrt[n]{\frac{K_n}{K_0}} - 1 = \sqrt[3]{\frac{165.500}{100.000}} - 1 = 18{,}3\%$$

Eine Studie von Gottschlag und Phalippou über die Renditen von 1.184 Private-Equity-Fonds zeigt, wie drastisch sich die Ergebnisse ändern, wenn es bei hohem Internen Zinsfuß nicht gelingt, die erwirtschafteten Überschüsse mit der gleich hohen Rendite zu reinvestieren. Die nachstehende Tabelle zeigt die Auswirkung auf die Top-Ten-Private-Equity-Fonds.

Fonds	Rendite % (IRR)	Rang	Rendite % (M-IRR)	Rang
A	464	1	31	9
B	313	2	42	4
C	248	3	30	10
D	244	4	41	6
E	190	5	43	3
F	166	6	41	5
G	155	7	33	8
H	153	8	28	15
I	147	9	23	21
J	143	10	29	13

Abbildung 91: Unterschied zwischen dem Internen Zinsfuß und dem Modifizierten Internen Zinsfuß (Quelle: Harvard Business Manager, März 2008, S. 20)

Für die Kapitalwertmethode ist diese Wiederveranlagungsprämisse unproblematisch, da es möglich sein müsste, die Rückflüsse zum Kalkulationszinssatz wieder zu veranlagen.

Der Alternativenvergleich. Die Interne-Zinsfuß-Methode eignet sich im Gegensatz zur Kapitalwertmethode zum Alternativenvergleich insofern besser, als sie bei unterschiedlichem Kapitaleinsatz die jeweilige Effektivverzinsung des eingesetzten Kapitals und nicht den Absolutbetrag in Form des Kapitalwerts liefert. *Die Problematik der Differenzinvestition stellt sich damit nicht.*

Die Interne-Zinsfuß-Methode und die Kapitalwertmethode können bei der Bestimmung der wirtschaftlichsten Alternative *unterschiedliche* Ergebnisse liefern, wie nachstehendes Beispiel zeigt. Die Analyse der Kapitalwertfunktion zeigt deutlich, wie die Entscheidung der Vorteilhaftigkeit bei der Kapitalwertmethode ab einem Zinssatz von 5,759 % zugunsten von Variante 1 umkippt.

Periode	Variante 1	Variante 2
0	–100.000	–100.000
1	40.000	10.000
2	30.000	10.000
3	30.000	40.000
4	20.000	20.000
5	20.000	70.000
Zahlungssaldo	**40.000**	**50.000**
Kapitalwert bei		
0 %	40.000	50.000
2 %	32.912	38.987
4 %	26.403	29.052
6 %	20.411	20.069
8 %	14.884	11.927
10 %	9.775	4.533
12 %	5.042	–2.198
14 %	650	–8.337
16 %	–3.435	–13.948
Interner Zinsfuß	**14,3 %**	**11,3 %**

Abbildung 92: Unterschiedliche Ergebnisse zwischen Internem Zinsfuß und Kapitalwert beim Alternativenvergleich

Die mit der Investition verbundenen Zahlungsströme und damit auch der gesamte Zahlungssaldo sind unabhängig vom Kalkulationszinssatz und ändern sich in beiden Varianten nicht. Variante 2 erwirtschaftet mit einem Saldo von € 50.000 einen um € 10.000 höheren Zahlungssaldo als Variante 1. Wird auf die

Berücksichtigung des Zeitwerts des Geldes verzichtet (Kalkulationszinssatz von 0 %), so sind die Nominalwerte und die Barwerte ident. Damit entsprechen die Kapitalwerte dem Saldo der Zahlungsströme.

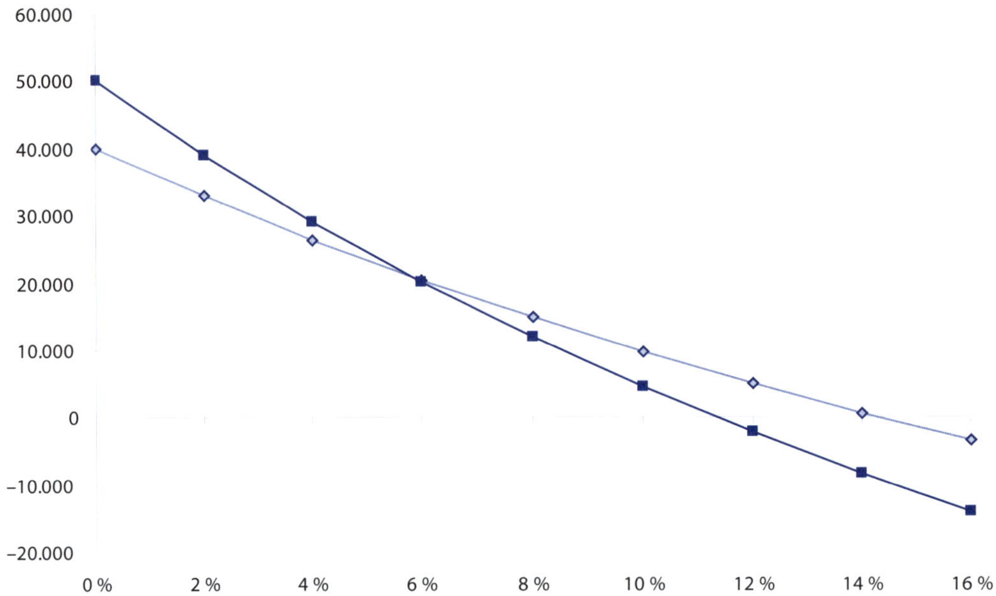

Abbildung 93: Alternativenvergleich auf Basis der Kapitalwertfunktion

Die Unterschiede sind mathematisch durch die Kapitalwertgleichung, in der der Kapitalwert eine Funktion des Kalkulationszinssatzes ist, leicht erklärt. Dies trägt jedoch für viele nicht zum leichteren Verständnis bei. Häufig ist der Endwert zur Erklärung besser geeignet. Im Rahmen der Kapitalwertmethode wurde auch der Bezug zwischen Kapitalwert und Endwert erklärt. Der Kapitalwert ist (sofern positiv) jener Betrag, der zum Investitionszeitpunkt zum Kalkulationszinssatz angelegt werden müsste, damit am Ende der Nutzungsdauer der durch die Investition geschaffene Überschuss (Endwert) erzielt wird. Der Endwert ergibt sich dabei aus der Wiederveranlagung aller Zahlungseingänge mit dem Kalkulationszinssatz. In Abhängigkeit des Kalkulationszinssatzes ergeben sich unterschiedliche Endwerte, was auch der wesentliche Unterschied zwischen Kapitalwertmethode und Interner-Zinsfuß-Methode ist. Während die Cashflows bei der Kapitalwertmethode mit dem Kalkulationszinssatz wieder veranlagt werden, erfolgt die Wiederveranlagung bei der Internen-Zinsfuß-Methode in Höhe des Internen Zinsfußes. Je mehr sich die Alternativen in der Höhe der Cashflows und ihrem zeitlichen Anfall unterscheiden bzw. je früher die Cashflows anfallen, desto wahrscheinlicher sind widersprüchliche Bewertungen zwischen den beiden Methoden. Beispielsweise ist die Problematik bei der Beurteilung von Investments in Aktien sehr gering, da während der Behaltedauer lediglich kleine Dividendenbeträge zufließen und die große Einzahlung am Ende aus dem Verkaufserlös kommt.

Die Antwort auf die Frage, ob die Kapitalwertmethode oder Interne-Zinsfuß-Methode richtig ist, ist nicht einfach zu beantworten. Die Interne-Zinsfuß-Methode ergibt die relative Rentabilität oder die Effektivverzinsung, während die Kapitalwertmethode die absolute Differenz zu dem, was erwirtschaftet werden hätte müssen, errechnet. Aus theoretischer Sicht ist die Kapitalwertmethode bei der Wiederveranlagung überlegen. Bei gleicher Investitionshöhe der Alternativen ist daher die Kapitalwertmethode zu präferieren. Bei unterschiedlichem Kapitaleinsatz ist hingegen die Interne-Zinsfuß-Methode zu bevorzugen. Unabhängig von den theoretischen Vor- und Nachteilen ist die Aussage über die Rentabilität des eingesetzten Kapitals durch die Interne-Zinsfuß-Methode intuitiver und leichter verständlich als der Totalerfolg relativ zur geforderten Mindestverzinsung.

Bei der Interpretation des Internen Zinsfußes von Investitionen darf nicht übersehen werden, dass dieser die durchschnittliche Kapitalrendite über die gesamte Nutzungsdauer darstellt. Demgegenüber führen Investitionen buchhalterisch am Beginn der Nutzungsdauer meist zu Rentabilitätseinbußen, d.h. zu einer Reduktion des ROCE. Grund dafür ist die Aktivierung des Investitionsobjektes im Anlagevermögen, das über die Nutzungsdauer schrittweise abgeschrieben wird. Bei gleichmäßigen Gewinnen durch die Investition führt dies zu niedrigen Renditen am Anfang und hohen Renditen am Ende der Nutzungsdauer.

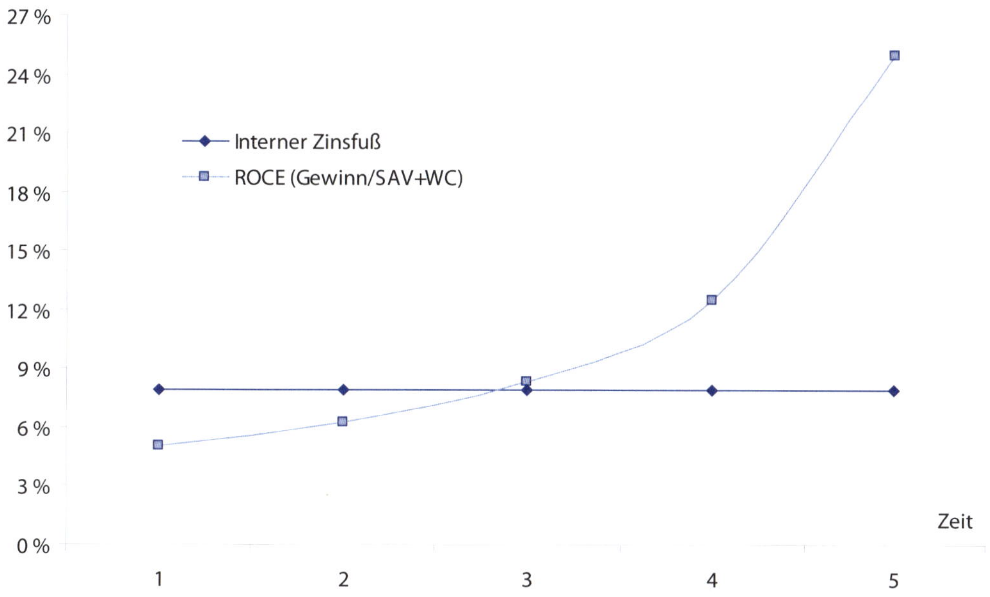

Abbildung 94: Interner Zinsfuß im Vergleich zum ROCE von Investitionen im Zeitverlauf

3.2.5. Bestimmung des Relevanten Cashflow

Idee des Relevanten Cashflow und seine Bestandteile. Wie bereits am Beginn der Investitionsrechnungsverfahren erwähnt wurde, werden Investitionen bei den cashflow-orientierten Verfahren auf Basis des Relevanten Cashflow bewertet. Dieser beinhaltet alle Ein- und Auszahlungen, die direkt durch das Investitionsvorhaben ausgelöst werden und sonst nicht bzw. in anderer Form anfallen würden. Der Relevante Cashflow wird aus der Differenz der Zahlungsströme im Falle der Investition und den Zahlungsströmen ohne Investition errechnet und kann als der zusätzliche Free Cashflow (vor Zinsen) betrachtet werden.

Diese Zahlungsströme können in idealtypische und atypische Zahlungsstrommuster unterteilt werden. Investitionen mit einem typischen Zahlungsstrommuster beginnen mit einer Auszahlung zum Investitionszeitpunkt, dem ausschließlich positive Cashflows bzw. Periodenüberschüsse bis zum Ende der Nutzungsdauer folgen. Atypische Zahlungsstrommuster sind hingegen dadurch gekennzeichnet, dass der Investitionsauszahlung am Beginn auch negative Cashflows während der Nutzungsdauer folgen bzw. dass die Investition nicht mit einer Auszahlung beginnt.

Der Relevante Cashflow besteht – insbesondere bei idealtypischen Investitionsvorhaben – aus drei wesentlichen Komponenten:

- Initial Investment (Anfangsauszahlung)
- Operativen Cashflows (laufenden Zahlungsüberschüssen)
- Terminal Cashflow (Verkaufserlös)

Entsprechend der Verwendung des Relevanten Cashflow als Differenz der Zahlungsströme mit Investition und ohne Investition ergibt sich folgende Grundstruktur:

Initial Investment	=	Auszahlung zur Anschaffung des neuen Investitionsobjekts	–	Einzahlungen aus dem Verkauf des alten Investitionsobjekts
+		+		
Operativer Cashflow	=	Operative Cashflows aus dem Betrieb der Neuinvestition	–	Operative Cashflows bei Weiterbetrieb des alten Investitionsobjekts
+		+		+
Terminal Cashflow	=	Verkaufserlös des neuen Investitionsobjekts	–	Verkaufserlös des alten Investitionsobjekts
=		=		=
Relevanter Cashflow	=	**Cashflow durch Investition**	–	**Cashflow bei Fortführung des Ist-Zustands**

Abbildung 95: Komponenten des Relevanten Cashflow

Abbildung 95 zeigt nochmals grafisch die Idee des Relevanten Cashflow, der relativ zur Fortführung des Ist-Zustands bestimmt wird.

Bei der Bestimmung des Relevanten Cashflow werden die Cashflows einer möglichen Investition mit der Alternative „nichts zu tun" verglichen. Überwiegend wird unterstellt, dass sich die Situation ohne Investition nicht verändert. Diese Prämisse ist jedoch kritisch zu hinterfragen, da Investitionen die nötige Basis sind, um die Wettbewerbsfähigkeit eines Unternehmens aufrecht zu erhalten. Häufig würden die Cashflows ohne Investition nicht gleichbleiben, sondern sich verschlechtern. In solchen Fällen würden die Relevanten Cashflows zu niedrig ausgewiesen und Investitionen „tot" gerechnet. Zumindest in ergänzenden Szenario-Rechnungen sollte eine Verschlechterung im Falle des „Nicht-Investierens" dargestellt werden.

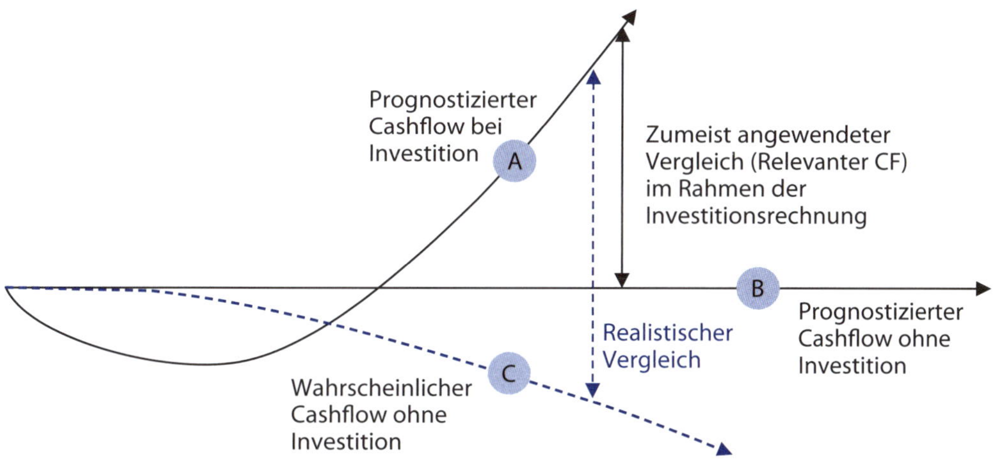

Abbildung 96: Die Discounted-Cashflow-Falle[8]

Der Relevante Cashflow vor Ertragsteuern. Bei der Bestimmung des Relevanten Cashflows ist grundsätzlich zwischen dem Cashflow vor bzw. nach Ertragsteuern zu unterscheiden, d.h. ob die steuerlichen Auswirkungen der Investition mitberücksichtigt werden oder nicht. Grundsätzlich ist bei Investitionsentscheidungen die finanzielle Gesamtwirkung, d.h. nach Steuern, entscheidend. Die Berücksichtigung steuerlicher Effekte ist jedoch in mehrfacher Hinsicht problematisch.

Die tatsächlich realisierten Steuereffekte werden in hohem Maße durch die wirtschaftliche Gesamtsituation des Unternehmens beeinflusst. Der steuerliche Einfluss von Investitionsvorhaben, z.B. zusätzliche Steuerzahlungen aus den erwarteten Gewinnen, könnte durch die Gewinn- oder Verlustsituation in anderen Geschäftsbereichen neutralisiert werden. Des Weiteren kann die Vergleichbar-

8 Christensen, C.M., Kaufman, S.P., Shih, W.C., Innovationskiller Kennzahlen, Harvard Businesss Manager, Mai 2008, S. 55.

keit von Investitionsvorhaben durch unterschiedliche Steuersätze und die betriebliche Steuerpolitik gerade in internationalen Konzernen verzerrt werden.

Letztlich ist die Bestimmung des Relevanten Cashflow nach Steuern auch aufwendiger, da für die Berechnung die Auswirkung der Investition auf die Gewinn- und Verlustrechnung in Form von Erträgen und Aufwänden und den daraus resultierenden Steuereinfluss zusätzlich zur reinen Cashflow-Betrachtung ermittelt werden muss. In der Praxis hat sich daher häufig die Berechnung vor Steuern durchgesetzt. Vor Steuern werden die Bestandteile des Relevanten Cashflows wie folgt bestimmt.

Initial Investment. Mit dem Begriff Initial Investment wird vielfach die Anschaffungsauszahlung für den zu erwerbenden Vermögensgegenstand gleichgesetzt. Aus Sicht des Relevanten Cashflows ist es der Saldo der Ein- und Auszahlungen zum Investitionszeitpunkt t_0. Dies umfasst neben dem Kaufpreis auch eventuelle für die Inbetriebnahme erforderliche Auszahlungen, Verkaufserlöse für nicht mehr benötigte Anlagengüter und mit der Investition unmittelbar verbundene Veränderungen im Working Capital. Gerade Erweiterungsinvestitionen sind häufig mit einem nicht unerheblichen Anstieg im Working Capital und entsprechenden Auszahlungen verbunden. Ein typisches Beispiel dafür ist die Eröffnung einer neuen Filiale bei Handelsketten wie Media Markt oder H&M. Zusätzlich zur Investition in Grundstück, Gebäude und Einrichtung ist es auch erforderlich, das neue Geschäft mit Waren zu füllen.

Struktur zur Bestimmung des Initial Investment

	Kaufpreis für das neue Investitionsobjekt
+	Auszahlungen zur Inbetriebsetzung
–	Einzahlungen aus dem Verkauf alter Anlagen
+/–	Veränderung des Working Capital
=	**Initial Investment**

In der Praxis erstreckt sich die Inbetriebnahme von Investitionen über einen mehr oder weniger langen Zeitraum. Für die exakte Abbildung müsste auch das Initial Investment über den entsprechenden Zeitraum verteilt anstatt auf t_0 zugeordnet werden, worauf jedoch zumeist verzichtet wird.

Operativer Cashflow. Unter dem Begriff Operativer Cashflow wird jener Zahlungsüberschuss/-fehlbetrag bezeichnet, der aus der betrieblichen Nutzung des Investitionsobjektes bis zum Ende der Nutzungsdauer entsteht. Operative Cashflows beinhalten keine Finanzierungszahlungen und damit auch keine Zinszahlungen. Wie bereits ausgeführt, gilt es, für die Bewertung von Investitionen den relevanten Operativen Cashflow als Differenz zwischen dem Fall der Investition und Fortführung ohne Investition zu verwenden.

Terminal Cashflow. Der Terminal Cashflow ist der Netto-Zahlungsüberschuss/-fehlbetrag am Ende der Nutzungsdauer. Dieser setzt sich aus dem Verkaufserlös des Investitionsobjektes abzüglich des entgangen Verkaufserlöses des alten Investitionsobjekts und eventuellen Veränderungen im Working Capital zusammen. Dabei wird wiederum der relevante Terminal Cashflow verwendet, der sich wie folgt zusammensetzt.

Struktur zur Bestimmung des Terminal Cashflow	
	Einzahlungen aus dem Verkauf des Investitionsobjekts
–	Einzahlungen aus dem Verkauf der alten Anlage
+/–	Veränderung des Working Capital
=	Terminal Cashflow

Beispiel: Relevanter Cashflow vor Steuern

Ein Geschäftsmann überlegt, sein derzeit zwei Jahre altes Auto, einen Audi A6, durch einen Audi A5 zu ersetzen. Laut Euro-Tax-Liste würde er dafür € 30.000 bekommen. Das Neufahrzeug würde nach Abzug allfälliger Rabatte auf € 50.000 kommen. Der Geschäftsmann befindet sich bereits in der Bonusstufe 0. Entsprechend der Motorisierung des Neufahrzeugs würde die jährliche Versicherungsprämie von derzeit € 890 auf € 850 sinken. Weiters verbraucht der A5 nur 6,8 Liter/100 km Diesel, während der A6 derzeit 7,8 Liter/100 km benötigt. Der Geschäftsmann geht in seinen Überlegungen von jährlich 30.000 km bei einem Dieselpreis von € 1,2 je Liter aus. Die Servicekosten werden für die ersten beiden Jahre des A5, laut Servicebuch, auf € 700 pro Jahr geschätzt, jene für den A6 auf € 800 pro Jahr. Der Geschäftsmann beabsichtigt, das Auto wiederum zwei Jahre zu behalten, und geht von einem Verkaufspreis für den A6 von € 22.000 bzw. von € 38.000 beim A5 aus.

Wie hoch ist der Relevante Cashflow, d.h. die durch den Autowechsel entstehenden Auszahlungen?

Bestimmung des Relevanten Cashflow		€
	Kaufpreis für den neuen A5	–50.000
+	Auszahlungen zur Inbetriebsetzung	
–	Einzahlungen aus dem Verkauf des alten A6	30.000
+/–	Veränderung des Working Capital	
=	**Initial Investment**	**–20.000**
	Operativer Cashflow für A5	–7.996
–	Operativer Cashflow für A6	8.996
=	**Operativer Cashflow**	**1.000**
	Einzahlungen aus dem Verkauf des A5	38.000
–	Einzahlungen aus dem Verkauf des A6	–22.000
+/–	Veränderung des Working Capital	
=	**Terminal Cashflow**	**16.000**
=	**Relevanter Cashflow**	**–3.000**

Im Rahmen des Beispiels zeigt sich die Idee des Relevanten Cashflow nochmals sehr deutlich. Der Relevante Cashflow ist der zusätzliche Auszahlungsbetrag, der durch die Investition in das neue Auto relativ zur weiteren Nutzung des vorhandenen Fahrzeugs entsteht. Dabei wurde keine Auswirkung auf die Umsatztätigkeit des Geschäftsmanns berücksichtigt, wie dies bei einem Taxi-Unternehmen der Fall sein könnte. Weiters wurde eine mögliche Veränderung des Working Capitals, z.B. durch einen kleineren oder größeren Tank, ignoriert.

Im konkreten Beispiel ergibt sich das Initial Investment als Differenz zwischen Verkaufserlöse für den A6 und Kaufpreis für den A5 in Höhe von € 30.000. Der Operative Cashflow ist die Differenz zwischen den laufenden, zahlungswirksamen Betriebskosten des A6 und den Auszahlungen für den Betrieb des A5. Der Operative Cashflow berechnet sich aus den Zahlungen für Versicherung, Reparatur und Treibstoff für beide Jahre. Beim A5 setzen sich die € 7.996 aus den Versicherungszahlungen in Höhe von € 1.700 (2 × 850), Servicekosten in Höhe von € 1.400 und Treibstoffkosten für 60.000 km in Höhe von € 4.896 zusammen. Im Vergleich dazu würden sich die laufenden Zahlungen beim A6 auf € 8.996 belaufen. Am Ende der geplanten Nutzungsdauer ergäbe sich im Falle des A5 ein deutlich höherer Verkaufspreis. Mit dem Ersatz des Audi A6 durch einen neuen Audi A5 ergäben sich für die geplante Nutzungsdauer von zwei Jahren zusätzliche Auszahlungen in Höhe von € 3.000:

Relevanter Cashflow = Initial Investment + Operativer Cashflow + Terminal Cashflow

Relevanter Cashflow = –€ 20.000 + € 1.000 + € 16.000 = –€ 3.000

Zu beachten ist, dass der Relevante Cashflow für die Investitionsrechnung sauber nach dem zeitlichen Anfall auf der Zeitleiste aufzutragen ist. Unter der Annahme, dass die Versicherung zu Jahresbeginn, das Service am Jahresende und die Treibstoffkosten gleichmäßig jeweils zum Monatsende anfallen, ergibt sich folgender Relevanter Cashflow:

	t_0	Jan	Feb	Mrz	Apr	Mai	Jun	Jul	Aug	Sep	Okt	Nov	Dez	Jan	...	Dez
Initial Invest.	-20.000															
Versicherung	40												40			
Treibstoff		30	30	30	30	30	30	30	30	30	30	30	30	30	...	30
Service													100			100
Terminal CF																16.000
		Jahr 1												Jahr 2		

In t_0 ergibt sich neben der Anschaffung ein Delta in Höhe von € 40 durch den verringerten Versicherungsbetrag. In jedem Monat ergibt sich durch die geringeren Treibstoffkosten eine Einsparung von € 30 jeweils am Monatsende. Ende Dezember ergibt sich zudem eine Einsparung in Höhe von € 100 durch die geringeren Servicekosten. Beim Verkauf nach zwei Jahren ergibt sich die Differenz in Höhe des Terminal Cashflow. Insgesamt ergibt sich aus –20.000 + 2 × 40 + 24 × 30 + 2 × 100 + 16.000 die Gesamtdifferenz von –3.000.

Relevanter Cashflow, Kapitalwert und Interner Zinsfuß. Im Rahmen der Investitionsrechnung kann die Vorteilhaftigkeit der Investition mit Hilfe des Kapitalwerts auf *zwei* Weisen ermittelt werden:

- Nach der ersten und häufigeren Vorgehensweise wird einfach der Kapitalwert des zuvor bestimmten Relevanten Cashflows bestimmt. Bei einem monatlichen Zinssatz von 0,5 % ergibt sich ein negativer Kapitalwert von € –4.868, der klarerweise negativer ist als ohne kalk. Zinssatz (€ –3.000).

$$K_0 = \sum_{t=0}^{n} \frac{E_t - A_t}{(1+i)^t} = -20.000 + 40 + 30 \times \frac{1{,}005^{24} - 1}{0{,}005 \times 1{,}005^{24}} + \frac{140}{1{,}005^{12}} + \frac{16.100}{1{,}005^{24}}$$

$$K_0 = -4.868$$

Kapitalwert des Relevanten Cashflow

Zeit	Initial Investment	Operating Cashflow			Terminal CF	Relevanter CF	Barwert (0,5 %)
		Versicherung	Treibstoff	Service			
0	–20.000	40				–19.960	–19.960
1			30			30	30
2			30			30	30
3			30			30	30
4			30			30	29
5			30			30	29
6			30			30	29
7			30			30	29
8			30			30	29
9			30			30	29
10			30			30	29
11			30			30	28
12		40	30	100		170	160
13			30			30	28
14			30			30	28
15			30			30	28
16			30			30	28
17			30			30	28
18			30			30	27
19			30			30	27
20			30			30	27
21			30			30	27
22			30			30	27
23			30			30	27
24			30	100	16.000	16.130	14.310
					Gesamt	**–3.000**	**–4.868**

- Nach der zweiten Vorgehensweise wird auf die explizite Bestimmung des Relevanten Cashflows verzichtet und dafür im Gegenzug der Barwert der Cashflows im Falle der Fortführung und der Barwert für den Fall der Investition ermittelt. Die Kapitalwerte der beiden Varianten werden miteinander verglichen. Dies kommt einer impliziten Ermittlung des Relevanten Cashflows gleich. Insgesamt würde bei der Weiterbenutzung des A6 ein Zahlungsüberschuss (bedingt durch den Verkaufserlös von € 22.000) in Höhe von € 13.004 entstehen. Bei einem monatlichen Zinssatz von 0,5 % entspricht dies einem Barwert von € 11.047. Demgegenüber würde bei Anschaffung des A5 ein Zahlungsüberschuss in Höhe von € 10.004 entstehen, der um € 3.000 niedriger ist als bei weiterer Nutzung des A6. Dies entspricht einem Barwert von € 6.179 bzw. einer Barwertdifferenz von –4.868 und exakt dem Kapitalwert des Relevanten Cashflow (6.179 – 11.047 = –4.868). *In dieser Form der Berechnung ist die Ermittlung des Internen Zinsfußes nicht unmittelbar möglich*, weil der anfängliche Investitionsbetrag nicht explizit dargestellt wird.

Kapitalwert ohne Investition

Zeit	Initial Investment	Operating Cashflow			Terminal CF	Relevanter CF	Barwert (0,5 %)
		Versicherung	Treibstoff	Service			
0	0	–890				–890	–890
1			–234			–234	–233
2			–234			–234	–232
3			–234			–234	–231
4			–234			–234	–229
5			–234			–234	–228
6			–234			–234	–227
7			–234			–234	–226
8			–234			–234	–225
9			–234			–234	–224
10			–234			–234	–223
11			–234			–234	–222
12		–890	–234	–800		–1.924	–1.812
13			–234			–234	–219
14			–234			–234	–218
15			–234			–234	–217
16			–234			–234	–216
17			–234			–234	–215
18			–234			–234	–214
19			–234			–234	–213
20			–234			–234	–212
21			–234			–234	–211
22			–234			–234	–210
23			–234			–234	–209
24			–234	–800	22.000	20.966	18.601
					Gesamt	**13.004**	**11.047**

Kapitalwert mit Investition

Zeit	Initial Investment	Operating Cashflow			Terminal CF	Relevanter CF	Barwert (0,5 %)
		Versicherung	Treibstoff	Service			
0	–20.000	–850				–20.850	–20.850
1			–204			–204	–203
2			–204			–204	–202
3			–204			–204	–201
4			–204			–204	–200
5			–204			–204	–199
6			–204			–204	–198
7			–204			–204	–197
8			–204			–204	–196
9			–204			–204	–195
10			–204			–204	–194

11		–204			–204	–193
12	–850	–204	–700		–1.754	–1.652
13		–204			–204	–191
14		–204			–204	–190
15		–204			–204	–189
16		–204			–204	–188
17		–204			–204	–187
18		–204			–204	–186
19		–204			–204	–186
20		–204			–204	–185
21		–204			–204	–184
22		–204			–204	–183
23		–204			–204	–182
24		–204	–700	38.000	37.096	32.911
				Gesamt	**10.004**	**6.179**

Es muss nochmals darauf hingewiesen werden, dass der hier dargestellte Zahlungsüberschuss ein *trügerisches Bild* vermittelt bzw. suggeriert, da aus der Nutzung des Autos in beiden Varianten ein Zahlungsüberschuss entsteht. *Der Überschuss kommt nur dadurch zustande, dass die ursprünglich geleistete Anschaffungsauszahlung für den A6 nicht in die Rechnung mit einbezogen wird*, jedoch in beiden Varianten zu Verkaufserlösen führt. Für die Beurteilung der Wirtschaftlichkeit des Ersatzes des A6 durch den A5 ist dies jedoch absolut richtig, weil die Anschaffung des A6 in beiden Fällen schon getätigt wurde und für die Ersatzentscheidung irrelevant ist.

Der Relevante Cashflow nach Ertragsteuern. Zur Ermittlung des Relevanten Cashflow nach Ertragsteuern müssen die steuerlichen Auswirkungen der Investition relativ zur Fortführung ohne Investition berechnet werden. Aufbauend auf der Ermittlung des Relevanten Cashflow vor Steuern wird die Auswirkung der Investition auf die Gewinn- und Verlustrechnung in Form von Erträgen und Aufwänden und dem daraus resultierenden Steuereinfluss ermittelt.

Initial Investment. Das Initial Investment nach Steuern wird wie folgt berechnet.

Struktur zur Bestimmung des Initial Investment nach Steuern

	Kaufpreis für das neue Investitionsobjekt
+	Auszahlungen zur Inbetriebsetzung
=	**Gesamtauszahlungen zur Inbetriebnahme des Investitionsobjekts**
	Einzahlungen aus dem Verkauf alter Anlagen
	+/– Steuern aus dem Verkauf
–	**= Nach-Steuer-Einzahlungen aus dem Verkauf alter Anlagen**
+/–	Veränderung des Working Capitals
=	**Initial Investment**

Die Veränderung des Working Capitals ist in der Regel ohne steuerliche Auswirkung. Zudem wird die steuerliche Wirkung der Investition erst im Rahmen der Nutzung über die laufende Abschreibung im Operating Cashflow dargestellt, sodass das Initial Investment nach Steuern nur die eventuelle, steuerliche Wirkung aus dem Verkauf nicht mehr benötigten Anlagevermögens beinhaltet. Wird auf Berücksichtigung steuerlicher Details, wie unversteuerte Rücklagen oder den evtl. Vorteil der Halbjahres-AfA, Differenzen zwischen Handels- und Steuerbilanz, Latente Steuern etc. verzichtet, kann der Steuereffekt aus der Differenz zwischen dem Buchwert des verkauften Anlagevermögens und dem Verkaufserlös wie folgt ermittelt werden:

Steuereffekt = (Buchwert – Verkaufserlöse) × Ertragssteuersatz

Der Verkauf über dem Buchwert führt zu Gewinnen in der G+V und damit zu zusätzlichen Ertragsteuern, während der Verkauf unter dem Buchwert zu Verlusten und damit zur steuerlichen Entlastung führt.

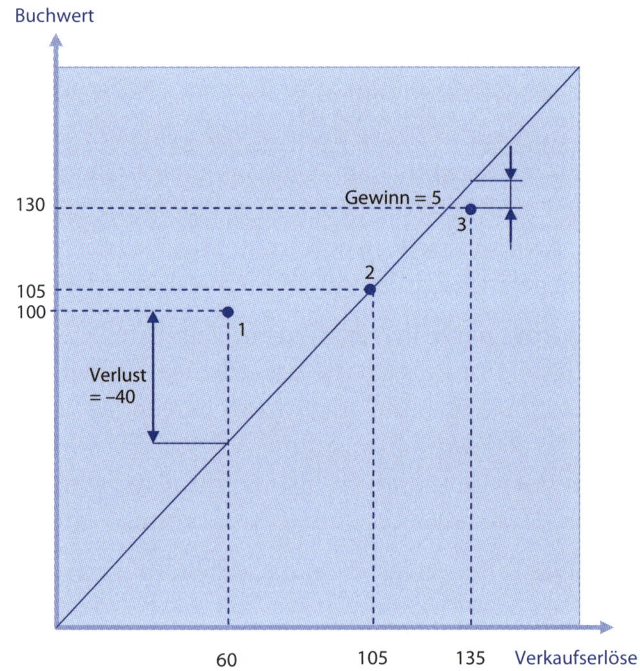

Abbildung 97: Steuerliche Effekte aus der Differenz von Buchwert und Verkaufserlös

Abbildung 97 zeigt die drei Möglichkeiten beim Verkauf bestehenden Anlagevermögens. Möglichkeit 1 zeigt den Verkauf unter dem Buchwert, der zu einem Verlust von 40 und damit z.B. bei einem Ertragssteuersatz von 25 % zu einer steuerlichen Entlastung von 10 führt. Möglichkeit 2 ist der Verkauf zum Buchwert, womit kein Steuereffekt eintritt. Möglichkeit 3 ist der Verkauf über dem Buchwert. Aus dem entstehenden Gewinn in Höhe von 5 resultieren Ertragsteuern in Höhe von 1,25.

Operativer Cashflow. In gleicher Weise ist die steuerliche Auswirkung der Investition auf den Operativen Cashflow zu bestimmen. Dazu gilt es, die Auswirkungen der Investition auf die Gewinn- und Verlustrechnung relativ zum Weiterbetrieb ohne Investition zu bewerten. Da Steuern vom Gewinn vor Steuern berechnet werden, muss dies auf Basis von Erträgen und Aufwänden, unabhängig der tatsächlichen Zahlungsströme, erfolgen. Dies betrifft jedoch nur die Ermittlung der steuerlichen Effekte. Am Ende gilt es wieder, die tatsächlichen betrieblichen Zahlungsströme zu ermitteln. Dazu am besten geeignet ist eine vereinfachte Kombination aus G + V und Cashflow Statement, wobei auf Zinszahlungen gänzlich verzichtet wird, weil diese in Form des Kalkulationszinssatzes in die Investitionsrechnung eingebracht werden.

Struktur zur Bestimmung des Operativen Cashflows nach Steuern

	Umsatz
–	Aufwand (ohne Abschreibung)
=	**Gewinn vor Abschreibung und Steuern**
–	Abschreibung
=	**Gewinn vor Steuern**
–	Ertragsteuern
=	**Gewinn nach Steuern**
+	Abschreibung
+/–	Andere unbare Erträge/Aufwände
+/–	Veränderung des Working Capital
=	**Operativer Cashflow**

Terminal Cashflow. Für die Bestimmung des Terminal Cashflows nach Steuern werden die steuerlichen Effekte analog zur Bestimmung des Initial Investments aus der Differenz zwischen Buchwert und Verkaufserlös ermittelt. Dies jedoch sowohl für den Verkauf des bestehenden Anlagevermögens als auch des neuen Investitionsobjekts.

Struktur zur Bestimmung des Terminal Cashflows nach Steuern

	Einzahlungen aus dem Verkauf des neuen Investitionsobjekts
+/–	Steuern aus dem Verkauf
=	**Nach-Steuer-Einzahlungen aus dem Verkauf des neuen Investitionsobjekts**
	Einzahlungen aus dem Verkauf alter Anlagen
	+/– Steuern aus dem Verkauf
–	**= Nach-Steuer-Einzahlungen aus dem Verkauf alter Anlagen**
+/–	Veränderung des Working Capital
=	**Terminal Cashflow**

Beispiel: Relevanter Cashflow nach Steuern

Ein Elektronikhersteller überlegt, einen Teil seiner Fertigung zu modernisieren und kapazitiv zu erweitern. Die Investition in die neuen Fertigungsanlagen wird auf € 2,1 Mio. geschätzt. Die Nutzungsdauer wird entsprechend der technologischen Kurzlebigkeit auf drei Jahre geschätzt. Die Investition wird linear abgeschrieben und zum Investitionszeitpunkt in voller Höhe bezahlt.

Die bestehenden Fertigungsanlagen wurden vor zwei Jahren für € 2 Mio. erworben und werden auf vier Jahre linear abgeschrieben. Sie könnten noch für die nächsten drei Jahre betrieblich genutzt werden, auch wenn sie technologisch immer mehr in Rückstand geraten. Die bestehenden Fertigungsanlagen könnten für € 800.000 an einen Hersteller in Osteuropa verkauft werden. Ohne Investition würde die Erlös- und Kostenplanung in diesem Geschäftsbereich de facto unverändert bleiben. Umsatzseitig hat das Unternehmen die Kapazitätsgrenze erreicht, kostenseitig könnten die gesetzlichen Lohnsteigerungen durch laufende Effizienzsteigerungen kompensiert werden. Die Kosten des Zukaufs sowie die Verkaufspreise werden konstant eingeschätzt. Die Abschreibung ergibt sich entsprechend den oben gezeigten Parametern. Der Umsatz beträgt derzeit € 6 Mio., der Aufwand für Lohn und Gehalt beträgt € 3 Mio. und der Materialaufwand € 1,3 Mio.

Durch die Investition könnte der Umsatz ab Inbetriebnahme um 10 % gesteigert werden. Gleichzeitig könnte der Aufwand für Lohn und Gehalt durch eine höhere Automatisierung um € 400.000 gesenkt werden. Der Aufwand für Material und sonstige bezogene Leistungen könnte durch geringeren Ausschuss und Energieverbrauch gleich gehalten werden. Die Kapazitätserweiterung würde das Working Capital durch Zunahme der Vorräte um € 100.000 unmittelbar erhöhen. Nach Ablauf der drei Jahre könnte die derzeitige Fertigungsanlage bestenfalls verschenkt werden. Für die neue Fertigungsanlage kann mit einem Verkaufserlös von € 200.000 gerechnet werden. Der Ertragssteuersatz beträgt 25 %. *Wie hoch ist der Relevante Cashflow über die nächsten drei Jahre?*

Für die Berechnung des Relevanten Cashflow ist zuerst das Initial Investment zu bestimmen. Zur Bestimmung des Steuereffekts aus dem Verkauf der bestehenden Fertigungsanlage ist zunächst der aktuelle Buchwert zu ermitteln. Aus dem Anschaffungswert von € 2 Mio. und der Nutzungsdauer von vier Jahren ergibt sich eine jährliche Abschreibung in Höhe von € 500.000 (Abschreibung = Anschaffungswert/Nutzungsdauer). Entsprechend dem Alter der Anlage von zwei Jahren ergibt sich ein aktueller Buchwert von € 1 Mio. (Anschaffungswert – kumulierter Abschreibung). Da die Anlage nur für € 800.000 verkauft werden kann, ergibt sich der Buchverlust als Differenz vom Verkaufspreis zum Buchwert in Höhe von € 200.000, d.h. der unternehmerische Gewinn wird um € 200.000 geschmälert. Dies führt bei einem Ertragssteuersatz von 25 % zu € 50.000 geringeren Steuerzahlungen. Insgesamt ergibt sich aus Kaufpreis, Verkaufspreis, Steuereffekt und Veränderung im Working Capital ein anfänglicher Nettoauszahlungsbetrag von € 1,35 Mio.

	Bestimmung des Initial Investment nach Steuern	**Mio. €**
	Kaufpreis für das neue Investitionsobjekt	–2,10
+	Auszahlungen zur Inbetriebsetzung	
=	**Gesamtauszahlungen zur Inbetriebnahme des Investitionsobjekts**	**–2,10**
	Einzahlungen aus dem Verkauf alter Anlagen	0,80
	+/– Steuern aus dem Verkauf	0,05
–	**= Nach-Steuer-Einzahlungen aus dem Verkauf alter Anlagen**	**0,85**
+/–	Veränderung des Working Capital	–0,10
=	**Initial Investment**	**–1,35**

Im zweiten Schritt werden die Operativen Cashflows über die geplante Nutzungsdauer von drei Jahren bestimmt. Im konkreten Fall ist lediglich die Abschreibung erwähnenswert. Im Fall der Investition wird der Kaufpreis von € 2,1 Mio. auf drei Jahre abgeschrieben, d.h. die jährliche Abschreibung beträgt € 700.000. Im Falle der Weiterverwendung der bestehenden Anlage gibt es im dritten Jahr keine Abschreibung mehr, da die Anlage auf vier Jahre abgeschrieben wird und bereits zwei Jahre alt ist. Dies führt zu höheren Steuerzahlungen in Periode 3. Der relevante Operative Cashflow wird aus der Differenz zwischen Weiterführung des derzeitigen Betriebs und der Neuinvestition bestimmt.

Operativer Cashflow mit Investition in Mio. €		Jahr 1	Jahr 2	Jahr 3
	Umsatz	6,600	6,600	6,600
–	Material	1,300	1,300	1,300
–	Löhne und Gehälter	2,600	2,600	2,600
–	Abschreibung	0,700	0,700	0,700
=	**Gewinn vor Steuern**	**2,000**	**2,000**	**2,000**
–	Ertragsteuern	0,500	0,500	0,500
=	**Gewinn nach Steuern**	**1,500**	**1,500**	**1,500**
+	Abschreibung	0,700	0,700	0,700
+/–	Veränderung des Working Capital	0,000	0,000	0,000
=	**Operativer Cashflow**	**2,200**	**2,200**	**2,200**

Operativer Cashflow ohne Investition in Mio. €		Jahr 1	Jahr 2	Jahr 3
	Umsatz	6,000	6,000	6,000
–	Material	1,300	1,300	1,300
–	Löhne und Gehälter	3,000	3,000	3,000
–	Abschreibung	0,500	0,500	0,000
=	**Gewinn vor Steuern**	**1,200**	**1,200**	**1,700**
–	Ertragsteuern	0,300	0,300	0,425
=	**Gewinn nach Steuern**	**0,900**	**0,900**	**1,275**
+	Abschreibung	0,500	0,500	0,000
+/–	Veränderung des Working Capital	0,000	0,000	0,000
=	**Operativer Cashflow**	**1,400**	**1,400**	**1,275**

Relevanter Operativer Cashflow in Mio. €		Jahr 1	Jahr 2	Jahr 3
	Operativer Cashflow mit Investition	2,200	2,200	2,200
–	Operativer Cashflow ohne Investition	1,400	1,400	1,275
=	**Relevanter Operativer Cashflow**	**0,800**	**0,800**	**0,925**

Der letzte zu bestimmende Bestandteil des Relevanten Cashflow ist der Terminal Cashflow. Dabei werden die Verkaufserlöse für beide Varianten inkl. ihrer steuerlichen Implikation sowie die Veränderung im Working Capital berücksichtigt. Im Falle der Investition ist mit einem Verkaufserlös in Höhe von € 200.000 zu rechnen. Da die Anlage in den drei

Jahren vollständig abgeschrieben wird, ist der Buchwert 0 und damit der gesamte Verkaufserlös zu versteuern. Daraus entsteht eine steuerliche Mehrbelastung für das Unternehmen in Höhe von € 50.000 (25 % von € 200.000). Im Fall der alten Anlage sind Buchwert und Verkaufspreis 0.

Die Veränderung des Working Capitals lässt den größten Interpretationsspielraum zu und ist ohne weiterführende Information über die nachfolgende Geschäftstätigkeit nicht eindeutig zu beantworten. Wird z.B. der Fertigungsbereich aufgelassen, so reduziert sich das Working Capital in beiden Varianten auf 0. Im Fall der Investition reduziert sich das Working Capital stärker, nämlich um den im Initial Investment eingerechneten Aufbau von € 100.000. Gleiches gilt, wenn nach den drei Jahren durch die Nachfolgeinvestition das gleiche Geschäftsvolumen erreicht werden soll. Lediglich wenn das Geschäftsvolumen in Jahr 4 auf dem jeweiligen Niveau der Periode 3 gehalten werden soll, dürfte die Veränderung des Working Capitals nicht gerechnet werden. Im Beispiel wurde die Veränderung des Working Capitals angesetzt.

Bestimmung des Terminal Cashflow nach Steuern		Mio. €
	Einzahlungen aus dem Verkauf des neuen Investitionsobjekts	0,200
	+/– Steuern aus dem Verkauf	–0,050
=	**= Nach-Steuer-Einzahlungen aus dem Verkauf der neuen Anlage**	**0,150**
	Einzahlungen aus dem Verkauf alter Anlagen	0,000
	+/– Steuern aus dem Verkauf	0,000
–	**= Nach-Steuer-Einzahlungen aus dem Verkauf alter Anlagen**	**0,000**
+/–	Veränderung des Working Capital	0,100
=	**Terminal Cashflow**	**0,250**

Insgesamt ergibt sich für die Bewertung der Investition in eine neue Fertigungsanlage unter der Annahme, dass die Operating Cashflows jeweils zum Jahresende erfolgen, nachstehender Relevanter Cashflow, der bei einem Kalkulationszinssatz von 10 % p.a. einem positiven Kapitalwert von € 0,899 Mio. bzw. einem Internen Zinsfuß von 42,6 % entspricht:

$$K_0 = \sum_{t=0}^{n} \frac{E_t - A_t}{(1+i)^t} = -1{,}35 + \frac{0{,}8}{(1+10\%)} + \frac{0{,}8}{(1+10\%)^2} + \frac{1{,}175}{(1+10\%)^3}$$

K_0 = € 0,921 Mio.

IZF = 43,1 %

Im Hinblick auf die Ausführungen in Kap. 3.2.3 bezüglich des Variantenvergleichs mit Hilfe des Kapitalwerts soll nochmals klargestellt werden, dass die hier gezeigte Weise der Bestimmung des Relevanten Cashflows für alle in Betracht gezogenen Varianten durchzuführen ist, d.h. es wird der Relevante Cashflow für alle Varianten relativ zur Fortführung des Betriebs ohne Investition bestimmt.

3.3. Kosten-/gewinnorientierte (statische) Investitionsrechnungsverfahren

Im Gegensatz zu den dynamischen Verfahren wird bei statischen Verfahren der *Zeitwert des Geldes nicht berücksichtigt*. Es wird typischerweise der Periodenerfolg und nicht der Totalerfolg über die gesamte Nutzungsdauer betrachtet. Unterschiede zwischen einzelnen Perioden werden zumeist vernachlässigt. Es wird vielmehr *eine repräsentative Durchschnittsperiode* (zumeist ein Jahr) betrachtet. Als Konsequenz wird daher auch nicht mit Ein- und Auszahlungen, sondern mit durchschnittlichen Kosten und Erlösen operiert. Beispielsweise wird die zum Investitionszeitpunkt einmalige Auszahlung über die jährliche Abschreibung dargestellt.

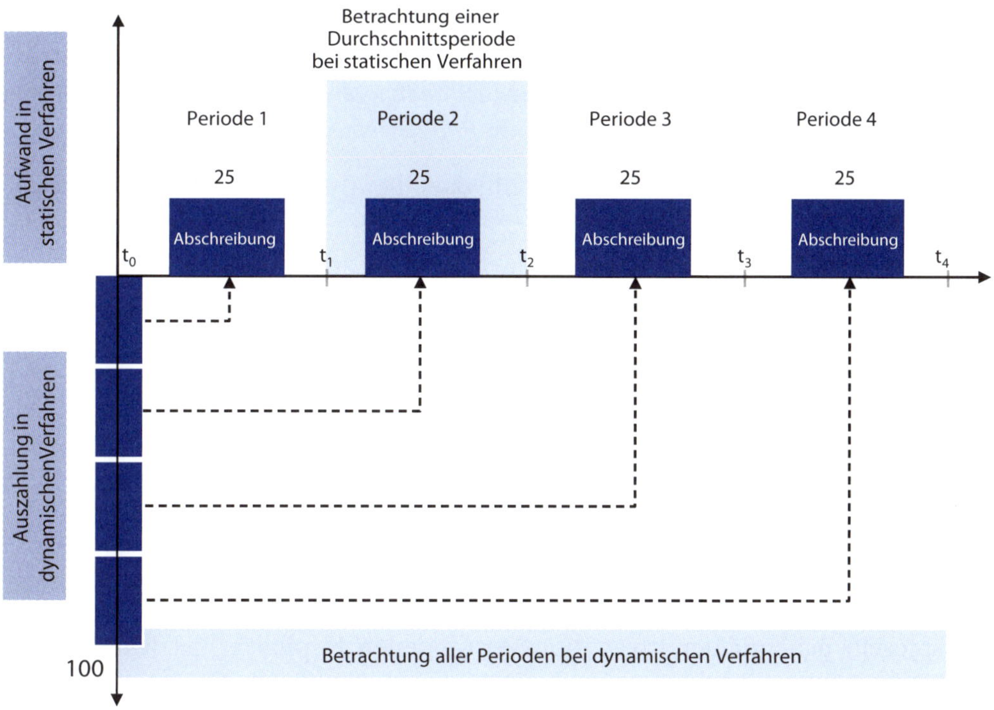

Abbildung 98: Zeitpunktbezogene Cashflows dynamischer Verfahren vs. geglättete Aufwände/Kosten und Erträge statischer Verfahren

Es werden wiederum nur die der Investition zuordenbaren Kosten und Erlöse, d.h. die relevanten Kosten und Erlöse, betrachtet. Bei den statischen Investitionsrechnungsverfahren gibt es *drei wesentliche Methoden: die Kostenvergleichsrechnung, die Gewinnvergleichsrechnung und die Rentabilitätsrechnung.* Die Gewinnvergleichsrechnung ist das statische Gegenstück zur Kapitalwertmethode und die Rentabilitätsrechnung ist vergleichbar mit der Internen Zinsfußmethode.

3.3.1. Kostenvergleichsrechnung

Die Kostenvergleichsmethode. Die Kostenvergleichsrechnung wird vor allem dann verwendet, wenn den Investitionen keine Erlöse gegenüberstehen bzw. diese nur sehr schwer zuordenbar sind. IT-Investitionen, Fertigungsrationalisierungen, Infrastrukturinvestitionen wie Umbau- oder Neubau sind typische Anwendungsgebiete.

Die Kostenvergleichsrechnung versucht, die mit einer Investition verbundenen Periodenkosten zu ermitteln bzw. aus verschiedenen Varianten die kostengünstigste auszuwählen. Die Kostenvergleichsrechnung kann sowohl für die Auswahl der kostengünstigsten Variante bei Neuinvestitionen verwendet werden (soll ein BMW 530d oder ein BMW 530i als Dienstwagen angeschafft werden?) als auch die Frage klären, ob es wirtschaftlich ist, ein in Betrieb befindliches Gut durch eine Neuinvestition zu ersetzen (ist ein Umstieg von Barcode auf RFID günstiger?). *Die Kostenvergleichsrechnung vernachlässigt gerade bei Ersatzentscheidungen den zusätzlichen Liquiditätsbedarf im Fall der Neuinvestition.*

Die Kostenvergleichsrechnung unterstellt, dass die Alternativen *qualitativ gleichwertig* sind. Verglichen werden dabei die durchschnittlichen Kosten je Periode. Bestehen quantitative Unterschiede in der Leistung der zu vergleichenden Investitionsobjekte, werden die *durchschnittlichen Kosten je Leistungseinheit (Stück)* verglichen.

Die in der Kostenvergleichsrechnung berücksichtigten Kosten werden in zwei wesentliche Gruppen unterteilt: in *Kapitalkosten* und in *Betriebskosten.*

Kapitalkosten. Kapitalkosten sind die durchschnittlichen Kosten des Kapitaleinsatzes:

$$\text{Kapitalkosten} = \text{Kalkulatorische Abschreibung} + \text{Kalkulatorische Zinsen} \qquad \textbf{\textit{(Formel 3.8)}}$$

Sie spiegeln den mit der Investition verbundenen Kapitalverlust wider. Typischerweise verliert der Investor über die Laufzeit den Anschaffungswert abzüglich eines allfälligen Restwerts. Wird z.B. ein Auto um € 40.000 gekauft und nach acht Jahren um € 10.000 verkauft, hat der Investor über die Nutzungsdauer € 30.000 Kapital „verloren“. In der Kostenvergleichsrechnung wird jedoch der periodische Wertverlust, d.h. die periodische Abschreibung, betrachtet, die üblicherweise linear berechnet wird:

$$\text{Kalkulatorische Abschreibung} = \frac{\text{Anschaffungswert} - \text{Restwert}}{\text{Nutzungsdauer}} \qquad \textbf{\textit{(Formel 3.9)}}$$

Zumeist werden bei den Kapitalkosten auch kalkulatorische Zinsen auf das im Investitionsobjekt gebundene Kapital als Opportunitätskosten angesetzt, als Ersatz für entgangene Zinserträge, die bei Nicht-Investition erzielt werden hätten können. Die Kalkulatorischen Zinsen werden vom durchschnittlich gebundenen Kapital berechnet:

$$\text{Kalkulatorische Zinsen} = \frac{\text{Anschaffungswert} + \text{Restwert}}{2} \times \text{Kalkulationszinssatz} \quad \textbf{\textit{(Formel 3.10)}}$$

Die Berechnungsformel für die kalkulatorischen Zinsen, bei der der Restwert addiert und nicht wie bei der Berechnung der Abschreibung subtrahiert wird, erscheint für viele auf den ersten Blick unlogisch. Je höher der Restwert ist, desto geringer ist der Wertverlust und desto geringer müssen die Kapitalkosten sein. Intuitiv würden damit viele den Restwert auch bei den kalkulatorischen Zinsen abziehen. Dies ist jedoch nicht richtig. Je höher der Restwert ist, umso höher ist das durchschnittlich gebundene Kapital und desto größer ist der entgangene Gewinn/Zinsertrag bei alternativer Verwendung des gebundenen Kapitals. Abbildung 99 macht dies deutlich. Sie zeigt den Verlauf des gebundenen Kapitals für die gleiche Investition in Höhe von € 300.000 über die Nutzungsdauer von drei Jahren. Im ersten Fall wird ein Restwert von € 150.000 unterstellt, wodurch sich ein durchschnittlich gebundenes Kapital in Höhe von € 225.000 ergibt. Im zweiten Fall ohne Restwert reduziert sich das durchschnittlich gebundene Kapital auf € 150.000. Bei einem Zinssatz von 10 % betragen daher die kalkulatorischen Zinsen mit Restwert € 22.500 bzw. ohne Restwert € 15.000. *Obwohl die kalkulatorischen Zinsen mit dem Restwert steigen, sinken die Kapitalkosten in Summe* und bestätigen die eigentliche Vermutung, dass sich ein hoher Restwert positiv auswirkt. Im konkreten Beispiel betragen die Kapitalkosten mit Restwert € 72.500 und ohne Restwert € 115.000.

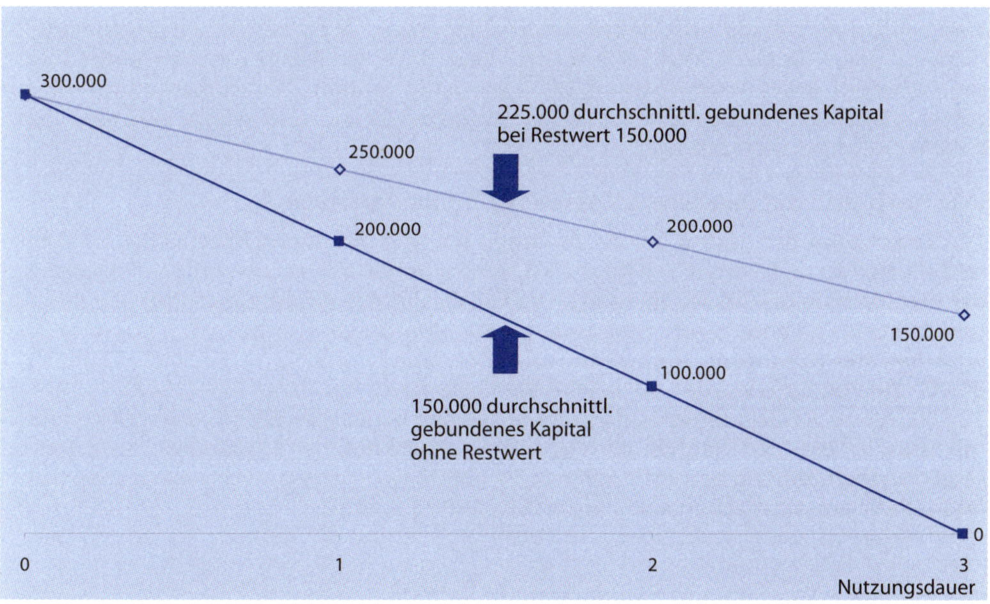

Abbildung 99: Durchschnittlich gebundenes Kapital von Investitionsalternativen

Betriebskosten. Unter Betriebskosten werden all jene Kosten verstanden, die mit dem Betrieb des Investitionsobjekts anfallen. Am Beispiel eines Autos wären dies Versicherungs-, Wartungs- und Treibstoffkosten. Allgemein bestehen die Betriebskosten typischerweise aus folgenden Positionen, wobei diese häufig in variable und fixe Kosten (Strukturkosten) unterteilt werden:

- Löhne/Gehälter
- Material
- Energie
- Raum
- Instandhaltung und Reparatur
- Betriebsmittel

Beispiel: Kostenvergleichsrechnung

Als Vorbildwirkung auf alle Mitarbeiter verlangt der Aufsichtsrat eines Unternehmens, die Kosten für den Vorstand zu kürzen. Die bisherigen Jahreskosten setzen sich folgendermaßen zusammen:

- Vorstandsgehälter für drei Direktoren: € 1,20 Mio.
- Gehälter für drei Assistenten: € 0,21 Mio.
- Gehälter für drei Chauffeure: € 0,15 Mio.

Die Dienstfahrzeuge haben einen Anschaffungswert von je € 100.000 und werden jeweils nach drei Jahren mit einem Eintauschwert von € 50.000 zurückgegeben. Der kalkulatorische Zinssatz beträgt 10 %. Der Lohnbuchhaltung entnehmen wir, dass für die Chauffeure Reisespesen bzw. Diäten von insgesamt € 75.000 anfallen. Die sonstigen Betriebskosten (Versicherung, Treibstoff, etc.) betragen € 30.000. Aus einem Wirtschaftsmagazin erfährt der Vorstand, dass einige amerikanische Weltkonzerne dazu übergehen, anstelle der Chauffeure die Assistenten fahren zu lassen und diese während der zum Teil langen Warte- und Stehzeiten in einem im PKW eingerichteten mobilen Büro (Smartphone, Notebook, Mobil-Printer etc.) bzw. Hotel etc. Assistenzarbeit leisten zu lassen. Mit einer Brutto-Prämie von € 1.000 monatlich wären die Assistenten bereit, auf diesen Vorschlag einzugehen. Die Aufrüstung der Limousinen würde pro Mobilbüro € 6.000 (ND drei Jahre) betragen.

Wie hoch sind die jährlichen Kosten für beide Varianten?

Zur Berechnung der Kosten beider Varianten sind die jeweiligen Kapitalkosten und Betriebskosten zu bestimmen. Die Kapitalkosten entstehen bei der derzeitigen Variante aus der Investition in die Dienstfahrzeuge. Die kalkulatorische Abschreibung für alle drei Autos ergibt sich gemäß Formel 3.9 aus dem gesamten Anschaffungswert minus dem Restwert der drei Fahrzeuge dividiert durch die Nutzungsdauer: 3 × (100.000–50.000)/3 = 50.000. Analog dazu werden die kalk. Zinsen berechnet: 3 × (100.000+50.000)/2 × 10 % = 22.500. Bei der Assistentenvariante kommen zu den in gleicher Weise vorhandenen Kapitalkosten für die Dienstfahrzeuge noch die Kapitalkosten der Mobilbüros dazu. Die zusätzliche Abschreibung beträgt € 6.000 (= 3 × (6.000–0)/3). Die jährlich zusätzlichen kalkulatorischen Zinsen betragen € 900 (= 3 × (6.000+0)/2 × 10 %).

	Derzeit	Assistentenmodell
Anschaffungswert Fahrzeuge	300.000	300.000
Restwert Fahrzeuge	150.000	150.000
Nutzungsdauer in Jahren	3	3
Aufrüstungskosten Mobilbüro		18.000
Restwert Mobilbüro		0
Nutzungsdauer in Jahren		3
Kalk. Zinssatz	10 %	10 %
Abschreibung	50.000	56.000
Kalk. Zinsen	22.500	23.400
Kapitalkosten	**72.500**	**79.400**
Vorstandsgehälter	1.200.000	1.200.000
Assistenzkosten	210.000	210.000
Zusatzkosten Assistenten		36.000
Chauffeure	150.000	
Reisespesen und Diäten	75.000	75.000
Personalkosten	**1.635.000**	**1.521.000**
Sonstige Betriebskosten	30.000	30.000
Betriebskosten	**1.665.000**	**1.551.000**
Gesamtkosten	**1.737.500**	**1.630.400**
Einsparung		**–107.100**

Bei den Betriebskosten ergibt sich bei der Assistentenvariante ein zusätzlicher Betrag aus den monatlichen Prämien für die Assistenten in Höhe von € 36.000 (= 3 × 12 × 1.000), dafür entfallen die Gehaltskosten für die Chauffeure. Die restlichen Betriebskosten bleiben unverändert. Aus den derzeitigen Gesamtkosten von € 1.737.500 ergibt sich ein Einsparungspotenzial von € 107.100.

Das gezeigte Beispiel ist von fixen und gleichen „Mengen" (z.B. Anzahl Kilometer, Anzahl Reisetage, …) ausgegangen. In der Praxis kann sich sowohl die Menge zwischen den Varianten unterscheiden, weil sich z.B. die Maschinentypen verschiedener Hersteller in ihrer Kapazität unterscheiden, oder weil die Menge nicht fix festgelegt ist. Z.B. ist diese bei der Anschaffung von Druckern oder Kopierern zum Zeitpunkt der Investition schwer zu bestimmen. In diesem Fall gilt es, zwischen fixen und variablen Kosten zu unterscheiden und den Vergleich auf Basis der *Kosten je Leistungseinheit* durchzuführen.

3.3.2. Gewinnvergleichsrechnung

Gewinnvergleichsrechnung. Die Gewinnvergleichsrechnung stellt eine Erweiterung der Kostenvergleichsrechnung um die Erlösseite dar. Durch die Berücksichtigung der aus der Investition resultierenden Erträge lässt sich die Wirtschaftlichkeit von Investitionen und damit auch die Investition mit der höchsten Gewinnaussicht bestimmen bzw. im Einzelfall, ob mit dem Investitionsvorhaben überhaupt ein Gewinn erzielt wird.

Grundstruktur		**€**
	Erträge	300.000
–	Kapitalkosten	100.000
–	Fixe Betriebskosten	100.000
–	Variable Betriebskosten	50.000
=	**Gewinn**	**50.000**

Voraussetzung für die Gewinnvergleichsrechnung ist die Möglichkeit, den Investitionen Erträge sinnvoll zuzuordnen. Eine spezielle Form von Erträgen stellen die aus Investitionen erhofften Kosteneinsparungen insbesondere bei Rationalisierungsinvestitionen dar. Dabei wird die Investitionsbewertung sehr häufig mit Hilfe der Gewinnvergleichsrechnung anstatt der Kostenvergleichsrechnung gemacht. Anstatt die Kosten beider Varianten zu vergleichen, wird der Gewinn durch die Investition ermittelt. Als Erträge fließen die Kosteneinsparungen durch die Investition ein und als Kosten die mit der Investition verbundenen Zusatzkosten.

Beispiel: Gewinnvergleichsrechnung

Ein LKW-Hersteller plant eine Rationalisierungsinvestition im Bereich der Fahrerhausfertigung. Durch den gleichmäßigen Kleberauftrag mittels Roboter kann bei den Türseitenscheiben die Gummi-Umspritzung entfallen. Dadurch kann der Einkaufspreis der Seitenscheiben um € 6,33 je Scheibe, d.h. € 12,66 je Fahrerhaus und die Vorgabezeit bei der Montage um 1,5 Minuten (3 Minuten je Fahrerhaus) reduziert werden. Dies entspricht einer Gesamteinsparung von € 14,21 je Fahrerhaus. Der erforderliche Finanzaufwand für die Anschaffung des Scheibenkleberoboters beträgt inklusive den Kosten für die Inbetriebsetzung € 305.225. Die betriebliche Nutzungsdauer wird mit zehn Jahren kalkuliert. Es wird von keinem Veräußerungserlös nach den zehn Jahren ausgegangen. Die Stückzahl an produzierten Fahrerhäusern wird für die Nutzungsdauer konstant mit jährlich 14.000 geplant. Soll die Investition bei einem Kalkulationszinssatz von 10 % durchgeführt werden?

Gewinnvergleich		**€/Jahr**	
	Erträge (Einsparung)	198.940,00	14.000 × 14,21
–	kalk. Abschreibung	30.522,50	(305.225–0)/10
–	kalk. Zinsen	15.261,25	(305.225+0)/2 × 10 %

–	Kapitalkosten	45.783,75
–	Fixe Betriebskosten	0,00
–	Variable Betriebskosten	0,00
=	**Gewinn**	**153.156,25**

Entsprechend der Höhe des jährlich zu erwartenden Gewinns zeigt die Gewinnvergleichsrechnung deutlich, dass die Investition durchgeführt werden sollte. Zur gleichen Entscheidung würde die Kostenvergleichsrechnung führen. Während bei der derzeitigen Variante kein Roboter und damit keine Kapitalkosten, dafür aber variable Kosten anfallen, entstehen durch die Rationalisierung vor allem Kapitalkosten aus der Anschaffung des Roboters. Zusätzliche Betriebskosten sind aus der Angabe nicht ersichtlich. In der Realität wären jedoch zumindest Wartungs- und Reparaturkosten sowie Energiekosten anzusetzen. Der Kostenvergleich würde unter Vernachlässigung dieser Kosten wie folgt aussehen.

Kostenvergleich	**Derzeit**	**Roboter**
Kalk. Abschreibung	0,00	30.522,50
Kalk. Zinsen	0,00	15.261,25
Kapitalkosten	**0,00**	**45.783,75**
Fixe Betriebskosten	0,00	0,00
Variable Betriebskosten	198.940,00	0,00
Gesamtkosten	**198.940,00**	**45.783,75**
Einsparung		**–153.156,25**

Bei gleichen Erträgen liefert die Gewinnvergleichsrechnung beim Alternativenvergleich das gleiche Ergebnis wie die Kostenvergleichsrechnung. Während es im vorangegangen Beispiel Geschmackssache ist, wie die Differenz von € 153.156,25 errechnet wird, ist es unerlässlich, die Gewinnvergleichsrechnung anzuwenden, wenn sich die Investitionsvarianten in den Erträgen unterscheiden, sei es durch

- unterschiedlichen Ertrag je Stück oder
- unterschiedliche Menge bei gleichem oder unterschiedlichem Ertrag.

Break-Even-Point. Die in der Gewinnvergleichsrechnung angesetzten Erträge werden in hohem Maße durch die Entwicklung an den Absatzmärkten bestimmt. Während die mit der Investition verbundenen Kosten und Kapazitäten gut abschätzbar sind, stellen die geplanten Absatzmengen häufig den größten Unsicherheitsfaktor dar. Es empfiehlt sich daher, zur Risikoabschätzung die *Gewinnschwelle* (Break-Even-Point) jeder Variante zu ermitteln.

Gewinn = Erlöse – Kosten

Gewinn = Stückpreis × Stückzahl – Variable Kosten je Stück × Stückzahl – Fixkosten

Gewinn = (Stückpreis – Variable Kosten je Stück) × Stückzahl – Fixkosten

Gewinn = Deckungsbeitrag je Stück × Stückzahl – Fixkosten

$$\text{Gewinnschwelle in Stück} = \frac{\text{Fixkosten}}{\text{Deckungsbetrag je Stück}} \qquad \textit{(Formel 3.11)}$$

Kritische Auslastung. Gleichzeitig empfiehlt es sich, beim Variantenvergleich neben dem Break-Even-Point jeder Variante auch die *kritische Auslastung* zu bestimmen. Die kritische Auslastung ist jene Leistungsmenge, *bei der die Investitionsvarianten den gleichen Gewinn erzielen*:

Gewinn 1 = Gewinn 2

Stückzahl 1 = Stückzahl 2

DB 1 je Stück × Stückzahl – Fixkosten 1 = DB 2 je Stück × Stückzahl – Fixkosten 2

$$\text{Stückzahl} = \frac{\text{Fixkosten 1} - \text{Fixkosten 2}}{\text{DB 1 je Stück} - \text{DB 2 je Stück}} \qquad \textit{(Formel 3.12)}$$

Beispiel: Break-Even-Point und kritische Auslastung

		Variante 1		Variante 2	
		Periode	je Stück	Periode	je Stück
Anschaffungswert	€	500.000		300.000	
Restwert	€	0		0	
Nutzungsdauer	Jahre	10		10	
Erträge je Leistungseinheit	€/Stück	50		40	
Variable Kosten je Leistungseinheit	€/Stück	38		32	
Zinssatz	%	10		10	
Abschreibung	€/Jahr	50.000		30.000	
Zinsen	€/Jahr	25.000		15.000	
∑ Kapitalkosten	€/Jahr	75.000		45.000	
∑ Betriebskosten	€/Jahr	90.000		40.000	
∑ Fixkosten	**€/Jahr**	**165.000**		**85.000**	
∑ Variable Kosten	**€/Jahr**	**760.000**	**38**	**640.000**	**32**
Gesamtkosten	**€/Jahr**	**925.000**		**725.000**	
Erträge	€/Jahr	1.000.00	50	800.000	40
DB	€/Jahr	240.000	12	160.000	8
Gewinn	**€/Jahr**	**75.000**		**75.000**	
Break-Even-Point	**Stück**	**13.750**		**10.625**	
Kritische Auslastung	**Stück**	**20.000**		**20.000**	

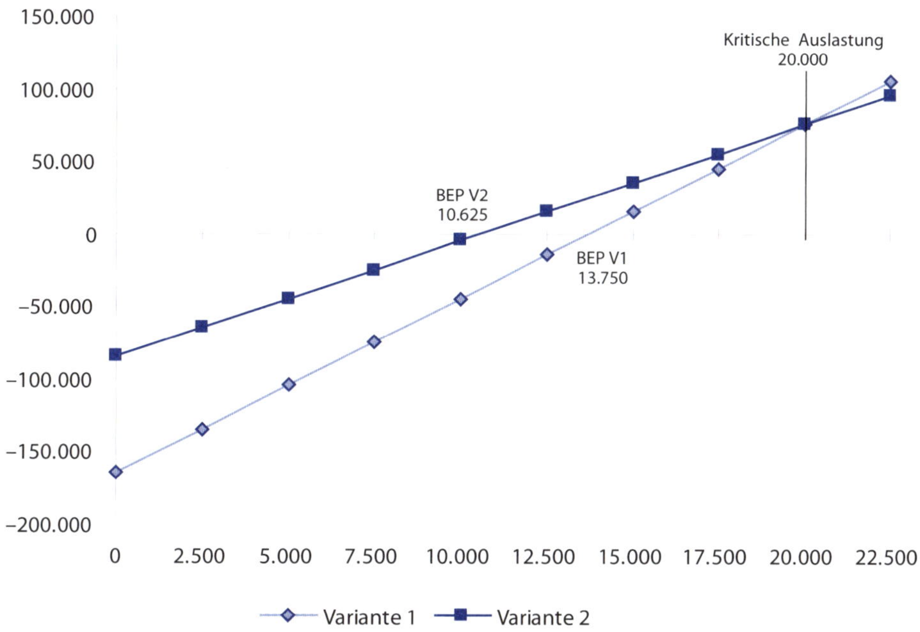

Abbildung 100: Break-Even-Point und kritische Auslastung je Alternative

Die Gewinnvergleichsrechnung zeigt den absoluten Gewinn der Alternativen, wobei durch den Ansatz der kalkulatorischen Zinsen analog zur Kapitalwertmethode der „Übergewinn", d.h. der über die geforderte Mindestverzinsung erwirtschaftete Gewinn, gezeigt wird. Sie zeigt jedoch nicht die Rentabilität einer Investition. Bei ungleichem Kapitaleinsatz zwischen den Alternativen wird unterstellt, dass das überschüssige Kapital bei der Investition mit dem geringeren Kapitaleinsatz keinen über der geforderten Verzinsung liegenden Gewinn erwirtschaftet.

3.3.3. Rentabilitätsrechnung

Rentabilitätsrechnung. Die Rentabilitätsrechnung erlaubt im Gegensatz zur Kosten- und Gewinnvergleichsrechnung eine Aussage über die absolute Wirtschaftlichkeit einer Investition. Werden anhand der Rentabilitätsrechnung verschiedene Investitionsvarianten verglichen, wird jene mit der höchsten Verzinsung ausgewählt. Neben dem Vergleich mehrerer Alternativen (Ersatzproblem, Auswahlproblem) kann die Rentabilitätsrechnung auch zur Prüfung einer Einzelinvestition herangezogen werden, bei der eine entsprechende *Mindestrentabilität* gefordert wird.

Die Rentabilität wird im Allgemeinen als der durchschnittliche Gewinn einer Periode in Relation zum durchschnittlich gebundenen Kapital betrachtet:

$$\text{Rentabilität} = \frac{\text{Gewinn}}{\text{Gebundenes Kapital}} \times 100 \qquad \textbf{\textit{(Formel 3.13)}}$$

Je nach Definition der Begriffe Gewinn und gebundenes Kapital lassen sich eine Reihe unterschiedlicher Rentabilitätsgrößen und den damit verbundenen Aussagen erreichen. Unabhängig der jeweiligen Rentabilitätsdefinition sollten folgende Gesichtspunkte berücksichtigt werden:

- Unter Gewinn ist der *zusätzliche* Gewinn zu verstehen, der der Investition zugerechnet werden kann. Bei Investitionen zur Rationalisierung ist als Gewinn die Kostenersparnis zu betrachten.
- Der Gewinn sollte nicht um die kalkulatorischen Zinsen vermindert werden, da die Rentabilitätsrechnung die Durchschnittsverzinsung einer Investition widerspiegeln soll. Das Ansetzen kalkulatorischer Zinsen würde daher nur die Verzinsung darüber hinaus zeigen.
- Nicht abnutzbare Anlagegüter wie Grundstücke werden mit dem Anschaffungswert angesetzt, da sie am Ende der Investitionsperiode nicht verbraucht sind.
- Umlaufvermögen wird meist mit dem Anschaffungswert angesetzt.

Die Differenzinvestition. Im Gegensatz zur Kosten- und Gewinnvergleichsrechnung berücksichtigt die Rentabilitätsrechnung explizit den unterschiedlich hohen Kapitaleinsatz der Investitionsvarianten. Sie unterstellt jedoch, dass für die Differenz des eingesetzten Kapitals die gleiche Rentabilität erzielt wird. Abbildung 101 zeigt die Kapitalrentabilität mit und ohne Verzinsung. In der Zeile Rentabilität wird unterstellt, dass die Differenz von 250.000 ebenfalls mit 28 % verzinst wird. Hingegen zeigt die Zeile Gesamtkapitalrentabilität das Ergebnis, wenn das Differenzkapital gänzlich unverzinst bleibt. Aus theoretischer Sicht wäre die Rentabilität der möglichen Differenzinvestition zu berücksichtigen.

$$\text{Gesamtrentabilität} = \frac{\text{Gewinn} + \text{Differenzgewinn}}{\text{Gebundenes Kapital} + \text{Differenzkapital}}$$

$$\text{Gesamtrentabilität} = \frac{\text{Kap}}{\text{Kap} + \text{Kap}_{\text{dff}}} \times \text{Rent} + \frac{\text{Kap}_{\text{dff}}}{\text{Kap} + \text{Kap}_{\text{dff}}} \times \text{Rent}_{\text{dff}} \qquad \textbf{\textit{(Formel 3.14)}}$$

		Variante 1	Differenz	Variante 2
Anschaffungswert	€	500.000	250.000	250.000
Restwert	€	0	0	0
durchschnittlicher Kapitaleinsatz	€	250.000	125.000	125.000
durchschnittlicher Periodengewinn	€/Jahr	40.000	0	35.000
Rentabilität	%	16	0	28
Rentabilität Gesamt	%	16		14

Abbildung 101: Differenzinvestition beim Rentabilitätsvergleich

Neben der Ermittlung der Gesamtrentabilität kann ermittelt werden, wie hoch die Rentabilität der Differenzinvestition sein muss, um zumindest die Rentabilität der Vergleichsvariante zu erreichen.

$$Rent_{dff} = Rent_{ges} \times \frac{Kap + Kap_{dff}}{Kap_{dff}} - \frac{Kap}{Kap_{dff}} \times Rent \qquad \textit{(Formel 3.15)}$$

		Variante 1	Differenz	Variante 2
Anschaffungswert	€	500.000	250.000	250.000
Restwert	€	0	0	0
durchschnittlicher Kapitaleinsatz	€	250.000	125.000	125.000
durchschnittlicher Periodengewinn	€/Jahr	40.000	5.000	35.000
Rentabilität	%	16	4	28
Rentabilität Gesamt	%	16		16

Abbildung 102: Mindestverzinsung von Differenzinvestitionen

Unabhängig von der Frage der Differenzinvestitionen darf bei der Betrachtung der Rentabilität von Investitionen nicht übersehen werden, dass diese die durchschnittliche Kapitalrendite über die gesamte Nutzungsdauer darstellt. Demgegenüber führen Investitionen buchhalterisch am Beginn der Nutzungsdauer meist zu Rentabilitätseinbußen (siehe Kapitel Interne-Zinsfuß-Methode). Grund dafür ist die Aktivierung des Investitionsobjektes im Anlagevermögen, das über die Nutzungsdauer schrittweise abgeschrieben wird. Bei gleichmäßigen Gewinnen führt dies zu niedrigen Renditen am Anfang und hohen Renditen am Ende der Nutzungsdauer.

Zusammenfassung. Kosten-/gewinnorientierte statische Investitionsrechnungsverfahren sind in der Praxis einfach zu handhaben. Sie vergleichen Investitionsalternativen anhand der Erfolgsgrößen einer repräsentativen Durchschnittsperiode. Neben ihrer Einfachheit zeichnen sie folgende Vorteile aus:

- ein verhältnismäßig geringer Aufwand bei der Datenbeschaffung;
- bei großer Unsicherheit täuschen statische Verfahren keine Scheingenauigkeit vor.

Der größte Vorteil der statischen Investitionsrechnungsverfahren ist gleichzeitig ihr schwerwiegendster Nachteil. Das Vernachlässigen des zeitlichen Anfalls von Ein- und Auszahlungen führt einerseits zu einfachen Modellen, spiegelt andererseits jedoch das tatsächliche Geschehen nur bedingt wider. Ein sofortiger Gewinn von 100.000 ist *nicht gleichwertig* mit einem Gewinn in zehn Jahren. Der Zeitfaktor kann nur mit *zinseszinsmäßiger* Berechnung adäquat in die Betrachtung einbezogen werden. *Neben dem Zeitwert des Geldes ignorieren statische Methoden die Liquiditätswirkung* von Investitionen. Beispielsweise kann der

Kostenvergleich ergeben, dass es wirtschaftlich sinnvoll ist, eine bestehende Anlage zu ersetzen. Der Kostenvergleich zeigt jedoch nicht, dass im Zeitpunkt des Ersatzes eine massive Liquiditätsbelastung entsteht, die erst über verminderte Auszahlungen über die Nutzungsdauer kompensiert wird.

3.4. Qualitative Investitionsbewertung – Nutzwertanalyse

Das primäre Ziel von Investitionsvorhaben ist die Verbesserung der finanziellen Performance eines Unternehmens und damit die Steigerung des Unternehmenswertes. Investitionen sind in der betrieblichen Praxis jedoch nicht nur eine finanzielle Herausforderung. Beispielsweise ist es beim Kauf eines Unternehmens nicht mit der Überweisung des Kaufpreises getan. Bei Investitionen handelt es sich überwiegend um große Projekte mit Auswirkungen in vielen Bereichen.

Die Beurteilung des Gesamtnutzens von Investitionen auf Basis der quantitativen und qualitativen Auswirkungen kann mit Hilfe der *Nutzwertanalyse* erfolgen. Dabei werden Kriterien so definiert und gewichtet, dass sie den vom Unternehmen erwarteten Nutzen möglichst widerspiegeln. Die Investitionsvarianten werden für jedes Nutzenkriterium mit Punkten bewertet (meist auf einer Skala von 0 (gar nicht erfüllt) bis 100 (voll erfüllt)), die dann mit der Gewichtung des Kriteriums multipliziert werden. Die Investition mit der höchsten Gesamtpunkteanzahl verspricht den größten Nutzen.

		Variante 1		Variante 2	
Nutzenkriterien	**Gewicht in %**	**Punkte (von 100)**	**Gewichtete Punkte**	**Punkte (von 100)**	**Gewichtete Punkte**
Strategischer Fit	30	100	30,0	60	18,0
Umstellungsaufwand	15	30	4,5	100	15,0
Mitarbeiterakzeptanz	15	50	4,5	40	6,0
Erhöhung der Betriebsstabilität	15	50	7,5	60	9,0
Erhöhung Kosteneffizienz	25	80	20,0	50	12,5
Gesamt	**100**		**69,5**		**60,5**

Im konkreten Beispiel zeigt sich, dass Variante 1 aus der Summe der zu berücksichtigenden Faktoren den höheren Nutzen (69,5) verspricht. Variante 1 passt deutlich besser zur strategischen Ausrichtung des Unternehmens und lässt zudem eine stärkere Steigerung der Kosteneffizienz erwarten. Der große Nachteil von Variante 1 ist hingegen der hohe Umstellungsaufwand.

Insgesamt ist die Nutzwertanalyse ein sehr hilfreiches Instrument, wobei der große Wert nicht aus der mathematischen Bestimmung des Nutzens kommt, sondern vielmehr *aus dem Zwang, sich ganzheitlich mit dem erwarteten Nutzen und möglichen Negativeffekten auseinanderzusetzen*. In der Praxis beschränkt sich die Nutzwertanalyse vielfach auf eine einfache Gegenüberstellung der Vor- und Nachteile ohne Quantifizierung des Gesamtnutzens.

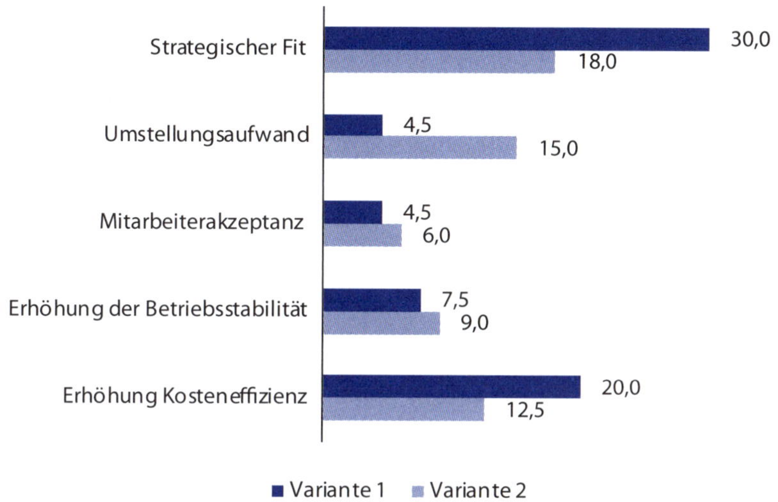

Abbildung 103: Grafische Darstellung der Faktoren des Nutzwerts

3.5. Zusammenfassung

Zu Beginn des Kapitels wurden die Tragweite von Investitionsentscheidungen und die damit verbundenen Probleme der Investitionsbeurteilung veranschaulicht. Entsprechend der Bedeutung von Investitionsentscheidungen haben sich in der Praxis unterschiedliche Investitionsplanungs- und Entscheidungsprozesse mit einer Fülle an Investitionsrechnungsverfahren entwickelt. Empirische Studien zeigen die dominierende Stellung und Verwendung der in diesem Kapitel vorgestellten Investitionsrechnungsverfahren. In der Praxis werden vor allem die Kapitalwertmethode, die Interne Zinsfußmethode sowie die Amortisation werden besonders häufig angewendet.

Weiters zeigen die Studien, dass nur ein Teil der Investitionen verpflichtend mit einem Investitionsantrag eingereicht und zentral genehmigt werden muss. Die Grenze ist dabei stark von der Unternehmensgröße abhängig. Je größer die Unternehmen sind, desto höher ist die Genehmigungsgrenze.

Zuletzt zeigen die Studien, dass ein relativ hoher Teil der Investitionsanträge genehmigt wird. Dies lässt darauf schließen, dass viele Investitionen auf die Mindesterfordernisse „hingerechnet" werden.

3.6. Kontrollfragen

- Was versteht man unter einer Investition?
- Welche Arten von Investitionen gibt es?

- Warum sind Investitionsentscheidungen so bedeutend für den Erfolg von Unternehmen?
- Worin liegen die besonderen Schwierigkeiten von Investitionsentscheidungen?
- Wie viel Prozent vom Umsatz investieren Unternehmen durchschnittlich?
- Welche drei wesentlichen Phasen gibt es im Investitionsplanungs- und -steuerungsprozess?
- Welche drei wesentlichen Konzepte der Risikoanalyse von Investitionen gibt es, wie funktionieren sie und worin liegen die wesentlichen Unterschiede?
- Welche wesentlichen Investitionsrechnungsverfahren kennen Sie?
- Wie unterscheiden sich statische und dynamische Verfahren grundsätzlich?
- Was ist die Aussage der statischen Amortisationsrechnung und welche Schwächen hat sie?
- Wie wird der Kapitalwert berechnet und was ist die Aussage eines positiven Kapitalwerts?
- Was versteht man unter dem Begriff der Differenzinvestition beim Vergleich von Investitionsalternativen?
- Welche Möglichkeiten gibt es, Investitionsalternativen mit unterschiedlichem Kapitaleinsatz bzw. unterschiedlicher Nutzungsdauer zu vergleichen?
- Was versteht man unter der Kapitalwert-Indifferenz-Isoquante?
- Wie ist der Interne Zinsfuß definiert?
- Wie ist der Zusammenhang von Kapitalwert und Internem Zinsfuß?
- Was ist bei der Interpretation des Internen Zinsfußes zu berücksichtigen?
- Was versteht man unter dem Relevanten Cashflow und aus welchen wesentlichen Komponenten besteht er?
- Warum wird beim Kapitalwert nach Steuern zur Bestimmung des operativen Cashflows der Umweg über die G+V vorgenommen?
- Für welche Art von Investitionsentscheidungen wird die Kostenvergleichsrechnung verwendet?
- Welche wesentlichen Kostenpositionen umfasst die Kostenvergleichsrechnung?
- Erklären Sie den Zusammenhang zwischen Gewinnvergleichsrechnung und Kapitalwertverfahren!
- Was versteht man unter der kritischen Auslastung?
- Wie funktioniert das Konzept der Nutzwertanalyse und wann wird sie eingesetzt?
- Wie sind Investitionsanträge aufgebaut?

3.7. Tutorials

Schwierigkeitsgrad: •••

Beispiel T10: Investitionsrechnung Autolackierwerk

Das betriebseigene Forschungslabor eines Autolackierungswerkes, das im Drei-Schicht-Betrieb ca. 240 Tage/Jahr arbeitet, entdeckt bei Probemessungen, dass an einigen Teilen die Lackschicht zu dick ist. Software zur Lackaufspritzoptimierung für den im Betrieb befindlichen Lackierautomaten wird dem Unternehmen um € 300.000 angeboten, zusätzlich benötigte Hardwarekomponenten zu

€ 90.000. Die Implementierungskosten werden auf € 45.000 geschätzt. Die Nutzungsdauer der Gesamtanlage beträgt vier Jahre, Software und Hardware haben keinen Restwert. Das Einsparungspotential wird pro Auto mit durchschnittlich 0,2 kg Farbe geschätzt. Der Preis je kg Farbe beträgt € 25,0. In der ersten und zweiten Schicht werden je 50 Einheiten, in der dritten Schicht 30 Einheiten produziert. Die Farbe wird beim Lieferanten „just in time" gekauft. Um den oben genannten Lackpreis zu erzielen, ist die Vorauszahlung der Jahresmenge vereinbart. Der Kalkulationszinssatz beträgt 14,5 %.

Aufgabenstellung

1. Berechnen Sie die statische Amortisationsdauer. Ist diese Investition durchzuführen, wenn Investitionen nur mit einer Amortisationszeit von unter drei Jahren genehmigt werden?
2. Berechnen Sie den Kapitalwert der Investition. Ist die Investition vorteilhaft?
3. Mit welchen Argumenten würden Sie Ihren Vorschlag bei der Präsentation verteidigen?
4. Mit welchen Argumenten könnte der zuständige Betriebsleiter für die Karosseriemontage Ihren Vorschlag bekämpfen, um ein anderes von ihm bevorzugtes Investitionsvorhaben durchzubringen?
5. Im Rahmen der Präsentation kommt von der Vertriebsseite der Hinweis, dass ein Großkunde – der derzeit täglich 40 Einheiten bezieht – überlegt, in Osteuropa zuzukaufen. Sollte dieser Kunde ausfallen, würden ab dem zweiten Jahr nur mehr 90 Einheiten im Zwei-Schicht-Betrieb produziert werden. Welche Auswirkungen hätte dieser Mengenverlust auf die Amortisationsdauer und den Kapitalwert?

Lösungen

- Statische Amortisationsdauer (drei Schichten): 2,79 Jahre
- Kapitalwert (drei Schichten): € 80.158
- Kapitalwert (zwei Schichten): € -30.352

Beispiel T11: Kapitalwert vor und nach Steuern

Schwierigkeitsgrad: ••

Ein Investitionsobjekt hat den Anschaffungswert von € 1,2 Mio. Die daraus resultierenden zahlungswirksamen jährlichen Aufwendungen und Erträge werden wie folgt geschätzt:

	Einzahlungen	Auszahlungen
Jahr 1	600.000	300.000
Jahr 2	700.000	300.000
Jahr 3	700.000	350.000
Jahr 4	700.000	400.000
Jahr 5	800.000	500.000

Das Objekt wird unternehmens- und steuerrechtlich auf fünf Jahre abgeschrieben. Der Ertragsteuersatz beträgt 25 %. Die geforderte Mindestverzinsung beträgt 5 %.

Aufgabenstellung

1. Ist die Investition vor Steuern vorteilhaft?
2. Ist die Investition nach Steuern vorteilhaft?

Lösungen

- Kapitalwert vor Steuern: € 232.738
- Kapitalwert nach Steuern: € 134.322

Schwierigkeitsgrad: •••

Beispiel T12: Kapitalwert – Bonus–Malus

Infolge einer Unachtsamkeit haben Sie Anfang des Jahres einen Parkschaden verursacht. Bei der Inspektion des Schadens in der Werkstätte wird dieser auf € 600 geschätzt. Es stellt sich für Sie nun die Frage, ob Sie den Schaden selbst begleichen oder durch die Versicherung übernehmen lassen.

Das Bonus-Malus-System, bei dem alle PKW-Fahrer in der Grundstufe 9 beginnen, hat folgendes Aussehen:

Stufe	0	1	2	3	4	5	6	7	8	9	10	11	12	13	14	15	16	17
Satz in %	50	50	60	60	70	70	80	80	100	100	120	120	140	140	170	170	200	200

Jedes unfallfreie Jahr bringt den Versicherungsnehmer in die nächstbessere Prämienstufe, umgekehrt wird man nach jedem Unfall um drei Prämienstufen zurückgestellt.

Die KFZ-Haftpflichtversicherung beträgt für Ihren PKW in der Grundstufe 9 € 700,00 pro Jahr. Sie sind im aktuellen Jahr bereits in der Prämienstufe 5, d.h., dass Sie nur mehr 70 % bzw. € 490 KFZ-Haftpflichtversicherung zahlen. Sofern Sie den Schaden selbst bezahlen, würden Sie im Folgejahr in Prämienstufe 4 wiederum € 490 zahlen. Übergeben Sie hingegen den Schaden ihrer Versicherung, so übernimmt diese zwar die volle Höhe des Schadens, Sie werden jedoch im Folgejahr in Prämienstufe 8 rückgestuft. Die Versicherungsprämie für das aktuelle Jahr bleibt unberührt. An sich verfügen Sie über genügend Liquide Mittel, um den Schaden aus eigener Tasche bezahlen zu können. Sie glauben jedoch, diese Mittel mit einem Zinssatz von 10 % p.a. veranlagen zu können.

Aufgabenstellung

1. Zeigen Sie die Entwicklung der Zahlungsströme für beide Varianten. Gehen Sie davon aus, dass die Versicherungsbeiträge sowie die Auszahlung im Falle der privaten Bezahlung des Schadens jeweils zum 1. Januar anfallen und vergleichen Sie den Barwert der beiden.

2. Wozu würden Sie sich entschließen, wenn ihre optimistische Einschätzung zutrifft, dass Sie in den nächsten Jahren keinen weiteren Unfall verursachen und tatsächlich 10 % Rendite bei ihrer Veranlagung erzielen?

Lösungen

- Bezahlung des Schadens: ist günstiger
- Barwertdifferenz: € 69,8

Beispiel T13: Interner Zinsfuß – Leasing

Schwierigkeitsgrad: ••

Ein langjähriger Audi-Fan möchte sich seinen lange gehegten Wunsch, einen Audi A6, erfüllen. In der gewünschten Ausstattung ergibt sich ein Kaufpreis von € 55.530. Da er nicht genügend Eigenmittel hat, überlegt er, das Auto zu leasen. Bei einer bekannten österreichischen Bank findet er folgendes Leasingangebot:

Kaufpreis:	55.530
Anzahlung:	11.106
Laufzeit in Monaten:	48
Monatliche Leasingrate (nachschüssig):	637,45
Restwert:	23.945

Aufgabenstellung

- Wie hoch ist der effektive Jahreszinssatz, mit der die Bank in ihrem Leasingangebot kalkuliert, unter der Annahme, dass sie den Kaufpreis tatsächlich zahlen muss und das Auto zum Restwert veräußert?

Lösungen

- Interner Zinsfuß p.a.: 7,5 %

Beispiel T14: Kostenvergleich BMW 525i und BMW 525d

Schwierigkeitsgrad: ••

Ein deutscher Unternehmensberater, der jährlich ca. 30.000 km fährt und alle drei Jahre sein Fahrzeug wechselt, erstellt für die fällige Ersatzinvestition folgenden Kostenvergleich:

	BMW 525i	BMW 525d
AW	46.100	45.290
RW nach 3 Jahren	33.000	34.000
Verbrauch in Liter je 100 km	7,4	6,2
∅ Treibstoffpreis je Liter	1,2	1,2
Serviceintervall	15.000	15.000
Kosten/Service	1.000	1.200

Der Kalkulationszinssatz beträgt 8 %. Das derzeitige Fahrzeug wird vom BMW-Händler für € 30.000 zurückgenommen. Die jährliche Versicherung beträgt 4 % vom Neupreis, wobei es für die Dieselvariante eine Vergünstigung von 10 % gibt.

Aufgabenstellung

1. Erstellen Sie den Kostenvergleich für beide Fahrzeugvarianten.
2. Wie hoch ist die jährliche Kilometeranzahl, bei der beide Fahrzeugvarianten gleich teuer sind?
3. Wie hoch muss der Dieselpreis sein, damit beide Fahrzeugvarianten gleich teuer sind (bei 30.000 km/Jahr)?

Lösungen

- Kosten pro Jahr BMW 525i: € 14.039
- Dieselpreis: € 1,652 je Liter

Schwierigkeitsgrad: ••

Beispiel T15: Kosten- und Gewinnvergleich

Ein Unternehmen überlegt, eine bestehende Verpackungsmaschine zu ersetzen. Zwei alternative Angebote liegen vor. Der kalkulatorische Zinssatz beträgt 10 %, die Nutzungsdauer zehn Jahre.

		Alte Anlage	Variante 1	Variante 2
Anschaffungswert	€	40.000	50.000	70.000
Restwert	€	0	0	0
Planleistung	Stück	2.000	2.500	3.500
Fixe Betriebskosten	€/Jahr	4.000	1.000	3.000
Variable Kosten		2.000	2.500	3.500

Aufgabenstellung

1. Soll die bestehende Anlage auf Basis der Kosten ersetzt werden? Wenn ja, durch welche Variante?
2. Berechnen Sie die Kosten für alle Varianten bei der jeweils möglichen Planleistung und der derzeitigen Leistung.
3. Berechnen Sie den Break-Even-Point, wenn der Ertrag je Stück € 15 beträgt.
4. Welchen Gewinn versprechen die Varianten bei der derzeitigen Planleistung und bei den möglichen Planleistungen?
5. Diskutieren Sie die Ergebnisse des Kostenvergleichs im Hinblick auf die Liquiditätswirkung. Zeigen Sie die Auszahlungen aller Varianten über die gesamte Nutzungsdauer.

Lösungen

- Gesamtkosten je Stück bei Planleistung: alte Anlage: € 6,00; Variante 1: € 4,40; Variante 2: 4,86
- BEP alte Anlage: 714 Stück

Beispiel T16: Interner Zinsfuß vs. ROCE

Schwierigkeitsgrad: •••

Berechnen Sie für das Beispiel „Kauf von Musik-Rechten – Cash Conversion Cycle“ von Seite 32 den Internen Zinsfuß und zeigen Sie den ROCE für alle fünf Jahre (ROCE: Gewinn/gebundenes Kapital am Jahresanfang). Das gebundene Kapital entspricht der Bilanzsumme abzüglich liquider Mittel.

Aufgabenstellung

- Berechnen Sie den Internen Zinsfuß und den ROCE für alle fünf Jahre und diskutieren Sie die Ergebnisse im Hinblick auf die von Führungskräften verfolgte Investitionspolitik insbesondere bei kapitalmarktorientierten Unternehmen.

Lösungen

- Interner Zinsfuß: 7,93 %
- ROCE Jahr 1: 5 %, ROCE Jahr 5: 25 %

3.8. Übungsbeispiele und -aufgaben

Beispiel U54: Entscheidungsbaum[9]

Schwierigkeitsgrad: ••

Bei einem Unternehmen hat ein Kunde angefragt, ob es einen Spezialapparat entwickeln würde.

Das Unternehmen rechnet mit zahlungswirksamen Entwicklungskosten von € 40.000. Mit einer Wahrscheinlichkeit von 90 % glaubt das Unternehmen, einen brauchbaren Prototyp entwickeln zu können. Ist der Kunde mit dem Prototyp nicht zufrieden, müsste er nichts bezahlen. Ist der Kunde mit dem Prototyp zufrieden, würde er 5.000 Apparate zu einem Preis von € 200 je Stück kaufen. Wenn der Prototyp brauchbar ist, kann das Unternehmen zwischen zwei Produktionsverfahren wählen:

- Verfahren 1 weist zahlungswirksame Kosten von € 840.000 auf.
- Verfahren 2 beinhaltet zuerst die Anschaffung von Spezialmaschinen im Wert von € 110.000. Erst nach der Anschaffung der Maschinen kann bestimmt werden, ob das Verfahren auch zu brauchbaren Ergebnissen führt: Die entsprechende Wahrscheinlichkeit wird auf 80 % geschätzt: Für diesen Fall muss mit weiteren zahlungswirksamen Kosten in Höhe von € 650.000 gerechnet werden. Mit einer Wahrscheinlichkeit von 20 % dürfte sich Verfahren 2 aber als undurchführbar erweisen. Dann muss nachträglich auf Verfahren 1 umgestellt werden, was Auszahlungen für die Umstellung in Höhe von € 15.000 und reduzierte Verfahrenskosten für Verfahren 1 auf € 760.000 bedingt.

9 Quelle: CZSG – Controller Zentrum St. Gallen

Schließlich muss das Unternehmen berücksichtigen, dass die Produktion der 5.000 Apparate aus Kapazitätsgründen den Verzicht auf die Abwicklung anderer Aufträge zur Voraussetzung hat. Dies reduziert den Cashflow, der aus anderen Aufträgen erwirtschaftet wird, um € 65.000.

Aufgabenstellung

1. Erstellen Sie anhand dieser Angaben einen Entscheidungsbaum und führen Sie eine Roll-back-Analyse durch. Wie soll sich das Unternehmen entscheiden?
2. Welche Gefahren bestehen bei Entscheidungen mit diesen Verfahren, welche wesentlichen Informationen fehlen?

Lösungen

- Gesamterwartungswert: € 95.000

Schwierigkeitsgrad: ••

Beispiel U55: Sensitivitätsanalyse

Erstellen Sie für das Übungsbeispiel U53 aus Kapitel 2 für die Frage der jährlich konstanten Entnahme von € 887.025 eine Sensitivitätsanalyse.

Aufgabenstellung

1. Welche Parameter beeinflussen das Ergebnis von € 887.025?
2. Variieren Sie diese Parameter ausgehend von der Angabe in 10-%-Schritten und stellen Sie die Auswirkung auf das Ergebnis grafisch dar (siehe Abb. 74).
3. Interpretieren Sie die Ergebnisse der Sensitivitätsanalyse!

Lösungen

- Auswirkung einer 40%igen Kostenerhöhung von Rohstoff B auf die jährliche Annuität: –23,7 %
- 40 % Preisanstieg: +225,5 %; 40 % längere Nutzungsdauer: 65,8 %; 40 % höhere Investitionskosten: –119 %

Schwierigkeitsgrad: •

Beispiel U56: Statische Amortisationsrechnung

Eine Investition mit einem Anschaffungswert von € 400.000 soll entsprechend den Schätzungen der Verantwortlichen jährliche zahlungswirksame Umsätze in Höhe von € 200.000 bringen. Demgegenüber entstehen dem Unternehmen aus der Investition jährliche Auszahlungen in Höhe von € 120.000.

Aufgabenstellung

1. Berechnen Sie die Amortisationsdauer nach der Durchschnittsmethode.
2. Soll das Unternehmen die Investition durchführen, wenn eine Amortisationsdauer von max. drei Jahren akzeptiert wird?
3. Die Investition hat eine maximale Nutzungsdauer von fünf Jahren. Die Verantwortlichen glauben, dass sie nach fünf Jahren einen Verkaufserlös von

€ 20.000 erzielen könnten. Diskutieren Sie den möglichen Einfluss dieses Restwerts auf die Entscheidung bzw. die Amortisationsdauer.

Lösungen

- Amortisationsdauer: fünf Jahre

Beispiel U57: Amortisationsrechnung

Schwierigkeitsgrad: ••

Ein Beratungsunternehmen überlegt zwischen Kauf und Miete (pay per use) eines speziellen Softwareprodukts. Der Anschaffungspreis bei Kauf beträgt € 10.000. Zusätzlich ist mit dem Kauf eine jährliche Wartungsgebühr von 15 % verbunden, dafür bekommt das Unternehmen unbefristet die laufenden Updates. Alternativ könnte das Unternehmen die Software auch in einer Cloud-Version mieten und nach tatsächlicher Nutzung bezahlen. Das Unternehmen schätzt, dass das Softwareprodukt pro Jahr ca. 200 Mal genutzt wird. Die einzelne Nutzung kostet in der Mietvariante € 20. Der Kalkulationszinssatz beträgt 8 %.

Aufgabenstellung

- In welcher Zeit amortisiert sich die Investition statisch?
- In welcher Zeit amortisiert sich die Investition dynamisch?
- Welche anderen Faktoren sollten bei der Entscheidung in Betracht gezogen werden?

Lösungen

- Statische Amortisationsdauer: vier Jahre
- Dynamische Amortisationsdauer: 5,01 Jahre

Beispiel U58: Dynamische Amortisationsrechnung

Schwierigkeitsgrad: •

Ein Unternehmen erwartet sich von Investitionen 10 % Verzinsung. Der Zahlungsfluss einer möglichen Investition wird in € wie folgt geschätzt:

t0	t1	t2	t3	t4	t5	t6
–100.000	30.000	40.000	40.000	30.000	20.000	20.000

Aufgabenstellung

- Berechnen Sie die dynamische Amortisationsdauer, indem Sie schrittweise die Nutzungsdauer erweitern und jeweils den Kapitalwert berechnen, bis der Kapitalwert positiv wird.

Lösungen

- Amortisation: im vierten Jahr

Schwierigkeitsgrad: •

Beispiel U59: Amortisationsrechnung

Der Marketingverantwortliche eines Unternehmens überlegt zwischen zwei Produktvarianten, mit denen in einen neuen Markt eingetreten werden könnte. Für beide Varianten ist die gleiche Investition im Fertigungsbereich zu tätigen. Die Netto-Cashflows werden vom Marketingleiter für die erwartete Nutzungsdauer von fünf Jahren wie folgt geschätzt:

in €	Variante 1	Variante 2
Anschaffungspreis	100.000	100.000
Cashflow Jahr 1	25.000	40.000
Cashflow Jahr 2	30.000	35.000
Cashflow Jahr 3	35.000	25.000
Cashflow Jahr 4	35.000	25.000
Cashflow Jahr 5	40.000	25.000

Aufgabenstellung

1. Berechnen Sie die Amortisationsdauer statisch nach der Kumulationsmethode.
2. Berechnen Sie die Amortisationsdauer statisch nach der Durchschnittsmethode.
3. Berechnen Sie die dynamische Amortisationsdauer bei einem Kalkulationszinssatz von 10 %.
4. Interpretieren Sie die Ergebnisse.

Lösungen

- Statische Amortisation (kumuliert) von Variante 2: 3,0 Jahre
- Statische Amortisation (Durchschnitt) von Variante 2: 3,33 Jahre
- Dynamische Amortisation von Variante 2: 3 Jahre und 11 Monate

Schwierigkeitsgrad: ••

Beispiel U60: Investitionsauswahl – Amortisationsdauer

Beim Einstieg in ein neues Geschäftsfeld herrschen zwischen Mitgliedern der Geschäftsleitung unterschiedliche Meinungen über die richtige Positionierung am Markt. Ein Teil der Geschäftsführer bevorzugt Variante 1, die eine Positionierung im Niedrigpreissegment mit entsprechend hohen Stückzahlen vorsieht. Der andere Teil der Geschäftsführung hält Variante 2 mit der Positionierung im Hochpreissegment und deutlich kleineren Stückzahlen für erfolgversprechender. Die Diskussion wird primär emotional geführt. Zur Versachlichung und Objektivierung werden Sie als Controller mit der Erstellung einer Amortisationsrechnung beauftragt. Der kalk. Zinssatz beträgt 10 %.

		Variante 1	Variante 2
Anschaffungswert	€	200.000	100.000
Restwert	€	0	0
Nutzungsdauer	Jahre	10	10
Erträge je Leistungseinheit	€/Stück	15	20
Leistung	Stück	20.000	10.000
Fixe Betriebskosten (zahlungswirksam)	€/Jahr	20.000	30.000
Variable Betriebskosten (zahlungswirksam)	€/Jahr	250.000	150.000

Aufgabenstellung

1. Berechnen Sie die statische Amortisationsdauer für beide Varianten und diskutieren Sie das Ergebnis.
2. Vergleichen Sie die Entscheidung auf Basis des Kapitalwerts.

Lösungen

- Amortisationsdauer von Variante 1: 6,67 Jahre

Beispiel U61: Berechnung des Kapitalwerts

Schwierigkeitsgrad: •

Die mit einer Investition verbundenen Zahlungsströme werden wie folgt geschätzt:

	t0	t1	t2	t3	t4	t5
Auszahlungen	100.000	85.000	70.000	70.000	65.000	80.000
Einzahlungen		110.000	95.000	105.000	100.000	90.000

Aufgabenstellung

- Ist die Investition bei einem Zinssatz von 8 % vorteilhaft?

Lösung

- Kapitalwert: 4.898

Beispiel U62: Kapitalwertmethode

Schwierigkeitsgrad: •

Ein Investitionsobjekt kostet € 200.000 und ist zehn Jahre nutzbar. Der Kalkulationszinssatz beträgt 10 % und die jährlichen Zahlungsüberschüsse werden auf € 32.000 (jeweils am Jahresende) geschätzt.

Aufgabenstellung

- Ist die Investition vorteilhaft?

Lösung

- Kapitalwert: € –3.374

Schwierigkeitsgrad: •

Beispiel U63: Kapitalwert in Abhängigkeit vom Zinssatz

Ein Investitionsobjekt kostet € 200.000 und erwirtschaftet jährliche Zahlungsüberschüsse von € 32.000 (jeweils am Jahresende). Die Nutzungsdauer beträgt acht Jahre.

Aufgabenstellung

1. Ist die Investition bei Zinssätzen von 6 %, 10 % und 14 % rentabel?
2. Berücksichtigen Sie zusätzlich einen Liquidationserlös von € 30.000 am Ende der Nutzungsdauer.
3. Nehmen Sie an, die Investition ist unbestimmte Zeit nutzbar: Wie ändert sich die Beurteilung der Investition für die in Aufgabe 1 genannten Zinssätze?

Lösungen

- Kapitalwert 8 Jahre/6 %/kein Liquidationserlös: € –1.287

Schwierigkeitsgrad: ••

Beispiel U64: Kapitalwert bei variablen Periodenzinssätzen

Ein Unternehmen erwägt den Kauf einer Spezialmaschine im Wert von € 500.000, wobei mit jährlichen Rückflüssen von € 200.000 in den nächsten vier Jahren jeweils am Jahresende gerechnet wird. Entsprechend den Zinsprognosen werden die Kalkulationszinssätze jährlich angepasst und über die Nutzungsdauer wie folgt definiert:

	Jahr 1	Jahr 2	Jahr 3	Jahr 4
Kalkulationszinssatz	5 %	7 %	6 %	8 %

Aufgabenstellung

1. Berechnen Sie die Vorteilhaftigkeit des Investitionsvorhabens mit Hilfe des Kapitalwerts!
2. Wie hoch ist der Endwert dieser Investition?
3. Welchem jährlichen Effektivzinssatz entspricht dies?

Lösungen

- Kapitalwert: € 191.929

Schwierigkeitsgrad: •

Beispiel U65: Investitionsentscheidung

Ein Unternehmen beabsichtigt, ein Grundstück um € 1,5 Mio. zu kaufen. Für die Verwertung des Grundstücks gibt es mehrere Alternativen. Die geforderte Mindestverzinsung beträgt 8 %, die laufenden Zahlungen sind jeweils am Jahresende.

- Alternative 1 sieht vor, das Grundstück fünf Jahre lang für € 100.000/Jahr zu verpachten und danach für € 2,0 Mio. zu verkaufen.
- Alternative 2 geht von einer zeitlich unbegrenzten Verpachtung aus. Die Mieteinnahmen werden auf € 125.000/Jahr geschätzt.

- Alternative 3 ist ident mit Alternative 2, geht jedoch von einer jährlichen Steigerung des Mietpreises von 2 % aus.
- Alternative 4 sieht eine langfristige Verpachtung über einen Zeitraum von 20 Jahren mit jährlichen Einnahmen von € 90.000/Jahr und einem anschließenden Verkauf des Grundstücks um € 3,4 Mio. vor.

Aufgabenstellung

1. Berechnen Sie den Kapitalwert für alle vier Alternativen.
2. Welche Alternative ist aus Ihrer Sicht zu bevorzugen? Begründen Sie Ihre Entscheidung.
3. Ist Alternative 1 auch noch bei einem Kalkulationszinssatz von 10 % vorteilhaft?

Lösungen

- Kapitalwert Alternative 1 bei 8 %: € 260.437

Beispiel U66: Kapitalwert – Farbmolchsystem

Schwierigkeitsgrad: ••

In einem Lackier-Drei-Schicht-Betrieb für LKW-Fahrerkabinen, der mit einem Kalkulationszinssatz von 12 % rechnet, ist die Reihenfolge für die Durchführung anstehender Investitionen festzulegen.

Vorschlag I – Die Anschaffung eines Farbmolchsystems (drückt bei Farbwechsel die verwendete Farbe aus der Spritzanlage zurück in den Farbcontainer) mit einem Anschaffungspreis von € 550.000 erspart ca. 0,7 kg Wasserlack pro Farbwechsel, ND 10 Jahre. Ca. 10 Farbwechsel pro Schicht, ca. 240 Arbeitstage. Die Arbeitstage werden vereinfacht über alle Monate konstant angesetzt. Der Lack wird „just in time“ angeliefert und an den Lieferanten jeweils am Monatsende mit € 18.555 je Tonne abzüglich 2 % Skonto bezahlt. Für die Lackaufbereitung und umweltgerechte Entsorgung der Rückstände entstanden bisher am Monatsende Zahlungen von € 173 je 100 kg.

Vorschlag II – Das betriebseigene Forschungslabor entdeckt bei Probemessungen, dass an einigen Teilen der Fahrerkabinen die Lackschicht zu dick ist. Mit einer Investition von € 290.000 wird eine Lackeinsparung (inkl. Einsparung bei der Entsorgung) von monatlich (vorschüssig) € 8.000 erzielt. Die Nutzungsdauer beträgt fünf Jahre.

Aufgabenstellung

1. Ermitteln Sie die Kapitalwerte beider Vorschläge. Es ist dabei der dem jährlichen Kalkulationszinssatz äquivalente Monatszinssatz zu verwenden.
2. Stellen Sie die rechnerisch richtige Entscheidung dar und argumentieren Sie die pros und cons für beide Varianten.

Lösungen

- Kapitalwert Vorschlag 1: € 47.643

Schwierigkeitsgrad: •••

Beispiel U67: Kapitalwert – Apartmentanlage

Ein internationaler Immobilienkonzern errichtet auf Teneriffa eine Apartmentanlage mit 228 Wohneinheiten. Die Kosten je m^2 betragen € 780. Die Außenanlagen kosten zusätzlich € 2,2 Mio. (Zahlung bei Fertigstellung). Die gesamte Bauzeit beträgt drei Jahre, die Baukosten für die Apartments werden zu je einem Drittel am Ende jedes Jahres als Auszahlung gewertet, die Kosten für den baureifen Grund betragen € 8 Mio. und sind vor Baubeginn zu überweisen.

Kategorie	Anzahl	Größe
Apartment A	25	38 m^2
Apartment B	109	58 m^2
Apartment C	66	68 m^2
Apartment D	28	88 m^2

Eine renommierte Betreibergesellschaft mietet das fertige Objekt zu einem jährlich im Vorhinein zu entrichtenden fixen Pachtzins von € 3,5 Mio. Es wird gerechnet, dass die Anlage nach 20 Jahren Betrieb einen Restwert (Grundpreis steigt, Instandhaltungen werden getätigt, Stil ist veraltet) von € 15 Mio. haben wird.

Aufgabenstellung

1. Berechnen Sie den Kapitalwert für den Immobilienkonzern, wenn eine Mindestrendite von 11 % Verzinsung gefordert wird!
2. Wann amortisiert sich diese Investition (dynamisch)?
3. Zu welchem Zeitpunkt ist der maximale Kapitalbedarf (gebundenes Kapital) gegeben und wie hoch ist dieser?

Lösungen

- Kapitalwert: € 5.335.578

Schwierigkeitsgrad: ••

Beispiel U68: Kapitalwert – Bar- oder Ratenzahlung

Ein Elektrofachmarkt bietet seinen Kunden für ein TV-Gerät folgende Möglichkeit der Ratenzahlung an:

- Barzahlung in Höhe von € 2.599 oder
- Anzahlung in Höhe von € 529, gefolgt von 24 Monatsraten à € 98,61. Im Kleingedruckten findet sich auch noch der Hinweis auf eine Verwaltungsgebühr in Höhe von 0,8 % des Kaufpreises, fällig mit der Anzahlung. Die Raten sind jeweils am Monatsanfang per Bankeinzug fällig (Beginn: ein Monat nach Bereitstellung).

Ein Kunde überdenkt die beiden Zahlungsvarianten. Er hat ausreichend Geld, um das TV-Gerät bar zu zahlen. Im Moment veranlagt er sein Guthaben zu 4 % p.a. netto.

Aufgabenstellung

1. Welche Variante ist zu bevorzugen?
2. Zeigen Sie die Entwicklung des Guthabens, wenn der Kunde sich für die Ratenzahlung entscheidet. Die Zinsen auf das jeweilige Guthaben werden monatlich gut geschrieben.

Lösungen

- Kapitalwert Ratenzahlung: € 2.822,27

Beispiel U69: Kapitalwert – Taxi

Schwierigkeitsgrad: ••

Eine Taxiunternehmung möchte ihren Fuhrpark um einen Wagen erweitern. Sie steht vor der Wahl, entweder vom Hersteller A ihrer bisherigen Taxis zu besonders günstigen Konditionen zu kaufen oder ein ebenfalls verlockendes Leasingangebot des Automobilherstellers B in Anspruch zu nehmen.

Die Anschaffungskosten des Taxis von Hersteller A betragen € 40.000. Sie sind in voller Höhe beim Kauf zu bezahlen. Die durchschnittliche Nutzungsdauer beträgt drei Jahre. Am Ende der Nutzungsdauer wird das Taxi entsprechend der hohen Kilometerleistung zu einem erwarteten Veräußerungserlös von nur € 10.000 verkauft. Die variablen Betriebskosten betragen pro km € 0,25. Für Versicherung und Steuer sind jährlich am Jahresbeginn € 1.200 fällig. Im Falle der Inanspruchnahme des Leasingangebotes des Herstellers B würden die Mietzeit drei Jahre und die jährlichen vorschüssigen Leasingraten € 8.000 betragen. Zu Vertragsbeginn ist eine Anzahlung von € 7.000 zu leisten. Beim Leasingangebot handelt es sich um einen Teilamortisationsvertrag. Da am Ende der Mietzeit der erwartete Veräußerungserlös des Leasing-Taxis nicht ausreicht, die Differenz zwischen den Gesamtkosten des Herstellers B und den Leasingraten der Taxiunternehmung vollständig abzudecken, wird eine zusätzliche Abschlusszahlung von € 4.000 an den Hersteller erwartet. Die jährlichen Kosten des Taxis (inkl. Versicherung und Steuer) sind gleich denen des Angebots A.

Für beide Taxis wird folgende jährliche Auslastung erwartet:

Jahr 1	Jahr 2	Jahr 3
60.000 km	65.000 km	65.000 km

Der Erlös beträgt in beiden Fällen € 1,00 je Kilometer. Der Taxifahrer erhält jeweils 50 % des Umsatzes Gehalt (inkl. Nebenkosten). Der Zahlungszeitpunkt für Betriebskosten, Fahrerkosten und Umsätze ist mit Jahresmitte anzusetzen. Der Kalkulationszinssatz beträgt 8 % p.a.

Aufgabenstellung

- Welches der beiden Angebote ist nach dem Kapitalwertkriterium vorzuziehen, wenn die Ertragsteuern vernachlässigt werden?

Lösungen

- Leasing teurer (Kapitalwert: € 6.537)

Schwierigkeitsgrad: ••

Beispiel U70: Kapitalwert – Tim Taylor

Tim Taylor, ein Absolvent der Fachhochschule in Steyr, ist bereits nach kurzer Zeit zum Geschäftsleiter eines Werkzeuggeschäfts im Linzer Einkaufszentrum „Plus City" aufgestiegen. Das Werkzeuggeschäft hat einen gültigen Mietvertrag für die nächsten fünf Jahre. Die monatliche Miete beträgt € 2.000. Entsprechend der restlichen Vertragsdauer sind noch 60 Monatsmieten zu zahlen, die nächste Miete ist in einem Monat fällig. Die Inhaber des Einkaufszentrums möchten dieses in einem Jahr verkaufen. Um einen hohen Verkaufspreis zu erzielen, sind sie daran interessiert, die Mieteinnahmen zum Verkaufszeitpunkt so hoch wie möglich gegenüber potenziellen Käufern darzustellen.

Die Besitzer des Einkaufszentrums bieten Tim Taylor ein „großartiges Geschäft" mit einem neuen Mietvertrag an. Dieser sieht vor, dass das Werkzeuggeschäft die nächsten neun Monate mietfrei gestellt wird und dafür in den folgenden 51 Monaten jeweils einen Betrag von € 2.600 zahlt.

Aufgabenstellung

1. Erstellen Sie für beide Varianten die Zeitleiste mit den Zahlungsströmen.
2. Sollte Tim Taylor den neuen Mietvertrag ohne Berücksichtigung eines kalkulatorischen Zinssatzes annehmen?
3. Sollte Tim Taylor den neuen Mietvertrag annehmen, wenn der Kalkulationszinssatz 1 % pro Monat beträgt?
4. Ab welcher Höhe würde der neue Mietpreis einen Vorteil bringen?

Lösungen

- Mietpreis: € 2.471

Schwierigkeitsgrad: ••

Beispiel U71: Kapitalwert – Lackier-Invest

Ein KFZ-Betrieb betreibt neben dem Handel mit Neu- und Gebrauchtwagen ein erfolgreiches Werkstättengeschäft. In der bestehenden Werkstätte werden alle Arten von Reparaturen und Spenglerarbeiten durchgeführt. Einzig Lackierarbeiten werden von einem Wettbewerber zugekauft. Aufgrund der großen räumlichen Entfernung zur Fremdlackiererei und den damit verbundenen kostenintensiven Überstellungsfahrten wird mit den Lackieraufträgen derzeit nur ein ausgeglichenes Ergebnis erzielt. Da der Anteil an Lackierarbeiten stetig steigt, überlegt der Geschäftsführer, eine eigene Lackiererei einzurichten. Folgende Informationen stehen zur finanzwirtschaftlichen Bewertung der Investitionsentscheidung zur Verfügung:

1. Erforderliche Investitionen bei eigener Lackiererei
   Die Investition in die Errichtung der Lackierkabinen und die erforderlichen Adaptierungen eines bestehenden Gebäudeanteils beläuft sich auf € 250.000. Die Nutzungsdauer beträgt zehn Jahre ohne Restwert. Die Investition wird zu Beginn des Jahres zahlungswirksam.
2. Einsparung durch Entfall der zugekauften Dienstleistung
   Bislang wurden von der Fremdlackiererei Lohn- und Materialkosten für die Arbeitsleistung der Mitarbeiter und die verarbeiteten Materialien (insbesondere Farben/Lacke) verrechnet, wobei auch die Materialkosten auf Stundenbasis verrechnet wurden. Insgesamt wurde ein Stundensatz in Höhe von € 100 verrechnet.
   Es wird von folgender Stundenentwicklung ausgegangen:

Jahr 1	Jahr 2	Jahr 3	Jahre 4–10
1.800 h	2.000 h	2.200 h	2.400 h

3. Für die eigene Lackiererei werden nachstehende zahlungswirksame Folgekosten prognostiziert:
   a. Variable Kosten je Stunde von € 70
   b. Jährliche Fixkosten in Höhe von € 20.000
   Für die Investitionsrechnung kann vereinfachend davon ausgegangen werden, dass die Einsparungen und Folgekosten jährlich im Nachhinein zahlungswirksam werden.
4. Das eingesetzte Kapital ist mit 10 % p.a. zu verzinsen.

Aufgabenstellung

1. Treffen Sie mittels einer geeigneten dynamischen Investitionsrechnung eine Entscheidung zwischen Investition in eine eigene Lackiererei und Beibehaltung der Fremdvergabe und begründen Sie Ihre Entscheidung stichwortartig.
2. Wäre eine Investition unter der Annahme von jährlich konstanten 1.800 verkaufbaren Stunden wirtschaftlich?
3. Berechnen Sie für Aufgabe 1 den dynamischen Amortisationszeitpunkt und diskutieren Sie das Ergebnis. Welche Risikofaktoren sehen Sie?

Lösungen

- Aufgaben: Kapitalwert: € 38.729

Beispiel U72: Kapitalwert und Interner Zinsfuß

Schwierigkeitsgrad: •

Ein Gastronom überlegt, in ein neues Lokal zu investieren. Dazu wären Investitionen in Höhe von € 150.000 nötig. Den jährlichen Liquiditätsüberschuss beziffert er mit € 22.000. Die von ihm geforderte Mindestverzinsung beträgt 12 %.

Aufgabenstellung

1. Ist die Investition bei 15 Jahren Nutzungsdauer vorteilhaft?
2. Welcher internen Verzinsung entspricht dies?
3. Wie verändert sich die Vorteilhaftigkeit bzw. der Interne Zinsfuß bei unbestimmter Nutzungsdauer?

Lösungen

- Interner Zinsfuß bei 15 Jahren Nutzungsdauer: 11,98 %

Schwierigkeitsgrad: •

Beispiel U73: Interner Zinsfuß

Ein Unternehmen kann zwischen zwei Investitionsvarianten mit einer Nutzungsdauer von sechs Jahren wählen:

in €	Variante 1	Variante 2
Anschaffungspreis	100.000	100.000
Liquiditätserlös	5.000	6.000
Cashflow Jahr 1	20.000	25.000
Cashflow Jahr 2	20.000	25.000
Cashflow Jahr 3	20.000	23.000
Cashflow Jahr 4	25.000	20.000
Cashflow Jahr 5	25.000	20.000
Cashflow Jahr 6	25.000	25.000

Die Rückflüsse können jeweils am Jahresende angesetzt werden.

Aufgabenstellung

1. Bestimmen Sie den Kapitalwert für beide Varianten bei Zinssätzen von 4 %, 6 %, 8 %, 10 %, 12 % und 14 %. Zeichnen Sie die Kapitalwertfunktion.
2. Bei welchem Zinssatz haben beide Varianten den gleichen Kapitalwert?
3. Welche Effektivverzinsung liefern beide Varianten?

Lösungen

- Kapitalwert Variante 1 bei 4 %: 21.130
- Zinssatz mit gleichem Kapitalwert existiert nicht: Variante 2 immer besser
- Effektivverzinsung Variante 1: 9,8 %

Schwierigkeitsgrad: •

Beispiel U74: Interner Zinsfuß

Ein Investor erwartet sich 7 % Verzinsung pro Jahr. Er kann zwischen zwei Anlagemöglichkeiten mit einer Anlagedauer von fünf Jahren wählen. Anlage A verspricht einen Ertrag von € 1.000 am Ende des fünften Jahres. Alternative B verspricht zu den € 850 am Ende des fünften Jahres zusätzlich am Ende jeden Jahres € 30.

Aufgabenstellung

1. Bestimmen Sie den Betrag, zu dem der Investor Alternative A kaufen kann, um die von ihm geforderte Verzinsung zu erzielen.
2. Bestimmen Sie den Betrag, zu dem der Investor Alternative B kaufen kann, um die von ihm geforderte Verzinsung zu erzielen.
3. Bestimmen Sie das Vermögen, das der Investor bei Investition in Alternative B am Ende hat, wenn die jährlichen Rückflüsse von € 30 zu 4 % veranlagt werden können.

Lösungen

- Kaufpreis Alternative A: € 713

Beispiel U75: Kapitalwert, Interner Zinsfuß, Amortisation

Schwierigkeitsgrad: ••

Ein Bauträger bewirbt geplante Eigentumswohnungen in einem neu zu errichtenden Wohnkomplex wie folgt: „15 moderne Eigentumswohnungen in einer modernen Wohnanlage. Wohnungsgrößen von 56 bis 100 m^2. Genießen Sie die zentrale, ruhige Lage. Kleine, familienfreundliche Anlage. Helle, optimal geplante Anlage, qualitativ hochwertige Ausstattung.

Wohnbeispiel:

- Wohnfläche: 94 m^2
- Loggia: 6 m^2
- Eigengarten: 57 m^2
- PKW-Abstellplatz und Kellerabteil inklusive

Anzahlung:

- Rate bei Baubeginn: € 10.000
- Rate ein Jahr nach Baubeginn: € 10.000

Monatliche Rückzahlung:

- Ab Bezug der Wohnung: € 500.“

Aufgabenstellung

1. Berechnen Sie den Kapitalwert der Auszahlungen für die Eigentumswohnung. Analysieren Sie die zur Verfügung stehenden Daten auf ihre Vollständigkeit. Treffen Sie, sofern Ihnen Informationen fehlen, geeignete Annahmen.
2. Worauf zielt dieses Angebot ab?

Lösungen

- Ziel des Angebots: Anzahlung und Rückzahlungen müssen leistbar sein

Schwierigkeitsgrad: ••

Beispiel U76: Interner Zinsfuß – Kfz-Reparatur-Kran

Ein Kfz-Reparaturbetrieb überlegt, ob er einen neuen Abschleppwagen mit Kran anschaffen soll. Folgende Eckdaten stehen für die Entscheidung zur Verfügung:

in €	
Anschaffungskosten	70.000
Fixkosten (Versicherung, etc.) in Jahr 1	5.000
Variable Kosten je Kranstunde (inkl. Personal)	80
Variable Kosten je km	0,5
Liquidationswert nach 5 Jahren	10.000
Erlöse je Kranstunde	100
Erlöse je Fahrkilometer	0,8

Der Kalkulationszinssatz beträgt 10 %, die Nutzungsdauer fünf Jahre. Die Zahlungen erfolgen jeweils am Jahresende. Es ist mit einer jährlichen Steigerung der Fixkosten um 10 % zu rechnen (ab dem zweiten Jahr). Der Unternehmer rechnet mit folgenden Arbeitseinsätzen:

Jahr	Stunden	Kilometer
1	1.000	8.000
2	1.200	10.000
3	1.400	12.000
4	1.500	12.000
5	1.500	12.000

Aufgabenstellung

1. Beurteilen Sie das Investitionsvorhaben mit Hilfe des Kapitalwertes.
2. Berechnen Sie den Internen Zinsfuß.
3. Wie viel Geld hätten Sie am Ende des fünften Jahres, wenn Sie die Anlageninvestition zum Internen Zinsfuß anlegen?

Lösungen

- Kapitalwert: € 23.713

Schwierigkeitsgrad: •••

Beispiel U77: Kapitalwert, Interner Zinsfuß – Wäscherei

Die in einem Krankenhaus bestehende Wäscherei entspricht nicht mehr den technischen Anforderungen der Gegenwart. Ein störungsfreier Betrieb ist nicht mehr gewährleistet und es kommt häufig zu Engpässen bei der Wäscheversorgung. Die Krankenhausleitung hat zu entscheiden, ob für die Wäschereinigung die hauseigene Wäscherei adaptiert, oder ob die Reinigung einer Fremdfirma übertragen werden soll. Als Controller des Krankenhauses werden Sie beauftragt, die beiden Alternativen in finanzwirtschaftlicher Hinsicht zu bewerten. Folgende technische und kaufmännische Informationen stehen zur Verfügung:

1. Jährliche mengenmäßige Wäschereileistung

Presswäsche	180.000 kg
Bügelwäsche	60.000 kg

2. Erforderliche Investitionen für die Adaption der eigenen Wäscherei
   a. Der derzeit benutzte und vollständig abgeschriebene Gebäudeanteil mit einer Betriebsfläche von 300 m^2 muss adaptiert werden. Die Investitionssumme wird auf € 265.000 geschätzt, die Nutzungsdauer beträgt acht Jahre.
   b. Ausstattung (Nutzungsdauer generell acht Jahre)

in €	
Wäscheschleuder 1	165.000
Wäscheschleuder 2	90.000
Bügelmaschine	100.000
Sonstige Einrichtungsgegenstände	75.000

   Alle Investitionen werden zu Beginn des Jahres zahlungswirksam.
3. Für die hauseigene Wäscherei werden nachstehende Folgekosten prognostiziert:
   a. Variable Kosten je kg Presswäsche: € 0,75
   b. Variable Kosten je kg Bügelwäsche: € 1,00
   c. Jährliche Fixkosten: € 180.000
   Die Folgekosten werden jeweils am Monatsende in konstanter Höhe zahlungswirksam.
4. Die Preise des Bestbieters bei Fremdvergabe betragen je kg:

in €	
Presswäsche	2,00
Bügelwäsche	2,50

   Die Zahlungen an die Fremdfirma erfolgen ebenfalls am Ende jedes Monats in gleicher Höhe.
5. Das eingesetzte Kapital ist mit 12 % p.a. zu verzinsen (der äquivalente unterjährige Zinssatz ist anzuwenden).

Aufgabenstellung

1. Bestimmen Sie den Barwert der Auszahlungen, der mit beiden Varianten verbunden ist!

2. Wie hoch ist der Interne Zinsfuß der Investition? (die laufenden Zahlungen können vereinfacht anstatt am Monatsende am Jahresende angesetzt werden)
3. Diskutieren Sie die Ergebnisse. Welche sonstigen Argumente gibt es für bzw. gegen die Investition?

Lösungen

- Interner Zinsfuß: 11,0 %

Schwierigkeitsgrad: •••

Beispiel U78: Kapitalwert, Interner Zinsfuß – Flugzeugkauf

Seit der EU-Osterweiterung ist eine österreichische Beratungsfirma vermehrt in den neuen östlichen Mitgliedsstaaten tätig. Aufgrund des verschärften Wettbewerbs sieht sich das Unternehmen mit einem Ergebnisrückgang konfrontiert. Das Unternehmen sucht nach Kosteneinsparungen bei Flug- und Reisespesen, die sich wie folgt zusammensetzen:

- Die Berater arbeiten normalerweise im Dreierteam.
- Die Anzahl der Beratungen beträgt 30 pro Jahr.
- Die durchschnittlichen Kosten pro Ticket (Business Class hin und zurück) liegen bei € 1.400.

Der Geschäftsführer berichtet von der Chance, eine gebrauchte zweimotorige Cessna 421 zu kaufen. Er könnte das Flugzeug auch selbst fliegen. Für die Frage, ob sich Anschaffung und Betrieb eines eigenen Flugzeuges finanziell rentieren und ob dadurch Einsparungen erzielt werden können, stehen folgende Daten zur Verfügung:

Anschaffungspreis	€ 320.000
Restnutzungsdauer	12 Jahre
Restwert	€ 120.000
Kalk. Zinsen	8 %
Versicherungen	€ 8.000 p.a.
Service, Instandhaltung alle 50 Flugstunden	€ 500
Service, Instandhaltung alle 100 Flugstunden	€ 1.500 (zusätzlich)
Service, Instandhaltung alle 2.000 Flugstunden	€ 25.000 (zusätzlich)
Einstellgebühr im Hangar am Heimatflughafen	€ 7.500 p.a.
Lande- & Flugsicherungsgebühr	€ 200 je Landung
Treibstoff	€ 200 je Flugstunde
Durchschn. Flugstunden je Strecke	5 Stunden

Aufgaben

1. Berechnen Sie die Gesamtauszahlungen für beide Varianten und die Gesamtersparnis (ohne Zeitwert des Geldes).
2. Zeigen Sie den Einsparungseffekt bei den laufenden Betriebskosten pro Jahr und die Gesamtersparnis (ohne Zinsen, Investition, Verkauf).
3. Sollte das Unternehmen das Flugzeug kaufen (laufende Kosten sind zum Jahresende anzusetzen)? Warum?
4. Bestimmen Sie den Internen Zinsfuß.
5. Welche Risiken, die das finanzielle Ergebnis beeinflussen, sind bei einem Kauf zu beachten?

Lösungen

- Kapitalwert: € –53.315

Beispiel U79: Kapitalwert, relevanter Cashflow vor Steuern

Schwierigkeitsgrad: •••

Ein Kinobetreiber plant die Erweiterung seiner Kapazität. Das dazu notwendige angrenzende Grundstück wurde vom Unternehmen bereits vor zehn Jahren um € 200.000 erworben. Der aktuelle Grundstückswert wird von einem Immobilienmakler mit € 400.000 beziffert. Es wären lediglich noch Aufschließungskosten in Höhe von € 5.000 zu bezahlen. Sollte die Investitionsentscheidung negativ ausfallen, wird das Grundstück verkauft.

Für die Errichtung des Gebäudes liegt eine Kostenschätzung der Baufirma in Höhe von € 2 Mio. vor. Die Bauzeit beträgt ein Jahr. Bei Baubeginn ist eine Anzahlung von 25 % der Baukostensumme zu leisten. 70 % werden nach Fertigstellung bezahlt, die restlichen 5 % werden als Haftrücklass für eventuelle Mängel einbehalten und nach Ablauf der Gewährleistungsfrist (d.h. zwei Jahre nach Fertigstellung) bezahlt. Die Nutzungsdauer wird für die Investitionsrechnung mit 15 Jahren angesetzt. Am Ende des 15. Jahres könnten – so die vorsichtige Einschätzung eines Experten – Grundstück und Gebäude um € 800.000 verkauft werden.

Das Unternehmen plant drei neue Kinosäle. Die Kosten für die technische Saalausrüstung werden auf jeweils € 150.000 geschätzt und sind bei Bauende zahlungswirksam. Die Nutzungsdauer der Technik beträgt bei regelmäßiger Wartung 15 Jahre. Die Wartungskosten von 5 % des Anschaffungswerts sind jeweils am Jahresende zu bezahlen. Darin ist auch die laufende technische Erneuerung enthalten.

Das Unternehmen geht davon aus, dass durch die Erweiterung ein zusätzliches jährliches Umsatzvolumen von € 1.200.000 mit unterschiedlichen Deckungsbeiträgen je Saal realisiert werden kann:

	Saal 1	Saal 2	Saal 3
Umsatzanteil	65 %	20 %	15 %
DB I in % vom Umsatz	40 %	45 %	50 %

DB I = Umsatz – direkte Kosten (in voller Höhe zahlungswirksam).

Weiters werden folgende jährliche auszahlungswirksame indirekte Betriebskosten geplant:

Personalkosten Technikbetrieb	55.000
Personalkosten Kassa	48.000
Wartung (siehe obige Angabe)	
Heizung/Energie	20.500
Versicherung	9.000
Sonstige	15.000

Die laufenden betrieblichen Ein- und Auszahlungen können vereinfacht am Jahresende angesetzt werden. Der Kalkulationszinssatz beträgt 9 %.

Aufgabenstellung

1. Erstellen Sie die Zeitleiste für das Investitionsprojekt.
2. Soll die Investition auf Basis des Kapitalwerts durchgeführt werden?
3. Würde sich der Kapitalwert erhöhen oder senken, wenn für die Rechnung Inflation berücksichtigt wird (d.h., dass Umsatz und Betriebskosten mit dem gleichen Prozentwert jährlich erhöht werden)? Begründen Sie Ihre Entscheidung!

Lösungen

- Kapitalwert: € 36.373

Schwierigkeitsgrad: •••

Beispiel U80: Relevante Cashflows vor und nach Steuern

Eine Brauerei überlegt den Ersatz einer alten Abfüllmaschine durch eine neue, effizientere. Die alte Maschine hat einen Buchwert von € 500.000 und eine Restnutzungsdauer von fünf Jahren. Die Firma schätzt, für die alte Anlage nach diesen fünf Jahren keinen Erlös zu bekommen. Die alte Anlage würde in den nächsten Jahren vom jetzigen Buchwert linear auf null abgeschrieben. Die Brauerei könnte diese Anlage aber unmittelbar an einen Konkurrenten für € 200.000 verkaufen.

Die neue Anlage kann um € 1,25 Mio. gekauft werden. Die Nutzungsdauer beträgt fünf Jahre und würde, wie die alte Anlage, innerhalb dieses Zeitraums linear auf null abgeschrieben werden (kein Verkaufserlös). Es wird geschätzt, dass durch die neue Anlage Stromkosten, Reparaturkosten und die Ausschussrate gesenkt werden können. In Summe wird mit jährlichen zahlungswirksamen Kosteneinsparungen in Höhe von € 300.000 gerechnet. Der relevante Ertragsteuersatz beträgt 25 % und die Kapitalkosten 10 %. Einsparungen und Steuern können vereinfacht jeweils am Jahresende angesetzt werden (auch beim Initial Investment).

Aufgabenstellung

1. Soll die Firma die Investition auf Basis des Kapitalwerts vor Steuern tätigen?
2. Bestimmen Sie den Relevanten Cashflow nach Steuern.
3. Soll die Firma die Investition unter Berücksichtigung der ertragsteuerlichen Effekte tätigen?

Lösungen

- Kapitalwert nach Steuern: € 13.263

Beispiel U81: Interner Zinsfuß – Inhouse vs. Outsourcing

Schwierigkeitsgrad: ••

Ein Bäckerei-Unternehmen steht vor der Entscheidung, ob der derzeit „outgesourcte" Transport der Fertigprodukte zu den Abnehmern nicht doch mit einem eigenen Fuhrpark günstiger abzuwickeln wäre. Die Kosten für den eigenen Fuhrpark werden von Ihnen wie folgt kalkuliert:

Investition Lkw	€ 140.000 (Barzahlung)
Nutzungsdauer	7 Jahre
jährlicher Personalaufwand	€ 45.000 (zahlungswirksam)
jährlicher Betriebsaufwand LKW	€ 20.000 (zahlungswirksam)

Der ersparte zahlungswirksame Aufwand für die Fremdtransporte wird von ihnen mit € 90.000 jährlich eingeschätzt. Der Ertragsteuersatz beträgt 25 %, der Kalkulationszinssatz 10 %.

Aufgabenstellung

- Entscheiden Sie, ob Sie die Transportleistungen wieder „inhouse" durchführen.

Lösungen

- Nein, Interner Zinsfuß: 4,49 %

Beispiel U82: Kostenvergleichsrechnung

Schwierigkeitsgrad: •

Ein Unternehmen plant die Erneuerung seiner Klimaanlage. Es kann sich zwischen zwei Angeboten entscheiden. Die Nutzungsdauer wird mit zehn Jahren veranschlagt, der Kalkulationszinssatz beträgt 10 %.

		Variante 1	Variante 2
Anschaffungswert	€	140.000	200.000
Restwert	€	12.000	15.000
Betriebskosten	€/Jahr	18.000	8.000
Lfd. Instandhaltung in % d. Anschaffungswerts	%	2 %	1 %

Aufgabenstellung

1. Entscheiden Sie aufgrund der Kostenvergleichsrechnung, welches der beiden Angebote angenommen werden soll.
2. Welche Annahmen müssen Sie treffen, um rein auf Basis des Kostenvergleichs entscheiden zu können?

Lösungen

- Kosten/Jahr von Variante 1: € 41.200

Schwierigkeitsgrad: •

Beispiel U83: Kostenvergleichsrechnung

Ein Unternehmen steht vor der Anschaffung einer neuen Fertigungsmaschine. Die Nutzungsdauer beträgt fünf Jahre, der Kalkulationszinssatz 10 %.

		Variante 1	Variante 2
Anschaffungswert	€	150.000	200.000
Restwert	€	10.000	20.000
Leistung	Stück/Jahr	10.000	10.000
Betriebskosten	€/Jahr	21.000	8.000
Lfd. Instandhaltung in % d. Anschaffungswerts	%	2 %	2 %

Aufgabenstellung

- Entscheiden Sie aufgrund der Kostenvergleichsrechnung, welche der beiden Maschinen angeschafft werden soll.
- Vergleichen Sie die Kosten je Periode und die Stückkosten und interpretieren Sie das Ergebnis.
- Analysieren Sie die Veränderung der kalk. Abschreibung und kalk. Zinsen, wenn die Fertigungsmaschine anstatt fünf Jahre nun zehn Jahre genutzt werden kann.

Lösungen

- Variante 2 ND 5: Gesamtkosten pro Jahr € 59.000; Stückkosten € 5,90
- Variante 2: kalk. Zinsen ND5 € 11.000; kalk. Zinsen ND10: € 11.000

Schwierigkeitsgrad: •

Beispiel U84: Kostenvergleichsrechnung

Ein Unternehmen steht vor der Anschaffung einer neuen Fertigungsmaschine.

Die Nutzungsdauer beträgt fünf Jahre, der Kalkulationszinssatz 10 %.

		Variante 1	Variante 2
Anschaffungswert	€	200.000	240.000
Restwert	€	0	0
Leistung	Stück/Jahr	34.000	39.000
Fixe Betriebskosten	€/Jahr	15.000	16.000
Variable Kosten	€/Jahr	225.000	220.000

Aufgabenstellung

- Entscheiden Sie aufgrund der Kostenvergleichsrechnung, welche der beiden Maschinen angeschafft werden soll.
- Welche Argumente können gegen die Anwendung der Kostenvergleichsrechnung als Entscheidungskriterium sprechen?

Lösungen

- Gesamtkosten pro Jahr Variante 1: € 290.000
- Gesamtkosten je Stück Variante 1: € 8,53

Beispiel U85: Kostenvergleich Autobus

Schwierigkeitsgrad: •••

Ein Autobusunternehmen verfügt über eine Flotte von zehn Reisebussen für die Abwicklung von Schülertransporten im Rahmen der Schülerfreifahrt. Die morgendlichen Fahrten aus dem Umland sind wegen des einheitlichen Schulbeginns alle um 7.30 Uhr bei den Schulzentren beendet. Die Mittags- und Nachmittagskurse können wegen der zeitlichen Staffelung mit sechs der zehn Busse bewältigt werden.

Die Marktbeobachtung zeigt, dass Pensionisten vermehrt den Wunsch nach Tagesausflügen haben. Um diesem Trend Rechnung zu tragen, sollen die Kosten für einen zusätzlichen Autobus für diesen Zweck ermittelt werden. Dieser Autobus kann an 100 Schultagen und 100 schulfreien Tagen vermietet werden. Durchschnittlich beträgt jede Fahrt 300 km. Die Nutzungsdauer aller Fahrzeuge wird mit zehn Jahren, der kalk. Zinsfuß mit 12 % angenommen. Die Kosten für den Chauffeur betragen € 200 pro Ausfahrt.

Diese Kostenaufstellung gilt auch für alle anderen Busse im Bestand!

Neuer Bus	
Anschaffungswert	€ 180.000
Restwert	€ 30.000
Versicherungen	€ 4.000
Service alle 25.000 km	€ 1.000
Service alle 50.000 km	€ 2.000 (zusätzlich)
Service alle 200.000 km	€ 4.000 (zusätzlich)
Chauffeur	€ 200 pro Pensionistenausflug
Treibstoffverbrauch	22 Liter je 100 km
Treibstoffkosten	€ 1,0 je Liter

Für diese Marktnische einen Schulbus einzusetzen, ist bislang daran gescheitert, dass die Pensionisten aus verschiedenen Ortsteilen abzuholen sind. Dies dauert so lange, dass keine vernünftigen Tagesausflüge möglich sind, bzw. dass die Abholung schon dann starten müsste, wenn die Schulbusse noch im Einsatz bei den

Schülern sind. Unter diesen Rahmenbedingungen käme nur die Anschaffung eines neuen Schulbusses in Frage.

Ein Bekannter des Unternehmers bringt die Idee ein, die Pensionisten mit einem Zubringer-Shuttle aus den Ortsteilen abzuholen, zum zentralen Bahnhofsparkdeck zu bringen und um 7.45 Uhr mit einem Schulbus die Reise anzutreten.

Für diesen Shuttle-Service ist Folgendes logistisch notwendig:

- Anschaffung von zwei Kleinbussen (neunsitzig) – Kapitalkosten € 6.400 pro Jahr.
- Versicherung für beide Kleinbusse: € 2.000 pro Jahr, Servicekosten ebenfalls € 2.000 pro Jahr.
- Studenten als geringfügig Beschäftigte für diese Shuttle-Fahrten: € 20 je Einsatz je Student.
- Die Kosten des Chauffeurs sinken auf € 180 pro Fahrt, die durchschnittliche Kilometeranzahl auf 250 je Fahrt.
- Anmietung eines Warteraums am Parkdeck: € 3.600 pro Jahr.
- Die Nutzungsdauer des Schulbusses sinkt dadurch auf acht Jahre!
- Der Treibstoffverbrauch bleibt unverändert.
- Gratisparkplätze für Selbstfahrer vorhanden.

Aufgabenstellung

1. Ermitteln Sie die Jahreskosten beider Varianten.
2. Welche Argumente sprechen gegen die Anschaffung eines zusätzlichen Autobusses?

Lösungen

- Anschaffung eines neuen Schulbusses: € 90.800 Kosten pro Jahr.

Schwierigkeitsgrad: ••

Beispiel U86: Kostenvergleich Drucker

Ein Unternehmen überlegt die Anschaffung eines neuen Druckers. Das Unternehmen druckt monatlich ca. 2.000 Seiten, die Nutzungsdauer beträgt fünf Jahre. Zur Auswahl stehen drei Modelle mit folgenden Eckdaten:

		Brother	HP	Kyocera
Anschaffungswert	€	350	640	740
Restwert	€	0	0	0
Preis Toner	€	81	103	85
Preis Trommel	€	140	–	–
Reichweite Trommel	Seiten	25.000	–	–
Reichweite Toner	Seiten	7.000	6.000	12.000
Reichweite Startertoner	Seiten	3.500	6.000	6.000

Aufgabenstellung

- Ermitteln Sie die Lebenszykluskosten (Gesamtkosten über die gesamte Nutzungsdauer), die durchschnittlichen Jahreskosten und Kosten je Seite für alle Drucker. Die kalk. Zinsen können vernachlässigt werden.
- Zeigen Sie die Entwicklung der Auszahlungen über die Nutzungsdauer grafisch.
- Welche anderen Argumente gibt es?

Lösungen

- Kosten über Nutzungsdauer Brother: € 2.230

Beispiel U87: Gewinnvergleichsrechnung

Schwierigkeitsgrad: •

Ein Unternehmen steht vor dem Einstieg in ein neues Geschäftsfeld, wobei zwischen zwei Varianten gewählt werden kann. Der Kalkulationszinssatz beträgt 10 %, die Nutzungsdauer zehn Jahre. Folgende Kosten und Erlöse sind zu erwarten:

		Variante 1	Variante 2
Anschaffungswert	€	200.000	150.000
Restwert	€	0	0
Erträge je Leistungseinheit	€/Stück	20	28
Leistung	Stück	18.000	9.900
Fixe Betriebskosten:			
Gehälter	€/Jahr	8.000	8.000
Miete & Instandhaltung	€/Jahr	5.000	19.000
Sonstige fixe Kosten	€/Jahr	4.000	2.000
Variable Betriebskosten:			
Löhne	€/Jahr	80.000	80.000
Material	€/Jahr	180.000	100.000
Energie	€/Jahr	12.000	7.000
Sonstige variable Kosten	€/Jahr	3.000	3.000

Aufgabenstellung

- Erstellen Sie einen Gewinnvergleich sowohl für die Periode als auch je Leistungseinheit und interpretieren Sie das Ergebnis!

Lösungen

- Gewinn pro Jahr Variante 1: € 38.000
- Gewinn pro Stück Variante 1: 2,11

Schwierigkeitsgrad: ••

Beispiel U88: Gewinnvergleich, Rentabilität

Ein Unternehmen steht vor der Anschaffung einer neuen Maschine, wobei zwei Varianten zur Auswahl stehen. Der Kalkulationszinssatz beträgt 10 %. Folgende Kosten und Erlöse sind zu erwarten:

		Variante 1	Variante 2
Anschaffungswert	€	200.000	150.000
Restwert	€	0	0
Nutzungsdauer	Jahre	10	10
Erträge je Leistungseinheit	€/Stück	18	23
Leistung	Stück	20.000	15.000
Fixe Betriebskosten:	€/Jahr	25.000	20.000
Variable Betriebskosten:	€/Jahr	241.000	272.000

Aufgabenstellung

1. Erstellen Sie den Gewinnvergleich.
2. Ermitteln Sie den Break-Even-Point für beide Varianten.
3. Wie hoch ist die kritische Auslastung?
4. Wie hoch ist die Rentabilität (vor Zinsen) der beiden Varianten?

Lösungen

- Break-Even-Point Variante 1: 9.244 Stück
- Kritische Auslastung: 11.538 Stück
- Rentabilität Variante 2: 50,7 %

Schwierigkeitsgrad: •••

Beispiel U89: Statische vs. dynamische Methoden

Ein Unternehmen plant eine Rationalisierungsinvestition in Höhe von € 100.000. Die Nutzungsdauer beträgt fünf Jahre ohne Restwert. Die laufenden zahlungswirksamen Einsparungen werden auf € 25.000 pro Jahr geschätzt. Der Kalkulationszinssatz beträgt 8 %.

Aufgabenstellung

- Bewerten Sie die Investition mit Hilfe des Kostenvergleichs.
- Bewerten Sie die Investition mit Hilfe des Gewinnvergleichs.
- Bewerten Sie die Investition mit Hilfe des Kapitalwerts vor Steuern.
- Bewerten Sie die Investition mit Hilfe des Kapitalwerts nach Körperschaftsteuern in Höhe von 25 %.

Lösungen

- Gewinn: € 1.000 pro Jahr
- Kapitalwert vor Steuern: € –182
- Kapitalwert nach Steuern: € –5.173

Beispiel U90: Statische vs. dynamische Methoden vor und nach Steuern

Schwierigkeitsgrad: •••

Ein Unternehmen kopiert jährlich ca. 100.000 Seiten und überlegt den Ersatz des derzeitigen Kopierers durch einen neuen. Der derzeitige Kopierer ist zwei Jahre alt und könnte zu einem Preis von € 1.500 verkauft werden. Die Eckdaten des bestehenden und des neuen Kopierers sind wie folgt:

		Derzeit	Neu
Anschaffungswert	€	5.000	3.000
Nutzungsdauer	Jahre	5	3
Restwert (Verkaufspreis)	€	0	300
Preis – Toner	€	100	120
Preis – Trommel	€	150	–
Reichweite Trommel	Seiten	25.000	–
Reichweite Toner	Seiten	10.000	12.500

Die Kapitalkosten des Unternehmens (WACC) betragen 10 %, der neue Drucker wird linear auf den Restwert abgeschrieben.

Aufgabenstellung

1. Erstellen Sie den Kostenvergleich zwischen dem bestehenden und dem neuen Kopierer.
2. Errechnen Sie die statische Amortisationsdauer.
3. Ermitteln Sie Zeitleiste und Kapitalwert für die Zahlungsströme beider Varianten:
   a) Weiternutzung des bestehenden Kopierers und
   b) Ersatz durch den neuen Kopierer.
   Die laufenden Auszahlungen können vereinfacht am Jahresende angesetzt werden.
4. Berechnen Sie den Kapitalwert für den Austausch des Kopierers vor Steuern.
5. Berechnen Sie den Kapitalwert für den Austausch des Kopierers nach Steuern (Ertragsteuersatz 25 %).
6. Welchen finanziellen Grund kann es dafür geben, dass der Austausch trotz eines positiven Kapitalwerts nicht vorgenommen wird?

Lösungen

- Kosten derzeit: € 2.850, Kapitalwert vor Steuern: € 317; Kapitalwert nach Steuern: € 231,97

Schwierigkeitsgrad: •••

Beispiel U91: Kapitalwert vor und nach Steuern

Ein KFZ-Betrieb betreibt neben dem Handel mit Neu- und Gebrauchtwagen ein erfolgreiches Werkstättengeschäft. In der bestehenden Werkstätte werden alle Arten von Reparaturen und Spenglerarbeiten durchgeführt. Aufgrund der geringen Auslastung der Lackieranlagen wird ein Outsourcing der Lackierarbeiten überlegt.

Die Lackieranlagen haben einen Buchwert von € 200.000. Der Anschaffungspreis betrug € 500.000, die Gesamtnutzungsdauer 10 Jahre. Der aktuelle Verkaufserlös wird auf € 220.000 geschätzt, am Ende der Gesamtnutzungsdauer hätte dieser € 10.000 betragen.

Für die Berechnung der Einsparungen und zusätzlichen Auszahlungen bei Zukauf der Lackierarbeiten stehen folgende Informationen zur Verfügung:

1. Kosten für den Zukauf der Lackierarbeiten
   Von einer Fremdlackiererei liegt ein Angebot für die Lohn- und Materialkosten (Arbeitsleistung der Mitarbeiter und verarbeitete Lacke) vor, bei dem auch die Materialkosten auf Stundenbasis verrechnet würden. Das Angebot sieht einen Stundensatz von € 105 vor. Es wird von folgender Stundenentwicklung ausgegangen:

Jahr 1	Jahr 2	Jahr 3	Jahr 4
2.000 h	2.100 h	2.100 h	2.100 h

2. Durch das Outsourcing entfallen folgende Auszahlungen im laufenden Betrieb:
   - Variable Kosten je Stunde von € 60
   - Jährliche Fixkosten in Höhe von € 20.000

   Für die Investitionsrechnung kann vereinfachend davon ausgegangen werden, dass die Einsparungen und Auszahlungen jährlich im Nachhinein zahlungswirksam werden.
3. Das eingesetzte Kapital ist mit 10 % p.a. zu verzinsen.

Aufgabenstellung

1. Bestimmen Sie den Relevanten Cashflow vor Steuern
2. Berechnen Sie den Kapitalwert vor Steuern
3. Bestimmen Sie den Relevanten Cashflow nach Steuern
4. Berechnen Sie den Kapitalwert nach Steuern
5. Wie hoch ist der Interne Zinsfuß nach Steuern?
6. Interpretieren Sie das Ergebnis. Welche Risikofaktoren sehen Sie?

Lösungen

- Kapitalwert vor Steuern: –18.894; Kapitalwert nach Steuern: –3.794; Interner Zinsfuß nach Steuern: 10,79 %

4. Finanzierung

There's so much volatility, I'd rather be in charge of my own funds than depend on banks that may or may not be here next year. (*Joe Kaeser*, CEO Siemens AG, Wall Street Journal)

Lernziele

Wenn Sie dieses Kapitel durchgearbeitet haben, sollten Sie

- Möglichkeiten der Unternehmensfinanzierung im Überblick kennen
- die Vorteile und Nachteile der Finanzierungsformen gegenüberstellen können
- die Auswirkung von Finanzierungsentscheidungen auf die finanzwirtschaftlichen Ziele beurteilen können
- die Kapitalkosten eines Unternehmens berechnen können
- die Auswirkung des Risikos auf die Kapitalkosten beurteilen können
- Aktien und Anleihen bewerten können
- die wesentlichen Kreditarten kennen
- Währungsrisiken beurteilen können
- typische Finanzierungsfehler kennen

Money makes the world go around

Der Begriff der Finanzierung beschäftigt sich im engeren Sinn mit der Frage der Kapitalbeschaffung, um den aus der Unternehmenstätigkeit resultierenden Kapitalbedarf zu decken. Eine vorrangige Aufgabe nimmt dabei die Liquiditätssicherung ein. Durch die Beschaffung von ausreichend Kapital soll der unternehmerische Investitions- bzw. Leistungserstellungsprozess finanziell ermöglicht werden. Darüber hinaus gilt es, Finanzierungsalternativen gegenüberzustellen und kostengünstige Formen auszuwählen. Kernfragen der Finanzierung sind:

1. Wie groß ist der Kapitalbedarf des Unternehmens?
2. Welche Finanzierungsarten stehen zur Verfügung?
3. Wie hoch sind die mit der Finanzierung verbundenen Kapitalkosten und wie sieht die optimale Finanzierungsstruktur aus?

Finanzierungsentscheidungen sind in hohem Maße von der aktuellen Situation an den Kapitalmärkten (Börsenklima, Zinsniveau etc.) und der Attraktivität des Unternehmens für die möglichen Finanzpartner abhängig.

Vapiano kann nach Geldspritze weitermachen

Das monatelange Feilschen und Bangen hat ein Ende. Vorerst. Der einst gefeierte, inzwischen aber angeschlagene Star der Systemgastronomie-Szene, Vapiano, hat die dringend benötigte Refinanzierung in Höhe von 30 Mio. Euro endlich bekommen … Das frische Geld ist Voraussetzung für die strategische Neuausrichtung … [Die Presse, 25.5.2019]

Fahrdienst Uber vor Börsengang

Der US-Fahrdienstvermittler Uber wird diese Woche an der New Yorker Börse debütieren. Es wird einer der größten Börsengänge der bisherigen Finanzgeschichte … Uber will 180 Millionen Aktien platzieren, wodurch nach aktuellem Stand ein Erlös von 7,9 bis neun Milliarden Dollar herauskäme. [OÖ Nachrichten, 7.5.2019]

4.1. Finanzierungsformen im Überblick

Ausreichend finanziert zu sein, d.h. die Fähigkeit, allen Zahlungsverpflichtungen vereinbarungsgemäß nachkommen zu können, ist die Basis eines jeden Unternehmens. Ist die Zahlungsfähigkeit durch mangelnde Liquidität nicht mehr gegeben, ist dies ein Insolvenzgrund. Die Frage der Finanzierung ist damit eine existenzielle Grundsatzfrage in der Unternehmensführung.

4.1.1. Grundsätzliche Finanzierungsformen

Die Öffnung und Globalisierung der Kapitalmärkte hat in der Vergangenheit zu einer Fülle neuer Finanzierungsformen und Finanzierungsinstrumente geführt. Die einem Unternehmen zur Verfügung stehenden und auf der Passivseite der Bilanz abgebildeten Finanzierungsmöglichkeiten können grundsätzlich bezüglich ihrer *rechtlichen Stellung* und ihrer *Herkunft* klassifiziert werden.

Finanzierungsmittel können im Unternehmen selbst erwirtschaftet werden – **Innenfinanzierung** – bzw. dem Unternehmen von außen zur Verfügung gestellt werden – **Außenfinanzierung**. Partner für Außenfinanzierung sind primär:

- Eigentümer
- Business Angels
- Private-Equity-Partner
- Venture-Capital-Unternehmen
- Kreditinstitute
- Lieferanten
- Abnehmer

Die Möglichkeit der Innenfinanzierung besteht vor allem aus

- Einbehalten von Gewinnen/Cashflows
- Dotierung von Rückstellungen
- Refinanzierung aus Abschreibungen
- Finanzierung aus Kapitalfreisetzung

Neben der Unterscheidung nach der Herkunft der Finanzierungsmittel gibt es noch die Gliederung nach ihrer rechtlichen Stellung:

- **Eigenfinanzierung** (Eigenkapital): Hier erhält der Kapitalgeber Eigentümerrechte (Mitwirkungs- und Kontrollrechte sowie Anspruch auf Vermögen und Gewinn). Gleichzeitig haftet das Eigenkapital für die Verbindlichkeiten gegenüber Gläubigern.
- **Fremdfinanzierung** (Fremdkapital): Hier erhält der Kapitalgeber Gläubigerrechte. Fremdkapital steht i.d.R. befristet zur Verfügung und wird zur Gänze zurückbezahlt. Die Gläubiger erhalten für das bereitgestellte Fremdkapital einen vereinbarten Zins.

- **Mezzanine Finanzierung:** Mezzaninkapital hat in der Regel einen Mischcharakter aus Eigen- und Fremdkapital. Es wird zumeist versucht, die steuerliche Abzugsfähigkeit des Fremdkapitals mit dem bilanziellen Ausweis als Eigenkapital zu vereinen. Beispiele wären Hybrid-Anleihen, wie sie vor allem von börsennotierten Unternehmen begeben werden.

	Außenfinanzierung	Innenfinanzierung
Eigenfinanzierung	Beteiligungsfinanzierung	Selbstfinanzierung
	Mezzanin-Kapital	Finanzierung aus Kapitalfreisetzung und Abschreibung
Fremdfinanzierung	Kreditfinanzierung	Finanzierung aus Rückstellungen

Abbildung 104: Grundformen der Finanzierung – Finanzierungsmatrix

Innenfinanzierung. Bei der Innenfinanzierung kommt es zu einem Zufluss von finanziellen Mitteln aus dem betrieblichen Leistungserstellungsprozess. Bisher gebundenes Kapital wird im Zuge der Leistungserstellung freigesetzt und in frei verfügbare Liquide Mittel umgewandelt, die dem Unternehmen wieder für Finanzierungszwecke zur Verfügung stehen. Zur Innenfinanzierung zählen:

- Selbstfinanzierung
- Finanzierung aus Abschreibungen
- Finanzierung aus Rückstellungen
- Finanzierung aus Kapitalfreisetzung (Vermögensveräußerung)

Selbstfinanzierung. Selbstfinanzierung ist die Finanzierung aus Gewinnen/Cashflows, die im Unternehmen zurückbehalten (nicht ausgeschüttet) werden. Sie ist die wichtigste Form der Unternehmensfinanzierung. Es wird dabei zwischen der offenen und stillen Selbstfinanzierung unterschieden. Die *offene Selbstfinanzierung* ist das Einbehalten erwirtschafteter Gewinne (Thesaurierung).[10] Diese werden bei Kapitalgesellschaften in der Bilanz explizit ausgewiesen.

10 Das Kapitel ist als anwendungsorientierte Einführung in die Finanzierung gedacht. Es wird daher auf die Unterscheidung zwischen dem allgemeinen, vermögensorientierten Kapitalbegriff Schmalenbachs und dem enger, monetär definierten Kapitalbegriff verzichtet. Als Konsequenz werden in diesem Kapitel der Gewinn als vermögensorientierte Kapitalquelle (Erhöhung des Eigenkapitals) und der Cashflow als monetäre Kapitalquelle (Erhöhung der liquiden Mittel) als Begriffspaar verwendet. Siehe dazu Kapitel 1.

	Walmart 31.1.2019		Tesla 31.12.2018	
in Millionen US-$	**absolut**	**in %**	**absolut**	**in %**
Grundkapital und Kapitalrücklage	3.253	1,48 %	10.249	34,46 %
Bilanzgewinn/-verlust	69.243	31,58 %	–5.326	–17,91 %
Eigenkapital ohne Minderheitsbeteilig.	**72.496**	**33,06 %**	**4.923**	**16,55 %**
Gesamtkapital	**219.295**	**100,00 %**	**29.740**	**100,00 %**

Abbildung 105: Vergleich der Herkunft des Eigenkapitals zwischen Walmart und Tesla

Der Vergleich von Walmart und Tesla zeigt gravierende Unterschiede nicht nur in der Höhe, sondern auch in der Herkunft des Eigenkapitals. Während Walmart den Großteil seines Eigenkapitals durch Gewinne selbst erwirtschaftet hat (Bilanzgewinn), stammt der Großteil des Eigenkapitals von Tesla von den Aktionären (Grundkapital + Kapitalrücklage), das durch Verluste aufgebraucht wird.

Da die vom Unternehmen erwirtschafteten Gewinne Ertragssteuern unterliegen, steht für die offene Selbstfinanzierung nur der Gewinn nach Steuern, d.h. der Jahresüberschuss zur Verfügung, der entsprechend den Gewinnentnahmen/Dividenden weiter vermindert wird.

Unter der stillen Selbstfinanzierung wird die Einbehaltung nicht ausgewiesener Gewinne in Form stiller Reserven verstanden. Dies geschieht durch die

- Unterbewertung von Aktiva (z.B. überhöhte Abschreibungen oder Nichtaktivierung aktivierungsfähiger Wirtschaftsgüter) bzw.
- Überbewertung von Passiva (z.B. überhöhte Rückstellungen)

Im Gegensatz zur offenen Selbstfinanzierung führt die stille Selbstfinanzierung zu einer Steuerstundung, da durch die Verrechnung von erhöhten Aufwendungen der zu versteuernde Gewinn vermindert wird. Wenn die stillen Reserven aufgelöst werden, kommt es zu einer Nachversteuerung. Die Finanzierung durch stille Reserven ist im Kontext der Bilanzierungsvorschriften und Bilanzierungspolitik zu sehen. Stille Reserven können entweder „zwangsweise“ durch die Bilanzierungsvorschriften entstehen, wenn z.B. Vermögenswerte nicht mit ihrem Marktwert ausgewiesen werden dürfen, oder sie können bei der Bilanzierung bewusst durch das Ausschöpfen der Ermessensspielräume entstehen.

Vorteile der Selbstfinanzierung:

- Stärkung der Unabhängigkeit des Unternehmens
- Keine Liquiditätsbelastung durch vorgeschriebene Zins- und Tilgungszahlungen
- Keine Belehnung von Vermögensgegenständen zur Kreditbesicherung
- Stärkung der Eigenkapitalbasis und damit auch der Kreditwürdigkeit des Unternehmens, die sich letztlich auch in günstigeren Finanzierungskosten niederschlägt

Finanzierung aus Abschreibungen. Unter Finanzierung aus Abschreibungen wird der Finanzierungseffekt verstanden, der dadurch entsteht, dass die in den Preisen einkalkulierte Abschreibung nicht unmittelbar auszahlungswirksam wird und bis zur eventuellen Reinvestition für andere betriebliche Zwecke verwendet werden kann.

Werden Abschreibungen in die Absatzpreise einkalkuliert und über die Umsatzerlöse rückverdient, findet ein *Devestitionsprozess* statt, im Rahmen dessen es zur Vermögensumschichtung kommt: Das im abnutzbaren Anlagevermögen gebundene Kapital wird freigesetzt und fließt dem Unternehmen in Form liquider Mittel wieder zu (Vermögensumschichtung: Abnahme des Anlagevermögens bei gleichzeitiger Zunahme der liquiden Mittel = Aktivtausch). Werden Anlagegüter im Rahmen des gesetzlichen Ermessensspielraums stärker abgeschrieben, als es deren tatsächlicher Wertminderung entspricht, führt dies zusätzlich zur stillen Selbstfinanzierung durch Unterbewertung von Aktiva.

Der Finanzierungseffekt aus Abschreibungen wurde im Rahmen des finanzwirtschaftlichen Kreislaufs am Beispiel des Kaufs eines Musik-Rechts in Kap. 1.3 ausführlich dargestellt.

Finanzierung aus Rückstellungen. Rückstellungen werden für Aufwände gebildet, die zwar dem Grunde nach, nicht jedoch bezüglich ihrer Höhe und/oder ihrer Fälligkeit feststehen. Da Rückstellungen der Begleichung künftiger Verbindlichkeiten dienen, werden sie bilanziell dem Fremdkapital zugerechnet.

Werden Rückstellungen in die Absatzpreise des Unternehmens einkalkuliert und über den Markt auch tatsächlich verdient, so stehen sie ab diesem Zeitpunkt bis zur Inanspruchnahme der Rückstellungen dem Unternehmen für Finanzierungszwecke zur Verfügung.

Die Dauer des Finanzierungseffektes hängt von der Art der gebildeten Rückstellung ab. Bei kurz- und mittelfristigen Rückstellungen (für zu erwartende Steuernachzahlungen, unterlassene Instandhaltungen, Garantieverpflichtungen, Verbindlichkeiten aus laufenden Rechtsmittelprozessen etc.) ist die Finanzierungswirkung ungleich schwächer als bei echt langfristigen Rückstellungen, wie sie für betriebliche Pensionszusagen gebildet werden. Bei diesen ist der Finanzierungseffekt am höchsten, wenn sie neu eingeführt werden, da zunächst nur Rückstellungen gebildet werden und noch keine Pensionen auszuzahlen sind. Halten sich später die Zuführungen und Abgänge zu den Pensionsrückstellungen die Waage, so tritt kein zusätzlicher Finanzierungseffekt mehr auf, aber der Sockelbetrag des Pensionsfonds steht dem Unternehmen auf Dauer als Fremdkapital zur Verfügung. Der gleiche langfristige Sockelbetragseffekt kann sich auch bei kurzfristig gebildeten Rückstellungen einstellen, wenn diese zwar alljährlich aufgelöst, gleichzeitig aber laufend wieder neu gebildet werden. Der eigentliche Finanzierungseffekt durch die Bildung von Rückstellungen (man verfügt noch über Liquide Mittel, die eigentlich schon jemand anderem gehören) wird durch die steuerliche Abzugsfähigkeit zusätzlich verstärkt. Die Bildung einer Rückstellung ist ein Aufwand, der die Ertragssteuern bereits zum Zeitpunkt der Bildung reduzieren kann. Der Finanzierungseffekt aus Rückstellungen wurde in Kap. 1.2 ausführlich gezeigt.

Finanzierung durch Kapitalfreisetzung außerhalb des Leistungserstellungsprozesses. Unternehmen erwirtschaften im Regelfall den Großteil ihres Kapitalbedarfs im Rahmen ihres Leistungserstellungsprozesses, d.h. ihrer Umsatztätigkeit selbst. Die Selbstfinanzierung durch den erwirtschafteten Cashflow/Gewinn ist der Kernbereich der Innenfinanzierung. Neben der Selbstfinanzierung, der Finanzierung aus Abschreibungen und Rückstellungen stehen Unternehmen weitere, jedoch untergeordnete, weil limitierte Formen der Innenfinanzierung durch die Veräußerung des betrieblichen Vermögens offen. Dies sind im Speziellen:

- Verkauf nicht betriebsnotwendigen Vermögens
- Sale-and-lease-back
- Forderungsverkauf (Factoring, Forfaitierung)

Die unterschiedlichen Finanzierungsformen und ihre Effekte werden am besten in der Kapitalflussrechnung ersichtlich, wobei der Free Cashflow bis auf die Finanzierung aus „Handelskrediten“ (z.B. Verbindlichkeiten L&L) der Innenfinanzierung entspricht.

↓ Primär Innenfinanzierung		**Jahresüberschuss/-fehlbetrag**	
	+/–	Abschreibungen/Zuschreibungen auf das Anlagevermögen	
	+/–	Dotierung/Auflösung langfristiger Rückstellungen	
	=	Cashflow aus dem Ergebnis	
	–/+	Erhöhung/Senkung von Vorräten inkl. geleisteten Anzahlungen, ARA	
	+/–	Erhöhung/Senkung erhaltener Anzahlungen, PRA	
	–/+	Erhöhung/Senkung Forderungen L&L und sonst. Forderungen	
	+/–	Erhöhung/Senkung Verbindlichkeiten L&L, Schuldwechsel u. sonst. Verb.	
	+/–	Erhöhung/Senkung kurzfr. Rückstellungen	
	=	Cashflow aus dem operativen Bereich	
	–	Investitionen in das Anlagevermögen	
	+	Abgänge aus dem Anlagevermögen	
	=	Cash Flow aus dem Investitionsbereich	
	=	Free Cashflow	
↓ Primär Außenfinanzierung	+	Einzahlungen aus Kapitalerhöhung (inkl. Agio)	
	+	Einzahlungen aus Gesellschafterzuschüssen	→ Eigen
	–	Auszahlungen an Gesellschafter (Dividende, Rückzahlung von Kapital)	
	=	Zwischensumme Cashflow an die Gesellschafter	
	+	Einzahlungen aus kurzfr. Krediten	
	+	Einzahlungen aus Anleihen, Darlehen und langfr. Krediten	→ Fremd
	–	Rückzahlung kurzfr. Kredite	
	–	Rückzahlung, Tilgung von Anleihen, Darlehen und langfr. Krediten	
	=	Cashflow aus dem Finanzierungsbereich	
	=	Veränderung der Liquiden Mittel	

Abbildung 106: Finanzierungsformen in der Kapitalflussrechnung

Bei der Einordnung der Finanzierungsformen in die Finanzierungsmatrix gibt es in der Literatur durchaus unterschiedliche Meinungen. Vielfach wird die Zuordnung der Innenfinanzierung zu Eigen- und Fremdkapital als schwierig angesehen, weil nicht zwingend klar ist, welchen Kapitalgebern die einzelnen Innenfinanzierungsinstrumente zustehen (z.B. wie wird der Verkauf von Anlagevermögen auf die Eigen- und Fremdkapitalgeber aufgeteilt?). Ähnlich schwierig wird z.B. die Einordnung der Finanzierung durch Lieferanten gesehen, weil diese zwar von außen kommt, jedoch sehr eng mit dem innerbetrieblichen Leistungsprozess verbunden ist.

Außenfinanzierung. Im Gegensatz zur Innenfinanzierung kommt es bei der Außenfinanzierung nicht zu einem Zufluss von finanziellen Mitteln aus dem betrieblichen Leistungserstellungsprozess, sondern zu einem Zufluss durch externe Kapitalgeber. In der Außenfinanzierung ist die Entscheidung zu treffen, ob es zweckmäßiger ist, mit Eigenkapital, Fremdkapital oder Mezzaninkapital zu finanzieren. In Abhängigkeit der Rechtsform und der am Kapitalmarkt vorherrschenden Bedingungen sind folgende Entscheidungskriterien maßgeblich:

Kriterien	Erklärung
Kapitalkosten	Beschaffungs-, Zins-, Tilgungs-, Marktpflegekosten
Kapitalfristigkeit	Ausgleich der Ziele von Kapitalgebern und Kapitalnehmern
Kapitalsicherung	Kreditfähigkeit, -würdigkeit, Bereitstellung von Sicherheiten
Kapitaleinfluss	auf die Geschäftsführung, Recht auf Information und Kontrolle

Für eine optimale Finanzierung sind diese Faktoren in Hinblick auf die Unternehmensziele, insbesondere der finanzwirtschaftlichen Ziele (Liquidität, Rentabilität, Risiko, Unabhängigkeit) zu gewichten.

Die Möglichkeiten eines Unternehmens, Eigenkapital von außen zu beschaffen (Beteiligungsfinanzierung), sind abhängig von:

- der Rechtsform des Unternehmens und
- seiner Eigenkapitalemissionsfähigkeit.

Bei den Rechtsformen unterscheidet man zwischen *Personen-* und *Kapitalgesellschaften*. Während Kapitalgesellschaften als juristische Personen für ihre Verbindlichkeiten nur mit ihrem Gesellschaftsvermögen haften, haften die voll haftenden Gesellschafter von Personengesellschaften auch mit ihrem gesamten Privatvermögen.

<table>
<tr><td colspan="3">PERSONENGESELLSCHAFT
Die voll haftenden Gesellschafter haften
mit ihrem gesamten Privatvermögen</td><td colspan="2">KAPITALGESELLSCHAFT
Als juristische Person haftet sie nur
mit ihrem Gesellschaftsvermögen (EK)</td></tr>
<tr><td>Einzel-
Unternehmen</td><td>OG
Offene
Gesellschaft</td><td>KG
Kommandit-
gesellschaft</td><td>GmbH</td><td>AG
Aktiengesellschaft</td></tr>
<tr><td colspan="4">NICHT EMISSIONSFÄHIG</td><td>EMISSIONSFÄHIG</td></tr>
</table>

Abbildung 107: Eigenkapital-Emissionsfähigkeit von Unternehmensrechtsformen

Der Zugang zur Finanzierung durch Eigenkapital über die Börse hängt von der Emissionsfähigkeit des Unternehmens ab und ist grundsätzlich nur für Aktiengesellschaften gegeben, wobei die Europäische Gesellschaft (Societas Europaea – SE) eine Rechtsform für Aktiengesellschaften in der Europäischen Union und im Europäischen Wirtschaftsraum darstellt. Demgegenüber steht die Möglichkeit der Finanzierung durch die Begebung von Anleihen an der Börse auch GmbHs offen.

4.1.2. Eigenkapital vs. Fremdkapital

Eigenkapital stellt eine besondere, für Unternehmen unabdingbar notwendige Kapitalquelle dar. Einerseits bedeutet hohes Eigenkapital, dass ein Unternehmen große Verluste erleiden kann, ohne in die Gefahr der Überschuldung zu schlittern. Eigenkapital kann somit auch als Krisenvorsorge oder Risikopolster gesehen werden. Andererseits ist Eigenkapital gegenüber Fremdkapital nachrangig gestellt und bietet daher Sicherheit für die Gläubiger eines Unternehmens, d.h. für jene Finanzierungspartner, die Fremdkapital bereitstellen. Im Krisenfall kann diese Nachrangigstellung für die Eigentümer zum Totalverlust des eingebrachten Kapitals führen. Eigenkapital ist daher als Risikokapital einzustufen.

Die grundsätzlichen Unterscheidungsmerkmale von Eigenkapital und Fremdkapital können wie folgt gesehen werden:

Kriterien	Eigenkapital	Fremdkapital
Interessenlage	Vorrangig an Erhaltung des Unternehmens interessiert	Vorrangig an der Erhaltung seiner selbst interessiert
Einfluss auf die Unternehmensleitung	Im Regelfall dazu berechtigt	Davon grundsätzlich ausgeschlossen (teilweise faktisch möglich)
Informationsrecht über innere Unternehmensverhältnisse	Anspruch auf Offenlegung	Kein Anspruch (teilweise faktisch möglich)
Zeitliche Verfügbarkeit des Kapitals	In der Regel unbegrenzt, Entnahmerecht begrenzt	In der Regel befristet
Haftung	Eigentümerstellung (Haftung mindestens in Höhe der Einlage)	Gläubigerstellung (keine Haftung)
Vermögensanspruch (Risiko)	Garantierendes Kapital (Anspruch nur auf den verbleibenden Liquidationserlös)	Garantiertes Kapital (bevorrechtigt vor dem Eigenkapital)
Verzinsung	Teilhabe am Gewinn und Verlust	In der Regel fester Zinsanspruch, kein Erfolgsanteil
Steuerliche Belastung	Gewinnentnahmen/ Dividenden müssen aus den versteuerten Gewinnen gezahlt werden	Fremdkapitalzinsen sind als Aufwand absetzbar

Wesentliche Vorteile des Eigenkapitals:

- **Rückzahlung:** Eigenkapital steht dem Unternehmen dauerhaft zur Verfügung, muss also im Gegensatz zu Fremdkapital nicht zu einem bestimmten Zeitpunkt zurückgezahlt werden.
- **Kapitalkosten:** Eigentümer erwarteten selbstverständlich für das eingesetzte Kapital eine dem Risiko angemessene Verzinsung. Sie sind am Gewinn beteiligt und bekommen ihre „Zinsen" in Form von Gewinnentnahmen oder bei Aktiengesellschaften in Form der Dividende ausbezahlt. Eigenkapital ist entsprechend des Risikos grundsätzlich teurer als Fremdkapital, gleichzeitig ist es jedoch entsprechend der Interessenlage flexibler bzw. „geduldiger". Die Höhe der Dividende (= Ausschüttung des Gewinnanteiles) kann je nach Gewinn und den wirtschaftlichen Erfordernissen des Unternehmens verändert werden. Wenn das Unternehmen keinen Gewinn erwirtschaftet, muss auch keine Dividende ausbezahlt werden. Somit kostet Eigenkapital in wirtschaftlich schlechteren Zeiten nichts. Würde das Unternehmen das erforderliche Kapital durch Kredite aufbringen, müsste es für diese Kredite unabhängig der Ertragslage Zinsen bezahlen und hätte damit in jedem Fall Kapitalkosten. Sofern die Eigentümer verantwortungsvoll zum Wohl des Unternehmens handeln, werden die Kapitalkosten und die damit verbundene Liquiditätsbelastung flexibler.
- **Unabhängigkeit.** Eine hohe Eigenkapitalbasis sichert die unternehmerische Unabhängigkeit und schützt das Unternehmen vor dem Einfluss der Gläubiger.

4.1.3. Finanzierung im Lebenszyklus eines Unternehmens

Die Entwicklung großer, erfolgreicher Unternehmen folgt zumeist unterschiedlichen Phasen, die in ihrer Aufeinanderfolge auch als *Unternehmens-Lebenszyklus* bezeichnet werden:

- **Gründungsphase.** Die Gründungsphase ist die der Aufnahme der Geschäftstätigkeit vorgelagerte Initialphase. Dabei konzentrieren sich die Aktivitäten vor allem auf die Prüfung der Umsetzungsfähigkeit und Marktattraktivität der Geschäftsidee, der eventuellen Erstellung von Prototypen und der Entwicklung eines Geschäftsmodells inkl. Businessplan.
- **Start-up-Phase.** Als Start-up-Phase wird jene Phase bezeichnet, in der das Unternehmen in den Markt eintritt und erste Umsätze generiert.
- **Überlebensphase.** Die Überlebensphase ist gekennzeichnet vom Scheitern oder den ersten Erfolgen am Markt. Mit dem Erfolg verbunden sind wachsende Umsätze und Investitionserfordernisse. Der aus dem Wachstum resultierende Kapitalbedarf kann in der Regel weder durch die laufende Geschäftstätigkeit noch durch Zuschüsse der Gründer finanziert werden. Die Fähigkeit, externe Kapitalgeber als Investoren zu motivieren, entscheidet über die weitere Entwicklung des Unternehmens.

- **Wachstumsphase.** In der Wachstumsphase erzielt das Unternehmen hohe Umsatzzuwächse. Das Unternehmen profitiert von Skaleneffekten in Produktion und Vertrieb und verbessert dabei die Ertragsstruktur.
- **Reifephase.** Nach der Phase des starken Wachstums gelangt das Unternehmen in die Reifephase, die von nachlassenden Wachstumsraten und Kapitalbedarf gekennzeichnet ist.

Die einzelnen Phasen des Unternehmens-Lebenszyklus sind von typischen Finanzierungsformen und Finanzierungspartnern gekennzeichnet, welche jedoch länderspezifisch variieren können.

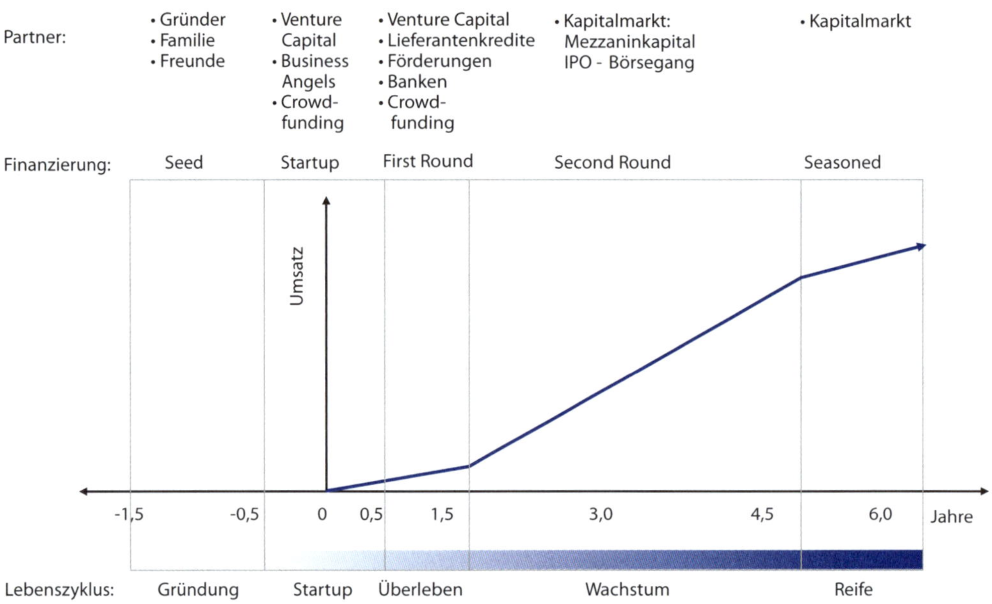

Abbildung 108: Finanzierung im Lebenszyklus

Während in der Gründungsphase das Unternehmen üblicherweise durch den Gründer selbst oder Personen in seinem Umfeld finanziert wird[11], wird der Kapitalbedarf in den nachfolgenden Phasen eigenkapitalseitig vor allem durch externes Risikokapital von Venture-Capital-Firmen bzw. Business Angels gedeckt (First Round Financing). Diese Kapitalgeber bringen meist nicht nur Kapital, sondern auch Know-how und Geschäftsverbindungen ein, woraus sich der Begriff *smart money* ableitet. Gleichzeitig wird in dieser Phase Fremdkapital typischerweise in Form von Förderungen, Lieferantenkrediten und Bankkrediten beansprucht. Als neuerer Zugang zu Finanzmitteln hat sich in den Frühphasen Crowdfunding entwickelt. Crowdfunding ermöglicht schon sehr früh den

11 1995 investierten die Eltern von Jeff Bezos, dem Gründer von Amazon.com, $ 300.000 im Rahmen des *seed* und *start-up financing*. Nach dem Börsegang und weiteren Kapitalerhöhungen besaßen Mike und Jackie Bezos sechs Prozent der Aktien im Wert von mehreren Milliarden US-Dollar.

Zugang zu Kapital, in dem über das Internet von einer Vielzahl an Personen kleine Beträge „eingesammelt“ werden. Die Finanzierungsart reicht dabei von Eigenkapital über Kredite, Umsatzfinanzierung bis hin zu Spenden. In der Wachstumsphase suchen die Investoren des Risikokapitals ihren „*exit*“, d.h. die Unternehmensanteile, ertragreich zu veräußern. Insbesondere bei einem Börsegang in Form des *IPO (Initial Public Offering)* bietet sich für die Investoren des Risikokapitals häufig die Gelegenheit, „große Kasse“ zu machen.[12] Das Unternehmen ist nun „proofen business“ und gleichzeitig durch seine Wachstumsraten für die breite Masse weniger risikofreudiger Investoren attraktiv. In der Reifephase kann das Unternehmen typischerweise auf eine entsprechend erfolgreiche Performance am Kapitalmarkt verweisen. Damit stehen dem Unternehmen alle Finanzierungsformen am Kapitalmarkt, wie die Erhöhung des Eigenkapitals durch Ausgabe weiterer Aktien oder die Emission von Anleihen, offen.

4.2. Risiko, Kapitalkosten und Mindestrendite

4.2.1. Grundstruktur und Bedeutung der Kapitalkosten

Zur Deckung des Kapitalbedarfs stehen Unternehmen vielfältige Formen der Finanzierung offen, die unterschiedliche Auswirkungen auf die finanzwirtschaftlichen Ziele haben. Neben der Sicherstellung der Liquidität und unternehmerischen Unabhängigkeit nehmen die aus dem Kapitalbedarf resultierenden Kosten – *Kapitalkosten* – eine entscheidende Rolle sowohl bei der Auswahl der Finanzierungsformen als auch bei der strategischen Ressourcenallokation im Rahmen der Investitionsrechnung und des Wertsteigerungsmanagements ein.

Die Kapitalkosten eines Unternehmens ergeben sich grundsätzlich aus der Höhe des benötigten Kapitals (Bilanzsumme) und den an die Kapitalgeber dafür zu entrichtenden Zinssatz. Entsprechend der Unterscheidung in Eigenkapital und Fremdkapital können die Kapitalkosten eines Unternehmens wie folgt bestimmt werden:

$$\text{Kapitalkosten} = EK \times k_e + FK \times k_f \qquad \textbf{\textit{(Formel 4.1)}}$$

EK = Eigenkapital
k_e = Eigenkapitalkostensatz ≙ Renditeerwartung der Eigentümer in %
FK = Fremdkapital
k_f = Fremdkapitalkostensatz ≙ Zinssatz für Fremdkapital in %

Ein Unternehmen kann seine Kapitalkosten einerseits durch die Reduktion des benötigten Kapitals (*Asset Management*) und anderseits durch die Gestaltung der Kapitalstruktur (*Financial Engineering*), d.h. durch die Auswahl kostengüns-

12 Der Graffiti-Künstler David Choe hat die Wände des ersten Büros von Facebook besprüht und sich, anstatt sich bezahlen zu lassen, für Facebook-Aktien entschieden. Durch den Börsengang besitzt er heute ein Vermögen von ca. 200 Millionen US-Dollar.

tiger Finanzierungsformen, verringern. Bei der Optimierung der Kapitalstruktur wird versucht, die durchschnittlich gewichteten Kapitalkosten aus dem Verhältnis von Eigenkapital zu Fremdkapital und den damit verbundenen Zinssätzen zu verringern. Die durchschnittlich gewichteten Kapitalkosten werden als *WACC – Weighted Average Cost of Capital* bezeichnet. Sie sind jener Prozentsatz, der für das im Unternehmen benötigte Kapital an die Kapitalgeber durchschnittlich zu entrichten ist.

$$WACC = w_e \times k_e + w_f \times k_f = \frac{EK}{EK + FK} \times k_e + \frac{FK}{EK + FK} \times k_f \qquad \textit{(Formel 4.2)}$$

w_e = Gewicht des Eigenkapitals in % des Gesamtkapitals (Eigenkapitalanteil)
w_f = Gewicht des Fremdkapitals in % des Gesamtkapitals (Fremdkapitalanteil)

Der WACC ist eine zentrale betriebswirtschaftliche Steuerungsgröße, insbesondere im Rahmen des Wertsteigerungsmanagements und wird auch als *Hurdle Rate* bezeichnet. Es ist jener Prozentsatz, den das Unternehmen zumindest erwirtschaften muss, um den Wert eines Unternehmens zu erhalten bzw. den Mindestverzinsungsanspruch aller Kapitalgeber – nicht nur der Fremdkapitalgeber – zu erfüllen. Dies gilt sowohl für das Unternehmen als Ganzes als auch für jede Einzelinvestition. Investitionen sind wirtschaftlich nur dann sinnvoll, wenn sie eine höhere Verzinsung erwirtschaften als die Kapitalkosten, die durch den Kapitaleinsatz ausgelöst werden, d.h. wenn ihr interner Zinsfuß über dem WACC liegt. Hier ist die zentrale Verbindung zwischen der Investitionsrechnung auf Einzelprojektebene und dem Wertsteigerungsmanagement (Shareholder Value Management) auf Unternehmensebene zu sehen.

Beispiel: Kapitalkosten und Wertsteigerung

Ein Unternehmen hat € 100.000 in verschiedenen Vermögensgegenständen gebunden. Das Unternehmen ist zur Hälfte mit Eigenkapital und Fremdkapital finanziert. Die Kreditzinsen für das Fremdkapital betragen 5 %. Die Eigenkapitalgeber erwarten sich hingegen angesichts des von ihnen getragenen Risikos und alternativen Anlagemöglichkeiten (z.B. Investition in Aktien anderer Unternehmen) einen Zinssatz von 15 %. Das Unternehmen erwirtschaftet mit dem eingesetzten Kapital ein EBIT (Gewinn vor Kapitalkosten und Steuern) von € 6.000. Zur einfacheren Darstellung der Grundidee werden die Ertragsteuern vernachlässigt, weiters wird kein Unterschied zwischen Liquidationswert, Buchwert und Marktwert gemacht, d.h. bei Schließung oder Verkauf des Unternehmens würden die Eigentümer und Kreditgeber exakt die in der Bilanz abgebildeten Buchwerte bekommen.

Wie hoch sind die Kapitalkosten? Erzielt das Unternehmen Gewinn und gelingt es ihm, seinen Wert zu steigern?

Die Kapitalkosten betragen insgesamt € 10.000. Davon sind € 2.500 Zinsen, die für das Fremdkapital zu entrichten sind und € 7.500 entfallen auf die Bedienung des Eigenkapitals. Durchschnittlich kostet das im Unternehmen gebundene Kapital – *Capital Employed* –10 %. Dieser WACC von 10 % kann gemäß Formel 4.2 aus den gewichteten Verzinsungsansprüchen der Eigen- und Fremdkapitalgeber bzw. durch Division der Kapitalkosten von € 10.000 durch das Gesamtkapital von € 100.000 errechnet werden.

	Kapitaleinsatz	Anteil in %	Verzinsungs-anspruch	Kapitalkosten
Fremdkapital	50.000	50 %	5 %	2.500
Eigenkapital	50.000	50 %	15 %	7.500
Gesamtkapital	100.000	100 %	10 %	10.000

Abbildung 109: Grundkonzept der durchschnittlich gewichteten Kapitalkosten

Abbildung 110 zeigt die Funktion des WACC als Hurdle Rate, d.h. jene Mindestkapitalrendite, die das Unternehmen überschreiten muss, um die Verzinsungsansprüche der Kapitalgeber zu befriedigen, ohne dies auf Kosten der Unternehmenssubstanz zu tun. Das Unternehmen erzielt einen Gewinn vor Zinsen und Steuern – EBIT von € 6.000. Werden die Steuern auf Einkommen und Ertrag vernachlässigt, sind EBIT und der Gewinn nach Steuern jedoch vor Kapitalkosten (*NOPAT – Net Operating Profit after Taxes*) ident. Der Gewinn vor Kapitalkosten in Höhe von € 6.000 entspricht in Bezug auf das eingesetzte Kapital (*Capital Employed*) einer Kapitalrendite (*ROCE – Return on Capital Employed*) von 6 %. Diese Rendite von 6 % genügt jedoch nicht, die Kapitalkosten (*WACC*) von 10 % zu decken. Das Unternehmen kann zwar die Kreditzinsen bzw. Fremdkapitalkosten zahlen. Dies spiegelt sich unter Vernachlässigung der Ertragsteuern in einem Jahresüberschuss von € 3.500 wider. Das Unternehmen ist jedoch nicht in der Lage, auch die Kosten für das bereitgestellte Eigenkapital zu bedienen, ohne Eigenkapital zu verbrauchen, was sich in einem negativen Bilanzgewinn oder *EVA – Economic Value Added* in Höhe von € –4.000 zeigt.

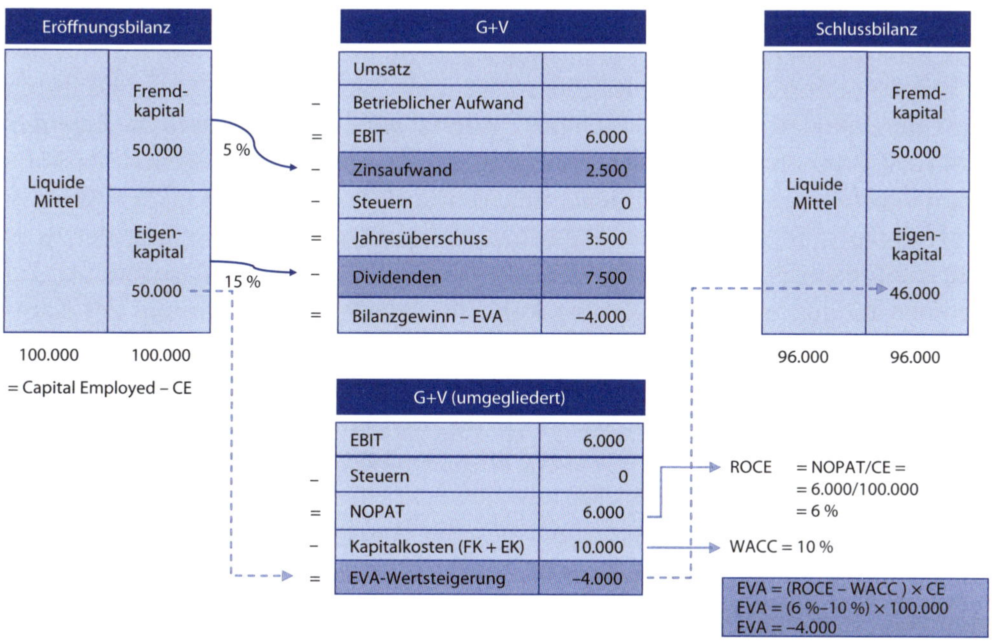

Abbildung 110: Kapitalkosten als Grundlage der geforderen Mindestverzinsung des Unternehmens

Allgemein gilt, dass ein Unternehmen nur dann seinen Wert steigert, wenn die erwirtschaftete Kapitalrendite (ROCE) die Kapitalkosten (WACC) übersteigt:

$$EVA = (ROCE - WACC) \times CE \qquad \textbf{\textit{(Formel 4.3)}}$$

$$ROCE = \frac{NOPAT}{CE} \qquad \textbf{(Formel 4.4)}$$

CE = Capital Employed – Gebundenes Kapital
ROCE = Return on Capital Employed – Gesamtkapitalrendite in %
WACC = Weighted Average Cost of Capital – Durchschnittl. Kapitalkosten in %
NOPAT = Net Operating Profit after Taxes – Gewinn nach Steuern vor Zinsen

Die Forderung, dass Unternehmen zumindest die Kapitalkosten verdienen müssen und damit die Funktion der Kapitalkosten als Mindestrendite ist nicht neu. Unabhängig der dahinter liegenden Berechnungslogik sind EVA und Bilanzgewinn von der grundsätzlichen Aussage vergleichbar. Moderne Wertsteigerungskonzepte, wie das Konzept des *Economic Value Added* von Stern/Stewart, haben jedoch insbesondere die Berechnung der Kapitalkosten systematisiert. Peter Drucker formulierte dies eindeutig: „*There is no profit unless you earn the cost of capital. Alfred Marshall said that in 1896, Peter Drucker said that in 1954 and in 1973, and now EVA (economic value added) has systematized this idea, thank God.*“

4.2.2. Risiko, Risikoprämie und Eigenkapitalkosten – CAPM

Das im Unternehmen eingesetzte Kapital wird dem Unternehmen in letzter Konsequenz immer von Kapitalgebern zur Verfügung gestellt. Auch das durch das Unternehmen selbst erwirtschaftete Kapital wird letztlich durch die Eigentümer im Unternehmen belassen und nicht entnommen. Dies bedeutet, dass die Kapitalkosten des Unternehmens gleichzeitig dem Kapitalertrag der Kapitalgeber entsprechen. Eigenkapitalkosten in Unternehmen stehen damit der Rendite von Eigentümern, insbesondere Investoren am Kapitalmarkt, gegenüber. Im Rahmen moderner Wertsteigerungskonzepte wurde die Berechnung der Kapitalkosten auf Basis des mit der Bereitstellung verbundenen Risikos für die Kapitalgeber und deren daran geknüpfte Renditeerwartung systematisiert. Angesichts globaler Kapitalmärkte können Investoren auf breiter Basis wählen, welchen Unternehmen sie ihr Kapital zur Verfügung stellen. Unternehmen befinden sich damit an den Börsen zusehends in einem Wettbewerb um Kapital. Sie sind gefordert, Investoren die gleiche oder eine höhere Rendite zu bieten als Unternehmen vergleichbaren Risikos.

Rendite. Allgemein wird die *Rendite als der prozentuelle Kapitalzuwachs innerhalb einer Periode auf das anfangs eingesetzte Kapital* definiert. Für Eigentümer von börsenotierten Unternehmen ergibt sich die Rendite einer Periode aus der *Kurssteigerung und* den ihnen zugeflossenen Mitteln zumeist aus *Dividendenausschüttungen*.

$$k_t = \frac{P_t - P_{t-1} + CF_t}{P_{t-1}} \qquad \textbf{(Formel 4.5)}$$

k_t = Rendite der Periode t (Total Shareholder Return)
P_t = Preis/Kurs der Aktie am Ende der aktuellen Periode
P_{t-1} = Preis/Kurs der Aktie am Ende der Vorperiode
CF_t = dem Investor in der Periode zugeflossene Mittel (Dividenden)

Risiko. „Risiko“ wird vielfach mit der Möglichkeit eines finanziellen Verlusts gleichgesetzt. Allgemeiner wird Risiko als *„die mögliche Differenz zwischen Erwartung und der tatsächlichen Entwicklung“* definiert. Je mehr die Renditen schwanken, desto eher kann diese Differenz eintreten. Menschen sind unterschiedlich risikofreudig. Gemeinsam ist jedoch, dass Kapitalgeber und Investoren für das eingegangene Risiko eine entsprechende Abgeltung in Form einer *„Risikoprämie“* erwarten. Hohe Renditen sind daher realistisch nur mit hohem Risiko zu erwarten. Wer Risiko ablehnt, verbaut sich auch die Chance auf hohe Renditen bzw. Gewinne.

Allgemein bevorzugen Investoren entweder

- bei einer vorgegebenen Renditeerwartung die Alternative mit dem geringsten Risiko oder
- die Alternative mit der größten zu erwartenden Rendite für ein gegebenes Risikoniveau.

Abbildung 111 zeigt vier Geschäftsmöglichkeiten A, B, C und D. A bietet im direkten Vergleich zu B bei gleichem Risiko die höhere Rendite und ist damit gegenüber B zu bevorzugen. C wiederum bietet bei gleicher Rendite wie D das vergleichsweise geringere Risiko und ist gegenüber D vorteilhaft. Die Auswahl von A oder C hängt von der persönlichen Risikobereitschaft des Investors ab. A ist die sicherere, aber auch weniger rentable Geschäftsmöglichkeit. C verspricht höhere Renditemöglichkeiten, verlangt jedoch auch höhere Risikobereitschaft, d.h. die Wahrscheinlichkeit, dass die erwartete Rendite nicht erreicht wird, ist bei C größer.

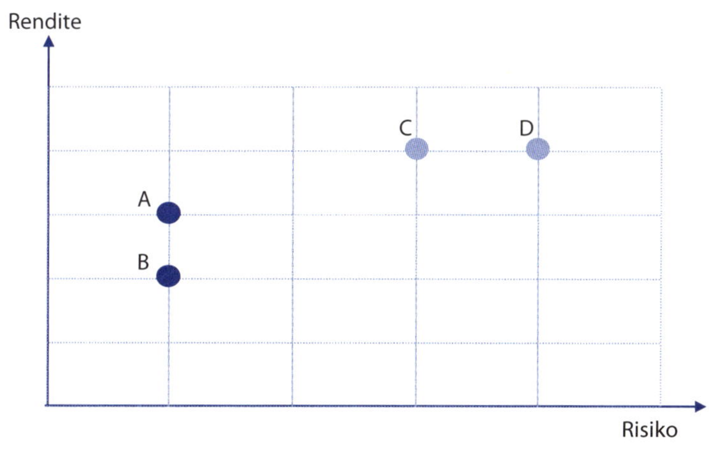

Abbildung 111: Risiko-Rendite-Diagramm

Es ist wichtig, im Zusammenhang mit Risiko zwischen der erwarteten Rendite und der tatsächlichen Rendite zu unterscheiden. Risiko- und Rendite-Betrachtungen können ex post oder ex ante durchgeführt werden. Für Investoren ist eigentlich nur die erwartete Rendite maßgebend, da sie in der Hoffnung auf zukünftige Erträge Geld am Kapitalmarkt veranlagen. Die Analyse tatsächlicher Renditen und Risken dient hingegen primär zur Entscheidungsunterstützung.

Ex-post-Bestimmung von Risiko und Rendite. Bei der Analyse abgelaufener Perioden wird die durchschnittliche Rendite über mehrere Perioden mit Hilfe des arithmetischen Mittelwerts

$$\bar{k} = \frac{\sum_{i=1}^{n} k_i}{n} \qquad \textit{(Formel 4.6)}$$

$\bar{k}$ = durchschnittliche Rendite
k_i = Rendite der Periode i
n = Anzahl der Perioden

bzw. des geometrischen Mittelwerts der Renditen der Einzelperioden berechnet.

$$\bar{k} = \sqrt[n]{(1+k_1)\times(1+k_2)\times\ldots\times(1+k_n)} - 1 \qquad \textit{(Formel 4.7)}$$

Für die Bestimmung der tatsächlichen durchschnittlichen Rendite eines einzelnen Investors, der zu einem bestimmten Zeitpunkt kauft und verkauft, ist ausschließlich der geometrische Mittelwert heranzuziehen. Dieser entspricht dem tatsächlich erzielten durchschnittlichen Wertzuwachs je Periode. Wird das Anfangskapital mit dem geometrischen Mittelwert je Periode aufgezinst, ergibt sich das tatsächliche Endkapital ident zu den in Kap. 2 gezeigten Endwertberechnungen.

$$K_n = K_0 \times (1+\bar{k})^n = K_0 \times (1+k_1) \times (1+k_2) \times \ldots \times (1+k_n)$$

Im Gegensatz dazu ist der arithmetische Mittelwert für derartige Berechnungen ungeeignet, wie nachfolgendes Beispiel zeigt:

Periode	Kurs	Rendite je Periode
t_0	10	
t_1	20	100 %
t_2	10	–50 %

Die durchschnittliche Rendite je Periode beträgt mit Hilfe des arithmetischen Mittels 25 %, obwohl der Endwert dem Anfangswert entspricht, d.h. kein Wertzuwachs erzielt wurde.

$$\bar{k} = \frac{\sum_{i=1}^{n} k_i}{n} = \frac{100\% - 50\%}{2} = 25\%$$

Mit Hilfe des geometrischen Mittels wird dies korrekt gezeigt.

$$\bar{k} = \sqrt[n]{(1+k_1)\times(1+k_2)\times\ldots\times(1+k_n)} - 1 = \sqrt[2]{(1+100\%)\times(1-50\%)} - 1 = 0\%$$

Das arithmetische Mittel ist dennoch ein sehr nützlicher Indikator. Es zeigt, welche Rendite für die Gesamtheit der Investoren über die Perioden unabhängig von ihrem konkreten Kaufs- und Verkaufszeitpunkt zu erwarten war.

Risiko wird im Rahmen der Finanzierung mit Hilfe der Standardabweichung bestimmt. Je größer die Standardabweichung ist, desto volatiler und unsicherer ist die Rendite, d.h. desto mehr schwanken die Renditen zwischen den Perioden und desto entscheidender ist der richtige Zeitpunkt.

$$\sigma = \sqrt{\frac{\sum_{i=1}^{n} (k_i - \bar{k})^2}{n-1}}$$ ***(Formel 4.8)***

σ = Risiko der abgelaufenen Periode als Standardabweichung der Renditen der Einzelperioden[13]

$\bar{k}$ = durchschnittliche Rendite in Form des arithmetischen Mittels

k_i = Rendite der Periode i

n = Anzahl der Perioden

Für die OMV AG ergeben sich Rendite und Risiko für den Zeitraum Mai 2009 bis Mai 2019 wie folgt:

Jahr	Kurs	Dividenden	Rendite k	$k - \bar{k}$	$(k - \bar{k})^2$
2009	27,20				
2010	25,45	1,00	–2,76 %	–16,57 %	2,75 %
2011	28,40	1,00	15,52 %	1,71 %	0,03 %
2012	22,10	1,10	–18,31 %	–32,12 %	10,32 %
2013	37,48	1,20	75,02 %	61,21 %	37,46 %
2014	29,71	1,25	–17,40 %	–31,21 %	9,74 %
2015	25,85	1,25	–8,78 %	–22,60 %	5,11 %
2016	24,55	1,00	–1,16 %	–14,97 %	2,24 %
2017	47,84	1,20	99,76 %	85,94 %	73,86 %

13 Die Standardabweichung wird abhängig davon, ob es sich um die Grundgesamtheit oder eine Stichprobe handelt, sowohl durch (n–1) als auch durch n dividiert.

2018	48,72	1,50	4,97 %	–8,84 %	0,78 %
2019	42,72	1,75	–8,72 %	–22,54 %	5,08 %
			$\bar{k}$ = 13,81 %		147,37 %
				$\sigma^2 = \frac{147{,}37\ \%}{9}$ =	16,37 %
				$\sigma = (16{,}37\ \%)^{1/2}$ =	40,47 %

Abbildung 112: Risiko und Rendite am Beispiel der OMV AG (Datenquelle: www.wiener borse.at; Kurse: Schlusskurs am Tag nach der Dividendenzahlung)

Die OMV AG ermöglichte Investoren eine durchschnittliche Rendite von 13,81 % pro Jahr. Die jährliche Rendite schwankte dabei von –18,3 % bis +99,8 %. Die Standardabweichung von der Durchschnittsrendite betrug 40,5 %. Mit Hilfe der Risiko- und Rendite-Bestimmung können am Kapitalmarkt vorhandene Investitionsmöglichkeiten im Hinblick auf ihre Attraktivität verglichen werden.

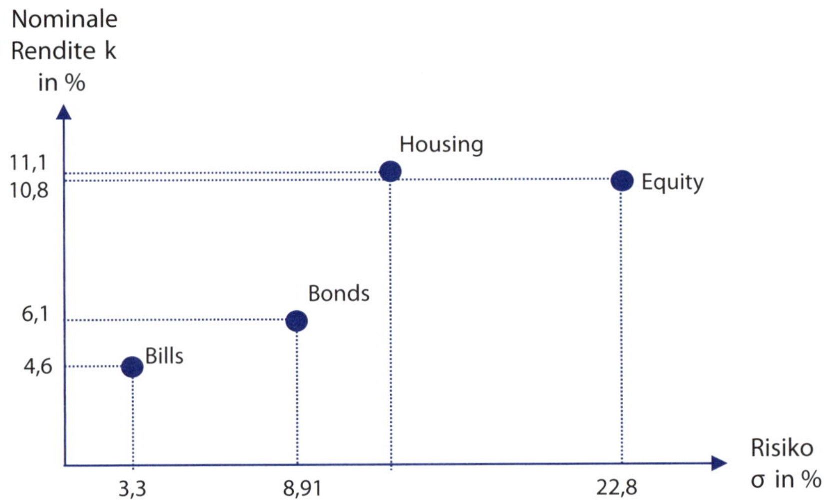

Abbildung 113: Globale Rendite und Risiko verschiedener Anlageklassen im Zeitraum von 1870–2015 (Quelle: *Jorda/Knoll/Kuvshinov/Schularick/Taylor*, The Rate of Return of Everything, 1870–2015, S. 13 2017)

Beispielsweise zeigt der langjährige Vergleich von 1870 bis 2015 zwischen Aktien und Anleihen, dass Aktien generell einen deutlich höheren Ertrag erwirtschaften, jedoch auch deutlich höheres Risiko, d.h. höhere Volatilität in sich bergen. Die Entscheidung zwischen Aktien und Anleihen ist daher für Investoren entsprechend ihrer Erwartungshaltung eindeutig. Die Entscheidung zwischen der Investition in Aktien großer oder kleiner Unternehmen ist in Bezug auf die Rendite nicht mehr so eindeutig. Kleine Unternehmen bieten eine geringfügig höhere Rendite, jedoch auch höheres Risiko.

Zum standardisierten Vergleich bietet sich der *Variationskoeffizient* an. Der Variationskoeffizient zeigt das Risiko je Prozentpunkt der Rendite:

$$Cv = \frac{\sigma}{k}$$ **(Formel 4.9)**

Cv = Variationskoeffizient

Im konkreten Vergleich weisen Aktien einen Variationskoeffizienten von 2,11 gegenüber Anleihen in Höhe von 1,46 auf. Anleihen wären unter Risikogesichtspunkten die bessere Alternative, da das Risiko je Prozentpunkt Rendite deutlich geringer ist.

Ex-ante-Bestimmung von Risiko und Rendite. Für Investoren sind die zu erwartende Rendite und das zu erwartende Risiko wesentlich wichtiger als die rückwirkende Betrachtung. Werden Risiko und Rendite nicht im Nachhinein betrachtet, sondern für die Zukunft, so werden zu erwartende Risiken und Renditen mit Hilfe von Wahrscheinlichkeiten bestimmt. Dabei werden entweder diskrete (d.h. eine exakte Anzahl) Szenarien oder Wahrscheinlichkeitsverteilungen für die Bestimmung möglicher Entwicklungen verwendet. *Jeder möglichen Entwicklung wird eine Eintrittswahrscheinlichkeit und zu erwartende Rendite zugeordnet.*

Die erwartete Rendite ergibt sich aus dem Erwartungswert der möglichen zukünftigen Entwicklungen.

$$\bar{k} = \sum_{j=1}^{n} k_j \times Pr_j$$ **(Formel 4.10)**

$\bar{k}$ = zu erwartende Rendite
k_j = Rendite für die mögliche Entwicklung j
n = Anzahl möglicher Entwicklungen
Pr_j = Eintrittswahrscheinlichkeit der möglichen Entwicklung j, wobei

$$\sum_{j=1}^{n} Pr_j = 1$$

Das Risiko in Form der Standardabweichung ergibt sich dazu analog durch die mit der Wahrscheinlichkeit gewichteten Abweichungen der möglichen Renditen vom Erwartungswert:

$$\sigma = \sqrt{\sum_{j=1}^{n} \left(k_j - \bar{k}\right)^2 \times Pr_j}$$ **(Formel 4.11)**

Diversifikation. Eine Möglichkeit für Investoren, ihr Risiko zu reduzieren, ist die Diversifikation, d.h. nicht in die Aktien eines einzelnen Unternehmens zu investieren, sondern das Risiko auf mehrere Anlagemöglichkeiten zu verteilen („*not to put all of your eggs in one basket*"). Durch die Diversifikation entsteht ein

Portfolio, d.h. eine beliebige Kombination unterschiedlicher finanzieller Vermögenswerte (Wertpapiere) wie z.B. Aktien.

Wertpapiere des Portfolios. Die Rendite eines Portfolios liegt immer zwischen der Rendite des Wertpapiers mit der niedrigsten Rendite und der Rendite des Wertpapiers mit der höchsten Rendite.

(Formel 4.12)

$$\bar{k}_p = \sum_{j=1}^{n} w_j \times \bar{k}_j$$

$\bar{k}_p$ = Erwartete Portfolienrendite
w_j = Gewicht des Wertpapiers j in % des Portfolios, wobei

$$\sum_{j=1}^{n} w_j = 1$$

$\bar{k}_j$ = Erwartete Rendite des Wertpapiers j
n = Anzahl Wertpapiere im Portfolio

Beispiel: Portfoliorendite

Auf Basis der Analystenerwartungen schätzt ein Investor die Rendite durch den Kauf nachfolgender Aktien wie folgt ein:

Erwartete Rendite ($\bar{k}$)	
Starbucks	12,0 %
Google	11,5 %
BMW	10,0 %
Nestlé	9,5 %

Der Investor hat ein Vermögen in Höhe von € 100.000. Zur Risikominimierung überlegt er, das Vermögen zu gleichen Teilen in diese vier Aktien zu investieren. Wie hoch ist die Rendite dieses Portfolios?

$k_p = w_1 \times \bar{k}_1 + w_2 \times \bar{k}_2 + w_3 \times \bar{k}_3 + w_4 \times \bar{k}_4$
$= 0{,}25 \times 12\ \% + 0{,}25 \times 11{,}5\ \% + 0{,}25 \times 10\ \% + 0{,}25 \times 9{,}5\ \% = 10{,}75\ \%$

Die Berechnung der Portfoliorendite ist für die erwartete und tatsächliche Rendite ident. Zur Berechnung der tatsächlichen Rendite werden anstatt des Erwartungswerts der einzelnen Wertpapierrenditen die tatsächlichen Renditen der abgelaufenen Periode verwendet.

Portfoliorisiko. Das Risiko eines Portfolios σ_p ist im Gegensatz zur Portfoliorendite *nicht das gewichtete Risiko* der einzelnen Wertpapiere, sondern kleiner. Das Risiko eines Portfolios ist zusätzlich von der Korrelation der Wertpapiere des Portfolios zueinander abhängig. Als Korrelation wird der Grad bezeichnet, mit dem sich zwei Wertpapiere gleichmäßig verändern. Die Korrelation wird durch den Korrelationskoeffizienten *r* ausgedrückt, der von r = 1 (absolut positive Korrelation), d.h. die zwei Wertpapiere verhalten sich absolut ident, bis r = –1 (absolut negative Korrelation), d.h. die zwei Wertpapiere verhalten sich absolut gegenläufig, reicht. In keinem Fall kann das Portfoliorisiko größer als das Risiko des risikoreichsten Wertpapiers des Portfolios sein.

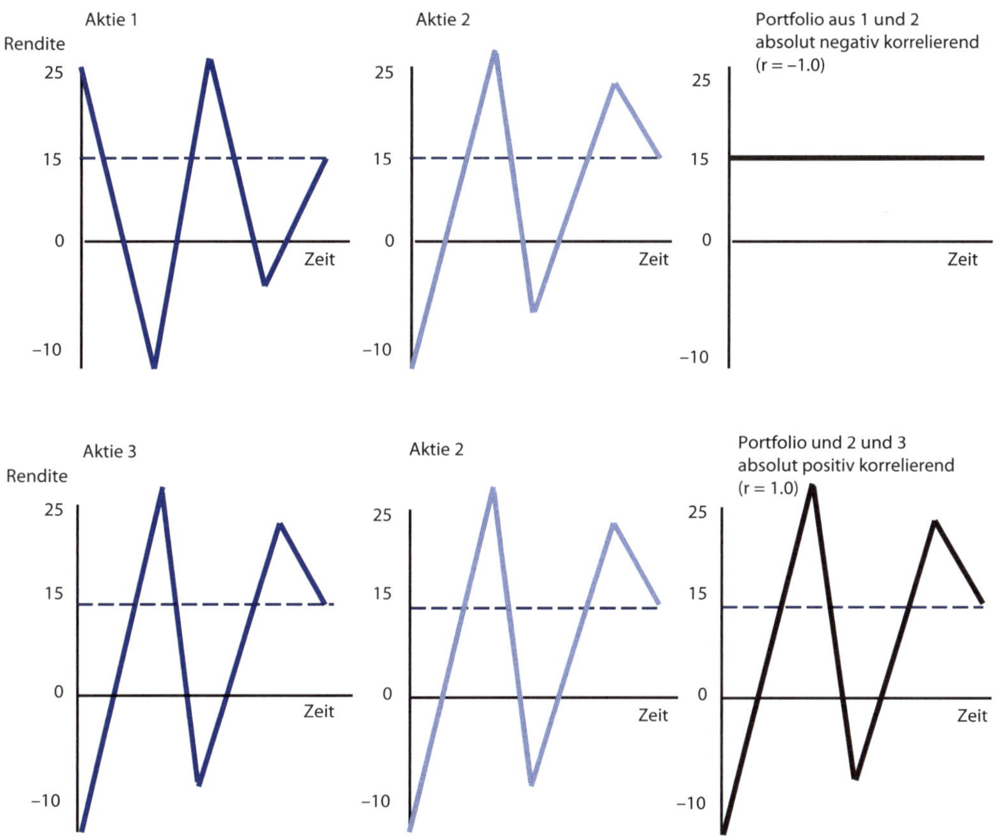

Abbildung 114: Portfoliorendite und -risiko von zwei Aktien in Abhängigkeit von ihrem Korrelationskoeffizienten

Grenzen der Diversifikation – Marktrisiko und diversifizierbares Risiko. Das vorangehende Beispiel macht ersichtlich, dass Diversifikation durch zwei absolut negativ korrelierende Wertpapiere ein Portfolio mit zwei Wertpapieren risikofrei machen kann, während zwei absolut positiv korrelierende Wertpapiere das Risiko nicht senken. Studien zeigen, dass *Wertpapiere grundsätzlich positiv korrelieren* und zwei zufällig gewählte Wertpapiere einen Korrelationskoeffizienten zwischen 0,5 und 0,7 aufweisen, wobei Aktien von Unternehmen der gleichen Branche eine höhere Korrelation zueinander aufweisen als Aktien unterschiedlicher Branchen. In der Praxis lässt sich das Risiko durch Diversifikation reduzieren, jedoch nicht eliminieren, wobei der Grad der Diversifikation, d.h. die Anzahl der im Portfolio befindlichen Wertpapiere, eine entscheidende Rolle spielt. Nach dem Versicherungsprinzip sinkt das Risiko mit dem Grad der

Diversifikation, d.h. der Anzahl der Wertpapiere im Portfolio (sogar bei zufälliger Auswahl der Wertpapiere). Es bedarf keiner großen Anzahl unterschiedlicher Wertpapiere, um das Risiko von ca. 35 %, das mit der Investition in ein durchschnittliches Wertpapier verbunden ist, deutlich zu senken. Wird das Portfolio Schritt für Schritt weiter diversifiziert, bis letztlich alle am Markt verfügbaren Anlagealternativen enthalten sind (Marktportfolio), strebt das Risiko einem Grenzwert von ca. 20 % zu. Dieser Sockelbetrag wird als *systematisches Risiko* oder *Marktrisiko* bezeichnet. Es entsteht dadurch, dass gewisse Ereignisse, wie z.B. Konjunkturentwicklung, Inflation, systematisch alle Anlagealternativen in ähnlicher Form treffen. Marktrisiko bedeutet, dass die Kursänderung einer Aktie der allgemeinen Tendenz am Aktienmarkt zuzuschreiben ist und in keinem direkten Zusammenhang mit der wirtschaftlichen Situation des einzelnen Unternehmens steht. Beispielsweise verloren nach dem Anschlag auf die Twin Towers mehr oder weniger alle Aktien an Wert.

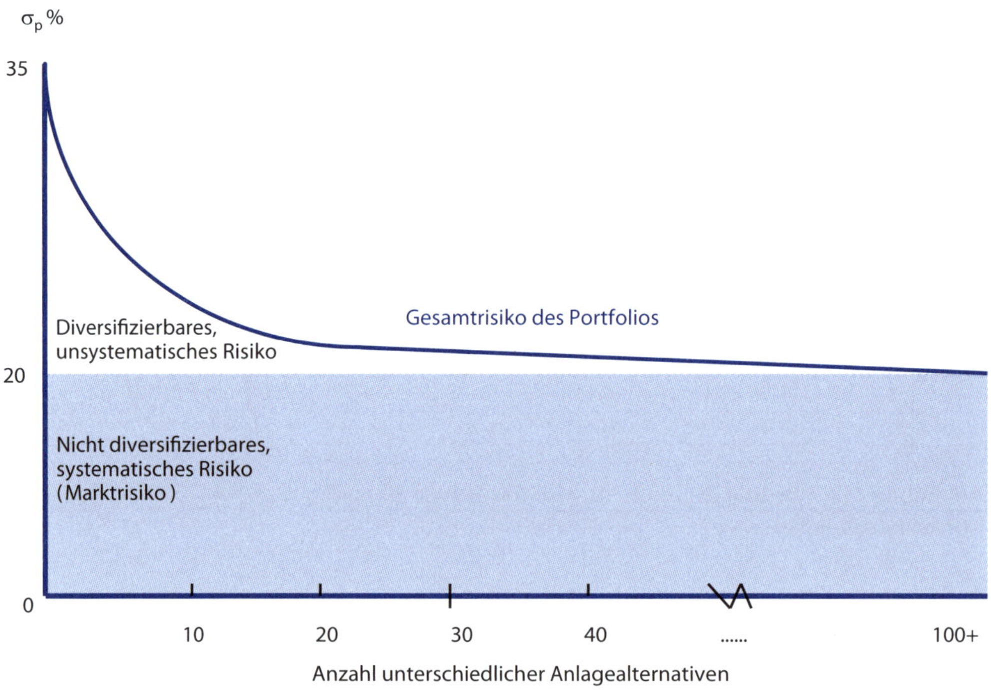

Abbildung 115: Risikoreduktion durch Diversifikation

Dieses systematische Risiko bleibt unabhängig der Diversifikation in jedem Portfolio bestehen, da es in allen Wertpapieren des Portfolios gleichermaßen enthalten ist. Demgegenüber ist das unsystematische bzw. spezifische Risiko eines einzelnen Wertpapiers jenes Risiko, das es über das systematische Risiko hinaus birgt. Unsystematisches Risiko wird durch Ereignisse verursacht, die spezifisch mit einer einzelnen Anlagealternative verbunden sind. Bei Aktien sind dies z.B. der Erfolg oder Nichterfolg einer neuen Technologie, der Gewinn oder

Verlust von wichtigen Aufträgen oder Streiks. Dieses unsystematische Risiko kann durch Diversifikation in einem Portfolio eliminiert werden.

Markovitz hat mit seiner Portfoliotheorie[14] den Grundstein zur zielgerichteten, risikoreduzierenden Diversifikation gelegt, indem er gezeigt hat, dass das Risiko eines Portfolios nicht die gewichtete Summe der Einzelrisiken ist, sondern zusätzlich durch die Korrelationskoeffizienten zwischen den einzelnen Wertpapieren des Portfolios, in Form der Covarianzen bestimmt wird.

$$\sigma_p^2 = \sum_{i=1}^{n} w_i^2 \times \sigma_i^2 + \sum_{i=1}^{n} \sum_{j=1, i \neq j}^{n} w_i \times w_j \times \sigma_{ij} \qquad \textit{(Formel 4.13)}$$

σ^2_p = Risiko des Portfolios in Form der Varianz der Rendite
σ^2_i = Risiko des Wertpapiers i
σ_{ij} = Covarianz zwischen den Wertpapieren i und j
w_i = Gewicht des Wertpapiers i im Portfolio
n = Anzahl Wertpapiere im Portfolio

Sofern ein Portfolio aus lediglich zwei Komponenten besteht, ergibt sich folgende Berechnung des Risikos:

$$\sigma_p = \sqrt{w_1^2 \times \sigma_1^2 + w_1^2 \times \sigma_2^2 + 2 \times w_1 \times w_2 \times r_{1,2} \times \sigma_1 \times \sigma_2} \qquad \textit{(Formel 4.14)}$$

σ_p = Risiko des Portfolios in Form der Standardabweichung der Rendite
$r_{1,2}$ = Korrelationskoeffizient der Renditen von Wertpapier 1 und 2

Mit der Anzahl der Wertpapiere eines Portfolios reduziert sich das Gewicht der einzelnen Wertpapiere und damit auch die Bedeutung der Einzelrisiken (erster Term in Formel 4.13). Gleichzeitig steigt die Bedeutung der Covarianz, d.h. die Korrelation zwischen den einzelnen Wertpapieren (zweiter Term, der n × (n–1) Korrelationen erfasst).

Wird nun das Marktportfolio[15] durch die Gewichtung der Wertpapiere beliebig variiert, ergeben sich entsprechende *Rendite-Risiko-Kombinationen für das Marktportfolio* M (Abbildung 116). Dabei versprechen jene Kombinationen, die auf der *Effizienzlinie (efficient frontier)* von A nach B liegen, für das jeweilige Risiko die höchste Rendite. Investoren, die in das risikobehaftete Marktportfolio investieren, sollten daher nur die Kombinationen der Effizienzlinie auswählen.

---

14 Die Portfoliotheorie von Markovitz ist anspruchsvoll mit vielfältigen Zielen, Prämissen und Limitationen (z.B. keine Transaktionskosten, alle Investoren haben die gleiche Information, Kapitalmarktgleichgewicht). Die Theorie wird hier nur insoweit und auf möglichst einfache Weise erklärt, als dies notwendig ist, um das Ziel dieses Kapitels, die Bestimmung der Eigenkapitalkosten von Unternehmen, zu verstehen.

15 Das Marktportfolio, d.h. das Portfolio aller vorhandenen Anlageformen, ist in der Praxis mit vernünftigem Aufwand nicht wirklich bestimmbar und wird daher durch große Aktienindizes wie den S&P-500 angenähert.

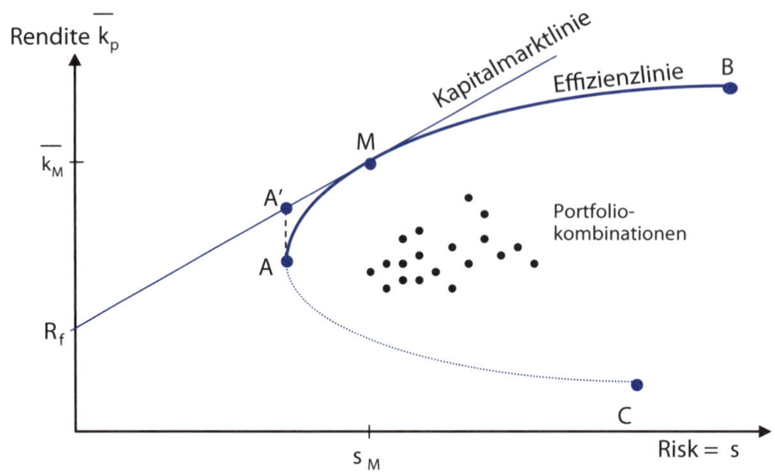

Abbildung 116: Kapitalmarktlinie und Effizienzkurve des Marktportfolios

Das Marktportfolio A stellt das Portfolio mit dem geringsten Risiko dar. Investoren stehen jedoch neben risikobehafteten Anlageformen auch risikofreie Anlagemöglichkeiten wie Staatsanleihen zur Verfügung.[16] Bei Existenz risikofreier Anlagemöglichkeiten ist die Effizienzlinie eine Gerade mit positiver Steigung von R_f durch den Tangentialpunkt M der Effizienzkurve risikobehafteter Wertpapiere. Diese Gerade wird als *Kapitalmarktlinie* bezeichnet. Für weniger risikofreudige Investoren erweisen sich Kombinationen risikofreier Anlagealternativen mit dem Tangentialportfolio M auf der Effizienzkurve als effizient. Alle anderen Kombinationen versprechen bei gleichem Risiko niedrigere Renditen (A' hat eine höhere Rendite als A). Diese Kombinationen weisen folgende Rendite und folgendes Risiko auf:

$$\overline{k}_p = w_{Rf} \times R_f + (1\text{-}w_{Rf}) \times \overline{k}_M \qquad \textbf{\textit{(Formel 4.15)}}$$

$\overline{k}_p$ = Rendite des Portfolios entlang der Kapitalmarktlinie
w_{Rf} = Gewicht der risikofreien Veranlagung
R_f = Risikofreier Zinssatz
$\overline{k}_M$ = Rendite des Marktportfolios M

$$\sigma_p = (1 - w_{Rf}) \times \sigma_M \qquad \textbf{\textit{(Formel 4.16)}}$$

σ_p = Risiko des Portfolios entlang der Kapitalmarktlinie
σ_M = Rendite des Marktportfolios M

Die Kapitalmarktlinie zeigt das Verhältnis zwischen Risiko und Mindestverzinsungsanspruch. Investoren erwarten sich für das mit dem Kapitaleinsatz eingegangene Risiko eine entsprechende Entschädigung in Form höherer Renditen,

16 In der Realität gibt es keine wirklich risikofreien Anlageformen, da auch ihre Standardabweichung in der Praxis größer null ist. AAA-Staatsanleihen, d.h. Anleihen von Ländern höchster Bonität, sind als Substitut zu verstehen.

was im Gegenzug für Unternehmen höhere Kapitalkosten bedeutet. Die Steigung der Kapitalmarktlinie stellt den Marktpreis für die Änderung des Risikos um eine Einheit, ausgedrückt durch die Standardabweichung σ dar. Sie wird auch als Marktpreis des Risikos bezeichnet.[17]

Die Differenz zwischen der Rendite risikofreier Anlagen und der Rendite des Marktportfolios M stellt die Marktrisikoprämie dar, die von Investoren für das Marktrisiko gezahlt werden muss bzw. dafür, dass sie in eine durchschnittlich risikoreiche Aktie investieren.

$$\text{Marktrisikoprämie} = \bar{k}_M - R_f \qquad \textit{(Formel 4.17)}$$

CAPM – Capital Asset Pricing Model. Mit Hilfe des Capital Asset Pricing Model (Sharpe/Lintner/Mossin) können nun die Eigenkapitalkosten für ein einzelnes Unternehmen bestimmt werden. CAPM ist das in der Praxis dominierende Verfahren, das z.B. in Deutschland von mehr als zwei Drittel der börsenotierten Unternehmen eingesetzt wird. CAPM baut auf der Portfoliotheorie von Markovitz und damit auf der für alle Unternehmen anfallenden Marktrisikoprämie auf. Die Eigenkapitalkosten bzw. die Mindestrendite für ein Unternehmen ergeben sich bei CAPM aus dem risikofreien Zinssatz Rf zuzüglich einer Risikoprämie, die dem Risiko des Wertpapiers nach Diversifikation entspricht. Die Risikoprämie ergibt sich aus der Marktrisikoprämie und einer unternehmensindividuellen Prämie oder einem Abschlag entsprechend dem Risiko des Unternehmens relativ zum Gesamtmarkt. Diese Prämie bzw. dieser Abschlag wird durch den β-Faktor dargestellt.

$$k_i = R_f + \beta_i\,[\bar{k}_M - Rf] \qquad \textit{(Formel 4.18)}$$

k_i = Eigenkapitalkosten bzw. Mindestrendite des Wertpapiers i
R_f = Risikofreier Zinssatz
β_i = Beta-Faktor des Wertpapiers i
$\bar{k}_M$ = Rendite des Marktportfolios M
$\bar{k}_M - Rf$ = Marktrisikoprämie

Der β-Faktor zeigt das Risiko relativ zum Marktportfolio M.[18] In der Praxis wird das Marktportfolio durch einen für das Unternehmen relevanten Aktienindex genähert. Ein β-Faktor größer 1,0 bedeutet, dass das Unternehmen risikoreicher als der Markt ist und damit eine höhere Rendite erwirtschaften muss, während ein β-Faktor kleiner 1,0 ein geringeres Risiko und damit eine geringere Mindestrendite erwirtschaften muss. Die geforderte Mindestrendite wird bei CAPM über die *Wertpapierlinie* gemäß (Formel 4.18) ermittelt.

17 Entsprechend der Risikoaversion von Investoren hat die Kapitalmarktlinie bei Verwendung der Erwartungswerte immer eine positive Steigung. Bei rückwirkender Betrachtung der tatsächlichen Renditen kann die Steigung in Jahren mit schlechter Kursentwicklung auch negativ sein.

18 Der β-Faktor zeigt nur das Marktrisiko innerhalb eines effizienten Portfolios und nicht das Stand-alone-Risiko eines Wertpapiers, das auch den unsystematischen unternehmensindividuellen Risikoteil beinhalten würde.

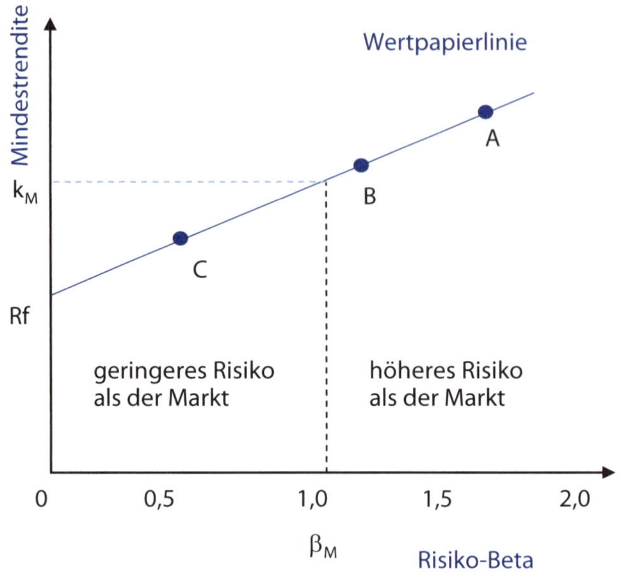

Abbildung 117: Wertpapierlinie und β-Faktor

Der β-Faktor als Maß für das Risiko relativ zum Gesamtmarkt wird durch die Regression zwischen der Rendite des Gesamtmarktes und der Rendite des Unternehmens in Form der Kursänderungen abgelaufener Perioden bestimmt. Er entspricht der Steigung der Regressionsgerade. Die einzelnen Punkte ergeben sich aus der Veränderung des Gesamtmarkts und der Veränderung einer Einzelaktie. Beispielweise zeigt Abbildung 118 die tägliche Entwicklung des ATX im Vergleich zur voestalpine AG. Der markierte Datenpunkt stellt einen Tag dar, an dem der ATX um knapp 2,5 % gestiegen ist, während die voestalpine-Aktie nahezu unverändert blieb.

Der β-Faktor wird wie folgt bestimmt:

$$\beta_i = \frac{\sigma_{i,M}}{\sigma^2_M}$$ ***(Formel 4.19)***

β_i = Beta-Faktor des Wertpapiers i

$\sigma_{i,M}$ = Covarianz zwischen dem Wertpapier i und dem Markt M

σ^2_M = Varianz des Marktes M

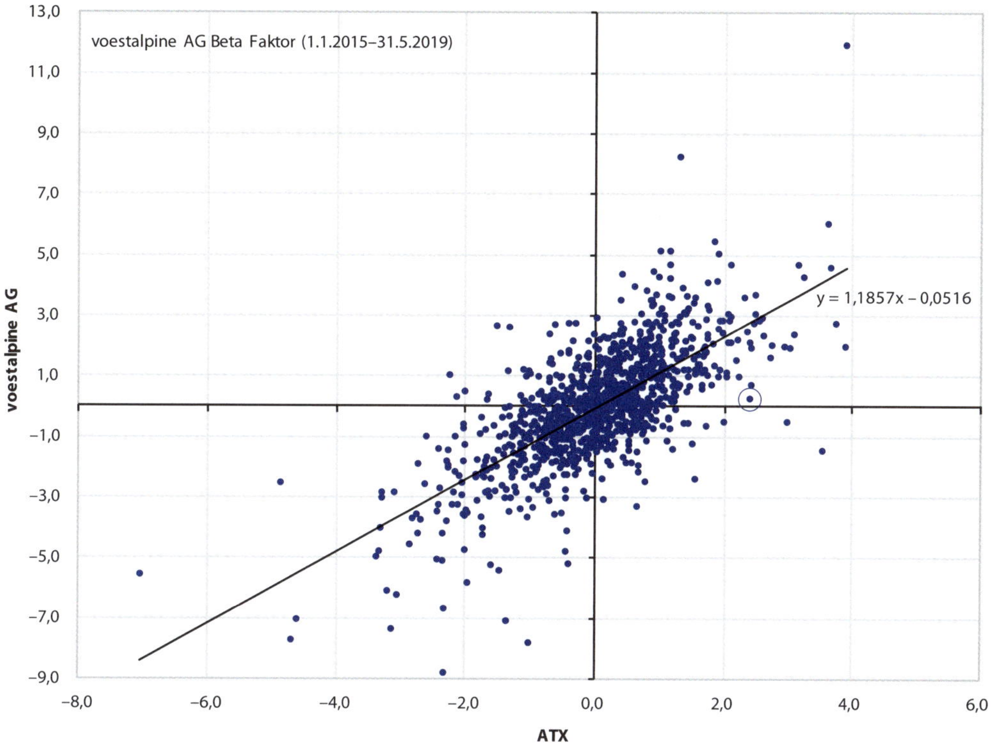

Abbildung 118: Bestimmung des β-Faktors für die voestalpine AG (Quelle: wienerborse.at)

In der Praxis liegt die Mehrzahl der Beta-Faktoren in einer Bandbreite von 0,5 bis 1,5.

	Beta	Korrelation
Erste Bank	1,148	0,752
OMV	1,272	0,757
Strabag	0,830	0,527
voestalpine	1,226	0,676
Manner AG	0,372	0,165
BMW	1,006	0,691
SAP	0,941	0,651
Deutsche Bank	1,396	0,638
Siemens	1,135	0,827
Daimler	1,227	0,742

Abbildung 119: Übersicht über die β-Faktoren ausgewählter Unternehmen[19]

19 Zwei-Jahres-Beta und Korrelation am 13.6.2019 (Quelle: Bloomberg)

Das Konzept des CAPM erweist sich in der theoretisch exakten Umsetzung als schwierig. In der Praxis wird die Wertpapierlinie näherungsweise wie folgt bestimmt:

1. Schätzung des erwarteten risikofreien Zinssatzes auf Basis von Staatsanleihen
2. Schätzung der Marktrisikoprämie durch Analyse der abgelaufenen Perioden (zumeist im Bereich zwischen 4 % und 8 %)
3. Bestimmung des β-Faktors auf Basis historischer Daten

Trotz dieser Näherungsverfahren stellt das CAPM-Konzept viele Unternehmen vor nicht unerhebliche Probleme. Alleine die Auswahl des Gesamtmarkts kann enorme Differenzen in den Kapitalkosten mit sich bringen. Beispielsweise bewegten sich für ein großes österreichisches Unternehmen die Eigenkapitalkosten je nach Auswahl des DJ Eurostoxx oder ATX als Gesamtmarkt zwischen 5,47 % und 12,61 %.

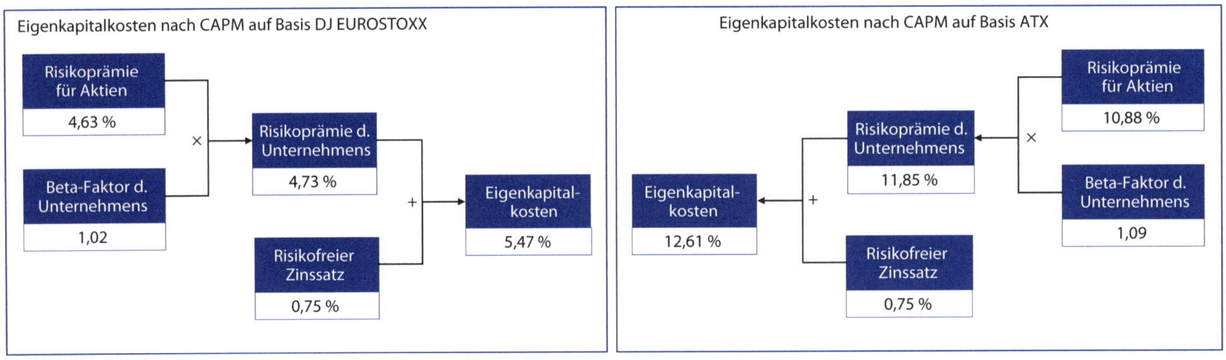

Abbildung 120: Eigenkapitalkosten mittels CAPM in Abhängigkeit vom Vergleichsindex

Der β-Faktor kann in der vorgeschlagenen Form nur für börsennotierte Unternehmen bestimmt werden. Entsprechend der Bedeutung der Eigenkapitalkosten und den theoretischen Limitierungen von CAPM und seiner praktischen Anwendungsprobleme gibt es eine Reihe weiterer Konzepte zur Bestimmung der Eigenkapitalkosten, die jedoch in der Praxis eine untergeordnete Rolle spielen und oft über die theoretische Konzeption nicht hinausgekommen sind.

Modelle für börsennotierte Unternehmen:

- MCPM – Market Derived Capital Asset Pricing Model
- APM – Arbitrage Pricing Model
- CCAPM – Consumption-Based Capital Asset Pricing Model
- ICAPM – International Capital Asset Pricing Model

Modelle für nicht börsennotierte Unternehmen:

- Modifiziertes CAPM
- Methode der Boston Consulting Group
- Modell von Fuqua Industries

4.2.3. Rating und Fremdkapitalkosten

Im Vergleich zu den Eigenkapitalkosten lassen sich die Fremdkapitalkosten eines Unternehmens wesentlich einfacher aus den vorhandenen Konditionen des in der Bilanz enthaltenen verzinslichen Fremdkapitals, wie z.B. Kreditzinsen, bestimmen.

Neben dem allgemeinen Zinsniveau hat die Bonität eines Unternehmens einen wesentlichen Einfluss auf die Fremdkapitalkosten. Die Bonität als Maßstab für die Ausfallwahrscheinlichkeit wird im Rahmen des Ratings beurteilt. Das Rating kann entweder extern durch eine der großen Rating-Agenturen wie Moody's oder Standard & Poors' durchgeführt werden oder von den Banken selbst. Externe Ratings sind vor allem an den Kapitalmärkten, z.B. für die Begebung von Anleihen, entscheidend. Die Rating-Agenturen beurteilen die Bonität, d.h. die Wahrscheinlichkeit, dass ein Unternehmen das ihm gewährte Kapital und die daraus resultierenden Zinszahlungen nicht oder nicht fristgerecht rückführen kann, mit Hilfe von Skalen.

	S & P	Moody's	Fitch	Klassenbeschreibung
Investment Grade	AAA	Aaa	AAA	Höchste Bonität, nahezu kein Ausfallrisiko
	AA+	Aa1	AA+	Hohe Zahlungswahrscheinlichkeit, geringes Ausfallrisiko
	AA	Aa2	AA	
	AA-	Aa3	AA–	
	A+	A1	A+	Angemessene Deckung von Zins und Tilgung; Risikoelemente vorhanden, die sich bei Veränderung des wirtschaftlichen Umfelds negativ auswirken
	A	A2	A	
	A–	A3	A–	
	BBB+	Baa1	BBB+	Angemessene Deckung von Zins und Tilgung; spekulatives Element oder mangelnder Schutz gegen Veränderungen des wirtschaftlichen Umfelds vorhanden
	BBB	Baa2	BBB	
	BBB-	Baa3	BBB–	
Speculative Grade	BB+	Ba1	BB+	Mäßige Deckung von Zins und Tilgung (auch in einem guten wirtschaftlichen Umfeld)
	BB	Ba2	BB	
	BB-	Ba3	BB-	
	B+	B1	B+	Geringe Deckung von Zins und Tilgung
	B	B2	B	
	B–	B3	B–	
	CCC+	Caa1	CCC+	Niedrigste Qualität lebender Elemente, geringster Anlegerschutz, akute Gefahr des Zahlungsverzugs
	CCC	Caa2	CCC	
	CCC–	Caa3	CCC–	

Abbildung 121: Ratingskalen der führenden Rating-Agenturen

Land	S&P	Moody's	Fitch
Deutschland	AAA	Aaa	AAA
Österreich	AA+	Aa1	AA+
Frankreich	AA	Aa2	AA
Griechenland	B+	B1	BB-
Italien	BBB	Baa3	BBB
USA	AA+	Aaa	AAA
Schweiz	AAA	Aaa	AAA
Indien	BBB–	Baa2	BBB–
China	A+	A1	A+
Russland	BBB	Baa1	BBB
Saudi Arabien	A–	A1	A+
Japan	A+	A1	A

Abbildung 122: Ausgewählte Länderratings (Quelle: Rating-Agenturen, Stand 3.6.2019)

Interne Ratings der Banken sind mehr oder weniger vergleichbar und die Unterschiede zwischen den Bankinstituten sind gering. Das Rating besteht im Wesentlichen aus der Beurteilung der *finanziellen hard facts, dem Bilanzrating* und der Beurteilung der *soft facts*. Im Rahmen der Bilanzratings stehen die Frage des Eigenkapitals, des Verschuldungsgrads und der Schuldentilgungsfähigkeit im Vordergrund, die mit entsprechenden Kennzahlen beurteilt werden.

Bei den *soft facts* werden die reine Finanzlage ergänzende Faktoren, die indirekt Einfluss auf die Bonität haben, wie z.B. die Branchensituation oder die Managementqualität, beurteilt.

Gesamtrating

Qualitative Faktoren	Beurteilung			Anmerkung
	+	Neutral	–	
Eigentümersphäre		x		
Börsennotierung		Nein		
Standortqualität		x		
Managementqualität	x			
Nachfolgethematik		x		
Personalsituation		x		
Alter/Qualität der Information	x			Bilanzvorlage April
Qualität des Rechnungswesens	x			Quartalsbericht mit Forecast
Informationspolitik	x			aktiv und offen

Gesamtrating

Qualitative Faktoren	Beurteilung			Anmerkung
	+	Neutral	–	
Auftragslage		x		
Kundenstreuung/-abhängigkeit		x		
Lieferantenabhängigkeit		x		
Produktqualität	x			
Marktposition		x		
Branchensituation		x		
Konjunkturabhängigkeit		x		
Export-/Importrisiken		x		
Währungsrisiken		x		
Kontoführung/-entwicklung	x			problemlos
Wirtschaftlicher Trend im lfd. Jahr			x	abgeschwächt, aber positiv
Trend der Planung		x		

Rating	Note	Begründung qualitative Faktoren
Bilanzrating des Jahres 20xx	2,4	
Qualitative Faktoren	–0,4	schlagkräftiges Management
Frühwarnindikatoren	nein	
Rating/Gesamtnote	2,0	

Abbildung 123: Ratingbeispiel einer österreichischen Bank

In der Praxis dominiert das Bilanzrating, das durch das Rating der *soft facts* meist nur in geringem Ausmaß verändert werden kann. Im oben angeführten Beispiel funktioniert das Rating nach dem Schulnotensystem (Bestnote 1,0). Das Bilanzrating hat dabei eine durchschnittliche Bonität mit der Note 2,4 ergeben. Die *soft facts* können das Bilanzrating einen halben Notengrad verbessern oder verschlechtern. Es ist anzumerken, dass das Rating die Zukunftsfähigkeit eines Unternehmens bewerten sollte. Bilanzen abgelaufener Perioden sind dazu nur bedingt geeignet.

4.2.4. Kapitalkosten – WACC

Aus den Eigenkapital- und Fremdkapitalkosten lassen sich im letzten Schritt die durchschnittlich gewichteten Kapitalkosten des Unternehmens bestimmen. Entsprechend ihrer Bedeutung als Hurdle Rate sind die Kapitalkosten nach Steuern zu ermitteln.[20] Während das Eigenkapital bereits aus dem versteuerten Gewinn bedient wird, sind Fremdkapitalzinsen steuerlich abzugsfähig. Bei der Berechnung der Kapitalkosten werden daher die Fremdkapitalkosten nach Steuern verwendet.

FK-Kosten nach Steuern = FK-Kosten × (1 – Ertragssteuersatz)

Wird zur Berechnung der Eigenkapitalkosten CAPM verwendet, ergibt sich folgende Struktur für die Bestimmung der durchschnittlich gewichteten Kapitalkosten.

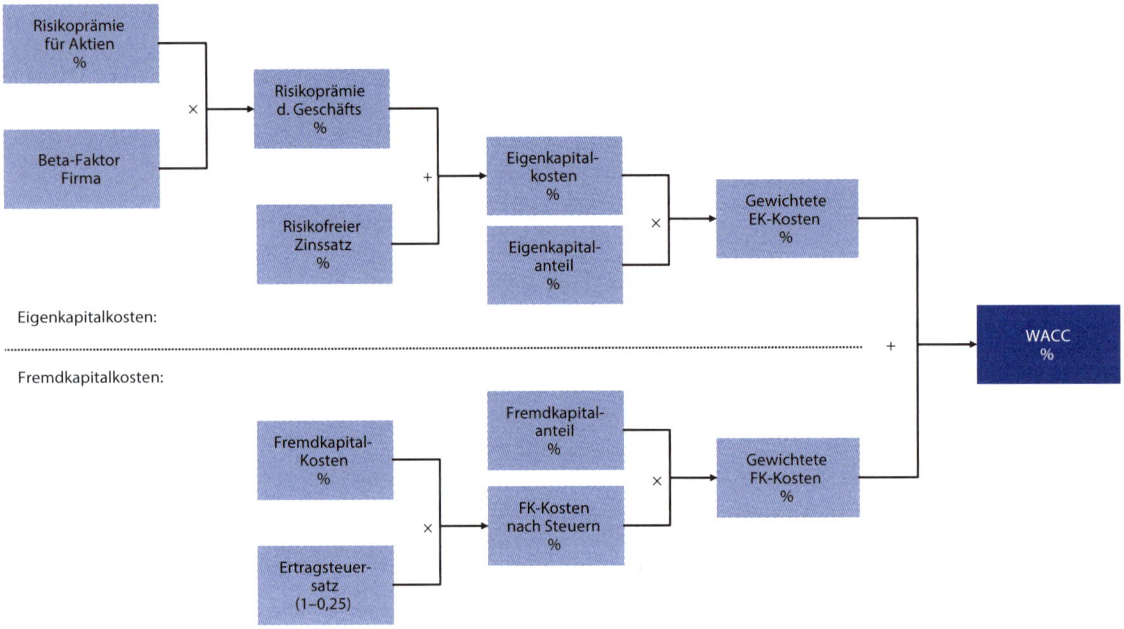

Abbildung 124: Komponenten des WACC

Bei der Bestimmung des Eigen- und des Fremdkapitalanteils werden üblicherweise die *Marktwerte* und nicht die *Buchwerte* genommen, weil dies dem realen Kapitaleinsatz der Kapitalgeber entspricht, für den sie sich eine entsprechende Verzinsung erwarten. Die Differenz zwischen Buchwert und Marktwert ist primär für das Eigenkapital von Bedeutung. Ein Aktionär könnte beispielsweise seine Aktien jederzeit zum Marktwert, d.h. zum aktuellen Kurs, verkaufen und diesen Betrag anderweitig veranlagen.

Ein großer börsennotierter Konzern berechnet die durchschnittlich gewichteten Kapitalkosten wie in Abbildung 125 nachstehend gezeigt.

20 Der Gewinn muss sowohl die Kosten des operativen Geschäfts als auch die Steuern und die Kapitalkosten decken.

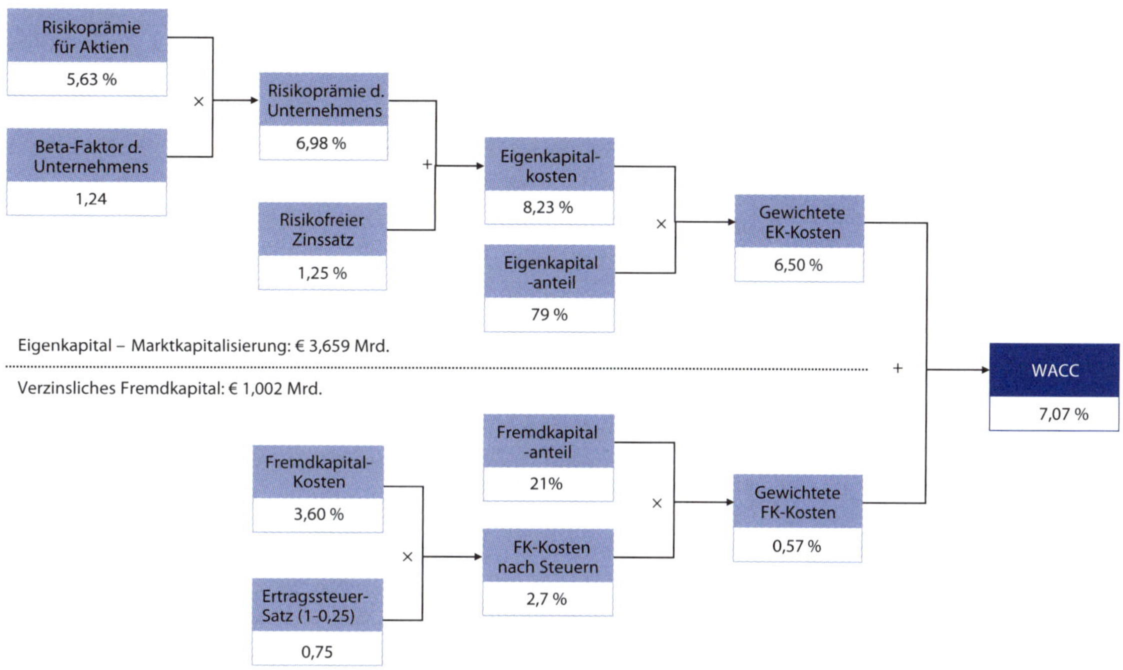

Abbildung 125: Praxisbeispiel zur Bestimmung des WACC

Die Kapitalkosten werden von der Mehrzahl der Unternehmen in jährlichen Abständen aktualisiert, wobei sich die Kapitalkosten wie in Abbildung 126 entwickelt haben.

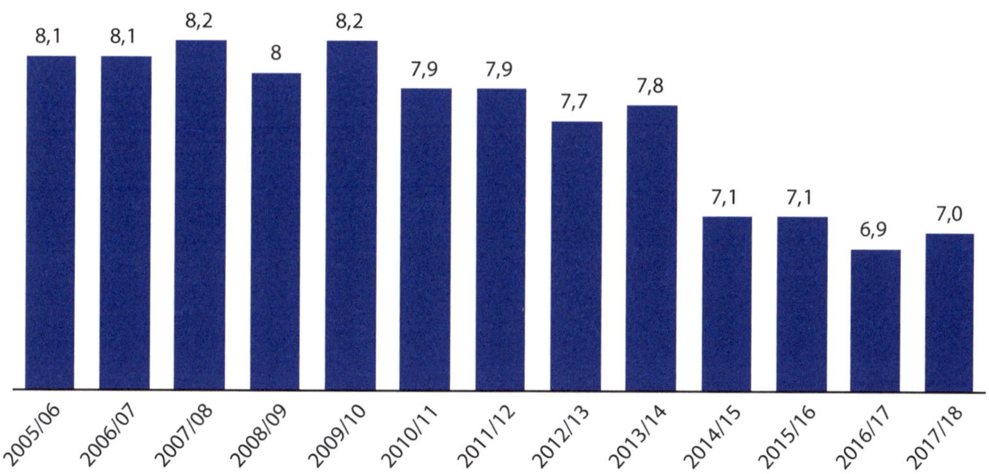

Abbildung 126: Übersicht Kapitalkosten in deutschen, schweizerischen und österreichischen Unternehmen (Quelle: *KPMG*, Kapitalkostenstudie 2018)

Laut der jährlich erscheinenden Kapitalkostenstudie der Wirtschaftsprüfungsagentur KPMG International betrugen 2018 die durchschnittlichen Kapitalkosten der deutschen, schweizerischen und österreichischen Unternehmen 7,0 %.

4.2.5. Finanzierungsgrundsätze: Eigen- vs. Fremdkapital

Unternehmen unterliegen einem ständigen Kreislauf von Ein- und Auszahlungen bzw. von Kapitalbeschaffung und Kapitalverwendung. Wird dieser Kreislauf gestört, kommt es zu Liquiditätsschwierigkeiten. Fehler in Finanzierungsentscheidungen haben somit mangelnde Zahlungsfähigkeit (Illiquidität) und/oder höhere Kapitalkosten zur Folge. Insgesamt gilt es im Rahmen der Finanzierung eine Balance zwischen den in Kap. 1.3.4 gezeigten finanzwirtschaftlichen Zielen Liquidität, Rentabilität, Risiko und Unabhängigkeit zu finden. Es empfiehlt sich daher, gewisse Finanzierungsgrundsätze zu beachten.

Die finanzielle Struktur eines Unternehmens wird in hohem Maße von der Branche, in dem das Unternehmen operiert, von seiner Stellung im Lebenszyklus und der dabei eingeschlagenen Strategie definiert. Beispielsweise unterscheidet sich die finanzielle Situation eines auf Wachstum ausgerichteten Unternehmens in einer im Aufschwung befindlichen, kapitalintensiven Branche deutlich von Dienstleistungsunternehmen, die auf Konsolidierung und Ertragsoptimierung bedacht sind. Gleichzeitig gilt es Länderunterschiede zu beachten. Trotz dieser Unterschiedlichkeit haben sich im Laufe der Zeit mehr oder weniger allgemeingültige *Finanzierungsgrundsätze* herauskristallisiert:

- Ausgewogenes Verhältnis zwischen Eigenkapital und Fremdkapital.
- Anlagevermögen sollte außer bei sehr anlageintensiven Branchen durch Eigenkapital finanziert werden.
- Aus der Cashflow- bzw. Ertragsvorschau muss einwandfrei hervorgehen, dass bei normaler Geschäftsentwicklung die eingeräumten Kredite bedienbar sind (Zinsen + Rückführung).
- Bei Kapitalaufnahme und -verwendung ist auf die *Fristenentsprechung* zu achten. Die *goldene Finanzierungsregel* fordert, dass die *Kapitalüberlassungsdauer* und die *Kapitalbindungsdauer* übereinstimmen. Konkret bedeutet dies, dass langfristige Investitionen langfristig zu finanzieren sind und kurzfristige Investitionen kurzfristig finanziert werden können. Noch enger definiert dies die *goldene Bilanzregel,* die fordert, dass das Anlagevermögen durch Eigenkapital und langfristiges Fremdkapital finanziert wird.
- Bei Kapitalaufnahme und -verwendung ist auf das Risiko zu achten (z.B. Eigenkapitaldeckung, Gläubigerabhängigkeit, Haftungen, Fremdwährungsrisiko, Risiko des Kapitalverlusts).
- Bei Umsatzerhöhung ist auf die Erhöhung der entsprechenden Betriebsmittel zu achten (Anstieg des Working Capitals).
- Bei Investitionen muss gleichzeitig für die Finanzierung zusätzlicher Betriebsmittel vorgesorgt werden (z.B. höhere Materialbestände und/oder höhere Außenstände).

Finanzverbindlichkeiten	Mio. €	%
Kredite	342.539	42,4 %
Kurzfristige Kredite	43.992	5,4 %
Langfristige Kredite	253.943	31,4 %
Handelskredite	44.604	5,5 %
Verzinsliche Wertpapiere	41.524	5,1 %
Kurzfristige verzinsliche Wertpapieren	559	0,1 %
Langfristige verzinsliche Wertpapieren	40.965	5,1 %
Eigenkapital	393.617	48,7 %
Börsennotierte Aktien	93.492	11,6 %
Nicht-Börsennotierte Aktien	35.339	4,4 %
Sonstige Anteilspapiere	264.786	32,8 %
Sonstige Finanzverbindlichkeiten	30.595	3,8 %
Gesamt	808.275	100,0 %

Abbildung 127: Finanzierungstruktur der österreichischen nichtfinanziellen Unternehmen 2017 (Quelle: OeNB)

Die konkrete Beurteilung, wie weit ein Unternehmen richtig finanziert ist bzw. wie finanziell „gesund" es ist, erfolgt mit Hilfe der Kennzahlen der Bilanzanalyse, wie sie in Band 1 gezeigt wurden. Kapitalgeber, allen voran Banken, knüpfen die Kapitalbereitstellung immer häufiger an vertragliche Bedingungen – *Financial Covenants* –, die die Kreditnehmer zur Einhaltung bestimmter Kennzahlen verpflichten. Ein Kernpunkt der Finanzierungsgrundsätze ist das Vorhandensein von ausreichend Eigenkapital. Allgemein wird eine Eigenkapitalquote von zumindest 20 % als notwendig erachtet. Dies ist insbesondere für Kleinstunternehmen eine große Herausforderung, da viele von ihnen sogar ein negatives Eigenkapital aufweisen. Studien belegen, dass die Eigenkapitalquoten mit der Unternehmensgröße steigen, d.h., dass kleine und mittlere Unternehmen geringere Eigenkapitalquoten aufweisen als große, wenngleich die Eigenkapitalquoten in den letzten Jahren generell gestiegen sind.

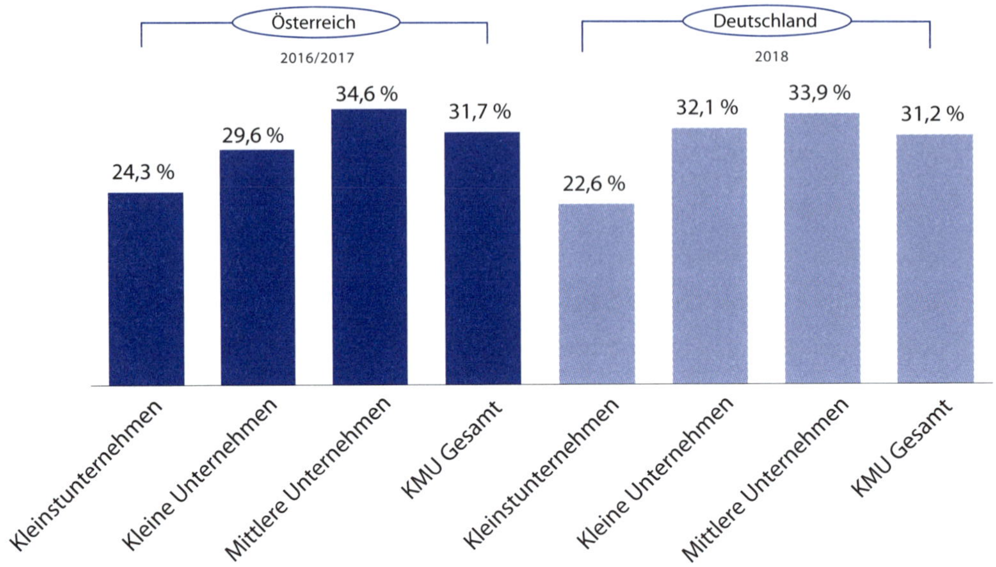

Abbildung 128: Eigenkapitalquote kleiner und mittlerer Unternehmen in Österreich und Deutschland (Quelle: KMU-Forschung Austria 2016/17; KfW Mittelstandspanel 2018)

Leverageeffekt. Den aus Risikogesichtspunkten gestellten Forderungen der Fremdkapitalgeber nach ausreichend Eigenkapital steht die Chance hoher Renditen für die Eigenkapitalgeber durch den verstärkten Einsatz von Fremdkapital gegenüber. Diese Hebelwirkung des Fremdkapitals wird *Leverage-Effekt* genannt:

Ist die Rentabilität des im Unternehmen eingesetzten Gesamtkapitals vor Zinsen höher als der Fremdkapitalzinssatz, steigt die Rentabilität des Eigenkapitals mit der Zunahme des Fremdkapitalanteils.

Die nachstehende Abbildung zeigt jedoch die Gefahren, die mit einem derartigen Levering verbunden sind. Sinkt die Kapitalrentabilität unter den Fremdkapitalzinssatz, kippt der Effekt in die Gegenseite um: Mit sinkender Eigenkapitalausstattung verschlechtert sich der ROE.

Beispiel: Leverage-Effekt bei konstantem Fremdkapitalzinssatz

GK	=	Gesamtkapitalbedarf = 1.000 Einheiten
FK	=	Fremdkapital
FK-Anteil	=	FK/GK
EK	=	Eigenkapital (GK–FK)
EBIT	=	Gewinn vor Zinsen und Steuern = 100 Einheiten
ROCE	=	EBIT/GK, Gesamtkapitalrendite von 10 % bzw. alternativ von 8 %, 6 %, 4 %
i	=	Zins für aufzunehmendes Fremdkapital = 6 % p.a.
EBT	=	Gewinn nach Zinsen = EBIT–FK × i
ROE	=	Eigenkapitalrendite = EBT/EK

					ROE bei			
FK-Anteil	FK	EBIT	FK-Zinsen	EBT	ROCE 10 %	ROCE 8 %	ROCE 6 %	ROCE 4 %
0 %	0	100	0	100	10,0 %	8,0 %	6,0 %	4,0 %
10 %	100	100	6	94	10,4 %	8,2 %	6,0 %	3,8 %
20 %	200	100	12	88	11,0 %	8,5 %	6,0 %	3,5 %
30 %	300	100	18	82	11,7 %	8,9 %	6,0 %	3,1 %
40 %	400	100	24	76	12,7 %	9,3 %	6,0 %	2,7 %
50 %	500	100	30	70	14,0 %	10,0 %	6,0 %	2,0 %
60 %	600	100	36	64	16,0 %	11,0 %	6,0 %	1,0 %
70 %	700	100	42	58	19,3 %	12,7 %	6,0 %	–0,7 %
80 %	800	100	48	52	26,0 %	16,0 %	6,0 %	–4,0 %
90 %	900	100	54	46	46,0 %	26,0 %	6,0 %	–14,0 %

In Abhängigkeit von der Gesamtkapitalrendite (ROCE) von 10 % bis 4 % und dem Fremdkapitalanteil von 0 % bis 10 % zeigt sich die unterschiedliche Entwicklung der Eigenkapitalrendite (ROE). Solange die Gesamtkapitalrendite größer den Kapitalkosten ist (Spalte mit 10 % ROCE und 8 % ROCE), führt die zunehmende Verschuldung zu einer Erhöhung des ROE. Ist die Gesamtkapitalrendite (vor Zinsen) gleich hoch wie der Zinsaufwand für das Fremdkapital, hat der Verschuldungsgrad keinen Einfluss auf den ROE. Sinkt hingegen der ROCE unter den Fremdkapitalzinssatz, hat die Verschuldung den umgekehrten Effekt und verschlechtert den ROE. Diese unterschiedliche Wirkung wird auch als *Leverage-Horn* bezeichnet.

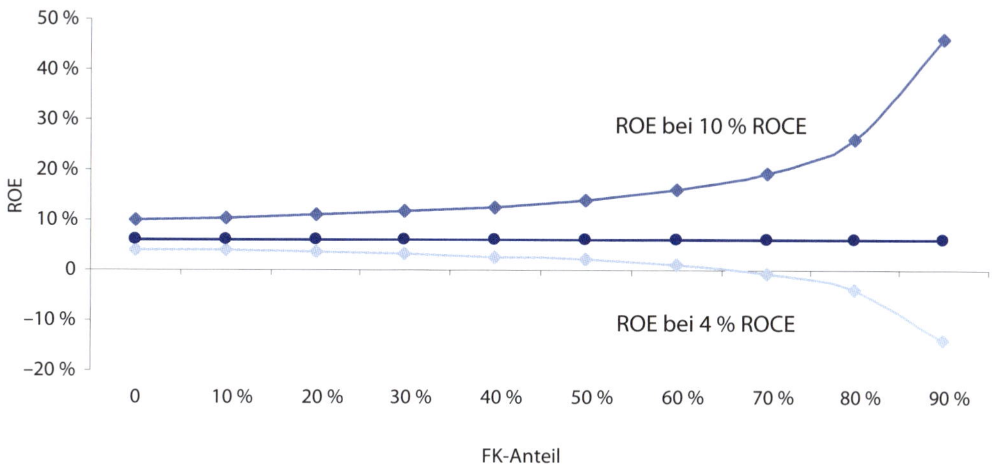

Abbildung 129: Leverage-Horn bei einem FK-Zinssatz von 6 %.

Der Leverage-Effekt findet seinen Niederschlag im Austausch eigener Mittel durch fremde Mittel. Seine Grenze liegt dort, wo die rechenbaren Vorteile der Kapitalsubstitution durch die Einflüsse von außen (z.B. zu starker Einfluss der

Fremdkapitalgeber, Liquiditätsschwierigkeiten, Erhöhung des Fremdkapitalzinses durch Verschlechterung des Bilanzbildes) aufgewogen bzw. überkompensiert werden.

Zudem ist eine Substitution von Eigenkapital durch Fremdkapital für die Eigentümer nur dann sinnvoll, wenn ihnen für die substituierten Eigenkapitalanteile Alternativanlagen mit ausreichender Rentabilität zur Verfügung stehen.

Angenommen, das Eigenkapital sei im Beispiel zu 100 % durch Fremdkapital ersetzt worden und zu 5 % wiederanzulegen, so tritt ein Gesamterlös von nur 90 (1.000 × 5 % aus der Wiederveranlagung außerhalb des Unternehmens zuzüglich 40 aus der zu 100 % fremdfinanzierten Geschäftstätigkeit des Unternehmens) auf. Bei voller Eigenfinanzierung hingegen hätte ein Gesamterlös von 100 Geldeinheiten erzielt werden können.

Exzessives Levering ist nicht nur gefährlich, sondern Theorie, denn tatsächlich braucht das Unternehmen Eigenkapital zum Nachweis seiner Bonität, um überhaupt Fremdkapital zu erhalten. Das Eigenkapital ist der unternehmerische Selbstbehalt des Eigentümers, bewirkt Stabilität und sichert auch die strategische Reagibilität.

4.3. Aktien

4.3.1. Arten von Aktien und Aktionärsrechte

Aktiengesellschaften, insbesondere börsenotierte, stehen im Mittelpunkt des wirtschaftlichen Interesses und dominieren zusehends unser Wirtschaftsgeschehen. Die Rechtsform einer Aktiengesellschaft (AG) eignet sich besonders für große Unternehmungen mit einem hohen Kapitalbedarf, der durch eine Vielzahl von Gesellschaftern aufgebracht werden soll. Die Rechtsform der Aktiengesellschaft bietet zahlreiche Vorteile, insbesondere den Zugang zum Kapitalmarkt und damit den mehr oder weniger unbeschränkten Zugang zu Eigenkapital. Mit wenigen Ausnahmen wie z.B. Aldi haben die großen, international bekannten Unternehmen daher die Rechtsform der Aktiengesellschaft (engl. *corporation*) gewählt. Zur Gründung einer Aktiengesellschaft müssen in Österreich mindestens € 70.000 Kapital und in Deutschland zumindest € 50.000 Kapital durch die Ausgabe von Aktien aufgebracht werden. Beispielsweise könnte dieses Grundkapital in 700 Stück Aktien mit einem Nennwert von à € 100 aufgeteilt werden. Die Besitzer der Aktien werden Aktionäre genannt.

Aktien haben keine begrenzte Laufzeit. Sie gewährleisten den Anteil an der AG, solange diese besteht. Die Übertragung der Aktien ist im Gegensatz zu anderen Unternehmensanteilen sehr leicht. Bei börsennotierten Unternehmen verkauft man sie ganz einfach an der Börse. Aktien sind Urkunden, die das Miteigentum an einer AG und entsprechende Rechte verbriefen. Die Rechte der Aktionäre sind im Aktiengesetz genau geregelt.

Vermögensrechte	Verwaltungsrechte
Miteigentum am Vermögen	Informationsrecht
Recht auf Dividende	Stimmrecht
Bezugsrecht	

Abbildung 130: Wesentliche Aktionärsrechte

Für die Einflussnahme auf die geschäftspolitischen Entscheidungen ist vor allem das Stimmrecht wesentlich. In der Hauptversammlung werden Beschlüsse durch Abstimmung gefällt. Jede Aktie gewährt eine Stimme in der Hauptversammlung (eine Ausnahme bilden die Vorzugsaktien). Entsprechend der Art der Beschlüsse sind unterschiedliche Mehrheiten notwendig.

- **75 %** des bei der Hauptversammlung vertretenen Grundkapitals bilden eine **qualifizierte Mehrheit** und sind erforderlich für Änderung des Unternehmensgegenstandes, Verschmelzung bzw. Fusion, Auflösung der Gesellschaft, Kapitalveränderungen (Kapitalerhöhung und -herabsetzung oder Ausgabe von Wandelschuld-Verschreibungen).
- **50 % + eine Aktie** bilden eine **einfache Mehrheit** und können alle Beschlüsse fassen, für die keine qualifizierte Mehrheit erforderlich ist.
- **25 %** (des bei der Hauptversammlung anwesenden Grundkapitals) + **eine Aktie** bilden eine **Sperrminorität**. Sie können alle Beschlüsse verhindern, die eine qualifizierte Mehrheit erfordern.
- **5 %** des Grundkapitals können eine außerordentliche Hauptversammlung einberufen und eine Ergänzung der Tagesordnung beantragen.

Einfluss auf die Entscheidungen in der Hauptversammlung haben meist nur die Großaktionäre. Sie sind die Inhaber größerer Aktienpakete und haben die Majorität. Kleinaktionäre sind Inhaber weniger Aktien und haben daher auch wenig Einfluss auf Entscheidungen. Die Entscheidungskompetenz und Verantwortung wird in einer AG auf drei Organe aufgeteilt:

- Hauptversammlung
- Aufsichtsrat
- Vorstand

Hauptversammlung. Die Hauptversammlung ist das oberste, willensbildende Organ der AG. Sie ist eine zumindest einmal jährlich stattfindende Versammlung der Aktionäre. Teilnahmeberechtigt sind außer den Aktionären der Vorstand und der Aufsichtsrat. Die Aktionäre üben ihre Rechte aus und fassen Beschlüsse (z.B. Höhe der auszuschüttenden Dividende, Wahl des Aufsichtsrates).

Aufsichtsrat. Der Aufsichtsrat setzt sich aus Vertreten der Aktionäre und Arbeitnehmer zusammen. Die Größe und Struktur des Aufsichtsrats ist länderspezifisch im Aktiengesetz geregelt und zumeist auch von der Größe des Unternehmens abhängig. Der Aufsichtsrat ist u.a. zuständig für die Bestellung und Abberufung von Vorstandsmitgliedern, laufende Überwachung der Geschäftsführung und Prüfung des Jahresabschlusses.

Vorstand. Der Aufsichtsrat bestellt den Vorstand auf höchstens fünf Jahre. Der Vorstand besteht aus mindestens einer natürlichen Person und hat die Aufgabe, die Gesellschaft im Interesse der Aktionäre und der Arbeitnehmer zu leiten. Er vertritt die Gesellschaft nach außen. Vorstandsmitglieder dürfen nicht dem Aufsichtsrat angehören, aber sie dürfen natürlich selbst Aktionäre der von ihnen geführten AG sein.

In der Praxis existieren verschiedene Arten von Aktien, die in Bezug auf

- Aktionärsrechte
- Anonymität der Aktionäre
- Anteilsberechnung
- Ausgabezeitpunkt

unterschieden werden können.

Aktionärsrechte. Bezüglich der Rechte der Aktionäre kann zwischen *Stamm-* und *Vorzugsaktien* unterschieden werden. Stammaktien gewähren sämtliche Aktionärsrechte. Vorzugsaktien sind mit besonderen Vorteilen (meist fixe Mindestdividende oder Zusatzdividende zur gewöhnlichen Dividende) ausgestattet. Im Gegenzug sind sie meist stimmrechtslos. Für bestehende Aktionäre sind derartige Vorzugsaktien ein Zugang zu neuem Kapital ohne den Einfluss auf die Geschäftspolitik zu verlieren bzw. die Stimmrechtsverhältnisse zu verändern. Laut Aktiengesetz ist die Emission von stimmrechtslosen Vorzugsaktien auf ein Drittel des gesamten Grundkapitals beschränkt. In Deutschland ist dies bis zur Hälfte des Grundkapitals erlaubt.

Für Anleger mit kleineren Aktienpaketen, die kaum Einfluss bei der Hauptversammlung geltend machen können, ist das fehlende Stimmrecht von geringer Bedeutung. Damit wiegt der Vorteil der Vorzugsdividende den Nachteil des fehlenden Stimmrechtes auf. Zu beachten ist jedoch die Kursentwicklung. Gibt es rivalisierende Eigentümergruppen, wie dies z.B. bei unfreundlichen Firmenübernahmen zumeist der Fall ist, führt die Nachfrage nach Stimmrechten lediglich zum Kursanstieg der Stammaktien.

Anonymität der Aktionäre. Bezüglich Übertragung des Eigentums kann zwischen *Inhaberaktien*, *Namensaktien* und *vinkulierten Namensaktien* unterschieden werden. Bei Inhaberaktien gilt jeder Aktieninhaber als Eigentümer und kann die Aktionärsrechte ausüben. Die Übertragung ist einfach, da die Aktien jederzeit anonym an der Börse verkauft werden können. Die Aktionäre bleiben gegenüber der AG grundsätzlich anonym. In Deutschland und Österreich ist die Inhaberaktie die am meisten verbreitete Aktienart. Namensaktien lauten auf den Namen des Aktionärs. Nur der namentlich Genannte darf die Aktionärsrechte ausüben oder auf andere Personen übertragen. Namen und Wohnorte der Aktionäre sind im Aktienbuch aufgelistet. Verkauf oder sonstige Übertragung ist der AG mitzuteilen. Die *Eigentumsverhältnisse können dadurch von der AG genau kontrolliert* werden. Noch schwieriger ist die Übertragung der Aktien bei *vinkulierten* Namensaktien, da die Übertragung an die Zustimmung der AG gebunden ist.

Anteilsberechnung. Bezüglich der Anteilsberechnung wird zwischen *Nennbetragsaktien* und *Stückaktien* unterschieden. *Nennbetragsaktien* verbriefen einen bestimmten Geldbetrag in Form des Nennwerts. Die Summe des Nennwerts aller emittierten Aktien ergibt das Grundkapital. Werden die Aktien mit Aufschlag (Agio) emittiert, d.h. der Aktionär zahlt mehr als den Nennwert, wird die Differenz in der Kapitalrücklage dargestellt. *Stückaktien* haben keinen Nennbetrag. Sie verbriefen den Anteil am Unternehmen entsprechend der Anzahl der ausgegebenen Aktien.

Ausgabezeitpunkt. Bezüglich des Ausgabezeitpunkts kann zwischen *alten* und *jungen Aktien* unterschieden werden. *Alte Aktien* sind jene Aktien, die schon vor einer Kapitalerhöhung an der Börse gehandelt wurden. Wenn ein Aktionär nicht mehr an dem Unternehmen beteiligt sein möchte, kann er seine Aktien an der Börse verkaufen. Beim Verkauf alter Aktien fließt der Verkaufserlös dem Aktionär, der die Aktien abgegeben hat, und nicht der Aktiengesellschaft zu. Von Kurssteigerungen profitiert daher der Aktionär und nicht die Aktiengesellschaft. *Junge Aktien* sind die bei einer Kapitalerhöhung neu emittierten Aktien bis sie den alten Aktien in ihren Rechten gleichgestellt sind. Die AG beschließt in der Hauptversammlung eine Kapitalerhöhung und gibt zu diesem Zweck junge Aktien aus. In diesem Fall fließt der Verkaufserlös der AG zu und trägt zur Stärkung der Eigenmittel bei. Junge Aktien gewähren grundsätzlich die gleichen Rechte wie die alten Aktien. Im Ausgabejahr kann jedoch die Dividendenberechtigung der jungen Aktien geringer sein als die der alten Aktien. Da die neuen Papiere oft während des Jahres ausgegeben werden, haben sie meist nur für einen Teil des Geschäftsjahres Anspruch auf Dividende. Deshalb notieren die beiden Papiere gesondert an der Börse. Nach Ausschüttung der nächsten Dividende sind junge und alte Aktien gleich in ihren Rechten, wodurch die jungen Aktien automatisch zu alten Aktien werden (und auch nur mehr ein Papier an der Börse notiert).

4.3.2. Finanzierung durch Aktienemission

Aktiengesellschaften können sich durch Emission zusätzlicher Aktien von außen mit Eigenkapital versorgen. Sofern die Aktiengesellschaft die Aktien öffentlich an der Börse anbietet, werden die Aktien am *Primärmarkt* ausgegeben. Der Primärmarkt dient der Begebung neuer Aktien und unterscheidet sich vom *Sekundärmarkt*, an dem bereits emittierte Aktien zwischen den Investoren gehandelt werden.

Grundsätzlich ist zwischen der erstmaligen Ausgabe von Aktien an der Börse, dem *IPO – Initial Public Offering* und der *Kapitalerhöhung* von bereits an der Börse gehandelten Unternehmen durch Ausgabe „junger" Aktien zu unterscheiden. Durch den IPO wird aus einer „privaten" Aktiengesellschaft eine Publikumsgesellschaft öffentlichen Interesses. Gerade im Rahmen des IPO ist aus Investorensicht das dahinter stehende Motiv zu hinterfragen. Dient der Börsegang der Kapitalbeschaffung für das Unternehmen oder versteckt sich dahinter die Kapitalbeschaffung für die bisherigen Eigentümer? Im zweiten Fall bieten die Eigentümer ihre Anteile zum Kauf an. Der Emissionserlös kommt den Eigentümern zugute, dem Unternehmen fließt kein zusätzliches Kapital zu. Das Motiv und die Verwendung des Emissionserlöses sind im verpflichtenden Verkaufsprospekt darzustellen. Sofern die Aktienemission der Kapitalbeschaffung für das Unternehmen dient, fließt der Aktiengesellschaft Eigenkapital in Form liquider Mittel zu.

Rang	Datum	Unternehmen	Erlös in Mrd. $
1	19.09.2014	Alibaba	25,0
2	06.07.2010	Agricultural Bank of China	22,9
3	27.10.2006	Industrial and Commercial Bank of China	22,0
4	12.10.1998	NTT DoCoMo Inc.	18,4
5	19.03.2008	Visa	19,7
6	18.11.2010	General Motors	18,1
7	31.10.1999	Enel	17,4
8	18.05.2012	Facebook	16,0
9	17.11.1996	Deutsche Telekom	13,0
10	24.05.2006	Bank of China	11,2

Abbildung 131: Die größten Börsengänge der Welt

Bilanztechnisch ist die Aktienemission eine Bilanzverlängerung, bei der sich die liquiden Mittel und das Eigenkapital erhöhen.

Beispiel: Kapitalerhöhung

Es werden 300.000 junge Aktien ausgegeben. Die Aktien haben einen Nennwert von € 100. Der Ausgabepreis einer jungen Aktie beträgt € 150. Die Bilanz hat vor der Kapitalerhöhung folgendes Aussehen:

Bilanz vor Kapitalerhöhung

Aktiva		**Passiva**	
Unbares Vermögen	170	Eigenkapital	
		Grundkapital	60
		Kapitalrücklagen	20
Liquide Mittel	10	Fremdkapital	100
Σ Aktiva	**180**	**Σ Passiva**	**180**

Was ändert sich in der Bilanz nach der Ausgabe der jungen Aktien?

Durch den Verkauf von 300.000 Stück zu à € 150 fließen der AG € 45 Mio. in Form liquider Mittel zu. Entsprechend dem Nennwert der Aktien von € 100 werden davon € 30 Mio. im Grundkapital verbucht (300.000 Stk. à € 100). Der von den Aktionären über den Nennwert bezahlte Betrag in Höhe von € 15 Mio. (300.000 Stück × € 50) erhöht als Agio (Aufgeld) die Kapitalrücklage des Unternehmens.

Bilanz vor Kapitalerhöhung

Aktiva		**Passiva**	
Unbares Vermögen	170	Eigenkapital	
		Grundkapital	90
		Kapitalrücklagen	35
Liquide Mittel	55	Fremdkapital	100
Σ Aktiva	**225**	**Σ Passiva**	**225**

Bei Stückaktien wird die Verteilung zwischen Grundkapital und Kapitalrücklagen durch die Berechnung eines „fiktiven" oder rechnerischen Nennwerts bestimmt, indem man das bisherige Grundkapital durch die Anzahl der Aktien vor der Kapitalerhöhung teilt. Im konkreten Beispiel würde sich kein Unterschied zum Beispiel der Nennbetragsaktien ergeben. Das Grundkapital vor der Kapitalerhöhung beträgt € 30 Mio. und wird auf 300.000 Stück aufgeteilt, d.h. der rechnerische Nennwert beträgt wiederum € 100.

Für beide Aktienformen gilt, dass der Nennbetrag mindestens einen Euro betragen muss und der Emissionspreis der Aktien nicht unterhalb des (rechnerischen) Nennbetrages liegen darf.

Die grundsätzliche bilanztechnische Auswirkung der Kapitalerhöhung im Rahmen der Aktienemission ist einfach. Die richtige Platzierung der Aktien ist hingegen eine große und meist auch kostspielige Herausforderung mit alternativen Vorgehensweisen. Prinzipiell geht es sowohl darum, entsprechendes Kaufinteresse zu erwecken als auch die „richtigen" Aktionäre anzusprechen. Vor der

Platzierung der Aktien bei Investoren erfolgt deren Übernahme durch ein Bankenkonsortium (primär Investmentbanken wie Goldman Sachs, Morgan Stanley, Credit Suisse First Boston etc.), wobei die feste Übernahme die gebräuchlichste Form darstellt. In einem Übernahmevertrag verpflichtet sich das vom Federführer (Leadmanager) vertretene Konsortium zur festen Übernahme der zu platzierenden Aktien und zur zeitnahen Zahlung des Gegenwertes, wobei der Übernahmevertrag aufgrund der mit der Übernahme verbundenen Risiken erst in einem späten Stadium des Börseeinführungsprozesses unterzeichnet wird. Die Platzierung am Primärmarkt passiert im Zuge des *Bookbuilding-Verfahrens.*

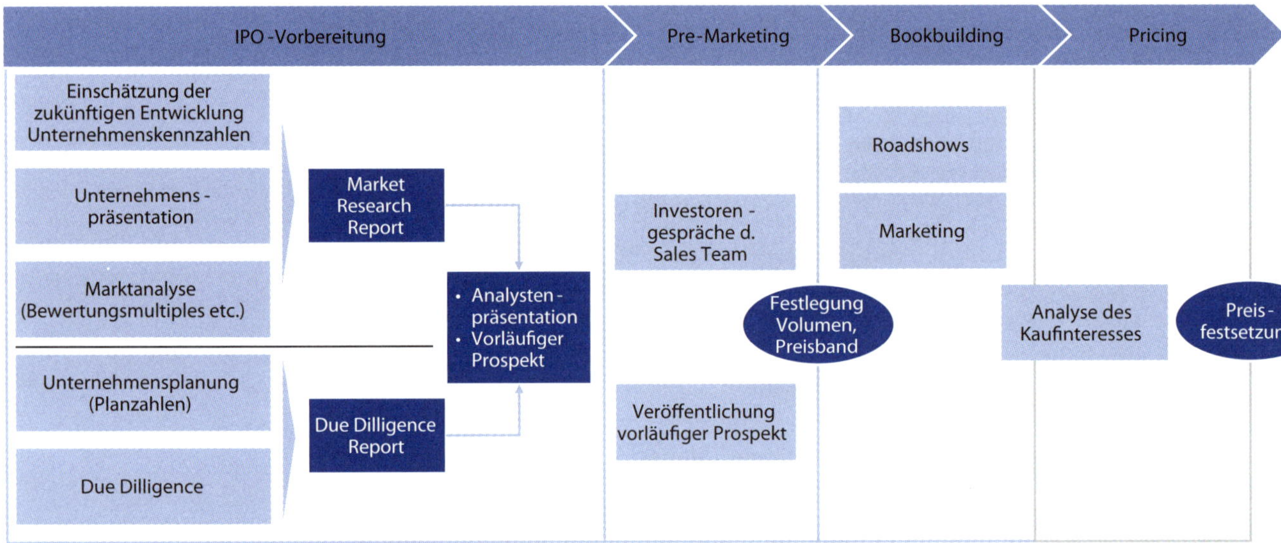

Abbildung 132: Schritte zur Preisfindung mit Hilfe des Bookbuilding-Verfahrens im Zuge des IPO

Beim Verfahren des Bookbuilding werden die Aktien mit einer Bandbreite des angestrebten Emissionskurses zum Kauf angeboten. Der Bookrunner (eine der Konsortialbanken) sammelt die Orders der Retail-Banken für deren Kunden und die der institutionellen Investoren. Entsprechend dem Zeichnungsverlauf werden dann der Emissionskurs festgelegt und die Aktien zugeteilt. Häufig gibt es eine *Mehrzuteilungsoption (Greenshoe)*, mit der die Emissionsbanken bei starker Nachfrage bzw. Überzeichnung der Aktien 10 % bis 20 % mehr an Aktien als ursprünglich beabsichtigt emittieren können

Frequentis AG (Quelle: Wiener Börse)

ISIN:[26]	ATFREQUENT09
Börsenkürzel:	FQT
Handelssegment:	Amtlicher Handel
Marktsegment:	Prime Market
Erster Handelstag:	14. Mai 2019
Angebotene Aktien:	bis zu 2.700.000 Aktien und bis zu 400.000 Greenshoe
Gattung:	auf Inhaber lautende Stückaktien
Anzahl der Aktien vor Kapitalerhöhung (vor Börsengang):	12.000.000 Stammaktien (11.999.999 Inhaberaktien und 1 vinkulierte Namensaktie)
Zeichnungsfrist:	27. April 2019 bis voraussichtlich 8. Mai 2019
Preisfestsetzung am:	08. Mai 2019
Preisband:	EUR 18,– bis EUR 21,–
Emissionspreis:	EUR 18,–

Facebook (Quelle: NASDAQ)

Börse:	NASDAQ
Börsenkürzel:	FB
Erster Handelstag:	18. Mai 2012
Angebotene Aktien:	421.233.615
Preisband:	$ 34,00 bis $ 38,00
Emissionspreis:	€ 38,00
Shares Offered:	421,233,615
Shareholder Shares Offered:	241,233,615
Shares Outstanding:	633,492,418
Ende der Lockup Expiration:	14. Nov. 2012
Ende der Quiet Period:	12. Jun 2012
Emissionsvolumen:	$16.006.877.370,00
Lead Underwriters:	Morgan Stanley, JPMorgan Chase and Goldman Sachs

Abbildung 133: Eckdaten des IPO der Frequentis AG und von Facebook.

Bei Facebook gibt es zwei Arten von Aktien. Im Zuge des IPO konnten Investoren „Class-A“-Aktien erwerben, mit denen jeweils ein Stimmrecht verbunden ist. Altaktionäre wie etwa Mark Zuckerberg halten „Class-B“-Aktien, die jeweils zehn Stimmrechte gewähren, die ihnen die Kontrolle über das Unternehmen auch weiterhin ermöglichen.

Bezugsrechte. Um eventuelle Stimmenmehrheiten oder prozentuelle Anteile an der AG zu behalten, hat jeder Altaktionär das Recht, seinem Anteil entsprechend auch wieder junge Aktien zu beziehen = *Verwässerungsschutz*. Dieses **Bezugsrecht** (Vorkaufsrecht) kann entweder *ausgeübt* oder, sofern ein Bezugsrechtehandel erfolgt, an der Börse *verkauft* werden.

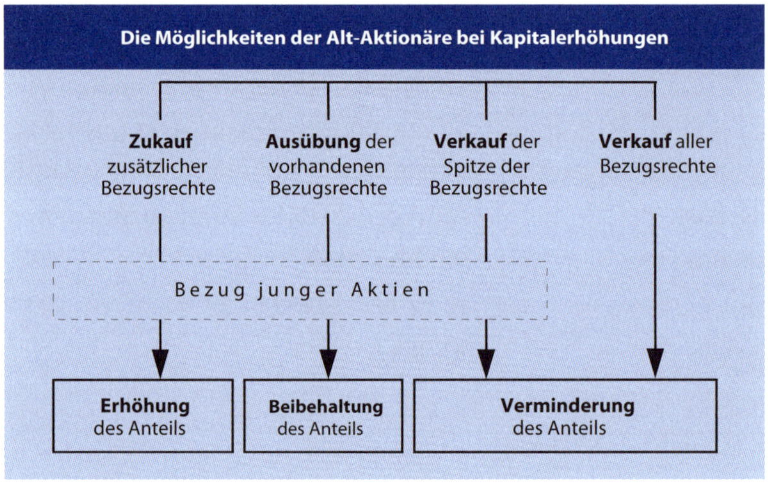

Abbildung 134: Verwendungsmöglichkeiten der Bezugsrechte

Der *Geldwert des Bezugsrechts* kann einfach hergeleitet werden. In der Praxis werden junge Aktien unter dem aktuellen Kurs der bereits gehandelten alten Aktien angeboten. Dadurch soll sichergestellt werden, dass bei einem eventuellen Kursrückgang kurz vor der Emission, d.h. in der Bookbuilding-Phase, der Kurs nicht unter den Emissionskurs der jungen Aktien sinken und die Aktionäre dann lieber alte Aktien am Sekundärmarkt anstatt junger Aktien kaufen. In diesem Fall wären die jungen Aktien unverkäuflich, womit dem Unternehmen kein Kapital zufließen würde. Mit der Emission der jungen Aktien gibt es einen gemeinsamen Kurs für alte und junge Aktien, der sich rechnerisch (in der Praxis marktbestimmt!) aus dem gewichteten Durchschnitt der Kurse der alten und neuen Aktien ergibt. Wenn ein Altaktionär sein Bezugsrecht nicht ausübt und keine jungen Aktien kauft, würde er einen Verlust erleiden. Der Geldwert des Bezugsrechts muss daher diesen Verlust kompensieren und entspricht dem Wertverlust je alter Aktie. Der Geldwert des Bezugsrechts ergibt sich aus der Kursdifferenz zwischen alten und jungen Aktien sowie dem *Bezugsverhältnis*. Das Bezugsverhältnis ist das Verhältnis der Anzahl von alten zu jungen Aktien.

$$\text{Wert des Bezugsrechtes} = \frac{\text{Kurs der alten Aktie} - \text{Ausgabekurs junge Aktie}}{\text{Bezugsverhältnis} + 1} \qquad \textbf{(Formel 4.20)}$$

$$\text{Neuer rechnerischer Kurs} = \text{Kurs der alten Aktie} - \text{Wert d. Bezugsrechtes} \qquad \textbf{(Formel 4.21)}$$

Beispiel: Geldwert des Bezugsrechts

Ein Unternehmen besitzt 600.000 alte Aktien mit einem Nennwert von à € 100. Die Aktien werden zu einem aktuellen Kurs von à € 225 gehandelt. Das Unternehmen begibt 300.000 junge Aktien mit dem gleichen Nennwert von à € 100 zu einem Kurs von à € 216. Wie hoch ist der Geldwert des Bezugsrechts?

Bezugsverhältnis = 600 : 300 = 2 : 1 = 2

$$\text{Geldwert des Bezugsrechtes} = \frac{225 - 216}{2 + 1} = \frac{9}{3} = 3$$

Berechnung des neuen rechnerischen Kurses ohne Formel

Stück	Nominale	Kurs	Kurswert der Aktien
600.000	€ 100,–	€ 225,–	€ 135.000.000,–
300.000	€ 100,–	€ 216,–	€ 64.800.000,–
= 900.000	€ 100,–	?	€ 199.800.000,–

Aktienwert nach Kapitalerhöhung: 199.800.000/900.000 = 222, also um € 3, weniger als bisher (= rechnerischer Wert des Bezugsrechtes). Diese Differenz muss dem Altaktionär abgegolten werden. Dies kann entweder durch Verkauf des Bezugsrechtes oder durch Ausübung des Bezugsrechtes und Bezug der jungen Aktie zum niedrigeren Kurs von € 216 erfolgen.

Ist beispielsweise ein Aktionär vor der Emission in Besitz von zwei Aktien, so hat er durch die alten Aktien ein Vermögen von € 450 (2 × € 225). Nach der Emission der jungen Aktien hätte er nur mehr ein Vermögen von 444 bzw. einen Wertverlust von € 6. Durch den Verkaufserlös der Bezugsrechte von 2 × € 3 bzw. durch den für ihn durch das Bezugsverhältnis 2:1 gesicherten Kauf einer jungen Aktie zum Preis von € 216 anstatt vom neuen Einheitskurs von € 222 wird das Vermögen des Altaktionärs gesichert (eine junge Aktie bekommt man nur gegen zwei Bezugsrechtsscheine).

Das Bezugsrecht hat die Funktion der Stimmrechtssicherung und der Vermögenssicherung. Allerdings muss die junge Aktie nicht immer den gleichen Dividendenanspruch wie die alte Aktie haben. Darauf ist bei der Berechnung des Bezugsrechtwertes zu achten. Bei unterschiedlichen Dividendenansprüchen ist der Kurs der alten Aktie um die Dividende zu bereinigen, also die Dividende vom Kurs abzuziehen, um danach den Wert des Bezugsrechtes laut Formel berechnen zu können.

Inzwischen findet immer seltener ein Handel mit Bezugsrechten statt. Werden die Bezugsrechte nicht gehandelt, verfallen diese bei Nichtausübung. Sofern der Bezugsrechtehandel durchgeführt wird, wird der rechnerische Wert des Bezugsrechtes am ersten Tag des Handels an der Börse vom Kurs der alten Aktie abgeschlagen. Das erkennt man im Kursblatt an dem Kurszusatz *„EB“ (ex Bezugsrecht)*. Der Kurs des Bezugsrechtes hängt jedoch nicht nur vom errechneten Wert, sondern vor allem *von Angebot und Nachfrage* ab. In der Praxis sind die Abschläge auf den Börsenkurs gering bzw. kaum mehr spürbar, weil sich der Bezugskurs der jungen Aktien im Zeitpunkt der Angebotsphase bereits am Börsenkurs der notierten (alten) Aktie orientiert.

Beispiel: Kapitalerhöhung Wolford AG 2018

Wolford AG	
ISIN[27]	AT0000834007
Von (Stück):	5.000.000
Um (Stück):	1.719.151
Auf (Stück):	6.719.151
Bezugsfrist:	21.6.2018–5.7.2018
Bezugsverhältnis:	20:7
Bezugsrechtehandel:	28.6.2018–2.7.2018
Bezugspreis (€):	12,8
Kapitalaufbringung (€):	22.005.132,80
Datum:	11.07.2018
Erster Preis (€):	15,7

Quelle: www.wienerborse.at

Die Eckdaten der Kapitalerhöhung der Wolford AG zeigen, dass dem Unternehmen durch die Ausgabe von 1.719.151 jungen Aktien zum Preis von € 12,8 rund € 22 Mio. zugeflossen sind. Der Bezugspreis für die Altaktionäre war mit € 12,8 deutlich unter dem damaligen Börsenkurs, der im Zeitraum vor der Kapitalerhöhung zwischen € 14,1 und € 16,4 geschwankt hat.

Beispiel: Kapitalerhöhung OMV

Die OMV AG führte im Sommer 2011 eine Kapitalerhöhung gegen Bareinzahlung mit folgenden Eckdaten durch. Die Inhaber alter Aktien wurden durch die Leadbanken wie folgt angeschrieben:

OMV AG	
Berechtigte Kategorie:	OMV AG Aktien O.N. AT0000743059 Extag: 19.5.2011 Berechtigt im Verhältnis 1:1 für
Bezugsrecht:	OMV AG Bezugsrechte AT0000A0FA73 Bezugsverhältnis: 11: 1
Bezogene Kategorie:	OMV AG Aktien O.N. AT0000743059 Zahlbarkeitstag: 10.6.2011 Bezugsfrist: 19.5.2011 bis 6.6.2011

Der Bezugspreis beträgt maximal € 33,00 und wird voraussichtlich am 6. Juni 2011 bekanntgegeben. Preislimits können in Schritten von € 0,10 gegeben werden. Es findet kein Bezugsrechtehandel statt. Nicht ausgeübte Bezugsrechte verfallen wertlos. Rückmeldung bis 1.6.2011, 16.00 Uhr.

Ich erteile den Auftrag, die Kapitalerhöhung gegen Bareinzahlung wie folgt auszuüben:

Bezug von ...... Stück (limitiert mit dem Bezugsverhältnis der derzeit gehaltenen Aktien) zum Limit von ......

4.3.3. Aktienbewertung

Die Frage der Bewertung von Aktien, d.h. die Frage nach dem Wert eines Unternehmens bzw. dem gerechtfertigten Aktienkurs ist eine zentrale betriebswirtschaftliche Fragestellung für beide Parteien der Beteiligungsfinanzierung. Aktionäre wollen mit ihrem in Aktien investierten Geld durch Dividenden und vor allem Kurssteigerungen verdienen. Sie versuchen daher regelmäßig, den Wert eines Unternehmens und damit den gerechtfertigten Aktienkurs zu ermitteln. Sind sie der Meinung, dass die Aktie unterbewertet ist, d.h., dass die Aktie mehr wert ist als ihr derzeitiger Aktienkurs, kaufen bzw. behalten sie die Aktie und umgekehrt, wenn sie glauben, dass die Aktie überbewertet ist, verkaufen sie. Gleichzeitig ist der Aktienkurs auch für das Unternehmen selbst wesentlich. Ein hoher Aktienkurs schützt das Unternehmen vor feindlichen Übernahmen und gleichzeitig ermöglicht er ihm im Fall der Kapitalerhöhung einen hohen Emissionskurs und damit die Aufnahme hoher Beträge liquider Mittel.

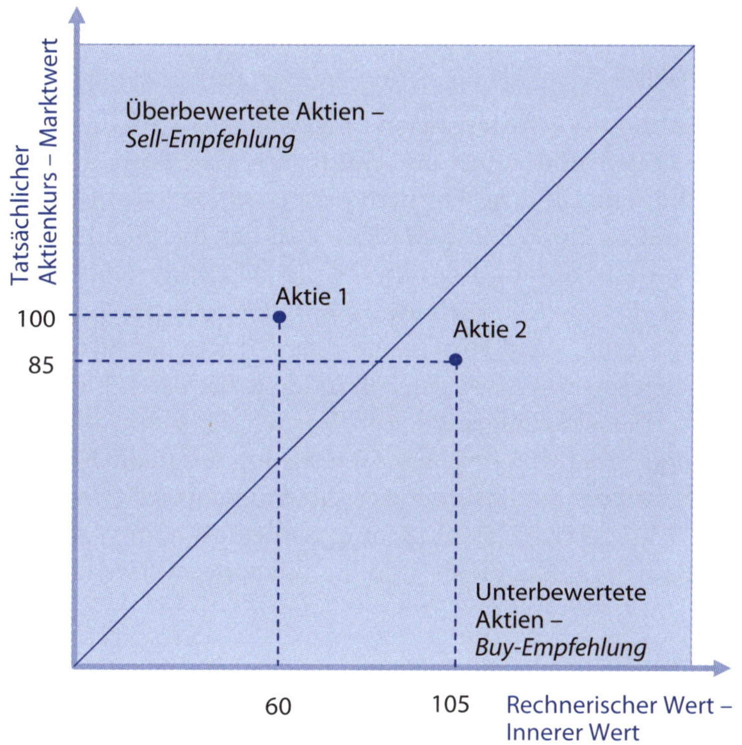

Abbildung 135: Rechnerischer Wert vs. aktueller Marktwert

Der tatsächliche Marktwert ergibt sich in effizienten Kapitalmärkten, wie sie heutige Börsen darstellen, permanent als „*Gleichgewichtspreis*" von Angebot und Nachfrage. Auch wenn es auf den ersten Blick nicht immer ersichtlich scheint, welche Faktoren den Aktienkurs beeinflussen, zeigen Analysen, dass der Aktienkurs eines Unternehmens langfristig dem inneren bzw. rechnerischen Wert auf

Basis des finanziellen Ergebnisses eines Unternehmens (auch als Fundamentaldaten bezeichnet) folgt.

Zur Bestimmung des Unternehmenswerts (*EV – Enterprise Value*) hat sich das Discounted-Cashflow-Verfahren durchgesetzt. Dabei wird der Unternehmenswert als Kapitalwert der zukünftigen Cashflows berechnet.

Für jene, die sich mit der Bewertung von Unternehmen das erste Mal beschäftigen, liegt die Bestimmung des Aktienkurses *aus der Division des bilanziell ausgewiesenen Eigenkapitals (Buchwert) durch die Anzahl der Aktien* intuitiv meist näher. Bei genauerer Betrachtung zeigt sich jedoch, dass der Buchwert des Eigenkapitals durch Bilanzierungsvorschriften erheblich vom tatsächlichen Wert abweichen kann.[21] Zur Veranschaulichung sei auf den Buchwert von Microsoft in der Gründungsphase verwiesen. Zudem stellt das Eigenkapital den wertmäßigen Anteil der Eigentümer am Unternehmensvermögen dar. Dieses Vermögen wird jedoch benötigt um die Gewinne bzw. Cashflows zu erwirtschaften, die dann in Form von Dividenden an die Eigentümer ausgeschüttet werden können, ohne die Vermögenssubstanz des Unternehmens und damit die zukünftigen Gewinne zu schmälern.

Discounted-Cashflow-Verfahren zielen hingegen genau auf die vom Unternehmen erwirtschafteten und damit ausschüttbaren Cashflows ab. Dabei gibt es zwei wesentliche sehr ähnliche Formen: *Free Cashflow* oder *Dividenden*. Beim Konzept des Free Cashflow (*Entity-Methode*) werden die zukünftigen Free Cashflows (vor Zinsen) diskontiert. *Der Barwert der zukünftigen Free Cashflows stellt jenen Betrag dar, den das Unternehmen in Zukunft an Eigen- und Fremdkapitalgeber ausschütten kann.* Wird von diesem Betrag das in der Bilanz ausgewiesene Fremdkapital abgezogen (entspricht bereits dem Barwert), bleibt jener Betrag übrig, der den Eigenkapitalgebern zur Verfügung steht. Dieser wird auch *Shareholder Value* genannt. Wird dieser Betrag nun durch die Anzahl der Aktien dividiert, ergibt sich der auf Basis der erwarteten Finanzkraft des Unternehmens gerechtfertigte Aktienkur.[22] Die Abzinsung erfolgt mit dem WACC, da der Free Cashflow zur Bedienung des Eigen- und Fremdkapitals verwendet wird.

$$EV = \sum_{t=0}^{\infty} \frac{FCF_t}{(1+k)^t} \qquad \textbf{\textit{(Formel 4.22)}}$$

EV = Enterprise Value – Unternehmenswert
FCF_t = Free Cashflow jeweils am Ende des Jahres t
k = Kalkulationszinssatz – WACC

21 Die IFRS versuchen mit dem Fair-Value-Konzept, diese Kluft zu schließen. Die Bilanz wird unter IFRS immer mehr zum Barwert zukunftiger Cashflows.

22 In der Bewertungspraxis werden ergänzend noch vielfältige Zu- und Abschläge, z.B. für die Marktführerschaft, Börsennotierung, etc. durchgeführt.

$$SHV = EV - FK$$ ***(Formel 4.23)***

SHV = Shareholder Value – Wert für die Eigentümer
FK = Fremdkapital

$$P_0 = \frac{SHV}{n}$$ ***(Formel 4.24)***

P_0 = Rechnerischer Kurs der Aktie
n = Anzahl der ausgegebenen Aktien des Unternehmens

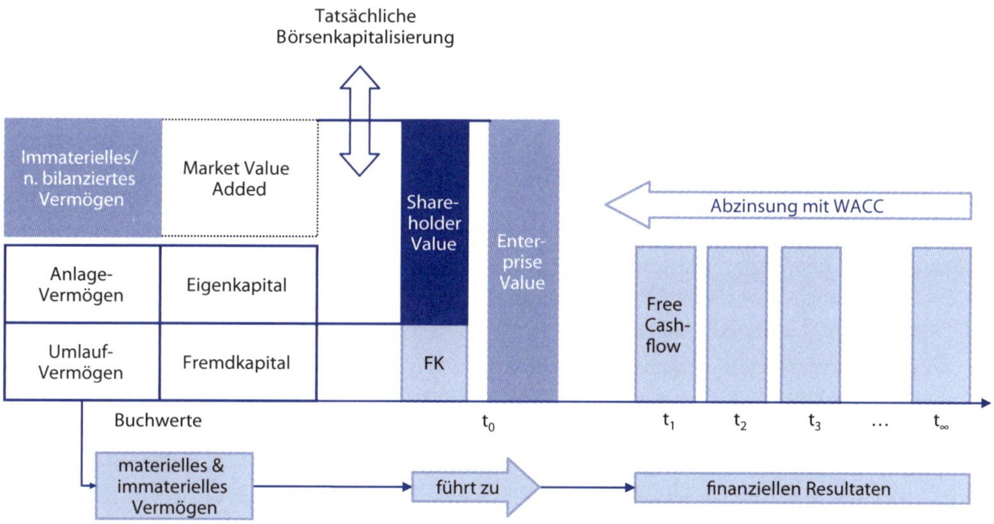

Abbildung 136: Buchwert, Rechnerischer Wert und Marktwert

Der so bestimmte Shareholder Value bzw. Aktienkurs reflektiert den auf Basis der *erwarteten* Unternehmensentwicklung gerechtfertigten Wert, der in der Praxis zumeist vom tatsächlichen Aktienkurse abweicht. Welches Ausmaß diese Differenzen annehmen können, zeigt ein Blick zurück auf den Frankfurter Neuen Markt zur Jahrtausendwende. In dieser Phase waren Investoren in der Hoffnung auf schnelle Gewinne bereits bei der Erstnotiz bereit, bis zum Vierfachen des rechnerischen Werts zu zahlen.

Unternehmen	Emissionspreis (€)	Erstnotiz (€)	Abw. in %
Biodata	45,00	240,00	433 %
Endemann AG	23,00	106,00	360 %
PopNet Internet AG	12,50	55,00	340 %
SCM Microsys. Inc.	11,59	28,12	323 %
Softline AG	17,50	74,00	322 %

Abbildung 137: Emissionspreis vs. Erstnotiz am New Market

Dies ist besonders bemerkenswert, weil im Vorfeld des IPO die Entwicklung der Unternehmenskennzahlen durch die beteiligten Experten (Investmentbanken, Analysten, Fondsmanager etc.) mehrfach kritisch analysiert wird. Während der Kurs von Uber am ersten Handelstag ein Minus von knapp 7 % auswies, hat sich der Kurs von Beyond Meat beim fast zeitgleichen IPO im Mai 2019 beinahe verdreifacht.

Die zweite, in der Praxis weniger verbreitete Form der Discounted-Cashflow-Methode ist die *Dividendenmethode (Equity-Methode)*. Dabei wird der Shareholder Value nicht über den Umweg des Free Cashflow, sondern direkt über die an die Aktionäre auschüttbaren Dividenden gearbeitet. Der Barwert der zukünftigen Dividenden entspricht dem Wert des Unternehmens für die Eigentümer. Als Abzinsungsfaktor wird in der Regel der mit CAPM bestimmte Eigenkapitalkostensatz verwendet.

$$SHV = \sum_{t=0}^{\infty} \frac{D_t}{(1+k)^t}$$ ***(Formel 4.25)***

SHV = Shareholder Value – Wert für die Eigentümer
D_t = Dividende jeweils am Ende des Jahres t
k = Kalkulationszinssatz – Eigenkapitalkostensatz

Aktionäre verdienen bei Aktieninvestments durch die an sie ausbezahlten Dividenden sowie die Kurssteigerung, d.h. die Differenz zwischen dem Kurs beim Kauf und dem Kurs beim Verkauf der Aktie. Gerade die Dividendenmethode bringt die Frage mit sich, in welcher Form der Verkaufspreis in der Bestimmung des Aktienkurses berücksichtigt wird? Mit dem Kauf einer Aktie erwirbt der Käufer das dauerhafte Recht auf alle zukünftigen Dividenden. Sofern ein Aktionär nicht die Absicht hat, die Aktie wieder zu verkaufen, erhält er im Gegenzug für den Kaufpreis einen zeitlich nicht begrenzten Strom an Dividenden. Verkauft er hingegen die Aktie, so überträgt er beim Verkauf dieses Recht auf Dividenden auf den nächsten Käufer. Die Diskontierung einer unendlichen Zahlungsreihe an Dividenden führt zum gleichen Resultat wie die Diskontierung einer begrenzten Anzahl an Dividenden mit einer abschließenden Einzahlung aus dem Verkaufspreis (der sich auf Basis der späteren Dividenden ergibt).

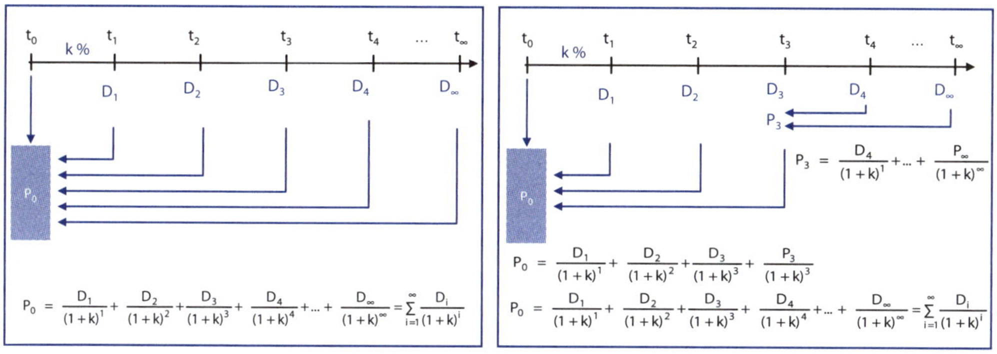

Abbildung 138: Zusammenhang von Dividenden und Unternehmenswert

So einfach die mathematische Bestimmung des Unternehmenswerts und damit des Aktienkurses ist, so schwierig ist es, die in die Rechnung eingehenden zukünftigen Cashflows (Free Cashflow oder Dividenden) richtig zu prognostizieren. Die unterschiedliche Erwartung ist auch der Hauptgrund für die durchwegs divergierenden Kursziele und Kauf- bzw. Verkaufsempfehlungen der Analysten. So schätzten z.B. im Juni 2019 die Analysten das Kursziel der BMW-Aktie von € 60,0 bis € 94,00.

BMW-Analystenempfehlung	März	April	Mai	Juni
1 Buy	4	4	4	5
2 Outperform	0	0	0	4
3 Hold	15	13	13	13
4 Underperform	2	3	3	3
5 Sell	4	4	4	4

Abbildung 139: Analysteneinschätzung für die BMW-Group
(Quelle: https://www.sharewise.com/de/company_infos/BMW/professionals, 3.6.2019)

Bei der Bestimmung der Cashflows gilt es mit Näherungen zu arbeiten. Die einfachste Form wäre eine Näherung mit einer gleichmäßig wachsenden unendlichen Rente auf Basis des aktuellen Free Cashflows oder der aktuellen Dividende und deren Wachstumsrate der Vergangenheit. Bei Verwendung des Dividendenmodells ergibt sich dann der Shareholder Value aus der Formel einer gleichmäßig wachsenden unendlichen Rente, wie sie in Kap. 2 gezeigt wurde, wobei P_0 dem Kapitalwert K_0 entspricht, die Dividende D_1 der Annuität A und der Kapitalkostensatz k dem Zinssatz i.

$$P_0 = \frac{D_1}{k - g}$$ ***(Formel 4.26)***

P_0 = Aktueller rechnerischer Aktienkurs
D_1 = Erwartete Dividende am Ende des ersten Jahres
g = jährliches Dividendenwachstum in %
k = Eigenkapitalkostensatz

Beispiel: Walmart

Walmart hat im Zeitraum von 2009 bis 2019 eine durchschnittliche jährliche Steigerung der Dividende von 5,0 % erzielt. Unter der Annahme einer in Zukunft mit diesem Zinssatz gleichmäßig wachsenden Dividende würde die nächste Dividendenzahlung im Jahr 2020 $ 6.407 Mrd. betragen. Bei einem angenommenen Verzinsungsanspruch der Aktionäre von 8,0 % ergäbe sich ein Shareholder Value in Höhe von $ 203,4 Mrd. Im Vergleich dazu betrug der Marktwert im Juni 2019 $ 292,2 Mrd. Sofern die Prognose der zukünftigen Dividenden und der in der Rechnung geforderte Verzinsungsanspruch von 8 % richtig sind, wäre Walmart massiv überbewertet.

$$g = \sqrt[10]{\frac{6.102}{3.746}} - 1 = 5{,}0\%$$

$$P_0 = \frac{D_1}{k - g} = \frac{\$\ 6.407\ \text{Mrd.}}{8{,}0\ \% - 5{,}0\ \%} = \$\ 203{,}4\ \text{Mrd.}$$

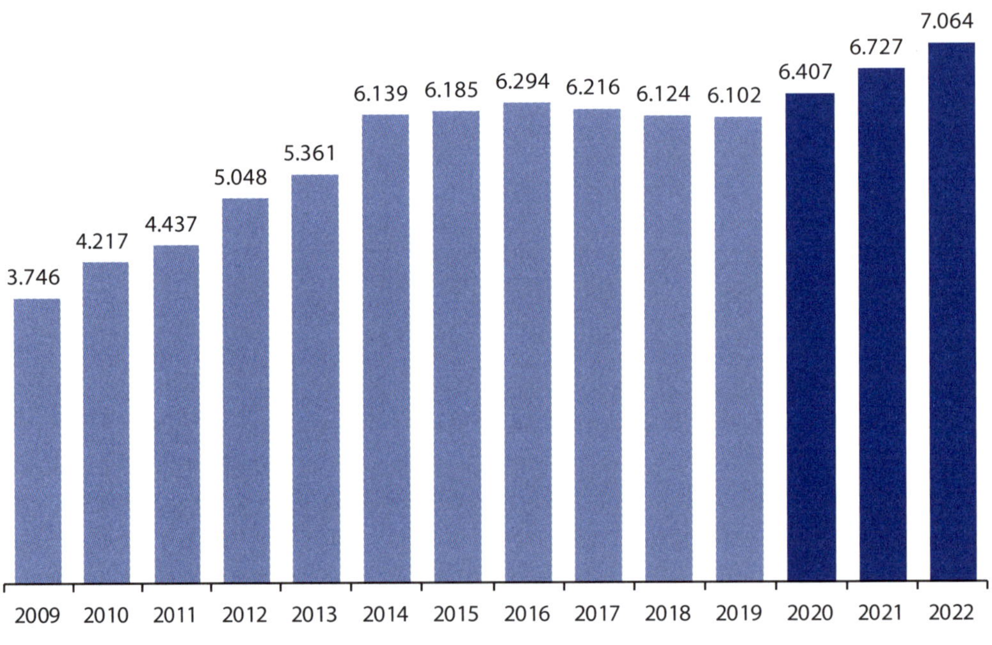

Abbildung 140: Walmarts Dividendenentwicklung in Mrd. $

Aufgrund der Problematik der Prognostizierbarkeit erarbeiten Analysten einen Zielkorridor für den Aktienkurs in Abhängigkeit vom WACC und dem Wachstum in Cashflow bzw. Dividende. Nachfolgende Tabelle zeigt die Sensitivitätsanalyse der Erste Group für die voestalpine AG in €. Der Zielkurs mit € 35,8 bei einem WACC von 8,1 % und einer jährlichen Wachstumsrate für den Terminal-Value von 1,5 % wurde als am wahrscheinlichsten eingeschätzt.

Jährliches Wachstum für Terminal Value

WACC	0,5 %	1,0 %	1,5 %	2,0	2,5 %
7,1 %	35,3	39,7	44,9	51,2	58,8
7,6 %	31,7	35,5	40,0	45,2	51,5
8,1 %	28,6	31,9	35,8	40,2	45,5
8,6 %	25,9	28,8	32,2	36,0	40,5
9,1 %	23,4	26,1	29,0	32,4	36,3

In der Praxis werden die Cashflows zumeist aus den Mittelfristplanungen der Unternehmen für die ersten drei bis fünf Jahre explizit und erst dann auf Basis des Cashflows des letzten prognostizierten Jahres mit einer gleichmäßig wachsenden unendlichen Rente abgeleitet. Der Barwert der unendlichen Rente zum Ende des Prognosezeitraums t_n wird als *Terminal Value* bezeichnet. Dieser wird in hohem Maße von der Höhe des prognostizierten Cashflows im letzten Jahr des expliziten Prognosezeitraums beeinflusst. Terminal Values, die für mehr als 75 % des gesamten Unternehmenswertes verantwortlich sind, sind keine Seltenheit. Man sollte sich jedoch des Risikos bei derartigen Unternehmensbewertungen bewusst sein.

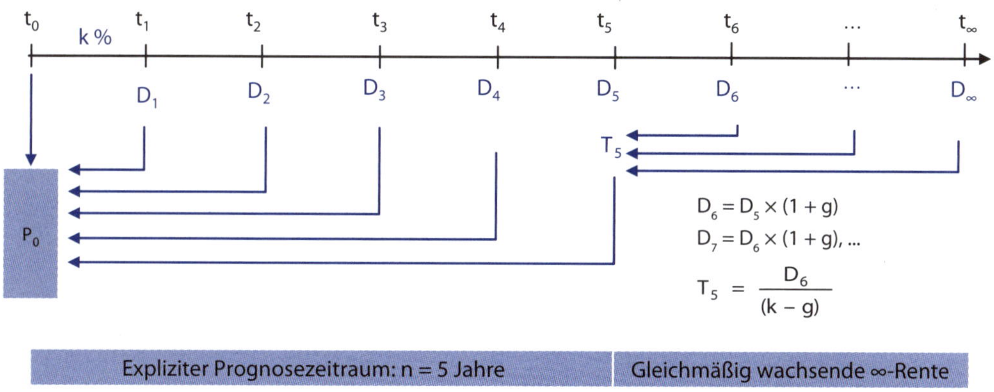

Abbildung 141: Cashflow/Dividenden-Bestimmung in der Praxis

Der Shareholder Value wird dann wie folgt bestimmt:

$$SHV = \sum_{t=0}^{n} \frac{D_t}{(1+k)^t} + \frac{D_{n+1}}{(k-g) \times (1+k)^n}$$ ***(Formel 4.27)***

$$SHV = \sum_{t=0}^{n} \frac{FCF_t}{(1+k)^t} + \frac{FCF_{n+1}}{(k-g) \times (1+k)^n} - FK \qquad \textit{(Formel 4.28)}$$

D_t = erwartete Dividende am Ende des Jahres t
FCF_t = Erwarteter Free Cashflow am Ende des Jahres t
n = Anzahl der Jahre, für die es eine explizite Prognose gibt
g = jährliches Dividendenwachstum in % nach n Jahren
k = Kalkulationszinssatz (je nach Modell WACC oder Eigenkapitalkostensatz)
FK = bilanzielles Fremdkapital

Multiples. Eine weitere üblicherweise vereinfachte Unternehmensbewertung erfolgt mit Hilfe von *Multiples*. Das Produkt aus Bezugsgröße und Multiple ergibt den Unternehmenswert.

Unternehmenswert = Bezugsgröße × Multiple

Multiples werden vor allem zur Bewertung nicht börsenotierter Unternehmen bzw. von Teilbereichen börsenotierter Konzerne verwendet. Dabei wird das Multiple aus der Relation der Bezugsgröße mit dem Marktwert vergleichbarer börsenotierter Unternehmen (Peer Group) definiert. Z.B. könnte ein Umsatzmultiple aus dem Median des Verhältnisses zwischen Marktwert und Umsatz der Vergleichsgruppe berechnet werden.

in Mrd. €	Marktwert (3.6.19)	Umsatz 2018	Umsatzmultiple
BMW	36,87	97,48	0,378
Volkswagen	28,95	235,85	0,123
Daimler	49,96	167,36	0,299
Median			0,299

Das Multiple wird dann auf das zu bewertende Unternehmen angewendet. Beträgt nun beispielsweise der Umsatz des zu bewertenden Unternehmens € 20,0 Mrd., so kann durch die Multiplikation des Umsatzes mit dem Multiple der Unternehmenswert errechnet werden.

Unternehmenswert = Umsatz × Umsatzmultiple = 20,0 × 0,299 = € 5,97 Mrd.

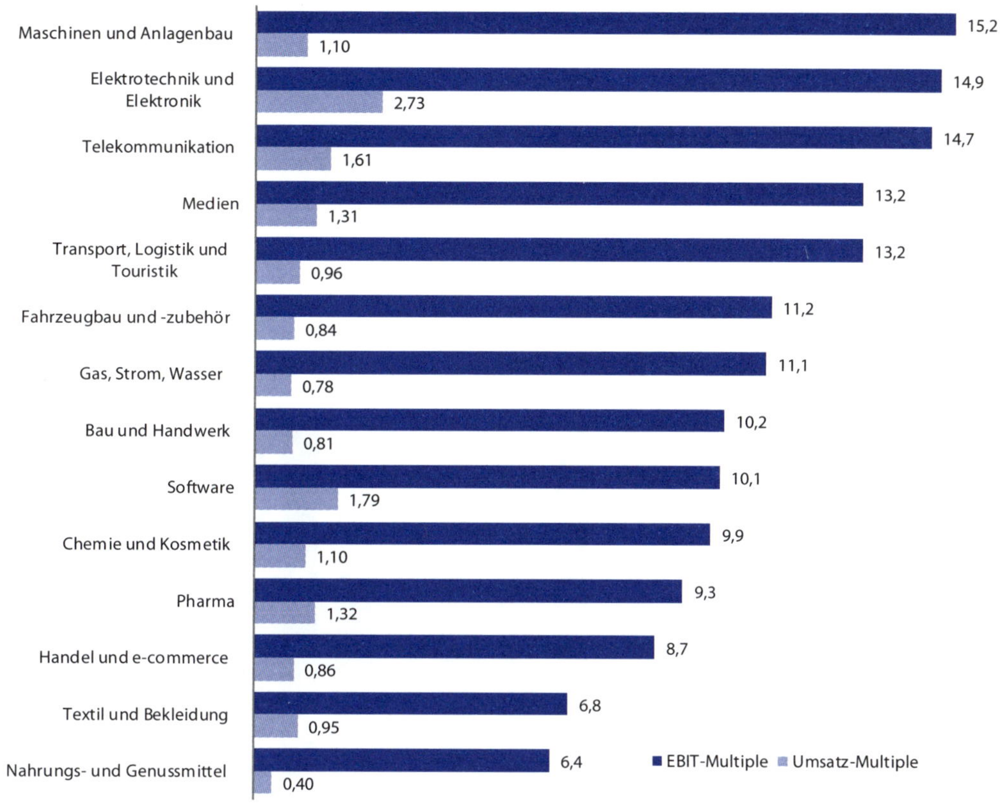

Abbildung 142: Börsenmultiples in Deutschland EBIT- und Umsatz nach Branchen (Quelle: Finance, Mai/Juni 2019, S.80)

Die Bewertung mit Multiples erfordert viel Erfahrung, weil die Wahl des richtigen Multiple und der Peer Group entscheidend ist. Zudem wird dann häufig noch mit Zu- bzw. Abschlägen (Premiums und Discounts) – z.B. Marktführer Premium – gearbeitet. So wird für Unternehmen, die nicht zu den Top Five ihrer Branche zählen, ein Abschlag gerechnet, d.h. geringeres Multiple verwendet, während es für den Marktführer einen Aufschlag bzw. ein höheres EBIT-Multiple gibt. Zumeist wird auf Basis mehrerer Kriterien der Gesamtaufschlag oder -abschlag bestimmt. Typische Kriterien für Zu- oder Abschläge sind:

- Marktposition
- Umsatzgröße
- Umsatzwachstum
- Kundendiversifikation (Anteil des größten Kunden am Gesamtumsatz)
- Globale Präsenz
- Patente
- Marktkonzentration
- Börsennotierung

Ein in der Praxis äußerst wichtiges Multiple ist das *Kurs-Gewinn-Verhältnis KGV*, auch *PE (Price Earnings) Ratio* genannt.

$$KGV = \frac{P}{EPS}$$ ***(Formel 4.29)***

P = Aktueller Aktienkurs

EPS = Aktueller Nettogewinn je Aktie (Earnings per Share)

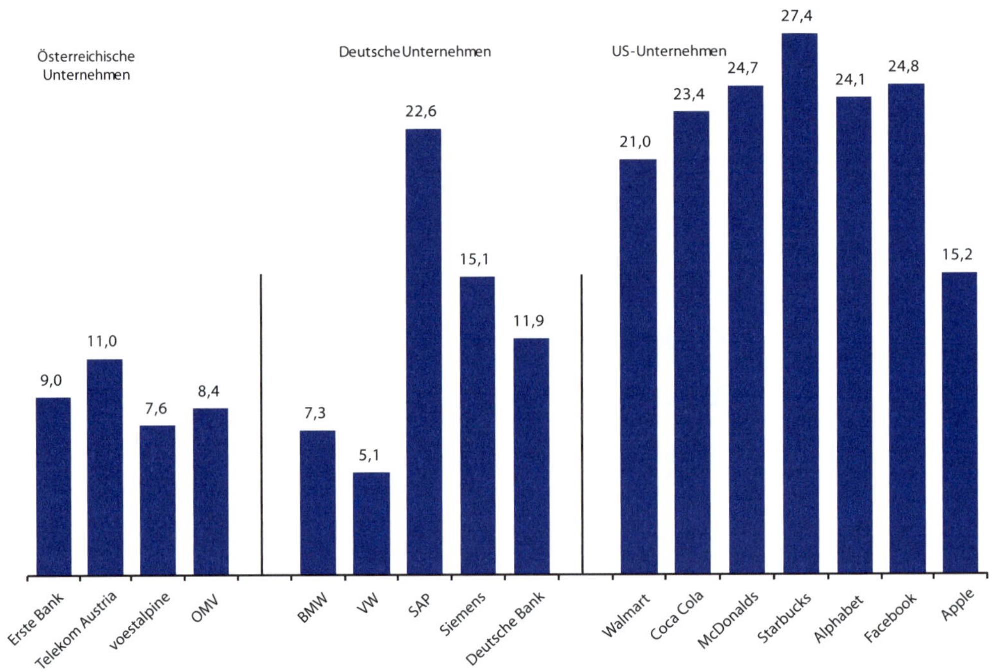

Abbildung 143: KGVs ausgewählter Unternehmen (Quelle: comdirect.de am 3.6.2019)

Die Berechnung des KGV kann entweder aus Kurs und Gewinn je Aktie oder der Börsenkapitalisierung und dem Gewinn des Unternehmens erfolgen. Das KGV wird im Börseteil der Wirtschaftszeitungen täglich publiziert und ändert sich mit den Kursschwankungen. Die Berechnung des KGV erfolgt sehr unterschiedlich. Die Bandbreite reicht dabei vom Durchschnitt der letzten zwölf Monate bis zur Stichtagsbetrachtung auf Basis des aktuellen Kurses und den prognostizierten oder letztjährigen Gewinnen.

Hohe KGVs sind hingegen ein Indiz, dass die Aktionäre hohe Wachstumserwartungen an das Unternehmen haben. Dementsprechend vorsichtig ist die Aktienbewertungen zu beurteilen, denn sofern das erwartete Wachstum nicht eintritt, wird der Aktienkurs sinken.

Das KGV kann entweder zur Bestimmung des Unternehmenswerts oder zur Beurteilung der Attraktivität des aktuellen Aktienkurses verwendet werden. Im ersten Fall wird der Gewinn eines Unternehmens mit dem durchschnittlichen KGV von vergleichbaren Unternehmen zur Bestimmung des Shareholder Value multipliziert. Im zweiten Fall wird das KGV eines Unternehmens mit den KGVs anderer Unternehmen oder langjährigen Durchschnitten verglichen und daraus geschlossen, ob die Aktie teuer oder billig ist.

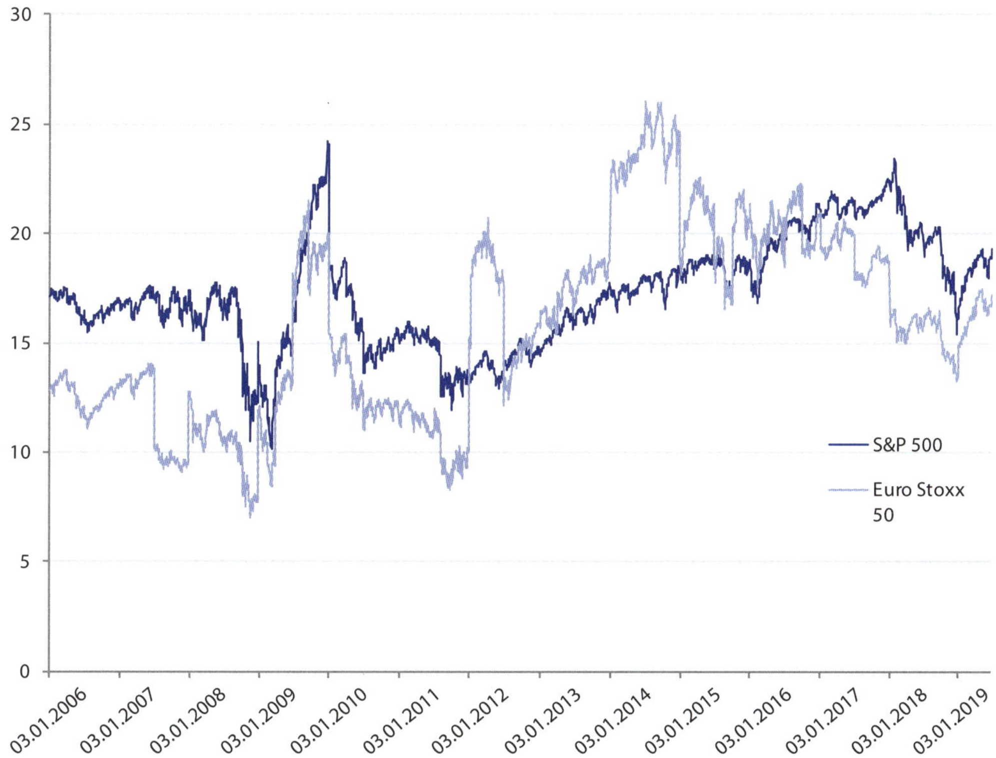

Abbildung 144: KGV des S&P 500 und des Euro Stoxx 50 im Zeitverlauf (Quelle: *Bloomberg*)

Je niedriger das KGV ist, desto günstiger ist eine Aktie bewertet. Ein KGV von 6 bedeutet zum Beispiel, dass für den Kauf des Unternehmens sechs Jahresgewinne bezahlt werden müssen. Unter der Annahme, dass die zukünftigen Gewinne konstant bleiben und zur Gänze ausgeschüttet werden, könnte das KGV auch mit der Amortisationsdauer verglichen werden, d.h. die Anzahl der Jahre bis der Kaufpreis durch die ausgeschütteten Dividenden wieder an den Investor zurück geflossen sind.

Das KGV als Multiple scheint ein völlig unterschiedlicher Ansatz im Vergleich zu den Discounted-Cashflow-Methoden zu sein. Es lässt sich jedoch aus der Dividendenmethode herleiten. Besonders einfach ist die Herleitung, wenn unterstellt wird, dass der Gewinn in den Folgeperioden konstant bleibt (konstante unendliche Rente) und der gesamte Gewinn als Dividende ausgeschüttet wird.[23]

23 Wird nur ein Teil des Unternehmensgewinnes als Dividende ausgeschüttet, sollte der im Unternehmen verbleibende Gewinnanteil zu höheren Dividenden in den Folgeperioden führen.

Unter diesen Bedingungen sind der aktuelle Gewinn E_0, die aktuelle Dividende D_0 und die Folgedividenden wie auch die Dividende im ersten Jahr D_1 ident. Aus der Formel für das KGV und die unendliche Rente zeigt sich, dass das *KGV-Multiple der Umkehrung des Kalkulationszinssatzes entspricht.* Anstatt beispielsweise durch einen Zinssatz von 10 % abzuzinsen, wird mit dem Reziprokwert von 1/10 % = 10 multipliziert.

$$D_1 = D_0 = E_0$$

$$KGV = \frac{P_0}{E_0}$$

$$P_0 = \frac{D_1}{k} = \frac{D_0}{k} = \frac{E_0}{k} \rightarrow \frac{P_0}{E_0} = \frac{1}{k} \rightarrow KGV = \frac{1}{k} = \frac{1}{10\ \%} = 10$$

4.3.4. Ertragsmöglichkeiten aus Sicht des Anlegers

Anleger können von ihrer Investition in Aktien durch *Dividenden* und *Kurssteigerung* profitieren. Dieser Ertrag wird als „*Total Shareholder Return*" bezeichnet. Da weder Kursgewinne noch Dividendenausschüttungen garantiert sind, werden Aktien als Risikopapiere bezeichnet.

Dividende. Die Ausbezahlung einer Dividende ist in der Regel vom erzielten Nach-Steuer-Gewinn des Unternehmens abhängig. Soll die Eigenkapitalbasis des Unternehmens nicht geschwächt werden, kann nur das, was erwirtschaftet worden ist (Gewinn), auch verteilt bzw. ausgeschüttet werden (Dividende). Ein Teil des vom Unternehmen erwirtschafteten Gewinnes kann zur Stärkung der Eigenkapitalbasis den Rücklagen des Unternehmens zugeführt werden. Der Rest des Gewinnes wird in der Regel als Dividende an die Aktionäre ausgeschüttet. Das Verhältnis zwischen erwirtschaftetem Gewinn und ausbezahlter Dividende wird als *Payout Ratio* bezeichnet. Beispielsweise hat die OMV AG im Geschäftsjahr 2018 einen Gewinn je Aktie von € 4,40 erzielt, von dem € 1,75 an die Eigentümer als Dividende ausgeschüttet wurde. Dies entspricht einer Payout Ratio von 39,8 %.

Am Zahlungstag der Dividende erfolgt ein Börsenkursabschlag in Höhe der Dividende, d.h. der Kurs der Aktie sinkt um den Betrag der Dividende. Dieser Abschlag wird im Kursblatt durch den Kurszusatz „*ex Dividende*" ersichtlich gemacht.

Dividenden und Ausschüttungen aus Beteiligungspapieren werden in beinahe allen Ländern besteuert. In Österreich unterliegen diese dem KESt-Satz von 27,5 %.

Dividendenrendite. Die absolute Höhe der Dividende lässt jedoch keine Aussage über die Rentabilität des eingesetzten Kapitals zu, da der Kurs in der Regel ein Vielfaches des Nennwertes ist. Deshalb setzt man die Dividende in Relation zum Kurs. Zudem wird zwischen Brutto- und Nettodividendenrendite unterschieden.

$$\text{Bruttodividendenrendite} = \frac{\text{Dividende} \times 100}{\text{Kurs}} \qquad \textit{(Formel 4.30)}$$

$$\text{Nettodividendenrendite} = \frac{\text{Dividende} \times (1 - \text{KESt}) \times 100}{\text{Kurs}} \qquad \textit{(Formel 4.31)}$$

Beispiel: Dividendenrendite OMV

Kurs am 31.12.2018: € 38,25
Dividende: € 1,75

$$\text{Bruttodividendenrendite: } \frac{1{,}75}{38{,}25} = 4{,}58\ \%$$

	2014	2015	2016	2017	2018
Ausstehende Aktien in Mio. Stück	326,26	326,36	326,45	326,50	326,73
Marktkapitalisierung in Mrd. €	7,2	8,5	11,0	17,3	12,5
Schlusskurs €	22,0	26,1	33,6	52,8	38,3
Gewinn je Aktie €	0,9	–3,4	–1,2	1,3	4,4
Dividende je Aktie €	1,3	1,0	1,2	1,5	1,8
Payout-Ratio %	147,1	–	–	112,8	39,8
Dividendenrendite in %	5,7	3,8	3,6	2,9	4,6
Total Shareholder Return in %	–34,0	23,3	33,0	61,9	–24,3

Die Dividendenrendite gibt an, mit welchem Prozentsatz sich das eingesetzte Kapital durch die Dividende „verzinst". Die Dividendenrendite gilt als eines von vielen Beurteilungskriterien für die Attraktivität von Aktien. Sie wird im Börsenteil der Wirtschaftszeitungen täglich publiziert und ändert sich mit den Kursschwankungen. Will ein Aktionär die Dividendenrendite einer von ihm gehaltenen Aktie ermitteln, muss er jenen Kurs nehmen, zu dem er die Aktie gekauft hat.

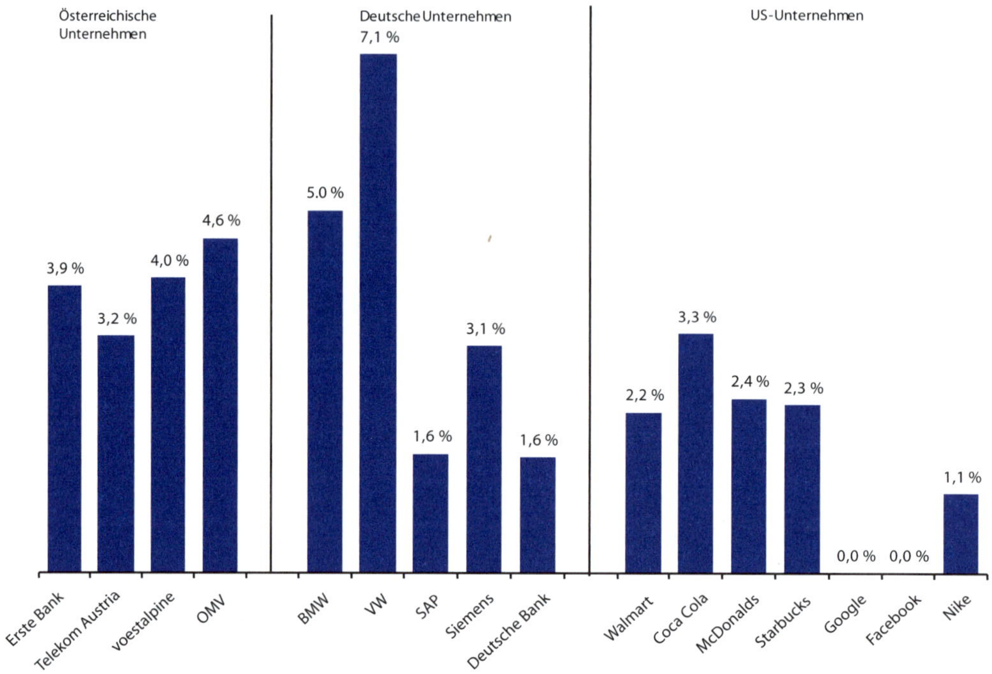

Abbildung 145: Dividendenrendite internationaler Unternehmen (Juni 2019; Quelle: finanzen.net)

Kurssteigerung. Die große Attraktivität von Aktien, allerdings auch das große Risiko, ist in der Steigerung des Aktienkurses zu sehen. Auch wenn es auf den ersten Blick nicht immer klar ersichtlich ist, welche Faktoren den Kurs einer Aktie beeinflussen, ist langfristig ein eindeutiger Zusammenhang mit den finanziellen Fundamentaldaten eines Unternehmens gegeben. Bewertet wird eine Aktie an der Börse jedoch nicht nach den *bisherigen Gewinnen, sondern nach den künftigen Erfolgsaussichten* des Unternehmens bzw. relativ zu den gestellten Erwartungen. Nicht selten sinken die Kurse von Unternehmen bei der Veröffentlichung eines Rekordergebnisses. Grund ist die bereits in den Kursen eingepreiste Erwartung, die vielfach noch höher war als das tatsächliche Rekordergebnis.

Abbildung 146: Langfristige Kursentwicklung des Aktienindex in Deutschland, Österreich und den USA (Quelle: *Bloomberg*)

Gesamtrendite – Total Shareholder Return. Die Gesamtrendite von Aktieninvestments kann für eine Periode, wie bereits in Kap. 4.2 gezeig,t ermittelt werden.

$$k_t = \frac{P_t - P_{t-1} + CF_t}{P_{t-1}}$$ ***(Formel 4.32)***

k_t = Rendite der Periode t (Total Shareholder Return)
P_t = Preis/Kurs der Aktie am Ende der Periode
P_{t-1} = Preis/Kurs der Aktie am Ende der Vorperiode
CF_t = Dem Investor in der Periode zugeflossene Mittel (Dividenden)

Bei einer mehrjährigen Behaltedauer kann der Total Shareholder Return mit Hilfe des Internen Zinsfußes ermittelt werden. Dabei stellt sich wiederum das Problem der Wiederveranlagung, wenngleich auch in geringerem Ausmaß, da der Großteil des Kapitalzuflusses aus dem Verkaufserlös am Ende resultiert.

Beispiel: OMV

Wie aus der Kursentwicklung der OMV-Aktie zu sehen ist, konnten sich die Eigentümer im Zeitraum von 2004 bis 2006 und von 2016 bis 2018 hoher Kurssteigerungen erfreuen, während sie von 2007 bis 2009 einen Kursverlust von 2/3 verkraften mussten. In den Jahren zuvor und danach hatte die Aktie jedoch eine deutlich geringere Performance.

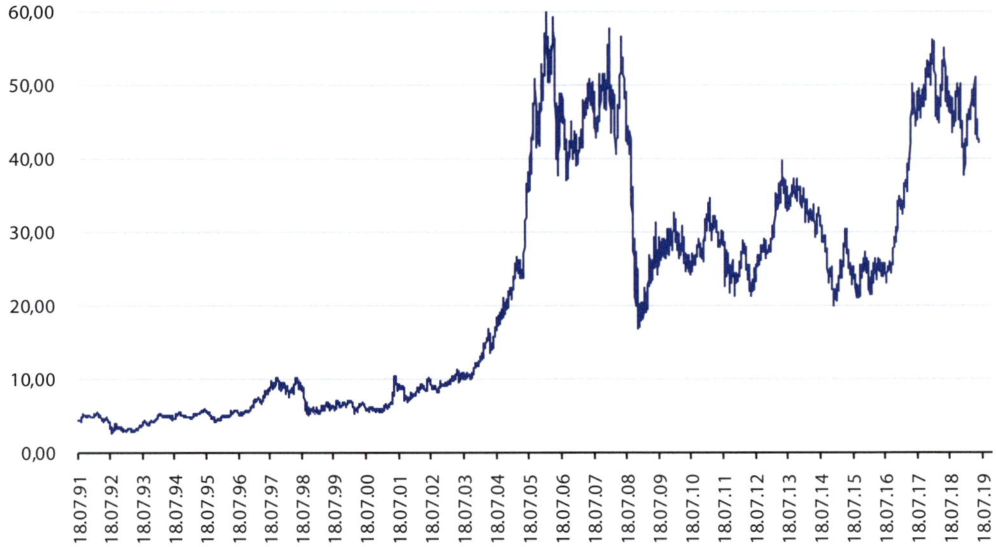

Abbildung 147: Langfristige Kursentwicklung der OMV AG (18.7.1991–31.5.2019; Datenquellen: *Bloomberg*, wienerborse.at)

Neben den Kurssteigerungen hat die OMV als zweite Ertragskomponente folgende Dividenden an die Aktionäre ausgeschüttet:

Geschäftsjahr	Dividende in €	Zahltag	Kurs am Zahltag
2018	1,75	23.05.2019	42,82
2017	1,50	01.06.2018	
2016	1,20	02.06.2017	
2015	1,00	31.05.2016	
2014	1,25	28.05.2015	
2013	1,25	21.05.2014	
2012	1,20	23.05.2013	
2011	1,10	16.05.2012	22,07
2010	1,00	24.05.2011	
2009	1,00	01.06.2010	
2008	1,00	19.05.2009	
2007	1,25	20.05.2008	
2006	1,05	31.05.2007	49,33
2005	0,90	30.05.2006	
2004	0,44	24.05.2005	
2003	0,40	25.05.2004	
2002	0,35	27.05.2003	10,00
2001	0,43	03.06.2002	
2000	0,43	30.05.2001	
1999	0,24	16.05.2000	
1998	0,23	26.05.1999	
1997	0,20	26.05.1998	
1996	0,17	13.05.1997	
1995	0,15	12.06.1996	
1994	0,07	14.06.1995	
1993	–	–	
1992	0,11	01.06.1993	3,29

- Welchen durchschnittlichen Total Shareholder Return pro Jahr erzielten Investoren, die am 1.6.1993 OMV-Aktien gekauft haben (Dividende erging noch an Vorbesitzer) und am 27.5.2003 nach Erhalt der Dividende zum angegebenen Kurs verkauft haben (Tagesunterschiede 1.6. vs. 27.5. können vernachlässigt werden)?

$$K_0 = \sum_{t=0}^{n} \frac{E_t - A_t}{(1+i)^t} = 0$$

$$\rightarrow -3{,}286 + \frac{0}{(1+i)^1} + \frac{0{,}07}{(1+i)^2} + \frac{0{,}15}{(1+i)^3} + \ldots + \frac{0{,}35 + 10{,}0}{(1+i)^{10}} = 0 \rightarrow i = 17{,}4\ \%$$

- Welchen durchschnittlichen Total Shareholder Return pro Jahr hätten die Investoren erzielt, wenn sie erst am 31.5.2007 nach Erhalt der Dividende zum angegebenen Kurs verkauft hätten?

$$K_0 = \sum_{t=0}^{n} \frac{E_t - A_t}{(1+i)^t} = 0$$

$$\rightarrow -3{,}286 + \frac{0}{(1+i)^1} + \frac{0{,}07}{(1+i)^2} + \frac{0{,}15}{(1+i)^3} + \ldots + \frac{1{,}05 + 49{,}33}{(1+i)^{14}} = 0 \rightarrow i = 25{,}9\ \%$$

- Welchen durchschnittlichen Total Shareholder Return pro Jahr hätten die Investoren erzielt, wenn sie die Aktien am 27.5.2003 gekauft hätten (Dividende erging noch an Vorbesitzer) und am 31.5.2007 nach Erhalt der Dividende zum angegebenen Kurs verkauft hätten?

$$K_0 = \sum_{t=0}^{n} \frac{E_t - A_t}{(1+i)^t} = 0$$

$$\rightarrow -10{,}0 + \frac{0{,}4}{(1+i)^1} + \frac{0{,}44}{(1+i)^2} + \frac{0{,}9}{(1+i)^3} + \frac{1{,}05 + 49{,}33}{(1+i)^4} = 0 \rightarrow i = 52{,}6\ \%$$

- Welchen durchschnittlichen Total Shareholder Return pro Jahr hätten die Investoren erzielt, wenn sie die Aktien am 31.5.2007 gekauft hätten (Dividende erging noch an Vorbesitzer) und am 16.5.2012 nach Erhalt der Dividende zum angegebenen Kurs verkauft hätten?

$$K_0 = \sum_{t=0}^{n} \frac{E_t - A_t}{(1+i)^t} = 0$$

$$\rightarrow -49{,}33 + \frac{1{,}25}{(1+i)^1} + \frac{1{,}00}{(1+i)^2} + \frac{1{,}00}{(1+i)^3} + \frac{1{,}00}{(1+i)^4} + \frac{1{,}10 + 22{,}07}{(1+i)^5} = 0 \rightarrow i = 11{,}84\ \%$$

- Welchen durchschnittlichen Total Shareholder Return pro Jahr hätten die Investoren erzielt, wenn sie die Aktien am 16.5.2012 gekauft hätten (Dividende erging noch an Vorbesitzer) und am 23.5.2019 nach Erhalt der Dividende zum angegebenen Kurs verkauft hätten?

$$K_0 = \sum_{t=0}^{n} \frac{E_t - A_t}{(1+i)^t} = 0$$

$$\rightarrow -22{,}07 + \frac{1{,}20}{(1+i)^1} + \frac{1{,}25}{(1+i)^2} + \frac{1{,}25}{(1+i)^3} + \frac{1{,}00}{(1+i)^4} + \frac{1{,}20}{(1+i)^5} + \frac{1{,}50}{(1+i)^6} + \frac{1{,}75}{(1+i)^7} = 0 \rightarrow i = 14{,}41\ \%$$

Unter langfristigen Gesichtspunkten sind Aktien die rentabelste Anlageform, doch muss auch das damit verbundene Risiko betrachtet werden muss. Breite Diversifikation und ausreichend Zeit, um nicht in ungünstigen Phasen verkaufen zu müssen, sind Basisvoraussetzungen für den Erfolg mit Aktien.

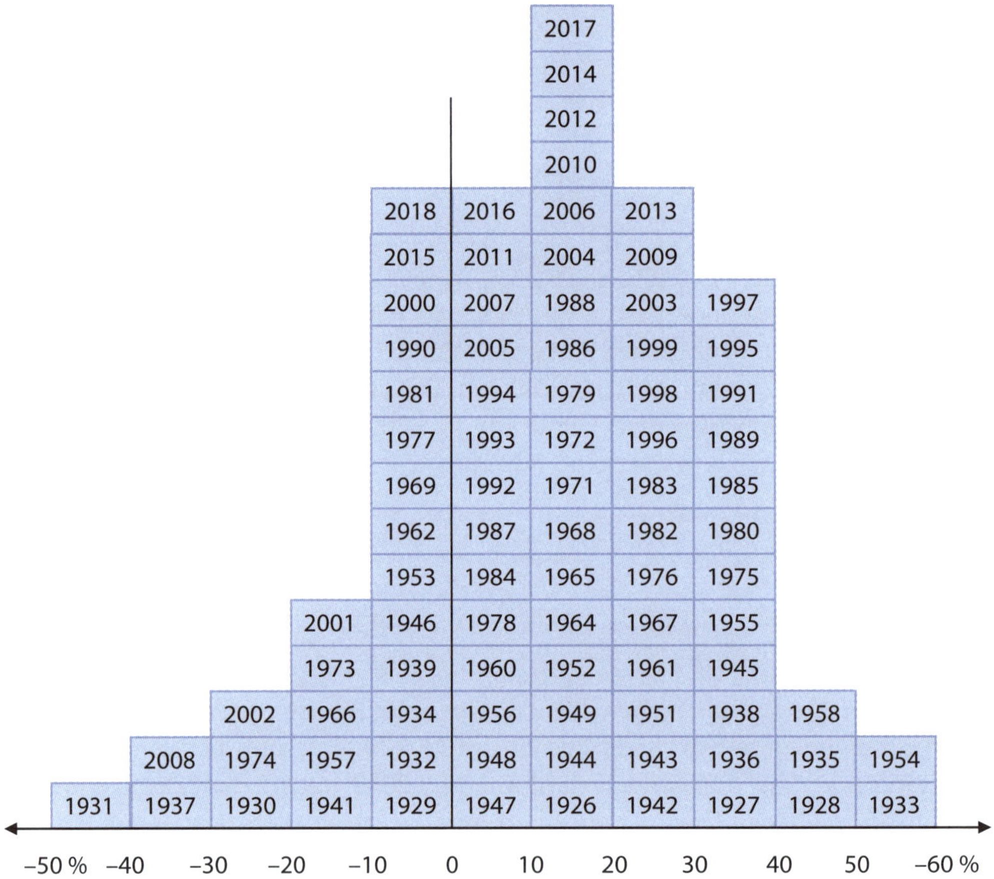

Abbildung 148: Jahresperformance von Aktien großer Unternehmen in den USA (1926–2018; Quelle: bis 2009: Stocks, Bonds, Bills, and Inflation, Valuation Edition, 2010 Yearbook, Ibbotson Associates, S. 164-165, seit 2010: S&P 500)

4.4. Anleihen

4.4.1. Anleihebegriffe und -arten

Anleihen sind Forderungswertpapiere, in denen sich der Aussteller (Emittent) dem Gläubiger (Anleihekäufer) gegenüber zur regelmäßigen Verzinsung des erhaltenen Kapitals und zu dessen Rückzahlung verpflichtet. Anleihen werden wie Aktien am Kapitalmarkt ausgegeben und in weiterer Folge bis zum Ende der Laufzeit gehandelt. Anleihen sind Fremdkapital. Emittenten können über Anleiheemissionen Kapital in Milliardenhöhe aufbringen und damit Investitionsziele finanzieren, die über reine Kreditfinanzierung kaum realisierbar wären.

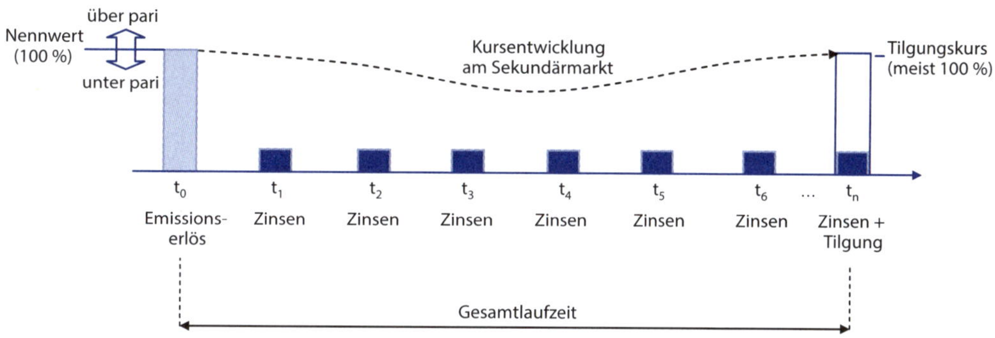

Abbildung 149: Grundkonzept und Zahlungsfluss von Anleihen

Diese grundsätzliche Aussage über Anleihen bildet die Basis für die verschiedenartigsten Arten von Anleihen. Vor allem sind es folgende Rahmenbedingungen, die die Beziehung zwischen Emittenten und Gläubiger bestimmen:

- Emittent
- Verzinsung
- Laufzeit
- Tilgung
- Sonstige Emissionsbedingungen

Anleiheemission. Die Emission ist die Erstausgabe von Anleihen am Primärmarkt. Der Emittent muss vor dem öffentlichen Angebot im Inland ein kontrolliertes Prospekt veröffentlichen, durch den sich potenzielle Anleger ein Bild über den Emittenten, seine finanzielle Lage und das angebotene Wertpapier machen können.

Emittenten. Für den Anleger ist von Bedeutung, dass sich die verschiedenen Emittenten hinsichtlich ihrer Bonität und dem damit verbundenen Investitionsrisiko unterscheiden. Emittenten am Anleihemarkt sind vor allem:

- die öffentliche Hand (Bund, Länder, Sondergesellschaften des Bundes)
- die Energiewirtschaft
- die Banken

- die Industrieunternehmen
- ausländische Emittenten

Bund und Länder. Die öffentliche Hand ist in vielen Ländern der größte Emittent. Die Republik Österreich emittiert z.B. ca. zwei Drittel des an der Wiener Börse notierten Anleihevolumens.

Energiewirtschaft. Unternehmen der Energiewirtschaft begeben Anleihen für die Finanzierung von Kraftwerks- und Leitungsanlagen. Die Gesellschaften haften mit ihrem Vermögen. Meist übernimmt das betreffende Bundesland oder der Bund eine zusätzliche Haftung. So sind die meisten Energieanleihen staatsgarantiert.

Banken. Banken finanzieren zum Teil ihre langfristigen Darlehen über Anleiheemissionen.

Unternehmen. Finanzierung über Anleihen – *Corporate Bonds* – ist in der Vergangenheit für Unternehmen zusehends populärer geworden, wenngleich in Europa der Bankkredit noch immer die zentrale Quelle für Fremdkapital darstellt.

Trotz der Kreditlastigkeit wurden im Jahr 2018 in Europa Corporate Bonds in Höhe von ca. € 260 Mrd. emittiert, davon alleine in Deutschland ein Volumen von ca. € 120 Mrd. An der Wiener Börse emittierten 24 österreichischen Unternehmen Corporate Bonds mit einem Gesamtvolumen von € 2,9 Mrd. Die größte Anleihe in Europa platzierte Sanofi mit einem Emissionsvolumen von € 8 Mrd.

Unternehmen	ISIN	Volumen in Mio. €	Laufzeit	Rating Moody's	Zinssatz %
BMW	XS 1948611840	2.000	2019–2029	A1	1,50 %
SAP SE	DE000A2TSTG3	1.000	2018–2031	A2	1,63 %
OMV	XS 1917590959	500	2018–2028	A3	1,88 %
S-Immo AG	AT0000A1Z 9C1	50	2018–2030	–	2,75 %
Wienerberger AG	DE000A1ZN206	272	endlos	Ba3	5,00 %
voestalpine AG	AT0000A27LQ1	500	2019–2026	–	1,75 %

Abbildung 150: Emissionen von Unternehmensanleihen in Deutschland und Österreich

Verzinsung. Bezüglich Verzinsung wird primär zwischen fester Verzinsung, variabler Verzinsung und Null-Kupon-Anleihen unterschieden.

- **Anleihen mit fester Verzinsung (engl. Straight Bonds).** Anleihen mit fester Verzinsung sind die klassische, einfachste und weitest verbreitete Anleiheform. Der Anteil der Straight Bonds beträgt in Europa ca. 85 %. Festverzinsliche Wertpapiere haben eine gleich bleibende Verzinsung (Nominalzins) für die gesamte Laufzeit. Der Nominalzins bezieht sich auf den in der Anleihe angeführten Nominalbetrag. Die Zinsen werden meist jährlich oder halbjährlich im Nachhinein bezahlt.

- **Anleihen mit stufenweiser Verzinsung (Stufenzinsanleihen).** Anleihen mit einem im Vorhinein festgelegten Zinsatz für die jeweiligen Perioden. Zumeist handelt es sich dabei um Step-up-Bonds, bei denen die Zinsen im Zeitverlauf steigen.
- **Anleihen mit variabler Verzinsung (engl. Floater).** Bei diesen Anleihen wird der Nominalzinssatz nach Ablauf jeder Zinsperiode (meist viertel- oder halbjährlich) entsprechend dem aktuellen Zinsniveau neu angepasst. Für die Zinsanpassung werden Referenzzinssätze wie der EURIBOR herangezogen. Die Nominalverzinsung eines Floaters wird zwar der Zinsentwicklung am Interbankenmarkt angepasst, entspricht aber in der Regel nicht genau dem dort gezahlten Niveau. Der Emittent zahlt dem Anleger einen Zins, der um einen festen prozentualen Aufschlag bzw. Abschlag – *Spread* – über bzw. unter den genannten Sätzen liegt. Die Höhe dieser Differenz richtet sich nach der Bonität des Emittenten und der Verfassung des Marktes. Um das Ausmaß der Zinsänderung zu begrenzen, können Zinsobergrenzen – *Cap* – und Zinsuntergrenzen – *Floor* – definiert werden.
- **Null-Kupon-Anleihen (Zero Coupon Bonds).** Dies sind Anleihen, die ohne Nominalzinssatz ausgestattet sind. Bei diesen Anleihen werden somit während der Laufzeit keine Zinsen ausbezahlt. Der Ertrag resultiert aus dem Unterschied zwischen dem Ausgabekurs und dem Tilgungskurs am Ende der Laufzeit. Null-Kupon-Anleihen werden üblicherweise zu Kursen *weit unter* 100 % begeben und zu 100 % getilgt. Der Vorteil für den Emittenten sind die entfallenden Zinszahlungen während der Laufzeit, dem jedoch der Nachteil der durch den niedrigen Ausgabekurs reduzierten Kapitalaufbringung gegenübersteht.

Laufzeit. Die *Laufzeit* ist der Zeitraum bis zur Rückzahlung (= Fälligkeit) der Anleihe. Anleihen mit einer Laufzeit *bis zu vier Jahren* bezeichnet man als *kurzfristig*, mit einer Laufzeit zwischen *vier und acht Jahren mittelfristig* und einer Laufzeit *von mehr als acht Jahren als langfristig*. Beim Kauf am Sekundärmarkt ist die *Restlaufzeit* von Bedeutung. Hier ist nunmehr die zwischen Ankauf und Ende der Laufzeit verbleibende Zeit wichtig, nicht aber die Gesamtlaufzeit.

Tilgung. Die Tilgung (= Rückzahlung) von Anleihen erfolgt in der Regel zu 100 % des Nennwertes. Die Emissionsbedingungen können verschiedene Möglichkeiten für die Rückzahlung vorsehen.

- **Tilgung am Ende.** Die Rückzahlung erfolgt einmalig in einem Betrag am Ende der Laufzeit. In der Regel zu 100 % des Nennwertes oder zu einem im Voraus bestimmten höheren Kurs.
- **Tilgung durch Kündigung (Call Feature).** Die Anleihebedingungen enthalten außer den üblichen Rückzahlungsarten häufig eine Kündigungsklausel. Darunter versteht man die Möglichkeit zur vorzeitigen Rückzahlung des Kapitals zu einem bestimmten Zeitpunkt und zu einem festgelegten Kurs. Der

Emittent wird das Kündigungsrecht in Anspruch nehmen, wenn er für seine bereits begebene Anleihe höhere Zinsen bezahlt, als es die aktuelle Marktlage erfordert.

- **Tilgung durch freihändigen Rückkauf.** Neben den bisher angeführten Tilgungsarten gibt es auch die Möglichkeit des freihändigen Rückkaufs. Der Anleiheschuldner hat das Recht, ab einem bestimmten Jahr einen bestimmten Prozentsatz des Anleihevolumens an der Börse zurückzukaufen. Dies wird er tun, wenn die Anleihe unter dem Rückzahlungspreis an der Börse notiert.

Hybridanleihen. Hybridanleihen stellen in Bezug auf die zuvor genannten Kriterien eine Sonderform dar. Sie sind eine Mischform (hybrid) zwischen Eigenkapital und Fremdkapital. Sie sind nachrangiges Fremdkapital mit entweder sehr langer Laufzeit von bis zu 100 Jahren oder gänzlich ohne Laufzeitbegrenzung. Es ist jedoch die Kündigung der Anleihe durch den Emittenten ab einem zuvor vereinbarten Termin möglich. Darüber hinaus können die Kuponzahlungen unter bestimmten Bedingungen ausgesetzt bzw. verschoben werden. Für das entsprechend höhere Risiko müssen Hybridanleihen mit einem höheren Kupon (Zinsaufschlag) ausgestattet werden. Hybridanleihen haben sich in der Vergangenheit gerade bei börsennotierten Konzernen größerer Beliebtheit erfreut. Hauptgrund hierfür ist die Möglichkeit, Hybridanleihen unter IFRS als Eigenkapital auszuweisen.

Der Umstand, dass Anleihen im Vergleich zu Aktien mit Ausnahme von Hybridanleihen vom Emittent zurückzuzahlen bzw. zu tilgen sind, hat weitreichende Konsequenzen für die Unternehmensfinanzierung und Finanzplanung. Die Mehrheit der Anleihen wird zur Gänze am Ende der Laufzeit getilgt. Angesicht des hohen Emissionsvolumens von Anleihen muss der Emittent zum Zeitpunkt der Tilgung über enorm hohe Liquidität verfügen. Diese kann entweder aus dem Free Cashflow vom Unternehmen selbst oder durch die Refinanzierung am Kapitalmarkt, z.B. durch die Emission neuer Anleihen, erfolgen. Die Möglichkeit der Refinanzierung am Kapitalmarkt wird jedoch stark von der aktuellen Situation an den Kapitalmärkten beeinflusst. So war es beim Einsetzen der Finanzkrise im Jahr 2008 unmöglich, sich über Aktien oder Anleihen am Kapitalmarkt zu refinanzieren. Dies wäre beispielsweise dem Motorradhersteller und Paris-Dakar-Sieger KTM in Zuge der Finanzkrise beinahe zum Verhängnis geworden, als eine €-90-Mio.-Anleihe im Mai 2009 nur über Landeshaftungen refinanziert werden konnte.

Beispiel: BMW

Die BMW Group ist ein Unternehmen, das sich regelmäßig über Corporate Bonds am Kapitalmarkt finanziert und dabei sehr genau die Fristigkeiten und den damit verbundenen Finanzierungsbedarf abwägt. Abbildung 151 gibt eine Übersicht über alle Euro-Anleihen, ihr Emissionsvolumen und ihre Fälligkeit. Insgesamt haben die Unternehmen der BMW Group € 28,9 Mrd. in Form von Euro-Anleihen sowie eine Vielzahl an Anleihen in Fremdwährungen aufgenommen. Für die Euro-Anleihen ergeben sich in den nächsten Jahren jährliche Tilgungsverpflichtungen in Höhe mehr als € 3 Mrd. Vergleicht man diese Tilgungsverpflichtungen mit dem Free Cashflow der BMW Group im Geschäftsjahr 2018 für das Kerngeschäft in Höhe von ca. –2,7 Mrd. (Cashflow aus der Geschäftstätigkeit abzüglich Investitionen in Immaterielle Vermögen und Sachanlagen) sowie den vorhandenen kurzfristigen liquiden Mitteln von über € 10,9 Mrd., zeigt sich, dass die Tilgung bei gleichbleibender Geschäftslage ohne Refinanzierung am Kapitalmarkt nicht möglich ist.

Emittent	ISIN	Volumen	Kupon	Fälligkeit
BMW Finance NV	XS 1766515479	400	3M Euribor + 20 BP	06.02.2020
BMW Finance NV	XS 1747444245	1.250	0,38 %	10.07.2023
BMW Finance NV	XS 1747444831	750	1,13 %	10.01.2028
BMW Finance NV	XS 1589881272	1.000	0,13 %	03.07.2020
BMW Finance NV	XS 1589881785	750	0,88 %	03.04.2025
BMW Finance NV	XS 1548436556	1.250	0,13 %	12.01.2021
BMW Finance NV	XS 1548436473	750	0,75 %	12.07.2024
BMW Finance NV	XS 1396260520	750	0,13 %	15.04.2020
BMW Finance NV	XS 1396261338	750	0,75 %	15.04.2024
BMW Finance NV	XS 1363560548	500	3m Euribor + 65 BP	15.07.2019
BMW Finance NV	XS 1363560977	750	1,00 %	15.02.2022
BMW Finance NV	XS 1321956333	1.250	0,88 %	17.11.2020
BMW US Capital LLC	DE000A1Z 6M04	500	3M Euribor + 38 BP	18.03.2019
BMW US Capital LLC	DE000A1Z 6M12	1.000	1,13 %	18.09.2021
BMW US Capital LLC	DE000A1ZZ 010	1.000	0,63 %	20.04.2022
BMW US Capital LLC	DE000A1ZZ 028	500	1,00 %	20.04.2027
BMW Finance NV	XS 1168971213	750	0,50 %	21.01.2020
BMW Finance NV	XS 1168962063	750	1,00 %	21.01.2025
BMW Finance NV	XS 1105276759	750	1,25 %	05.09.2022
BMW Finance NV	XS 1105264821	1.000	0,50 %	05.09.2018
BMW Finance NV	XS 1015212811	750	1,63 %	17.07.2019
BMW Finance NV	XS 1015217703	750	2,63 %	17.01.2024
BMW Finance NV	XS 0968316256	750	2,00 %	04.09.2020
BMW Finance NV	XS 0877622034	750	2,38 %	24.01.2023
BMW Finance NV	XS 0729046218	1.250	3,25 %	14.01.2019
BMW Finance NV	XS 1948611840	1.500	1,50 %	06.02.2029
BMW Finance NV	XS 1948612905	1.500	0,63 %	06.10.2023
BMW Finance NV	XS 1910245676	1.000	1,00 %	14.11.2024
Euro-Anleihen gesamt		28.900		

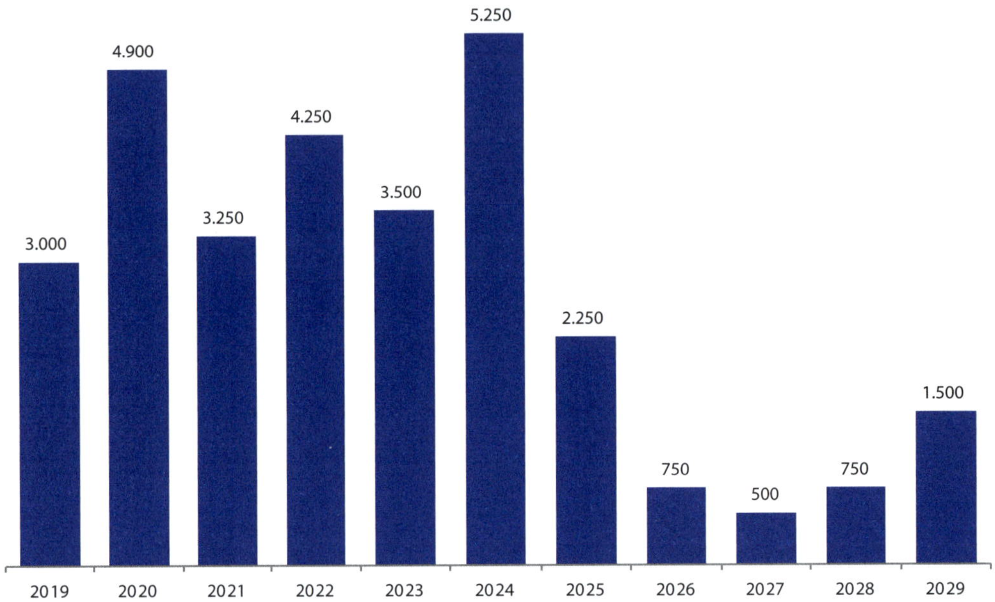

Abbildung 151: Euro-Anleihen der BMW Group und Tilgungsverpflichtung in Mio € nach Jahren (Quelle: www.bmwgroup.com, Stand 9.9.2019)

Der Emissionskurs ist jener Preis, zu dem die Anleihe zur Zeichnung (Kauf) am Primärmarkt angeboten wird.

Emissionskurs (Ausgabekurs). Der Emissionskurs ist jener Preis, zu dem die Anleihe zur Zeichnung (Kauf) am Primärmarkt angeboten wird. Der Emissionskurs entspricht dem Liquiditätszufluss des Emittenten. Der Emissionskurs kann entsprechend der Gesamtkonstruktion der Anleihe

- pari, d.h. exakt zum Nennwert/Nominalwert (Emissionskurs = 100 %),
- unter pari, d.h. unter dem Nennwert (Emissionskurs < 100 %),
- über pari, d.h. über dem Nennwert (Emissionskurs > 100 %)

angesetzt werden. Die Gesamtkonstruktion Emissionskurs – Verzinsung – Tilgungskurs – Laufzeit hat auch steuerliche Auswirkungen.

Wandelanleihen (engl. Convertible Bonds). Wandelanleihen werden von einer Aktiengesellschaft (AG) emittiert. Der Inhaber erhält das Recht zum Umtausch (Wandelrecht) der Anleihe in Aktien der emittierenden AG. Wandelanleihen sind wie alle Anleihen Forderungswertpapiere und keine Beteiligungspapiere. Sie bilden jedoch eine „Brücke" zwischen beiden Papieren. Die Bedingungen für den Umtausch in Aktien werden bei der Emission der Wandelanleihe festgelegt.

Wandelverhältnis. Es gibt an, wie viele Wandelanleihen in wie viele Aktien des gleichen Nennwertes gewandelt werden können.

Wandelfrist. Sie ist der Zeitraum, innerhalb dessen das Wandlungsrecht ausgeübt werden kann. Sie endet mit der Laufzeit der Anleihe. Zur Sicherung der Umtauschmöglichkeit wird in der Hauptversammlung eine bedingte Kapitalerhöhung beschlossen. Auch für Wandelanleihen erhalten die Aktionäre ein Bezugsrecht.

Vorteile des Emittenten

- Günstigerer Zinssatz für Fremdkapital als bei sonstigen Anleihen.
- Mögliche Zufuhr von Eigenkapital über das Wandlungsrecht. Bei guter Geschäftsentwicklung ist mit großer Wahrscheinlichkeit mit dem Umtausch in Aktien zu rechnen.
- In Zeiten wirtschaftlicher Stagnation ist über Ausgabe von Wandelanleihen leichter zu Kapital zu kommen als durch direkte Aktienausgabe. Der Inhaber der Wandelanleihe kann mit fixen Erträgen und, im Falle einer nachteiligen Entwicklung der Aktienkurse, mit einer Tilgung zum Nominalwert rechnen.

Vorteile des Anlegers

- Er nimmt bereits als Inhaber eines festverzinslichen Wertpapiers an der günstigen Entwicklung der Ertragslage und den damit verbundenen Kurssteigerungen der Aktie teil. Da sich Kurssteigerungen der zugrundeliegenden Aktien direkt auf den Kurs der Wandelanleihe auswirken, kann ein Kursgewinn auch durch Verkauf der Wandelanleihe realisiert werden.
- Der Anleger sichert sich einen günstigen Kaufpreis, da er bei positiver Entwicklung der zugrundeliegenden Aktie zu den Wandelbedingungen sein Forderungspapier in ein Beteiligungspapier umtauschen kann.
- Das Kursrisiko ist begrenzt, da nicht gewandelt werden muss. Fällt der Kurs der Aktie, wird die Wandelanleihe am Ende der Laufzeit zum Nominalwert getilgt.

Optionsanleihe. Eng verwandt mit der Wandelanleihe ist die Optionsanleihe. Im Unterschied zur Wandelanleihe wird die Anleihe jedoch nicht in Aktien getauscht, sondern die Aktien können zusätzlich, unter Ausübung des Bezugsrechtes, zu einem festgelegten Kurs erworben werden. Die Optionsanleihe wird – unabhängig davon, ob vom Bezugsrecht Gebrauch gemacht wurde oder nicht – am Ende der Laufzeit zum Rückzahlungskurs getilgt. Der Optionsschein (engl. Warrant) ist ein eigenständiges Wertpapier, das gesondert an der Börse gehandelt werden kann.

4.4.2. Risiken und Kosten von Anleihen

Anleger, die in Anleihen investieren, tragen je nach Emittent und Konstruktion der Anleihen unterschiedliche Risiken. Mit Anleihen sind folgende wesentliche Risiken verbunden:

- Bonitätsrisiko
- Kursrisiko
- Liquiditätsrisiko
- Währungsrisiko

Bonitätsrisiko. Unter Bonitätsrisiko wird das Risiko verstanden, dass der Emittent (Schuldner) seinen Verpflichtungen nicht oder nur teilweise nachkommen kann, z.B. wegen Zahlungsunfähigkeit. Investoren sollten daher die Bonität des Emittenten unbedingt berücksichtigen. Eine Hilfestellung zur Beurteilung der Bonität kann das externe Rating durch Ratingagenturen wie Standard & Poor‘s oder Moody’s sein. Das externe Rating ist für Inlandsanleihen nicht erforderlich, hilft jedoch, internationale Investoren anzusprechen. Die Beurteilung AAA bedeutet beste Bonität (z.B. deutsche Bundesanleihen); je schlechter das Rating (z.B. B-Rating oder C-Rating), desto höher ist das Bonitätsrisiko und desto höher ist im Normalfall auch die Verzinsung (Risikoprämie). Veränderungen des Ratings während der Laufzeit einer Anleihe können maßgebliche Kursveränderungen der Anleihe bewirken. Am augenfälligsten lässt sich dies am Beispiel europäischer Krisenstaaten zeigen (siehe Abbildung 152). So lag der Risikoaufschlag griechischer Staatsanleihen gegenüber deutschen Staatsanleihen bei 3.806 Basispunkten bzw. 38,06 %. Der Risikoaufschlag in Abbildung 152 resultiert aus zwei Faktoren: Zum einen aus dem Downgrading der dargestellten Staaten, d.h., dass Griechenland und die anderen Länder ein schlechteres Rating erhalten haben, während Deutschland sein AAA behalten hat. Zum anderen spiegelt es auch die Verunsicherung der Investoren wider. Diese fordern seit dem Einsetzen der Finanzkrise einen höheren Risikoaufschlag als zuvor.

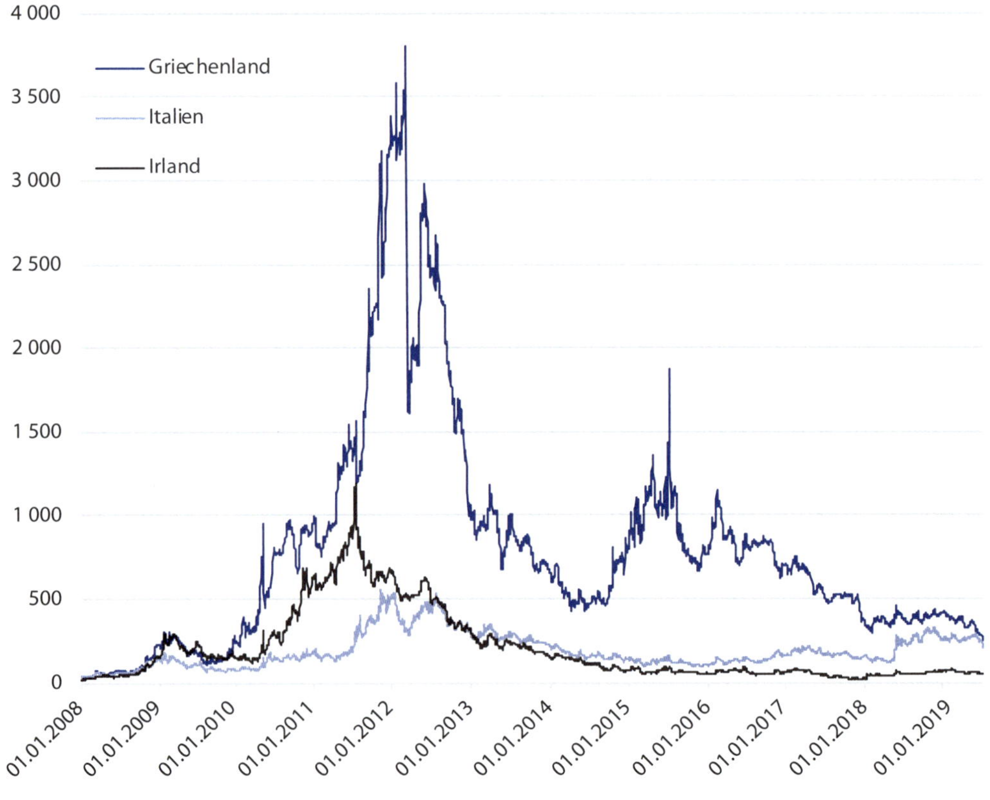

Abbildung 152: Risikoprämien ausgewählter Staatsanleihen gegenüber deutschen Staatsanleihen (Quelle: Bloomberg)

Kurs- bzw. Zinsänderungsrisiko. Wird die Anleihe bis zum Ende der Laufzeit, d.h. bis zur Tilgung gehalten, erhält der Käufer den in den Anleihebedingungen versprochenen Tilgungserlös. Bei Verkauf vor dem Ende der Laufzeit erhält er den aktuellen Marktpreis (Kurs). Dieser richtet sich nach Angebot und Nachfrage. Beispielsweise wird bei festverzinslichen Anleihen der Kurs fallen, wenn die Zinsen für vergleichbare Laufzeiten steigen; umgekehrt wird die Anleihe mehr wert, wenn die Zinsen für vergleichbare Laufzeiten sinken. Auch eine Veränderung der Schuldnerbonität kann Auswirkungen auf den Kurs der Anleihe haben. In gemilderter Form trifft das Zinsänderungsrisiko auch jene Investoren, die eine Anleihe bis zur Tilgung halten möchten. Wenn das allgemeine Zinsniveau steigt, kann der Investor daran nicht mitpartizipieren, weil er sonst beim Verkauf der Anleihe Kursabschläge in Kauf nehmen müsste (siehe dazu Abbildung 154 und 157). Dies ist der Grund, warum Anleihen mit unterschiedlichen Laufzeiten eines Emittenten unterschiedliche Zinssätze aufweisen. Im Fall von Staatsanleihen wird dabei von der Zinsstrukturkurve (yield curve) gesprochen. In Abbildung 153 ist die US-Zinsstrukturkurve aus 2012 „normal“, d.h., dass für längere Laufzeiten und das damit verbundene höhere Risiko höhere Zinsen zu zahlen sind bzw. geboten werden. Die Zinsstrukturkurve aus 2019 mit niedrigeren Zinsen für mittelfristiges Kapital ist hingegen als ungewöhnlich zu sehen. Im Extremfall kann die Zinsstrukturkurve auch invers sein, d.h. dass die Zinsen für kurzfristiges Kapital am höchsten sind und mit zunehmender Laufzeit immer weiter sinken. Dies ist zumeist am Ende von Hochzinsphasen anzutreffen.

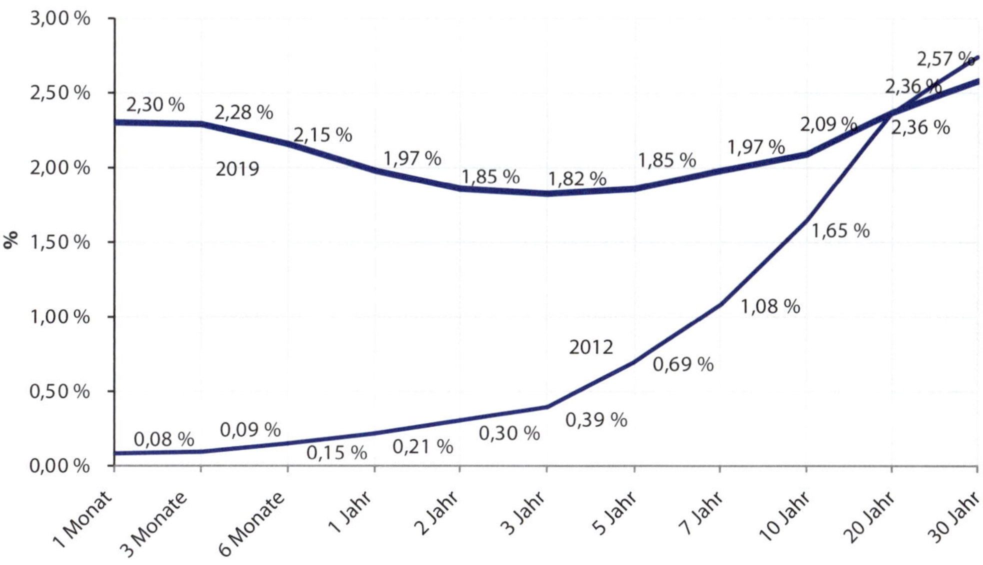

Abbildung 153: US-Zinsstrukturkurven vom 3.7.2012 und 7.6.2019 (Quelle: U.S. Department of the Treasury)

Liquiditätsrisiko. Eine Anleihe kann in Extremfällen nur schwer oder gar nicht veräußerbar sein und müsste in diesem Fall bis zur Tilgung gehalten werden.

Währungsrisiko. Wird eine Fremdwährungsveranlagung gewählt, so hängt der Ertrag bzw. die Wertentwicklung der Veranlagung stark von der Entwicklung des Wechselkurses der jeweiligen Fremdwährung zum Euro ab.

Die für den Emittenten mit einer Anleihe verbundenen Kapitalkosten werden im Wesentlichen vom allgemeinen Zinsniveau, von der Bonität des Emittenten (Risikoprämie) und der Konstruktion der Anleihe (Laufzeit etc.) bestimmt.

4.4.3. Bestimmung der Rendite von Anleihen

Ähnlich wie bei Aktien setzt sich die Rendite für Käufer von Anleihen aus der laufenden Nominalverzinsung und den Kursdifferenzen zusammen und kann mit Hilfe der Internen-Zinsfuß-Methode berechnet werden. Im Fall festverzinslicher Anleihen kann die Rendite (engl. *yield to maturity – YTM*) wie folgt bestimmt werden.

$$K_0 = \sum_{t=0}^{n} \frac{CF_t}{(1+i)^t} = 0$$

$$P_0 = \sum_{t=1}^{n} \frac{I}{(1+k)^t} + \frac{P_n}{(1+k)^n} \qquad \textit{(Formel 4.33)}$$

$$P_0 = I \times \sum_{t=1}^{n} \frac{1}{(1+k)^t} + \frac{P_n}{(1+k)^n}$$

P_0 = Emissionskurs in €
P_n = Tilgungskurs in €
n = Laufzeit in Jahren
k = Rendite der Anleihe (Interner Zinsfuß)
I = Zinsen je Periode in € (Nominalwert × Zinssatz)

Beispiel: Rendite der BMW-Anleihe

Die BMW-Group hat im Jahr 2018 eine Anleihe mit folgenden Eckdaten begeben:

Emittentin:	BMW Finance N.V.
Emissionsvolumen Nominale:	€ 750 Mio.
Kupon:	1,0 % p.a.
Zinstermin:	29. August
Anzahl Zinstermine:	ganzjährig
Emissionskurs:	99,86 %
Emissionsdatum:	29.08.2018
Laufzeit, Tilgung:	7 Jahre endfällig, 100 %
Tilgung:	29.08.2025
ISI-Nummer:	ISIN XS 1873143645

Wie hoch ist die Rendite für einen Investor vor Steuern, der die Anleihe bei der Emission gekauft hat und sie bis zur Tilgung hält?

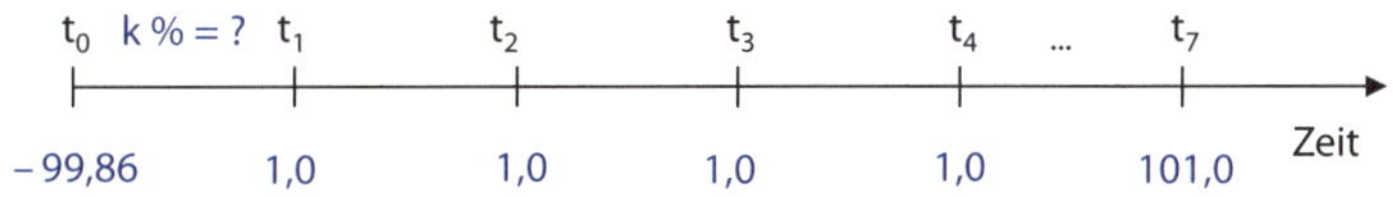

$$P_0 = I \times \sum_{t=1}^{n} \frac{1}{(1+k)^t} + \frac{P_n}{(1+k)^n} \rightarrow 99{,}86 = 1{,}0 \times \sum_{t=0}^{7} \frac{1}{(1+k)^t} + \frac{100}{(1+k)^7} \rightarrow$$
$$k = 1{,}02\%$$

Der Vergleich der Renditen muss aus Sicht des Anlegers unter Berücksichtigung allfälliger Steuern erfolgen, da die laufende Verzinsung KESt-pflichtig ist. Nachstehende Tabelle zeigt drei Anleihen, die aus ihrer Konstruktion jeweils eine Vor-Steuer-Rendite von 7 % erwirtschaften.

	Anleihe 1	Anleihe 2	Anleihe 3
Nominalzinssatz (Kupon)	6,00 %	7,00 %	8,00 %
Anleihekurs	92,98 %	100 %	107,02 %
Tilgungskurs (endfällig)	100,00 %	100,00 %	100,00 %
Laufzeit/Jahr	10	10	10
Brutto-Rendite vor Steuer	7,00 %	7,00 %	7,00 %
Netto-Rendite nach Steuer	5,43 %	5,25 %	5,09 %

Während die Rendite vor Steuern bei allen Anleihen exakt 7 % p.a. beträgt, unterscheiden sich die Renditen nach Abzug einer KESt in Höhe von 25 %, sofern Kurs- bzw. Veräußerungsgewinne nicht steuerpflichtig sind.[24] In diesem Fall wären Anleihen mit niedriger Verzinsung bei gleichzeitig höherem Kursertrag aus der Differenz zwischen Emissions- und Tilgungskurs vorteilhaft.

Rendite bei Null-Kupon-Anleihen. Null-Kupon-Anleihen, auch Zero-Coupon Bonds genannt, sind Anleihen, deren Ausstattung keinen Nominalzinssatz aufweist. Die Rendite ergibt sich aus der Differenz zwischen dem niedrigen Ausgabekurs und dem höheren Tilgungskurs. Die Renditenberechnung erfolgt nach folgender Formel:

$$k = \sqrt[n]{\frac{P_n}{P_0}} - 1 \qquad \textit{(Formel 4.34)}$$

Renditeberechnung für den Kauf und Verkauf von Anleihen am Sekundärmarkt. Bei der Berechnung der Rendite für den Kauf von Anleihen, die bereits am Sekundärmarkt notieren, sind lediglich für P_0 anstatt des Emissionskurses der aktuelle Kurs (Kaufkurs) und für n anstatt der Gesamtlaufzeit die Restlaufzeit zu verwenden. Wird umgekehrt die Anleihe vor der Tilgung wieder an der

24 Das Beispiel zeigt die grundsätzliche Steuerwirkung und berücksichtigt nicht die konkrete Steuergesetzgebung in Österreich.

Börse verkauft, sind lediglich für P_n anstatt des Tilgungskurses der aktuelle Kurs (Verkaufskurs) und für n anstatt der Gesamtlaufzeit die Behaltedauer zu verwenden. Wird die Anleihe erst nach der Emission am Sekundärmarkt gekauft und bereits vor der Tilgung wieder verkauft, sind in die für P_0 Kaufkurs, für P_n der Verkaufskurs und für n die Behaltedauer einzusetzen.

Sofern Anleihen mit einem Call Feature ausgestattet sind, dient die Bestimmung der Rendite im Falle der Ausübung des Call Features zur Risikoabschätzung. Dazu wird für P_n der Kurs verwendet, der bei vorzeitigem Rückkauf durch den Emittenten gezahlt werden muss und für n wird die Restlaufzeit bis zum möglichen Call eingesetzt.

4.4.4. Anleihebewertung

Nach Ablauf der Zeichnungsfrist werden Anleihen üblicherweise an der Börse am Primärmarkt eingeführt und anschließend am Sekundärmarkt gehandelt. Durch den Ausgleich von Angebot verkaufswilliger Eigentümer der Anleihe und Nachfrage interessierter Investoren werden am Sekundärmarkt laufend Kurse gebildet. Die Entwicklung von Angebot und Nachfrage und damit der Anleihekurse wird in hohem Maße von der Entwicklung des allgemeinen Zinsniveaus beeinflusst. Entsprechend der Zinsentwicklung erscheinen – durch die Emission neuer Anleihen – Anlagealternativen mit neuen Zinskonditionen, die entsprechende Auswirkung auf die Kurse der bestehenden Anleihen haben.

Nachfolgendes Beispiel soll dies verdeutlichen. Ausgehend von der Veranlagung in Anleihe (I) wird die Wirkung des Zinsniveaus auf den Anleihekurs dargestellt, wobei die Zinswirkung unterschiedlicher Laufzeiten von Anleihen vernachlässigt wird.

Beispiel: Anleihebewertung

Ausgangssituation: Ein Investor veranlagt in folgende Anleihe (I):

Nominalverzinsung	7 %
Laufzeit	10 Jahre
Emissionskurs und Tilgungskurs	100 %

Zinserhöhung. Annahme: Das Zinsniveau für Anleihen vergleichbaren Risikos ist nach fünf Jahren auf 8 % gestiegen. Für Investoren stellt sich nun folgende Frage: Zeichnen sie eine Neuemission (II) mit

Nominalverzinsung	8 %
Laufzeit	5 Jahre
Ausgabekurs und Tilgungskurs	100 %

oder kaufen sie sich am Sekundärmarkt o.a. Anleihe (I) mit

Nominalverzinsung	7 %
Restlaufzeit	5 Jahre
Tilgungskurs	100 %

Allgemein wird das Interesse der Investoren an der bereits begebenen Anleihe (I) mit dem niedrigeren Zinssatz von 7 % solange nachlassen, bis sie durch einen niedrigeren Kurs die gleiche Rendite wie die neu begebene Anleihe (II) erbringt. Aus der Gegenüberstellung der beiden Anleihealternativen ergibt sich für Investoren folgende Frage: *„Wie hoch darf der Kurs der 7%igen Anleihe sein, dass sie die gleiche Rendite wie die Neuemission erwirtschaftet, die jedoch mit 8 % angeboten wird?"* Bei einem Kurs von 96,0 bringt obige 7%ige Anleihe mit einer Restlaufzeit von fünf Jahren eine Rendite von 8 %.

Zinssenkung. Annahme: Das Zinsniveau ist nach fünf Jahren auf 6 % gesunken.

Neuveranlagungen sind zu diesem Zeitpunkt nur noch zu 6 % möglich. Aus diesem Grund wird das Interesse der Investoren an der bereits begebenen Anleihe (I) mit dem höheren Zinssatz von 7 % den Kurs so lange nach oben treiben, bis sie durch den höheren Kurs nur mehr die gleiche Rendite wie die neu begebene Anleihe mit 6 % Verzinsung erbringt. Auch in diesem Fall stellt sich für Investoren die gleiche Frage: *„Wie hoch darf der Kurs der 7%igen Anleihe sein, so dass sie die gleiche Rendite wie die Neuemission erwirtschaftet, die nur mehr mit 6 % angeboten wird?"* Dies ist bei einem Anleihekurs von 104,2 der Fall. Würde der Anleihebesitzer seine 7%ige Anleihe vorzeitig verkaufen, hätte er neben seiner Verzinsung von 7 % auch einen Kursgewinn erzielt. Ein vorzeitiger Verkauf ist allerdings nur dann interessant, wenn er wirklich das Geld benötigt, denn eine Wiederveranlagung wäre zu diesem Zeitpunkt nur zu einer Rendite von 6 % möglich und der Umstieg mit Spesen verbunden.

Bestimmung des rechnerischen Werts von Anleihen. Grundsätzlich ist bei Anleihen wie bei Aktien zwischen dem tatsächlichen Marktwert bzw. Kurs an der Börse und dem rechnerischen Wert einer Anleihe zu unterscheiden. Allgemein entspricht der rechnerische Wert einer Anleihe dem Barwert der zukünftigen Cashflows aus Zinsen und Tilgung, wobei als Kalkulationszinssatz das aktuelle Zinsniveau zu verwenden ist.

$$P_0 = I \times \sum_{t=1}^{n} \frac{1}{(1+k)^t} + \frac{P_n}{(1+k)^n} \qquad \textbf{\textit{(Formel 4.35)}}$$

P_0 = Rechnerischer Wert der Anleihe in €
P_n = Tilgungskurs in €
n = Restlaufzeit in Jahren
k = Aktueller Marktzinssatz für Anleihen vergleichbaren Risikos
I = Zinsen je Periode in € (Nominalwert × Zinssatz der Anleihe)

Für das vorher diskutierte Beispiel können die Kurse von 96,0 im Fall der Zinserhöhung und 104,2 im Fall der Zinssenkung wie folgt berechnet werden:

$$P_0 = I \times \sum_{t=1}^{n} \frac{1}{(1+k)^t} + \frac{P_n}{(1+k)^n} = 7 \times \sum_{t=1}^{5} \frac{1}{(1+8\%)^t} + \frac{100}{(1+8\%)^5} = 96{,}0 \qquad \textbf{\textit{(Formel 4.34)}}$$

$$P_0 = I \times \sum_{t=1}^{n} \frac{1}{(1+k)^t} + \frac{P_n}{(1+k)^n} = 7 \times \sum_{t=1}^{5} \frac{1}{(1+6\%)^t} + \frac{100}{(1+6\%)^5} = 104{,}2$$

Die zusammenfassende Einsicht der Wirkung des Zinsniveaus auf die Kursentwicklung von Anleihen ist:

- *Steigende Zinsen bewirken fallende Kurse* bereits begebener Anleihen.
- *Fallende Zinsen bewirken steigende Kurse* bereits begebener Anleihen.

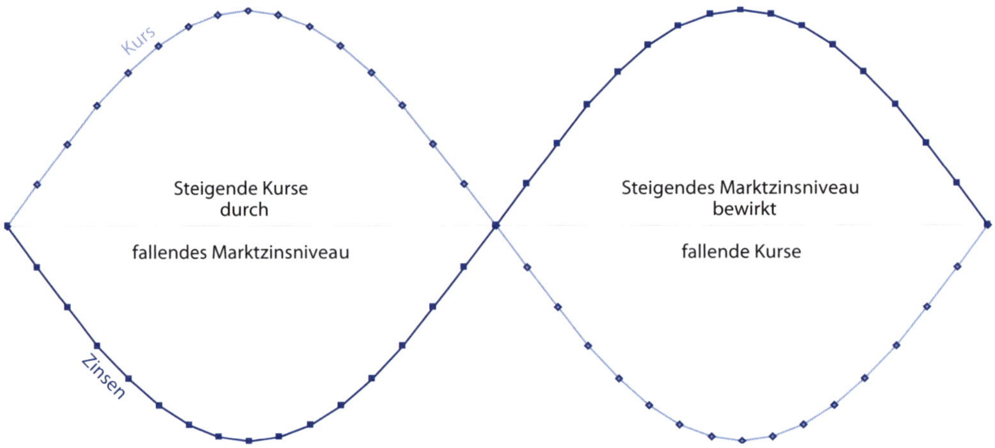

Abbildung 154: Die Wirkung von Zinsänderungen auf den Anleihekurs

Auch der Kurs von Anleihen wird durch Angebot und Nachfrage bestimmt. Das Zinsniveau spielt eine maßgebliche Rolle, es ist jedoch nur einer mehrerer Parameter, die Investoren zum Kauf bzw. Verkauf von Anleihen bewegen. Eine Differenz zwischen dem rechnerischen Wert der Anleihe und dem aktuellen Kurs am Sekundärmarkt ist üblich. Diese ergibt sich primär aus der unterschiedlichen Einschätzung der zukünftigen Entwicklung des Zinsniveaus durch die Investoren.

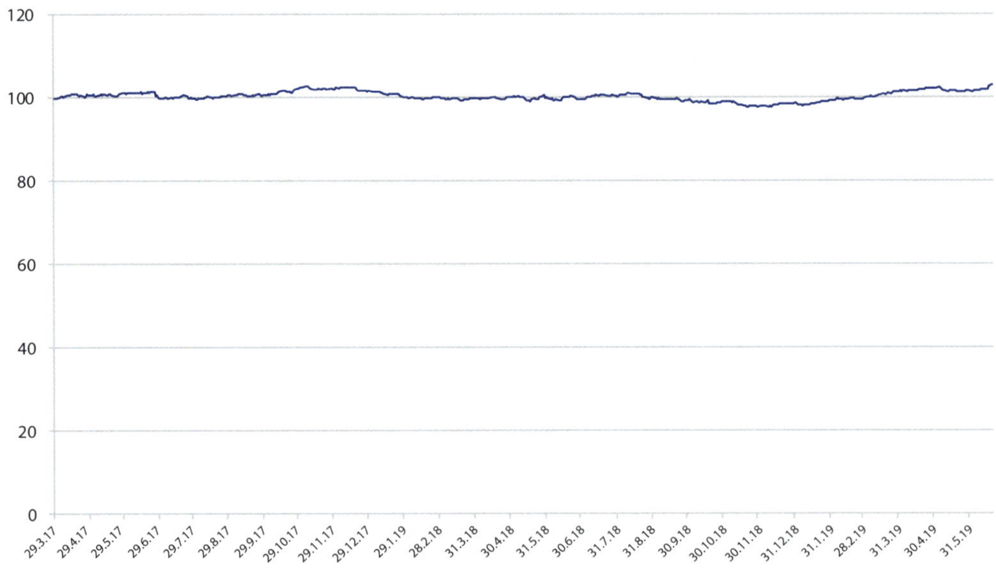

Abbildung 155: Die Kursentwicklung der BMW-Anleihe, XS 158981785, 0,875 % 2017–2025 (Quelle: Bloomberg)

Neben der Zinsentwicklung wirken sich gemäß Formel 4.35 auch die zu erwartenden Zinszahlungen und vor allem die Tilgung am Ende der Laufzeit aus. Sofern Anleihen weit unter dem rechnerischen Wert gemäß den Eckdaten der Anleihe (verbriefter Kupon und Tilgungskurs) gehandelt werden, ist dies ein klares Indiz dafür, dass die Anleger unsicher sind, ob der Emittent die Zahlungen vertragskonform leisten kann.

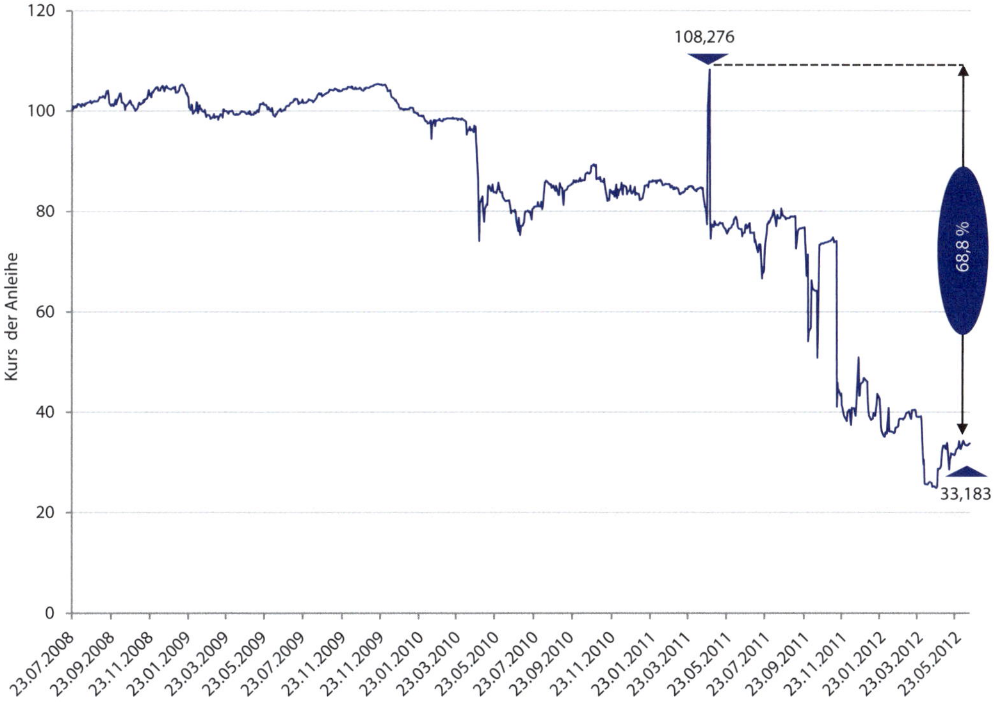

Abbildung 156: Die Kursentwicklung griechischer Staatsanleihen (Quelle: Bloomberg)

Da beim Kauf einer Anleihe die künftige Entwicklung des Zinsniveaus nicht vorhergesagt werden kann, bringt dieser Mechanismus bei vorzeitigem Verkauf die Gefahr eines gewissen Wertverlustes (Zinsrisiko), aber auch die Chance eines Wertzuwachses der Veranlagung innerhalb der Laufzeit der Anleihe mit sich. Zinsänderungen wirken sich auf Anleihen mit längerer Restlaufzeit stärker aus als auf Anleihen mit kurzer Restlaufzeit.

Kurse für eine 10-%-Anleihe in Abhängigkeit von Marktzinssatz und Restlaufzeit

Restlaufzeit	6 %	8 %	10 %	12 %	14 %
1	1.038,27	1.018,86	1.000,00	981,67	963,84
5	1.170,60	1.081,11	1.000,00	926,4	859,53
10	1.297,55	1.135,90	1.000,00	885,3	788,12

15	1.392,01	1.172,92	1.000,00	862,35	751,82
20	1.462,30	1.197,93	1.000,00	849,54	733,37
25	1.514,60	1.214,82	1.000,00	842,38	723,99
30	1.553,51	1.226,23	1.000,00	838,39	719,22

Kursänderung in % für eine 10-%-Anleihe in Abhängigkeit von Marktzinssatz und Restlaufzeit

Restlaufzeit	6 %	8 %	10 %	12 %	14 %
1	3,8 %	1,9 %	0,0 %	–1,8 %	–3,6 %
5	17,1 %	8,1 %	0,0 %	–7,4 %	–14,0 %
10	29,8 %	13,6 %	0,0 %	–11,5 %	–21,2 %
15	39,2 %	17,3 %	0,0 %	–13,8 %	–24,8 %
20	46,2 %	19,8 %	0,0 %	–15,0 %	–26,7 %
25	51,5 %	21,5 %	0,0 %	–15,8 %	–27,6 %
30	55,4 %	22,6 %	0,0 %	–16,2 %	–28,1 %

Abbildung 157: Einfluss der Laufzeit auf die Empfindlichkeit gegenüber Zinsschwankungen

Anlegestrategien für Anleihen. Anleihen bieten mit Ausnahme des Bonitätsrisikos des Emittenten eine sichere und berechenbare Anlageform, insbesondere dann, wenn der Investor festverzinsliche Anleihen kauft und diese bis zur Tilgung hält. Staatsanleihen von AAA-Ländern sind genauso risikofrei wie Sparbucheinlagen und bieten einen geringfügig höheren Ertrag.

Will ein Investor die Anleihe vorzeitig verkaufen, sind Anleiheninvestments nur dann interessant, wenn er ein generelles Absinken des Zinsniveaus erwartet, da er sich ja einen festen Nominalzins einkauft und bei Absinken des Zinsniveaus sich nicht nur über die weiterhin hohen Zinsen „seiner Anleihe" freuen darf, sondern bei Verkauf des Papiers auch Kursgewinne realisieren kann. Den größten *Kurs-Hebel* bieten dabei Anleihen mit langer Restlaufzeit und niedrigem Zinsniveau (z.B. Null-Kupon-Anleihen). Abb. 158 zeigt die Auswirkung des Absinkens des Zinsniveaus von 8 % auf 6 % für eine Null-Kupon-Anleihe. Der Kurs würde sich am Ende des ersten Jahres bei einer Restlaufzeit von neun Jahren von 50,0 % auf 59,2 % bzw. um 18,3 % erhöhen. Im weiteren Zeitverlauf ist zu sehen, dass mit Abnahme der Restlaufzeit der Kursabstand immer geringer wird. Würden beispielsweise die Zinsen erst am Ende des achten Jahres sinken, hätte dies nur mehr einen Effekt von 3,8 %.

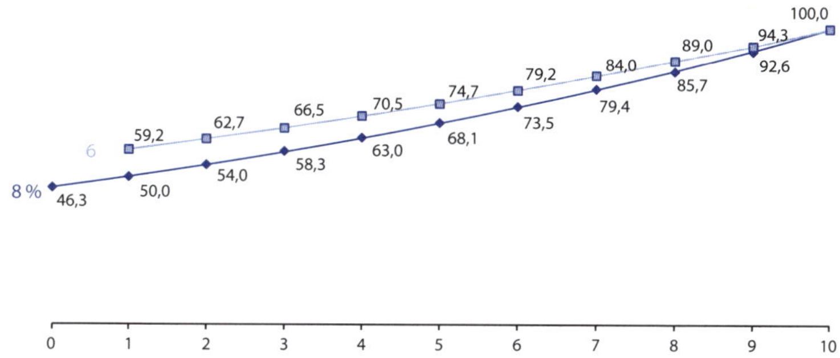

Abbildung 158: Null-Kupon-Anleihe Kursentwicklung bei Zinssenkung

Null-Kupon-Anleihen sind der ideale Anleihetyp bei hohem Zinsniveau und der Erwartung von fallenden Zinsen. Bereits beim Kauf der Null-Kupon-Anleihe steht der Endbetrag bei Tilgungstermin (bei ordnungsgemäßer Rückzahlung) fest, da Zinsen und Zinseszinsen bereits im Kursanstieg enthalten sind.

Bei der Wahl der Laufzeit ist, neben den individuellen Liquiditätsbedürfnissen der Investoren, die Kapitalmarktsituation zu beachten (welche Zinsentwicklungen erwarte ich?). Anleihen mit längerer Laufzeit haben zumeist eine höhere Rendite, aber auch einen stärker schwankenden Kursverlauf, da sie von Zinsschwankungen stärker getroffen werden (siehe Abbildung 163). Generell können sich Investoren von ihrer Veranlagung in Anleihen im Vergleich zu Aktien nur geringere Renditen bei gleichzeitig geringerem Risiko erwarten.

Abbildung 159: Aktien vs. Anleiheperformance am Beispiel DAX vs. REX (Quelle: www.finanzen.net)

Abb. 159 vergleicht die 15-Jahresperformance von Aktien am Beispiel des DAX 30 mit der Performance von Anleihen am Beispiel des REX (Deutscher Rentenindex, der die Wertentwicklung deutscher Staatsanleihen misst). Anleger, die Anfang 2005 in den DAX investierten, haben bis Mitte 2019 eine Wertsteigerung von 294 % erzielt. Sie hatten jedoch auch ein hohes Risiko zu tragen. Investoren, die z.B. bei Höchstkursen im Jahr 2007 gekauft und Anfang 2009 in der Finanzkrise verkauft haben, verloren ca. 50 % ihres Vermögens. Im Vergleich dazu haben Anleihen eine deutlich geringere Wertsteigerung von 164 %, jedoch auch deutlich geringeres Risiko. Es war jedoch für Anleger unabhängig des Kauf- und Verkaufszeitpunktes selten möglich, Geld zu verlieren, wie aus dem relativ konstanten Anstieg ersichtlich ist.

4.5. Bankkredite und Fremdwährungskredite

Bankkredite sind in Europa noch immer die dominierende Finanzierungsquelle. Als Fremdkapital stellen Kredite Schulden dar, die grundsätzlich zurückgezahlt werden müssen. Die Gewährleistung der Kreditrückführung (Tilgung), d.h. das Vorhandensein einer ausreichenden *Kreditbasis,* ist die mit Abstand wichtigste Voraussetzung für die Kreditgewährung. Dabei geht es sowohl um die *Kreditfähigkeit*, d.h. die Finanzkraft des Kreditnehmers, den Kredit zzgl. Zinsen vereinbarungsgemäß zurückzuführen, sowie die subjektive *Kreditwürdigkeit*, d.h. die fachlichen und charakterlichen Eigenschaften des Kreditnehmers. Beide Voraussetzungen werden im Rating durch die Hard und Soft Facts beurteilt.

Bei Krediten kann grundsätzlich zwischen *Barkrediten (Geldleihe)* und *Garantiekrediten (Kreditleihe)* unterschieden werden. Barkredite dienen der unmittelbaren Kapitalbereitstellung bzw. Liquiditätszufuhr, während Garantiekredite versicherungsähnlichen Charakter haben. Landläufig werden unter Krediten Barkredite verstanden.

Barkredite als die dominierende Kreditform können wiederum in die zwei wesentlichen Kategorien Betriebsmittel- bzw. Kontokorrentkredit und Investitionskredit unterteilt werden.

	Kontokorrentkredit, Betriebsmittelkredit	**Darlehen, Investitionskredit**
Zweck	Finanzierung des Umlaufvermögens wie Warenvorräte, Abdeckung von Verbindlichkeiten, Bezahlung von Löhnen	Finanzierung des Anlagevermögens
Begriff	Kredit in laufender Rechnung	Vertragliche Hingabe von Geld oder anderen vertretbaren Sachen mit der späteren Rückerstattung in gleicher Art, Güte und Menge

	Kontokorrentkredit, Betriebsmittelkredit	Darlehen, Investitionskredit
Laufzeit	kurzfristig, jedoch Wiederausnutzbarkeit gegeben	Laufzeit mittel- bis langfristig bzw. der wirtschaftlichen Nutzungsdauer des Investitionsgutes angepasst
Ausnutzung	Jederzeitige Ausnutzung in der Höhe des Kreditrahmens oder einmalige Ausnutzung	Keine Wiederausnutzung der bereits zurückbezahlten Darlehensvaluta
Rückzahlung	keine vereinbarte Rückzahlung in Raten	Vorwiegend Pauschalraten, teilweise Kapitalraten oder endfällig

Kontokorrentkredit. Der Kontokorrentkredit, auch Betriebsmittelkredit genannt, ist der bedeutendste kurzfristige Bankkredit. Dabei gewährt das Kreditinstitut einen maximalen Kreditbetrag (Kreditlinie), den das Unternehmen entsprechend seines Bedarfs beanspruchen kann. Kontokorrentkredite dienen damit dem Ausgleich kurzfristiger Liquiditätsschwankungen aus der operativen Betriebstätigkeit. Im Falle kurzfristig notwendigen Kapitals, d.h. wenn die Bankguthaben am Bankkonto für die erforderlichen Auszahlungen nicht mehr ausreichen (z.B. durch die verspätete Zahlung von Kunden oder Lageraufbau), wird dieser kurzfristige Kapitalbedarf automatisch und formlos durch die weitere Ausnutzung des Kontokorrentkredits (bis zur vollständigen Ausnutzung der Kreditlinie) gedeckt. Umgekehrt führen kurzfristige Liquiditätsüberschüsse zur Reduktion der Ausnutzung des Kontokorrentkredits. Gerade saisonale Schwankungen werden mit Hilfe des Kontokorrentkredits einfach ausgeglichen. Beispielsweise produzieren Skihersteller de facto von Jahresanfang bis zum Spätsommer auf Lager, bevor die internationale Auslieferung an den Sporthandel beginnt. Das so aufgebaute Lager wird über den Kontokorrentkredit finanziert (siehe Kapitel 1, Abbildung 40). Kontokorrentkredite dienen der Finanzierung des Working Capital, sie sind nicht zur Finanzierung von Investitionen vorgesehen.

Der Kreditnehmer zahlt nur für die Ausnutzung, d.h. den von der Kreditlinie in Anspruch genommen Betrag, Zinsen. Dieser Zinssatz ist vergleichsweise hoch, dafür ist der Kontokorrentkredit bequem und von der Kredithöhe flexibel. *Der Kontokorrentkredit kann von seiner Funktion mit dem Überziehungsrahmen auf privaten Bankkonten verglichen werden.* Kontokorrentkredite haben in der Regel eine kurze Laufzeit, die jedoch üblicherweise revolvierend verlängert wird.

Investitionskredit. Im Gegensatz zum Kontokorrentkredit dienen Investitionskredite der Finanzierung langfristiger Vermögensgegenstände (Investitionen) und haben zumeist Darlehensform. Unter Darlehen werden Kredite verstanden, deren Aus- und Rückzahlung fix geplant ist. Nach Art der Rückzahlung wird unterschieden in:

- Annuitätendarlehen (auch Pauschalratendarlehen genannt)
- Kapitalratendarlehen (auch Tilgungsdarlehen genannt)
- endfällige Darlehen (auch Zinsdarlehen genannt)

Grundsätzlich besteht die Rückzahlung aus Rückführung des zur Verfügung gestellten Kapitals, dies wird als *Tilgung* bezeichnet, und den *Zinsen* für den jeweils ausstehenden Kreditbetrag. Bei Annuitätendarlehen wird über die gesamte Laufzeit ein gleich hoher Gesamtbetrag (Annuität) aus Tilgung und Zinsen zurückgezahlt. Bei Annahme konstanter Zinssätze wird die Höhe der Rückzahlungsbeträge mit Hilfe der Annuitätenformel berechnet. Entsprechend der gleichen Rückzahlungsbeträge und der zu Beginn infolge des höheren noch ausstehenden Kreditbetrags ergeben sich anfangs höhere Zinszahlungen und geringere Tilgungszahlungen. Bei der Kapitalratentilgung wird hingegen immer der gleiche Betrag getilgt und zusätzlich werden die Zinsen auf die jeweilig noch ausstehende Kredithöhe gezahlt, d.h. die Rückzahlungsbeträge nehmen mit fortschreitender Dauer der Rückzahlung ab. Bei endfälligen Krediten zahlt der Kreditnehmer während der Laufzeit nur die Zinsen und tilgt die gesamte Kredithöhe am Ende der Laufzeit. Das nachfolgende Beispiel zeigt die Tilgungspläne für alle drei Darlehensformen.

Beispiel: Tilgungspläne

Ein Unternehmen benötigt einen Investitionskredit in Höhe von € 1.000.000. Die Laufzeit beträgt fünf Jahre, der Zinssatz ist fix mit 7 % pro Jahr. Die Rückzahlung erfolgt jeweils am Jahresende. Wie sehen die Tilgungspläne für ein Annuitätendarlehen, ein Kapitalratendarlehen und ein endfälliges Darlehen aus?

Annuitätendarlehen

$$K_0 = \frac{A}{q^n} \times \frac{q^n - 1}{q - 1} \rightarrow A = K_0 \times \frac{(q - 1) \times q^n}{q^n - 1}$$

$$A = 1.000.000 \times \frac{(1{,}07 - 1) \times 1{,}07^5}{1{,}07^5 - 1} = 243.890{,}69$$

Periode	Kredit Anfang	Zinsen	Tilgung	Zahlung	Kredit Ende
0					1.000.000
1	1.000.000	−70.000	−173.891	−243.891	826.109
2	826.109	−57.828	−186.063	−243.891	640.046
3	640.046	−44.803	−199.087	−243.891	440.959
4	440.959	−30.867	−213.024	−243.891	227.935
5	227.935	−15.955	−227.935	−243.891	0
Gesamt		−219.453	−1.000.000	−1.219.453	

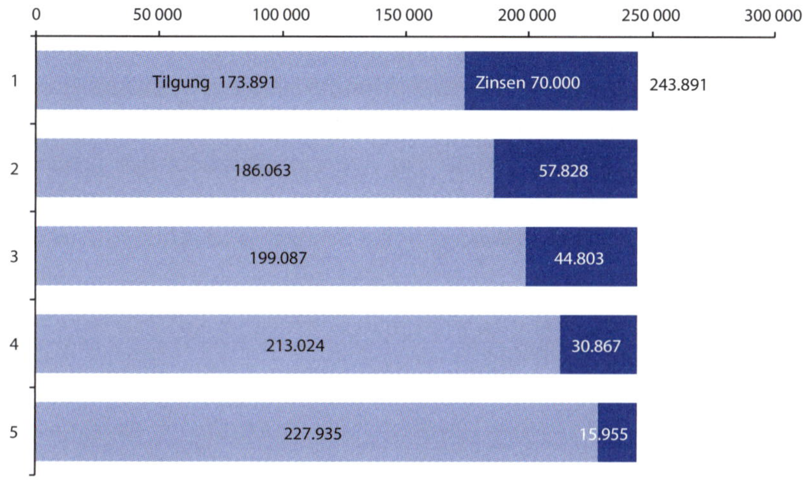

Abbildung 160: Tilgungsplan Annuitätendarlehen

Kapitalratendarlehen

Periode	Kredit Anfang	Zinsen	Tilgung	Zahlung	Kredit Ende
0					1.000.000
1	1.000.000	–70.000	–200.000	–270.000	800.000
2	800.000	–56.000	–200.000	–256.000	600.000
3	600.000	–42.000	–200.000	–242.000	400.000
4	400.000	–28.000	–200.000	–228.000	200.000
5	200.000	–14.000	–200.000	–214.000	0
Gesamt		–210.000	–1.000.000	–1.210.000	

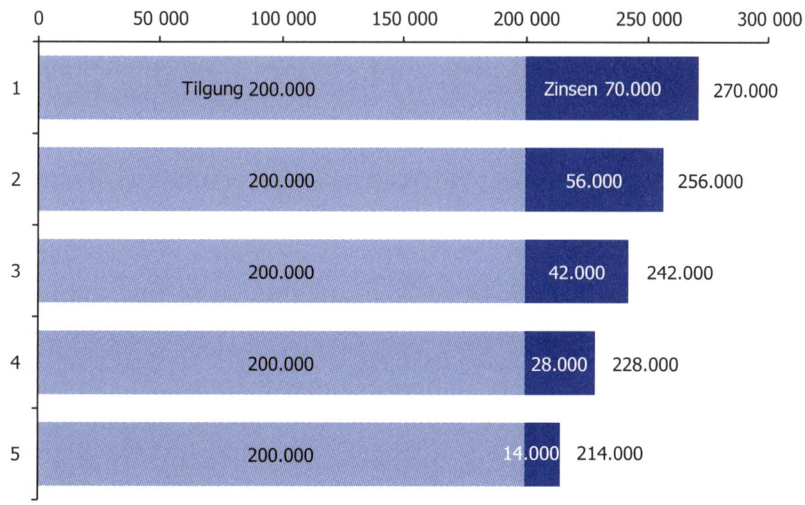

Abbildung 161: Tilgungsplan Kapitalratendarlehen

Im Vergleich der drei Formen zeigt sich, dass beim gleichen Effektivzinssatz von 7 % unterschiedlich hohe Zinszahlungen zu leisten sind. Dies ist eine Folge der unterschiedlichen Tilgung. Beim Kapitalratendarlehen werden im Vergleich zum Annuitätendarlehen anfangs höhere Beträge zurückgezahlt. Als Folge der früheren Rückzahlung sind bei gleichem Zinssatz in absoluter Höhe geringere Zinsen zu zahlen. Beim endfälligen Darlehen wird der gesamte Kreditbetrag vom Kreditnehmer bis zum Ende beansprucht. Daher sind auch die mit Abstand höchsten Zinszahlungen zu leisten. Die Tilgung ist hingegen bei allen drei Darlehensformen ident. Es wird jeweils der ursprünglich aufgenommene Betrag in Höhe von € 1 Mio. zurückgezahlt.

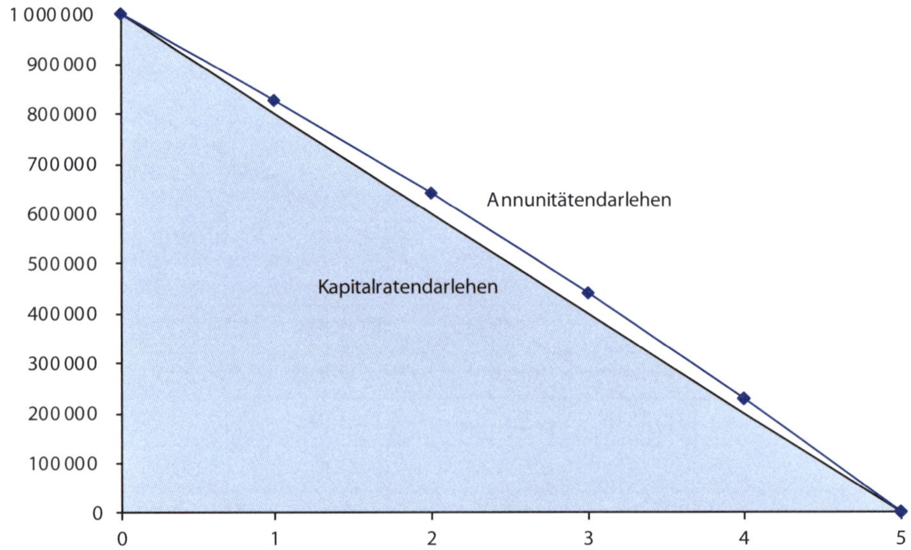

Abbildung 162: Vergleich Tilgungsplan Kapitalraten- und Annuitätendarlehen

Die Laufzeit von Investitionskrediten ist üblicherweise fristenkongruent an die Nutzung des Anschaffungsobjektes angepasst. Die Laufzeiten können dabei auch über zehn Jahre betragen. Entsprechend der Langfristigkeit von Investitionskrediten ist der Zinssatz zumeist variabel, d.h. der Zinssatz wird über die Laufzeit an die Marktbedingungen angepasst. Üblicherweise wird entsprechend der Bonität des Kreditnehmers ein Zinsaufschlag (z.B. 0,75 %) auf einen Referenzzinssatz, wie z.B. den EURIBOR (European Interbank Offered Rate), vereinbart. Das Zinsrisiko liegt damit beim Kreditnehmer. Die Rückzahlung erfolgt üblicherweise quartalsweise.

Bei der Zinsberechnung wird zwischen *dekursiver* und *antizipativer* Verzinsung unterschieden. Dekursiv bedeutet die Verzinsung im Nachhinein, d.h. am Ende der jeweils vereinbarten Zinsperiode. Antizipativ hingegen bedeutet Verzinsung im Vorhinein, d.h. am Beginn der jeweils vereinbarten Verzinsungsperiode.

Garantiekredite. Anders als bei Barkrediten erfolgt bei *Garantiekrediten* (auch *Avalkredite* bezeichnet)[25] nicht die unmittelbare Kapitalbereitstellung. Vielmehr verpflichtet sich die Bank zur Erbringung einer bestimmten Leistung (Zahlung) unter bestimmten Bedingungen. In der Praxis wird ein Rahmen zur Ausstellung von laufenden Garantien (z.B. Haftungserklärungen) eingeräumt.

Innerhalb des gewährten Rahmens übernimmt die Bank im Auftrag des Kunden gegenüber Dritten eine Haftung und verpflichtet sich, im Falle einer Inanspruchnahme der Garantie, die Haftungssumme ohne Prüfung des zugrunde liegenden Rechtsverhältnisses innerhalb der vereinbarten Frist an den Garantiebegünstigten zu leisten. Bei der Abfassung der Haftungserklärung ist daher Art und Gegenstand der Haftung genau zu spezifizieren. Es werden folgende grundsätzliche Arten unterschieden:

1. *Leistungshaftungen*: Die Bank übernimmt die Haftung in Zusammenhang mit zu erbringenden Leistungen (z.B. Gewährleistungsgarantie, Haftrücklassgarantie)
2. *Zahlungshaftungen*: Die Bank haftet für zu erbringende Zahlungen (z.B. Kaufpreisgarantie, Darlehensbesicherungsgarantie, Zollgarantie)
3. *Sonstige Garantien*: Anzahlungsgarantie, Bietungsgarantie etc.

Bei Avalkrediten erfolgt keine Zinszahlung für die Kapitalübertragung (die evtl. nicht erfolgt), sondern eine Provision für Risikoübernahme. Die Kosten betragen zwischen 0,5 % und 2 % p.a. Avalprovision.

Fremdwährungskredite. Lange Zeit waren in Österreich Fremdwährungskredite, insbesondere Yen- und Frankenkredite, sehr beliebt. Die primäre Motivation, sich durch Fremdwährungskredite zu finanzieren, liegt in einem Zinsvorteil, der aus dem niedrigeren Zinsniveau des Fremdwährungslandes resultiert. So waren Yen- bzw. Schweizer-Franken-Kredite über einen langen Zeitraum mehr als zwei Prozent günstiger als Euro-Kredite.

25 Auf die Unterscheidung zwischen Bürgschaft und Garantie wird im Sinne der Verständlichkeit verzichtet.

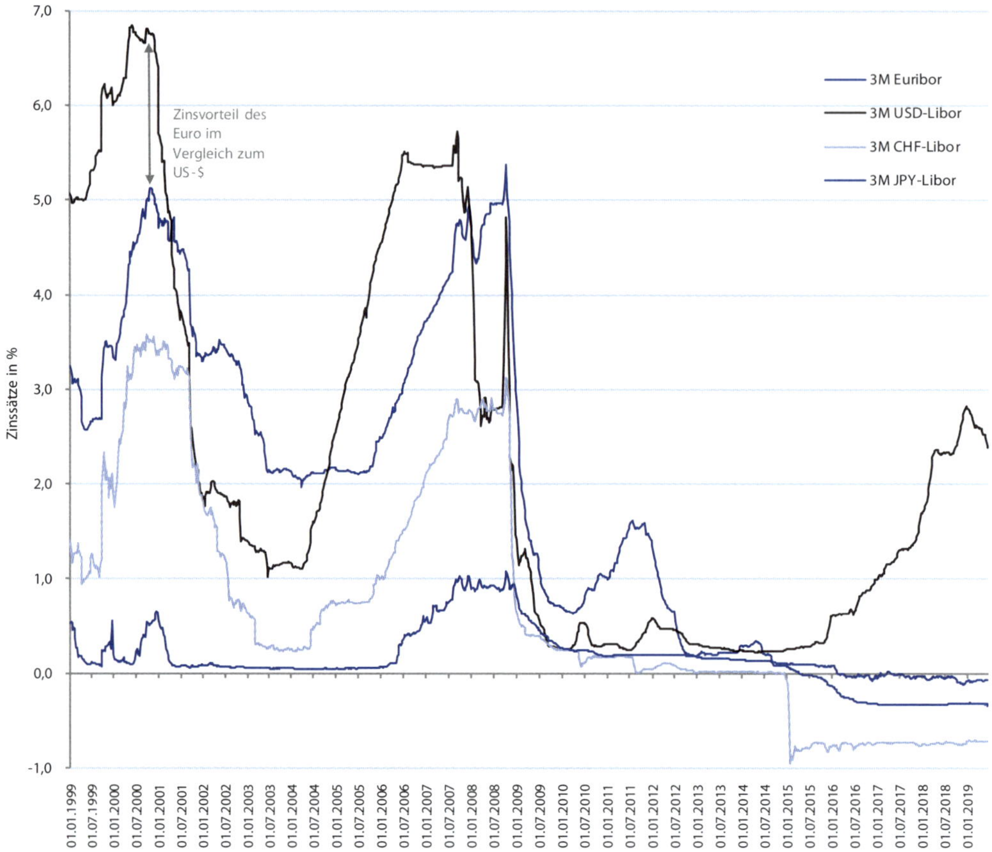

Abbildung 163: Zinsentwicklung am Beispiel des Drei-Monats-IBOR/EURIBOR (Quelle: Bloomberg)

Die Funktionsweise von Fremdwährungskrediten kann vereinfacht (ohne Berücksichtigung der in der Praxis verwendeten Tilgungsträger) wie folgt beschrieben werden:

1. Das benötigte Kapital wird in der Fremdwährung zu den Konditionen des Fremdwährungslandes aufgenommen.
2. Das in Fremdwährung aufgenommene Kapital wird unmittelbar in die Heimwährung zum aktuellen Stichtagskurs umgetauscht.
3. Das nun in Heimwährung zur Verfügung stehende Kapital wird betrieblich investiert.
4. Entsprechend dem Tilgungsplan werden die in Heimwährung erwirtschafteten Mittel zur laufenden Bedienung der Zinsen und zur Rückführung des Kreditbetrags zu den jeweiligen Stichtagen in die Fremdwährung rückgewechselt und ausbezahlt.

Dem Zinsvorteil von Fremdwährungskrediten steht ein Fremdwährungsrisiko gegenüber. Sinkt die Fremdwährung nach der Aufnahme des Kredits, so muss der Kreditnehmer weniger zurückzahlen als er aufgenommen hat. Wenn die Ersparnis aus der Differenz zwischen Ausleihungs- und Rückzahlungsbetrag größer ist als der Zinsaufwand, kann dies soweit gehen, dass Kreditnehmer sogar einen Nettogewinn erzielen. Auf der anderen Seite kann ein Anstieg der Fremdwährung dazu führen, dass trotz der laufenden Kredittilgung die Kreditschuld in der Heimwährung sogar höher ist als der ursprünglich aufgenommene Betrag.

Beispiel: Kursveränderung

Ein Unternehmen benötigt einen Investitionskredit in Höhe von € 100.000. Das Unternehmen entscheidet sich für einen Yen-Kredit. Die Laufzeit beträgt zehn Jahre. Der Kredit wird in Form von jährlichen Kapitalraten (gleiche Tilgungsbeträge) jeweils am Jahresende zurückbezahlt. Der Zinssatz wird für das erste Jahr mit 2 % garantiert. Zum Zeitpunkt der Aufnahme bekommt man für einen Euro exakt 120 japanische Yen.

Wie sieht die Rückzahlung aus, wenn der Wechselkurs unverändert bleibt bzw. wenn der Yen auf 1:100 steigt (man bekommt nur mehr 100 Yen für einen Euro)? Wie hoch ist im zweiten Fall der Kursverlust?

		bei unverändertem Kurs			bei Kursänderung		
		€	Kurs	Yen	€	Kurs	Yen
t_0	Kreditschuld am Anfang	100.000	120	12.000.000	100.000	120	12.000.000
t_1	Zinsen (2 %)	2.000	120	240.000	2.400	100	240.000
	Tilgung	10.000		1.200.000	12.000		1.200.000
	Kreditschuld am Ende	90.000		10.800.000	108.000		10.800.000

Für den benötigten Betrag von € 100.000 ist es bei einem Wechselkurs von 1:120 notwendig, Yen 12 Mio. aufzunehmen. Am Ende des ersten Jahres sind entsprechende Zahlungen für Zinsen und Tilgung fällig. Für den ausgeliehenen Betrag von Yen 12 Mio. sind bei einem Zinssatz von 2 % Zinsen in Höhe von Yen 240.000 zu entrichten. Dies ergibt bei einem Kurs von 1:120 Zinszahlungen von € 2.000 (240.000/120). In gleicher Weise wird die Tilgung (immer ausgehend von der in Fremdwährung eingegangenen Schuld) bestimmt. Um die Kapitalrate (ein Zehntel des ausgeliehenen Betrags), Yen 1,2 Mio., tilgen zu können, sind € 10.000 notwendig. Der verbleibende Kreditbetrag von Yen 10,8 Mio. entspricht am Stichtag einer Restschuld von € 90.000. Sofern sich der Wechselkurs nicht verändert, könnte auch rein in Euro gerechnet werden: Die Zinsen ergeben sich aus 2 % auf € 100.000, die Tilgung aus 100.000 dividiert durch die Laufzeit und die Restschuld aus dem ursprünglich aufgenommen Kredit von € 100.000 abzüglich der ersten Tilgung.

Ändert sich nun hingegen der Wechselkurs – in diesem Fall ein deutlicher Anstieg des Yen – zeigt sich, dass sich in der Fremdwährung keine Änderung ergibt. Es werden nach wie vor Yen 240.000 an Zinsen und Yen 1,2 Mio. an Tilgung entrichtet. Auch die Restschuld von Yen 10,8 Mio. bleibt unverändert. Um diese Zahlungen in Yen tätigen zu können, sind jedoch höhere Beträge in Euro nötig. So unerfreulich die Erhöhung der laufenden Zahlungen auch ist, die wirklich dramatische Konsequenz der Kursänderung ergibt sich durch die gestiegene

Restschuld. Obwohl von den ursprünglich erhaltenen € 100.000 bereits € 12.000 zurückgezahlt wurden, ist die Restschuld auf € 108.000 angestiegen.

Der Kursverlust ergibt sich unabhängig möglicher Bilanzierungsvorschriften rechnerisch wie folgt:

		€
	Kredithöhe am Anfang	100.000
–	Tilgung in €	12.000
=	**Soll-Kredithöhe am Ende**	**88.000**
–	Tatsächlicher Kredithöhe am Ende	108.000
=	**Kursverlust**	**20.000**

Die Wahl des günstigsten Fremdwährungskredits ist damit sowohl vom Zinssatz als auch von der Entwicklung der Wechselkurse abhängig, wobei auch laufende Umschuldungen in andere Währungen entsprechend der Zins- und Wechselkursentwicklungen ein wesentliches Element zur Risikosteuerung von Fremdwährungskrediten sind.

Abbildung 164 zeigt die Entwicklung der Wechselkurse des Euro, des Schweizer Franken, des US-Dollar und des Japanischen Yen und die damit verbunden Risiken und Chancen. Wer beispielsweise im Oktober 2000 beim Tiefstkurs des Euro gegenüber dem US-Dollar von 0,825 einen Fremdwährungskredit aufgenommen und diesem beim Höchststand im April 2008 von 1,599 getilgt hat, musste nur 51,5 % des ursprünglichen Kreditbetrages zurückzahlen, wodurch sich der Kredit in eine Wertanlage mit Rendite umgewandelt hat.

Abbildung 164: Wechselkursentwicklung Euro, Schweizer Franken (CHF), US-Dollar (USD), Japanische Yen (JPY) (Quelle: Bloomberg)

4.6. Handelskredite

4.6.1. Kundenanzahlungen

Kundenanzahlungen. Der Besteller einer Ware (Kunde) leistet im Voraus, also noch vor Lieferung teilweise oder vollständige Zahlung und finanziert somit den Verkäufer. Anzahlungen kommen vor allem im Projektgeschäft (Beratung, SW-Entwicklung, etc.) und in der Auftragsfertigung (Anlagenbau, Baubranche) vor und schützen dort auch den Verkäufer gegen das Risiko der Annahmeverweigerung durch den Besteller. Vor allem im Exportbereich werden Anzahlungen oft nur gegen eine Bankgarantie – Absicherung für den Käufer – gegeben. Typische Zahlungsmuster sind

- 50 % Anzahlung bei Projektbeginn und 50 % bei Projektabschluss
- Ein Drittel Anzahlung, ein Drittel zur Projektmitte, ein Drittel zu Projektende
- X Prozent Anzahlung, Y Prozent jeweils bei Erreichung eines Meilensteins und der Rest bei Projektabschluss.

4.6.2. Lieferantenkredite

Unter Lieferantenkrediten sind keine Barkredite zu verstehen. Sie entstehen vielmehr dadurch, dass ein Unternehmen Zahlungsziele, die ihm seine Lieferanten gewähren, in Anspruch nimmt, also für bezogene Waren und Dienstleistungen nicht sofort bei Lieferung Zahlung leistet, sondern entsprechend später. Der Lieferant „gewährt" damit seinem Kunden einen „Kredit". In Deutschland und Österreich sind Zahlungsziele von 30 Tagen weit verbreitet, wobei es häufig auch eine Frage der Machtverhältnisse zwischen Kunden und Lieferanten ist. Mächtige, verhandlungsstarke Unternehmen finanzieren sich so zu Lasten ihrer Lieferanten. So zahlen z.B. große Konzerne oft erst nach 120 Tagen. Die Zahlungsziele differieren jedoch auch zwischen den Ländern erheblich. Abbildung 165 gibt einen Überblick über die unterschiedlichen Zahlungsziele. So beträgt beispielsweise das durchschnittliche Zahlungsziel in Italien 86 Tage. Italien zählt damit zu den Ländern mit den längsten Zahlungszielen. Umgekehrt gehören die direkten Nachbarländer Österreich und die Schweiz weltweit zu den Ländern mit den kürzesten Zahlungszielen.

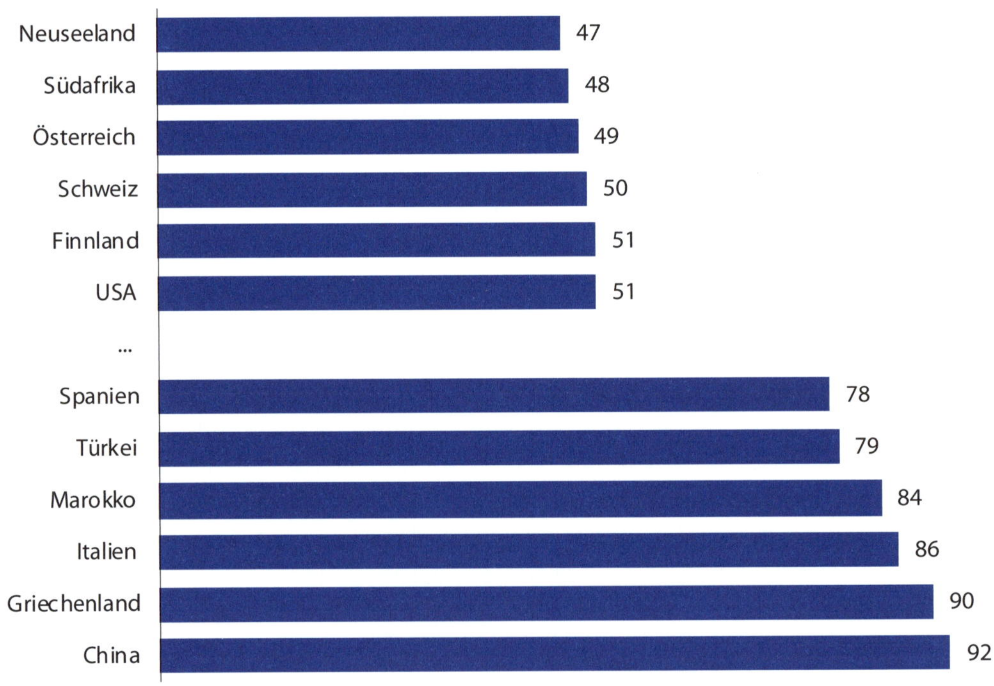

Abbildung 165: Zahlungsziele 2018 in Tagen (Quelle: Acredia/Euler Hermes, in: Relevant 2/2019, OeKB)

Die EU hat 2011 die „Zahlungsverzugsrichtlinie" zur Bekämpfung von Zahlungsverzug im Geschäftsverkehr beschlossen, um vor allem KMU-Unternehmen vor Zahlungsverzug zu schützen. Die Richtlinie empfiehlt Zahlungsfristen für Unternehmen von maximal 60 Tagen und für Behörden von 30 Tagen.

In der Praxis wird dem Kunden häufig mittels Skonto ein Anreiz gegeben, die Rechnung früher zu begleichen. Dabei scheint in der Faktura des Lieferanten ein Skontobetrag auf, den der Kunde in Abzug bringen kann, sofern er die Zahlung innerhalb der angeführten Skontofrist leistet. Typische Skontobedingungen sehen die Nettozahlung innerhalb von 30 Tagen bzw. den Abzug von 2 % Skonto bei Bezahlung innerhalb von acht Tagen vor.

Lieferantenkredite sind für die Kunden mehr oder weniger zinsfrei.[26] Wird hingegen vom Lieferanten ein Skonto eingeräumt, den der Kunde nicht ausnutzt, ergeben sich die Kreditkosten für den Abnehmer aus dem entgangenen Skontoabzug. Umgekehrt entstehen beim Lieferanten Kosten in gleicher Höhe, falls der Kunde den Skonto ausnützt. Die Kosten des Skontos können mit nachstehender Faustformel überschlagsmäßig berechnet werden:

$$\text{Jahreszinssatz} = \frac{\text{Skontosatz in \%} \times 360}{\text{Zahlungsziel} - \text{Skontofrist}} \qquad \textbf{\textit{(Formel 4.36)}}$$

Mit Hilfe der Faustformel wird der Skontosatz auf einen Jahreszinssatz umgerechnet. Dabei wird die Skontoersparnis, die der Kunde erhält, weil er anstatt zum Zahlungsziel schon zur Skontofrist zahlt, d.h. um (Zahlungsziel – Skontofrist) Tage früher zahlt, linear auf das Jahr hochgerechnet.

Es erweist sich der Lieferantenkredit vom Standpunkt der Zinskosten in der Regel als sehr teure Finanzierung. Bankkredite sind in der Regel wesentlich billiger als Lieferantenkredite. So ergibt sich bei den Konditionen von *„30-Tage-Ziel oder sofort mit 2 % Skonto bei Zahlung innerhalb von 10 Tagen“* ein Jahreszinssatz von 36 % (2 × 360/[30-10]).

Betriebsmittelkredite der Banken bewegen sich je nach Geldmarktsituation und Bonität zwischen 1 % und 10 % Sollzinsen p.a. Trotzdem werden *Lieferantenkredite* gerne und häufig in Anspruch genommen, weil dies – im Gegensatz zu Bankkrediten – *ohne größere Formalitäten* und *ohne Stellung spezieller Sicherheiten* geschehen kann (Eigentumsvorbehalt an der gelieferten Ware genügt). Für die Lieferanten stellt die Zielgewährung, d.h. die Finanzierung seiner Abnehmer, eine absatzpolitische Maßnahme im Bereich der Konditionenpolitik dar.

Eigentumsvorbehalt. Der Eigentumsvorbehalt ist die im Zusammenhang mit einem Kaufvertrag getroffene Vereinbarung, dass das Eigentum an der übergebenen Sache auf den Käufer erst nach Bezahlung des ganzen Kaufpreises übergeht und dass der Verkäufer das Recht hat, die Rückgabe der verkauften Sache zu verlangen, wenn der Kaufpreis nicht vereinbarungsgemäß entrichtet wird.

Der Käufer erlangt somit *aufschiebend bedingtes Eigentum* und die Möglichkeit, den Kaufgegenstand zu nutzen, während das Eigentum des Verkäufers mit der

26 Inwieweit die Finanzierungskosten, die dem Lieferanten durch das Zahlungsziel entstehen, in den Verkaufspreisen eingerechnet sind, ist eine intensiv diskutierte Thematik.

auflösenden Bedingung der rechtzeitigen und vollständigen Kaufpreiszahlung aufrecht bleibt. Der *Käufer hat also zwar das Recht, das Investitionsgut zu nutzen, aber noch kein dingliches Eigentumsrecht.* Er hat aber die Möglichkeit, dieses Recht durch *Bezahlung des vollständigen Kaufpreises* an den Verkäufer zu erlangen.

4.7. Sonstige Finanzierungsformen

Leasing. Leasing ist eine inzwischen weit verbreitete Finanzierungsform, welche eine Kombination aus Miete und Eigentum (Mietkauf) darstellt und die Vorteile beider vereinen soll. Der Leasingnehmer erwirbt dabei die Investitionsobjekte nicht, sie werden ihm vielmehr zur Nutzung überlassen. Anstatt dass das Investitionsobjekt z.B. durch die Aufnahme eines Kredits gekauft wird, wird es „gemietet“, wofür entsprechende Leasingraten zu entrichten sind. Dem Unternehmen wird nicht leihweise Geld zum Kauf des Investitionsobjekts überlassen, sondern gleich direkt das Investitionsobjekt selbst. Leasing wird daher auch als Kreditsubstitut bezeichnet.

In der Praxis gibt es eine breite Palette an Leasingangeboten, die sich in vieler Hinsicht unterscheiden. In Hinblick auf Bilanzierung ist vor allem die Unterscheidung zwischen Operating Leasing und Financial Leasing wesentlich. Der Hauptunterschied liegt in der vertraglichen Regulierung des Kündigungsrechts sowie in der Verteilung der mit dem Leasingobjekt verbundenen Risiken zwischen Leasinggeber und Leasingnehmer.

Operating Leasing. Operating Leasing ist mietähnlich und wird auch als unechtes Leasing bezeichnet (anstatt der Investition wird gemietet). Dabei kauft der Leasinggeber das Leasingobjekt und überlässt es seinen Kunden für einen in Relation zur Gesamtnutzungsdauer kurzen Zeitraum zur Nutzung. Das Risiko, dass sich die Anschaffung nicht amortisiert, trägt der Leasinggeber. Spezielle Baufahrzeuge oder Baugeräte, die projektbezogen benötigt werden, sind typische Beispiele.

Financial Leasing. Im Gegensatz zum mietähnlichen Operating Leasing steht beim Financial Leasing der Finanzierungsaspekt im Vordergrund. Unternehmen wägen nicht zwischen Miete und Investition, sondern zwischen den Vor- und Nachteilen verschiedener Finanzierungsformen, z.B. Kredit vs. Leasing für die Investition ab. Financial Leasing bedeutet in der Regel die langfristige Nutzungsüberlassung an einen einzigen oder sehr wenige Leasingnehmer, der bzw. die die weitgehende Amortisation sichern.

Die Unterscheidung zwischen Operating und Financial Leasing wird vor allem durch Gestaltung des Leasingvertrags bestimmt und hat gravierende Auswirkungen auf die handels- bzw. steuerrechtliche Zurechnung des Leasingobjekts auf den Leasinggeber bzw. Leasingnehmer. Beim Operating Leasing wurde das

Leasingobjekt bis vor Inkrafttreten von IFRS 16 vermögensseitig beim Leasinggeber bilanziert, während beim Financial Leasing das Leasingobjekt beim Leasingnehmer bilanziert wurde. Dies hatte entsprechende Auswirkungen auf die Bilanzsumme und daraus abgeleitete Kennzahlen. Der Liquiditätseffekt ist aber bei beiden Formen gegeben.

Für Unternehmen wie private Personen stellt sich häufig die Frage, ob das Investitionsobjekt auf Kredit gekauft oder geleast werden soll. Diese Entscheidung kann nicht pauschal beatwortet werden, sondern ist von den Rahmenbedingungen der Einzelentscheidung abhängig. Dennoch können die Vor- und Nachteile des Leasing im Vergleich zur Kreditfinanzierung wie folgt zusammengefasst werden:

Kriterium	Vorteil bei		Anmerkung
Förderungen	Kredit		Bei Leasing teilweise ausgeschlossen
Kündigung	Kredit		Auflösung des Leasingvertrags meist problematisch
Flexible Tilgung	Kredit		Beim Leasing kaum möglich
Lange Laufzeit	Kredit		Leasing mit Nutzungsdauer beschränkt
Liquiditätsbedarf		Leasing	Beansprucht bis auf Anzahlung keine Kreditlinien
Rating		Leasing	Höhere EK-Quote (Operate Leasing bilanzverkürzend)
Steuer		Leasing	Schneller Abschreibung möglich (Steueraufschub)
Zinskonditionen			Geringe Unterschiede

Factoring. Unter Factoring versteht man den Verkauf von Forderungen aus Lieferungen und Leistungen vor der Fälligkeit an ein Spezialinstitut (den Factor). Neben dem Inhouse- oder Finanzierungs-Factoring gibt es das Full Service Factoring. Dabei übernimmt der Factor zusätzlich bestimmte Dienstleistungen wie die Führung der Debitorenbuchhaltung oder die Abwicklung des Mahnwesens und der Fakturierung. Unternehmen müssen damit nicht bis zur Bezahlung der Kunden warten. Durch die Abtretung der Forderungen wird ihnen der Großteil der ausstehenden Geldbeträge vom Factoringanbieter unmittelbar überwiesen. Der Factor übernimmt damit auch in gewissem Maße das Ausfallsrisiko. In der Regel werden dem abtretenden Unternehmen nach ein bis zwei Tagen 80 bis 90 % des Forderungsbetrags erstattet. Der Restbetrag wird durch den Factor bis zur Bezahlung der Forderung durch den Kunden einbehalten. Mit dem Zahlungseingang überweist der Factor den offenen Restbetrag an das abtretende Unternehmen abzüglich einer Factoringgebühr.

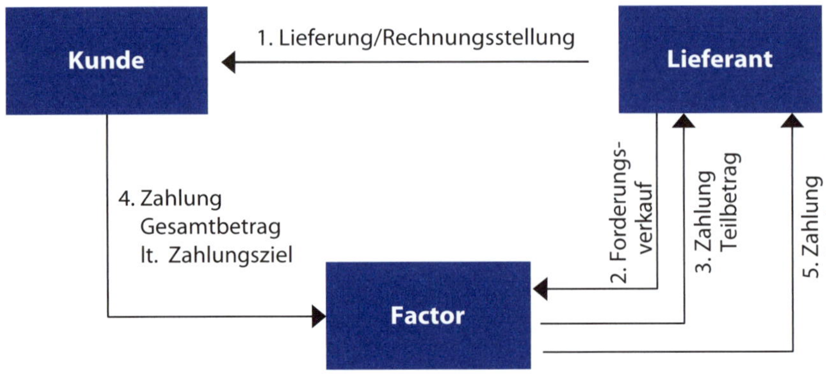

Abbildung 166: Geschäftsablauf mittels Factoring

Factoring ist eine alte Form der Unternehmensfinanzierung welche im deutschsprachigen Raum jedoch erst in den letzten Jahren vermehrt genutzt wird. 2017 betrug das Factoringvolumen in Österreich € 21 Mrd., in Deutschland € 232 Mrd. Factoring gehört damit zu den wachsenden Finanzierungsformen. Da die Factoringinstitute wie z.B. GE-Capital beim Full Service Factoring die Forderungen auf eigene Rechnung „eintreiben“, fürchten nach wie vor viele Unternehmen eine negative Auswirkung auf die Geschäftsbeziehung mit den Kunden. Deshalb ist das Inhouse Factoring mit mehr als 70 % dominierend. Die Kosten für das Factoring bewegen sich je nach Umsatzvolumen zwischen 1,0 % und 4 % für Full Service Factoring (inkl. Debitorenbuchhaltung, Mahnwesen, etc.) und 0,1 % und 0,2 % für reines Finanzierungs Factoring. Zusätzlich fallen die Zinskosten für den Zeitraum zwischen dem Verkauf der Forderung und dem Zahlungseingang beim Factor an. Factoring bietet vielfältige Vorteile:

- Rascherer Zahlungseingang, wodurch die Inanspruchnahme des Betriebsmittelkredits und damit die Abhängigkeit von Banken sinken
- Die garantierte Bezahlung durch den Factor erleichtert sich die Finanzplanung
- Factoring verkürzt die Bilanz, wodurch sich rating-relevante Kennzahlen verbessern
- Möglicherweise bessere Kreditkonditionen
- Sofern der Factor wirklich alle Forderungen kauft, können durch ein Full Service Factoring Fixkosten im Rechnungswesen abgebaut werden
- Professionelleres Mahnwesen und Inkasso

Die Kosten-Nutzen-Betrachtung hängt von der individuellen Situation des Unternehmens ab. Den Einsparungen im Rechnungswesen und den reduzierten Zinsen infolge einer geringeren Ausnutzung des Betriebsmittelkredits steht die Factoring-Gebühr des Factors gegenüber.

Forfaitierung. Forfaitierung ist vom Grundprinzip mit dem Factoring vergleichbar, da es sich ebenfalls um den Verkauf von Forderungen handelt. In der Praxis unterscheidet sich die Forfaitierung vom Factoring insbesondere dadurch, dass sie vorwiegend hohe, mittel- bis langfristige Einzelforderungen im Exportgeschäft zum Gegenstand hat und sich auch in der Risikoübernahme unterscheidet.

Zessionen. Unter Zession versteht man die Abtretung von Forderungen und Rechten von einem übertragenden Gläubiger (Zedent) auf einen empfangenden Gläubiger (Zessionar). In der Praxis des Kreditgeschäftes kommt in erster Linie der Abtretung existenter Buchforderungen besondere Bedeutung zu.

Bei der *Sicherungszession* überträgt der Kreditnehmer seine Forderungen gegenüber einem Dritten an den Kreditgeber mit der im Innenverhältnis geltenden Nebenabrede, dass die abgetretene Forderung nur im Falle des Zahlungsverzuges eingezogen werden darf und zur Reduzierung der besicherten Kreditforderung zu verwenden ist. Im Außenverhältnis erwirbt der Zessionar auch bei der Sicherungszession volles Eigentum an der Forderung und hat Dritten gegenüber die uneingeschränkte Rechtsstellung des Gläubigers. Dabei unterscheidet man bezüglich der Offenlegung zwischen

- *offener Zession:* Verständigung des Drittschuldners, schriftliches Anerkenntnis des Drittschuldners Fakturenklausel (Forderung zediert an Bank, Zahlung mit schuldbefreiender Wirkung ausschließlich an Bank möglich)
- *stiller Zession:* keine Drittschuldnerverständigung, keine Fakturenklausel

und nach dem Umfang der Zession zwischen

- *Einzelzession:* betrifft einzelne, bestehende oder künftige (ausreichend bestimmbare) Forderungen
- *Rahmenzession:* bei dieser Art der Zession werden jene Bedingungen, die für eine zukünftig vorzunehmende Abtretung gemäß separatem Anbot gelten sollen, festgelegt
- *Generalzession*: dabei handelt es sich um einen Abtretungsvertrag, mit welchem der Kreditnehmer bestimmbare künftige Forderungen aus bestimmten Geschäften oder gegen bestimmte Drittschuldner abtritt; die Berechtigung des Kreditgebers besteht daher schon zum Zeitpunkt des Entstehens der Forderung, eine Verständigung des Drittschuldners kann auch schon vorher erfolgen.

Exportfinanzierungen. Unter dem Begriff Exportfinanzierung ist ein Sammelbegriff für zahlreiche Finanzierungs- und Risikoabsicherungsinstrumente im Rahmen internationaler Geschäfte zu verstehen. Die Forfaitierung ist beispielsweise eines dieser Instrumente. Deutschland und Österreich zählen zu den größten Exportnationen der Welt. Auch wenn ein Großteil dieser Exporte nach Europa ausgeführt wird, nehmen die Handelsbeziehungen mit Unternehmen in den Emerging Markets und die damit verbundenen Risiken rasant zu. Häufig gibt es nur eine geringe Kenntnis über die Vertrauenswürdigkeit des Handelspartners. Zudem sind deren Interessen meist gegenläufig. Österreichische und deutsche Exporteure möchten zur Absicherung des Währungsrisikos zumeist in eigener Währung fakturieren. Hingegen haben Importeure (vor allem in Emerging Markets) Schwierigkeiten, den Kaufpreis in „harter" Fremdwährung aufzubringen oder im eigenen Land eine Finanzierung mit adäquaten Kreditlaufzeiten zu erhalten. Die wirtschaftlichen und politischen Hauptrisiken für Exporteure können wie folgt zusammengefasst werden:

- Abnahmerisiko
- Bonitätsrisiko
- Wechselkursrisiko
- Konvertierungs-, Transferverbot
- Embargo
- Kriegerische Auseinandersetzung
- Enteignung
- Unterschiedliche Rechtssysteme
- Geringer Hebel, vertragliche Ansprüche im Exportland durchzusetzen (Inkasso etc.)

Zur Unterstützung von Exportunternehmen gibt es in Deutschland und Österreich zahlreiche Angebote zur Reduktion des Exportrisikos.

In Österreich gibt es spezielle Finanzierungsangebote zur Unterstützung der Exporttätigkeit österreichischer Betriebe wie den KRR (Kontrollbank-Refinanzierungsrahmen) oder den Exportfondsrahmenkredit.

Exportfondsrahmenkredit. Der Exportfonds der Oesterreichische Kontrollbank AG (OeKB) unterstützt seit seiner Gründung im Jahr 1950 österreichische Unternehmen durch Finanzierung ihrer Exporte. Er stellt österreichischen KMUs mit Exporttätigkeit zinsbegünstigte Finanzierungsmittel zur Verfügung. Finanziert werden Ausfuhrgeschäfte bzw. Markterschließungsvorhaben (Letztere nur außerhalb der EU) inländischer KMUs. Als KMU gelten Unternehmen, die

- weniger als 250 Personen (Vollzeit) beschäftigen und
- die entweder einen Jahresumsatz von höchstens EUR 50 Mio. oder eine
- Bilanzsumme von höchstens EUR 43 Mio. aufweisen und
- an denen ein Großunternehmen nicht oder mit weniger als 25 % beteiligt ist.

Der Kreditrahmen beträgt maximal 30 % des letztjährigen Exportumsatzes und wird auf revolvierender Basis gewährt. Eine kontinuierliche Ausnützung ist an das Vorliegen entsprechender Exportforderungen bzw. -aufträge gebunden. Die Finanzierung erfolgt auf Basis der Exportfonds-Zinssätze, die unter www.exportfonds.at abrufbar sind. Voraussetzungen für die Inanspruchnahme eines Exportfondsrahmenkredites sind

- Sitz des kreditnehmenden Unternehmens in Österreich
- kontinuierliche Exporttätigkeit
- Export von Produkten und Leistungen überwiegend inländischer Herkunft (bis max. 50 % Auslandsanteil werden toleriert)

KRR (Kontrollbank-Refinanzierungsrahmen). Analog zur Exportförderung der KMUs gibt es auch Finanzierungen für Großunternehmen. Die OeKB stellt österreichischen Großunternehmen zinsbegünstigte Finanzierungsmittel in der Form eines Rahmenkredites für ihre Exporttätigkeit zur Verfügung. Der Kreditrahmen kann bis zu 10 % des letztjährigen Exportumsatzes betragen und wird auf revolvierender Basis gewährt. Die kontinuierliche Ausnützung ist an das Vorliegen von Exportforderungen und -aufträgen gebunden.

Exportakkreditiv. Unter Akkreditiv versteht man die unwiderrufliche Bestätigung einer Bank, bei fristgerechter Vorlage vorher vereinbarter Dokumente, die den erfolgten Versand der Ware oder die erbrachte Dienstleistung ausweisen, den Begünstigten zu einem vereinbarten Termin einen bestimmten Betrag auszubezahlen. Akkreditive finden vor allem im internationalen (transkontinentalen) Handel Anwendung. Dabei kann zwischen Exportakkreditiv und Importakkreditiv unterschieden werden.

Die Verwendung von Akkreditiven ist zu empfehlen, wenn

- Verkäufer und Käufer noch keine Handelsbeziehung aufweisen
- die Kreditwürdigkeit des Käufers unbekannt ist
- es die wirtschaftlichen und politischen Verhältnisse im Land des Käufers ratsam erscheinen lassen
- die Zahlung durch Akkreditiv im Käuferland üblich ist (z.B. Südostasien)
- der Verkäufer die devisenrechtlichen Bestimmungen im Käuferland nicht kennt

Akkreditive haben folgenden Nutzen:

- Der Verkäufer ist *vor* Produktions- oder Lieferbeginn im Besitz eines unwiderruflichen Zahlungsversprechens durch die Bank.
- Bei Nichterfüllung der Akkreditivbedingungen kann der Käufer die Bezahlung ablehnen.

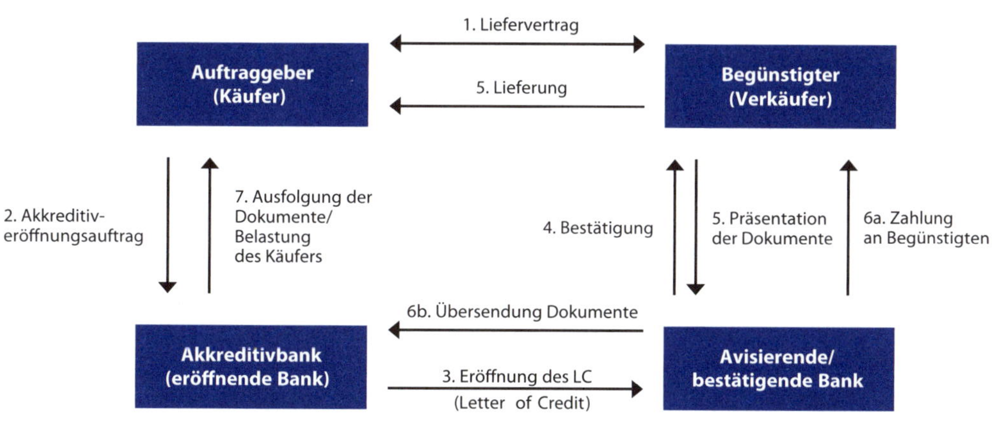

Abbildung 167: Geschäftsabwicklung mittels Akkreditiv

Geschäftsabwicklung mittels Akkreditiv:

1. Liefervertrag, in dem Zahlung durch Akkreditiv (LC) vereinbart wird.
2. Der Käufer gibt seiner Bank den Auftrag zur Eröffnung des Akkreditivs.
3. Die Akkreditivbank erstellt das Akkreditiv und sendet es an die Bank des Verkäufers mit dem Auftrag, das LC diesem zu avisieren.
4. Die avisierende/bestätigende Bank verständigt den Verkäufer entsprechend.
5. Der Begünstigte versendet die Ware und reicht die Dokumente bei der avisierenden/bestätigenden Bank mit der Bitte um Honorierung ein.

6a. Die avisierende/bestätigende Bank prüft die Dokumente und schreibt dem Verkäufer den Betrag gut. Gleichzeitig ruft sie den Gegenwert bei der Akkreditivbank ab.

6b. Die avisierende/bestätigende Bank übersendet die Dokumente an die Akkreditivbank.

7. Die Akkreditivbank prüft die Dokumente ebenfalls und übersendet sie an den Verkäufer unter gleichzeitiger Belastung des Kontos des Käufers.

Die Kosten für Akkreditive setzen sich im Wesentlichen wie folgt zusammen:

- Kosten der Akkreditivbank (eröffnende Bank):
  - Eröffnungsprovision (je nach Bonität des Auftraggebers): 1 ‰ vom Akkreditivbetrag pro angefangene 30 Tage L/C-Laufzeit, Dokumentenprüfung (= Auszahlungsprovision): 2,5 ‰ vom Dokumentenwert
- Kosten der avisierenden/bestätigenden Bank:
  - unverbindliche Avisierung: 1 ‰ vom Akkreditivbetrag pro angefangene 90 Tage L/C-Laufzeit
  - Avisierung mit Bestätigung: Höhe der Bestätigungsprovision richtet sich nach dem zu übernehmenden Länder- bzw. Bonitätsrisiko der eröffnenden Bank, mind. 1 ‰ vom Akkreditvbetrag für 30 Tage L/C-Laufzeit)
  - Dokumentenprüfung (= Auszahlungsprovision): 2,5 ‰ vom Dokumentenwert

Die Angebote der Exportfinanzierung in Deutschland sind mit jenen in Österreich vergleichbar. Explizit sei jedoch die staatliche Exportkreditversicherung erwähnt. In Deutschland ist diese einem Konsortium, bestehend aus der Hermes Kreditversicherungs-AG (Hermes) und PricewaterhouseCoopers Deutsche Revision AG (PwC), unter der Federführung von Hermes übertragen worden. Deshalb sind die Ausfuhrgewährleistungen als „Hermes-Deckung" bekannt. Während der Bund das Risiko trägt, übernehmen die Mandatare des Konsortiums die Abwicklung und Organisation der Hermes-Deckungen. Diese sind jedoch mit Betragsobergrenzen versehen und werden nur unter bestimmten Voraussetzungen übernommen.

4.8. Kontrollfragen

- Welche wesentlichen Finanzierungsformen kennen Sie und nach welchen Kriterien werden sie unterschieden?
- Welche Quellen des Eigenkapitals gibt es?
- Was sind die Hauptunterschiede zwischen Eigen- und Fremdkapital?
- Was versteht man unter dem WACC und wie wird er berechnet?
- Warum wird der WACC als Hurdle Rate bzw. Mindestkapitalrendite bezeichnet?
- Beschreiben Sie den Zusammenhang von Rendite und Risiko
- Wie kann die durchschnittliche Rendite für mehrere Perioden ex post berechnet werden?
- Für welche Anwendungsfälle sollte das arithmetische Mittel und für welche das geometrische Mittel verwendet werden?
- Wie wird das Risiko ex post errechnet?
- Wie werden Rendite und Risiko ex ante berechnet?
- Wie wird die Rendite eines Portfolios berechnet?
- Warum kann das Risiko eines Portfolios nicht aus den gewichteten Einzelrisiken berechnet werden?
- Was versteht man unter dem systematischen und unsystematischen Risiko?
- Erklären Sie die Effizienzkurve und Kapitalmarktlinie des Markovitz-Portfolios!
- Was versteht man unter dem CAPM-Verfahren und wie ist der Zusammenhang mit dem Markovitz-Portfolio?
- Was ist der Beta-Faktor, wie wird er berechnet und wofür wird er verwendet?
- Wovon hängen die Fremdkapitalkosten eines Unternehmens im Besonderen ab?
- Was versteht man unter dem Begriff Rating, welche Ratingarten gibt es?
- Warum wird der WACC nach Steuern berechnet?
- Wie hoch ist der durchschnittliche WACC in der Praxis?
- Welche Schwierigkeiten gibt es bei der Ermittlung des WACC in der Praxis?
- Ist Eigen- oder Fremdkapital günstiger?
- Welche wesentlichen Finanzierungsregeln kennen Sie?
- Was versteht man unter dem Leverage-Effekt?
- Welche Arten von Aktien gibt es?
- Wie wirkt sich die Emission von Aktien in der Bilanz aus?
- Was versteht man unter dem Bezugsrecht und wie wird der Wert des Bezugsrechts ermittelt?
- Wie kann der Wert eines Unternehmens bzw. der Wert einer Aktie berechnet werden?
- Warum ist die Berechnung des Aktienkurses aus dem bilanziellen Eigenkapital unlogisch?

- Was ist die Problematik bei der Berechnung des Aktienkurses durch die Diskontierung der zukünftigen Free Cashflows?
- Wie ist der Zusammenhang zwischen dem WACC als Diskontierungsfaktor zur Bestimmung des Unternehmenswerts und dem KGV?
- Was bedeutet ein hohes KGV einer Aktie?
- Was versteht man unter der Dividendenrendite?
- Was versteht man unter dem Total Shareholder Return und wie wird er berechnet?
- Wie unterscheiden sich Anleihen von Aktien?
- Wie berechnet man die Rendite einer Anleihe?
- Wie bestimmt man den rechnerischen Kurs einer Anleihe?
- Welche Risiken sind mit dem Investment in eine Anleihe verbunden?
- Wie wirkt sich die Änderung des Zinsniveaus auf Anleihen aus?
- Welche Kreditarten kennen Sie und worin unterscheiden sie sich?
- Welche Tilgungsarten kennen Sie bei Darlehen?
- Welches Risiko bringen Fremdwährungskredite mit sich?
- Welche Arten von Handelskrediten kennen Sie?
- Wie sollte sich ein Unternehmen in Bezug auf die Nutzung bzw. Gewährung von Skonti verhalten?
- Welche Vor- und Nachteile hat Leasing im Vergleich zum Kauf auf Kredit?
- Was versteht man unter Factoring, welche Arten gibt es und welche Vorteile hat es?
- Wie funktioniert ein Exportakkreditiv und wann wird er verwendet?

4.9. Tutorials

Schwierigkeitsgrad: ••

Beispiel T17: Risiko & Rendite – ex post

Aufgabenstellung

- Bestimmen Sie für drei Aktien und einen Aktienindex Ihrer Wahl das arithmetische und geometrische Mittel der Rendite und das Risiko in Form der Standardabweichung. Nehmen Sie dazu jeweils die Tagesschlusskurse für den letzten vollständigen Monat. Wäre heute z.B. der 5. Februar, dann wäre der erste Kurs Ihrer Rechnung der Schlusskurs vom 31.12. und der letzte Kurs der Schlusskurs vom 31.1. Tage, an denen nicht gehandelt wurde, können ebenso wie Dividendenzahlungen vernachlässigt werden.
- Vergleichen Sie die Aktien und den Index im Rendite/Risiko-Diagramm. Benutzen Sie dabei für die Rendite das arithmetische Mittel. Welche Anlage wäre die beste gewesen?

Lösungen

- Die geführte Lösung finden Sie auf der Lernplattform unter T17.

Beispiel T18: Aktien – Bestimmung β-Faktor

Schwierigkeitsgrad: •••

Aufgabenstellung

- Bestimmen Sie für eine Aktie Ihrer Wahl den β-Faktor in Relation zu dem von Ihnen gewählten Aktienindex. Nehmen Sie dazu jeweils die Tagesschlusskurse für den letzten vollständigen Monat. Wäre heute z.B. der 5. Februar, dann wäre der erste Kurs ihrer Rechnung der Schlusskurs vom 31.12. und der letzte Kurs der Schlusskurs vom 31.1. Tage, an denen nicht gehandelt wurde, können ebenso wie Dividenden vernachlässigt werden.

Lösungen

- Die geführte Lösung finden Sie auf der Lernplattform unter T18.

Beispiel T19: Anleihen – Call-Feature

Schwierigkeitsgrad: ••

Eine US-Handelskette möchte $ 500 Mio. durch die Emission einer Anleihe aufnehmen. Die Stückelung erfolgt auf einen Nennwert von $ 1.000, die Laufzeit beträgt fünf Jahre. Die aktuelle Rendite vergleichbarer risikoreicher Anleihen liegt bei 7 %. Die Handelskette überlegt zwischen der Emission eines Zero-Coupon Bonds und einer Kupon-Anleihe mit 3 % Nominalzinssatz, der jährlich jeweils am Jahresende bezahlt wird. Die Tilgung erfolgt bei beiden Anleihen zum Kurs von 100. Um sich gegen sinkende Zinsen zu schützen, ist die Kupon-Anleihe mit einem Call Feature ausgestattet. Dadurch könnte die Anleihe am Ende des dritten Jahres zu einem Preis von $ 940 vorzeitig getilgt werden.

Aufgabenstellung

- Wie hoch darf der Emissionskurs des Zero-Coupon Bonds sein, um der Marktrendite zu entsprechen?
- Wie hoch darf der Ausgabekurs der Kupon-Anleihe sein, um der Marktrendite zu entsprechen?
- Bestimmen Sie den rechnerischen Kurs der Kuponanleihe am Ende des zweiten Jahres, wenn der Marktzinssatz auf 5 % gesunken ist.
- Bestimmen Sie für einen Investor, der die Anleihe am Ende des zweiten Jahres bei 5 % Marktzinssatz kauft, den „Yield to Call", d.h. die Effektivverzinsung im Fall, dass das Call Feature ausgeübt wird.
- Ermitteln Sie das Endvermögen eines Investors, der die Kupon-Anleihe am Ende des zweiten Jahres kauft und bis zur Tilgung am Ende des fünften Jahres behält. Die erhaltenen Zinsen aus der Anleihe werden zu 4 % wiederveranlagt.
- Wie hoch ist in diesem Fall die Effektivverzinsung für den Investor?

Lösungen

- Emissionskurs Zero-Coupon Bond: 71,3 %
- Emissionskurs Kupon-Anleihe: 83,6 %
- Kurs am Ende des zweiten Jahres nach Zinssenkung: 94,55 %

- Effektivzinssatz Yield to Call: 2,59 %
- Die geführte Lösung finden Sie auf der Lernplattform unter T19.

Schwierigkeitsgrad: ••

Beispiel T20: Fremdwährungsdarlehen

Ein kommunales Großprojekt, das insgesamt € 90 Mio. kostete, wurde Ende Dezember des aktuellen Jahres auf 30 Jahre folgendermaßen finanziert:

- € 30 Mio. Subvention des Bundes
- Rest zu je 50 % durch die Aufnahme von Kapitalratendarlehen in € & CHF

Die Konditionen betrugen fix, ohne Kündigungsmöglichkeit, auf sechs Jahre beim Euro 5,5 % und beim Schweizer Franken 5,00 % jeweils p.a. dekursiv. Die Fremdwährungskurse haben sich wie folgt entwickelt (1 Euro entspricht × Fremdwährungseinheiten):

Kurse	CHF	US $
31.12. Jahr 1	1,4780	0,8903
31.12. Jahr 2	1,4495	1,0496
31.12. Jahr 3	1,5600	1,2586
31.12. Jahr 4	1,5465	1,3558
31.12. Jahr 5	1,5554	1,1840
31.12. Jahr 6	1,6085	1,3195
31.12. Jahr 7	1,6539	1,4588

Aufgabenstellung

- Zeigen Sie die Tilgungspäne für beide Darlehen.
- Wie hoch war der Effektivzinssatz des €- und des CHF-Darlehens (Gebühren können vernachlässigt werden)?
- Wie hoch war der Effektivzinssatz gesamt?
- Berechnen Sie außerdem die seinerzeit mögliche Alternativfinanzierung der € 60 Mio. in US-$ zu 4,4 %. Zeigen Sie den Tilgungsplan und berechnen Sie die Effektivverzinsung.
- Interpretieren Sie die Ergebnisse.

Lösungen

- Effektivzinssatz: Euro-Darlehen: 5,5 %, CHF-Darlehen: 3,43 %
- Effektivzinssatz: US-$-Darlehen: –5,72 % (= Ertrag)
- Die geführte Lösung finden Sie auf der Lernplattform unter T20.

Beispiel T21: Skonto

Schwierigkeitsgrad: ••

Der Inhaber eines Handelsunternehmens – das sich auf Mountain-Bikes spezialisiert hat – beabsichtigt, im Februar Waren im Wert von € 100.000 zu kaufen. Der Lieferant stellt folgende Zahlungsbedingungen:

- Zahlung innerhalb von 10 Tagen mit Abzug von 2 % Skonto oder
- Zahlung innerhalb von 30 Tagen netto ohne Abzug

Da entsprechend dem Saisonverlauf erst wieder im März (ein Monat nach Faktureneingang) Einnahmen aus dem Verkauf in Höhe von € 160.000 zu erwarten sind, verwirft der Unternehmer die Möglichkeit der Inanspruchnahme des Skontos. Er begründet dies damit, dass er ansonsten den Kontokorrentkredit zu folgenden Konditionen in Anspruch nehmen müsste:

- 8 % Zinsen p.a.
- Freie Linie Kontokorrent: € 50.000
- Zinsen bei Überziehung des Rahmens: 0,05 % je Tag

Sein Bankberater meint dazu, er sollte unbedingt den Skonto in Anspruch nehmen und dafür statt der Kontokorrentfinanzierung ein vorhandenes Sparbuch mit einer Einlage von € 150.000 und einer Verzinsung von 3 % p.a. (nach Abzug der KESt) heranziehen. Der Unternehmer meint, dass beide Finanzierungsvarianten zu teuer sind, und beschließt, im April mit den Einnahmen aus dem Verkauf die Lieferverbindlichkeit netto zu begleichen.

Aufgabenstellung

- War die Entscheidung des Unternehmers richtig?
- Wie hoch sind die Finanzierungskosten der drei Varianten? Die Zinsen sind tagesgenau mit dem äquivalenten Tageszinssatz zu berechnen!

Lösungen

- Kosten Lieferantenkredit (Nichtausnutzung Skonto): € 2.000
- Kosten Sparbuch: € 159
- Die geführte Lösung finden Sie auf der Lernplattform unter T21.

Beispiel T22: Leasing oder Kauf

Schwierigkeitsgrad: •••

Ein Unternehmen beabsichtigt, eine E-Procurement-Lösung anzuschaffen. Die laufende Prozesskostenersparnis wird auf € 200.000 pro Jahr geschätzt (zahlungswirksam am Jahresende). Der Anschaffungspreis beträgt € 800.000 bei einer Nutzungsdauer von fünf Jahren. Es wird davon ausgegangen, dass am Ende der Laufzeit keine Verkaufserlöse erzielt werden können.

Die Investition wird mittels Leasing zu folgenden Konditionen finanziert:

- Die jährliche Leasingrate beträgt während der dreijährigen Grundmietzeit € 250.000 (jeweils am Jahresanfang fällig).

- Die E-Procurement-Lösung wird am Ende der Grundmietzeit durch Ausübung einer Kaufoption im Wert von € 154.535 erworben.
- Die Kapitalkosten des Unternehmens betragen 8 %. Der Kalkulationszinssatz ist 12 % (es werden nur wertsteigernde Projekte akzeptiert).

Die Eröffnungs-, Schlussbilanz und G+V wären ohne Investition wie folgt (in Tsd €):

Bilanz	**EB**	**SB**
SAV	1.000	900
Vorräte	500	500
Ford. L&L	300	300
Liquide Mittel	1.000	1.400
Σ Aktiva	**2.800**	**3.100**
Nennkapital	2.800	2.800
Bilanzgewinn	0	300
Σ Passiva	**2.800**	**3.100**

G+V	**Ohne Invest**
Umsatz	2.000
Betrieblicher Aufwand	1.500
AfA	100
EBIT	**400**
Zinsaufwand	0
EBT	**400**
Steuern (25 %)	100
JÜF	**300**

Aufgabenstellung

- Berechnen Sie den Effektivzinssatz der Leasingfinanzierung. Wäre ein Kauf der E-Procurement-Lösung bei den vorhandenen Kapitalkosten günstiger?
- Berechnen Sie für die Leasing- und Kaufvariante den Kapitalwert der Investition vor Steuern (gegenüber dem bestehenden Zustand).
- Wie hoch ist der Interne Zinsfuß?
- Erstellen Sie G+V und Finanzplan des ersten Jahres für beide Finanzierungsvarianten (Kauf und Leasing). Beim Kauf soll die E-Procurement-Lösung unabhängig evtl. zur Anwendung kommender Rechnungslegungsstandards (z.B. IFRS 16) in der Bilanz des Unternehmens dargestellt werden.

- Berechnen Sie den ROCE für beide Finanzierungsvarianten (EBIT/[SAV + Vorräte + Ford. L&L – Verb. L&L] aus Schlussbilanz) und interpretieren Sie das Ergebnis im Vergleich zum ROCE ohne Investition.
- Berechnen Sie für die Leasing- und Kaufvariante den Kapitalwert der Investition nach Steuern (gegenüber dem bestehenden Zustand).
- Wie hoch ist der Interne Zinsfuß?

Lösungen

- Effektivzinssatz der Leasingfinanzierung: 10 %
- Interner Zinsfuß Leasingvariante: 6,3 %
- Jahresüberschuss Kaufvariante: 330
- ROCE Leasingvariante: 25,3 %
- Die geführte Lösung finden Sie auf der Lernplattform unter T22.

4.10. Übungsbeispiele und -aufgaben

Beispiel U92: Finanzierungsformen

Schwierigkeitsgrad: •

Ein Unternehmen hat folgende Bilanzstruktur: Es steht vor einer Investition in einen neuen Standort in Höhe von € 90 Mio. Das Unternehmen möchte die Investition innenfinanzieren.

Aktiva (€ Mio.)		Passiva (€ Mio.)	
IV	5	Nennkapital	200
SAV	335	Rücklagen	200
FAV	260	Gewinn/Verlust	50
Anlagevermögen	**600**	**Eigenkapital**	**450**
Vorräte	700	Rückstellungen	750
Halb- u. Fertigfabrikate	400	Erhaltene Anzahlungen	900
Forderungen	1.200	Bankverbindlichkeiten	150
Liquide Mittel	60	Verbindlichkeiten L&L	750
ARA	40	PAR	0
Σ Aktiva	**3.000**	**Σ Passiva**	**3.000**

Aufgabenstellung

- Wählen Sie eine Form der Innenfinanzierung, die aus Ihrer Sicht realistisch ist, und zeigen Sie die Bilanz nach Investition.

Lösungen

- Z.B. über Senkung der sehr hohen Forderungen

Schwierigkeitsgrad: •

Beispiel U93: Risiko & Rendite

Investoren müssen am Kapitalmarkt mit Kursschwankungen ihrer Wertpapiere in gleichem Maße nach oben wie nach unten rechnen. Dabei gilt, dass ein Kursverlust von 10 % nicht durch einen darauffolgenden Kursanstieg um 10 % ausgeglichen wird.

Aufgabenstellung

- Entwickeln Sie ein Modell, das den notwendigen prozentuellen Kursanstieg in Abhängigkeit des zuvor eingetretenen Kursverlustes zeigt, sodass der Investor wieder den ursprünglichen Vermögenswert besitzt. Stellen Sie diesen grafisch dar.

Lösungen

- Kursverlust 20 %: benötigter Anstieg von 25 %
- Kursverlust 50 %: benötigter Anstieg von 100 %

Schwierigkeitsgrad: •

Beispiel U94: Risiko & Rendite – ex post

Der Kurs dreier Aktien steigt bzw. fällt jährlich um € 10 nach folgenden Mustern:

	Kurs A	Kurs B	Kurs C
t_0	10	50	10
t_1	20	40	20
t_2	30	30	10
t_3	40	20	20
t_4	50	10	10

Aufgabenstellung

- Bestimmen Sie die Rendite der Unternehmen mit Hilfe des arithmetischen Mittels und das Risiko mit Hilfe der Standardabweichung.
- Vergleichen und Interpretieren Sie die Standardabweichung der Aktien und dem Aspekt, dass das Risiko als mögliche Abweichung von einer erwarteten Rendite definiert ist.
- In welche Aktie würden Sie investieren?
- Positionieren Sie die Aktien im Risiko/Rendite-Portfolio

Lösungen

- Rendite Unternehmen A: 52,08 %, Risiko B: 13,15 %

Beispiel U95: Risiko & Rendite – ex post

Schwierigkeitsgrad: •

Der Aktienkurs und die Dividendenzahlung von zwei Unternehmen haben sich jährlich wie folgt entwickelt:

	Unternehmen A		Unternehmen B	
	Kurs	Dividenden	Kurs	Dividenden
t_0	7		50	
t_1	8	1	70	2
t_2	10	1	90	0
t_3	6	1	120	0
t_4	7	1	130	0

Aufgabenstellung

- Bestimmen Sie die Rendite der Unternehmen mit Hilfe des arithmetischen Mittels und das Risiko mit Hilfe der Standardabweichung.
- Bestimmen Sie das geometrische Mittel und den internen Zinsfuß. Stellen Sie die Ergebnisse einander gegenüber und führen Sie die Rechnung für Unternehmen B ohne Dividendenzahlungen nochmals durch.
- Welches Unternehmen hat die höhere Rendite erwirtschaftet, welches das geringere Risiko getragen?
- Welches Unternehmen hätten Investoren bevorzugen sollen?

Lösungen

- Rendite Unternehmen A: 17,35 %, Risiko B: 14,95 %; Interner Zinsfuß A: 14,3 %

Beispiel U96: Risk & Return – ex ante

Schwierigkeitsgrad: ••

Ein Investor überlegt, die Aktien eines Unternehmens zum aktuellen Kurs von € 7,00 zu kaufen. Er möchte sie nach einem Jahr wieder verkaufen. Bei seiner Analyse stellt er die Kursprognosen vier verschiedener Analysten gegenüber. Entsprechend seinen eigenen Überlegungen bewertet er die Eintrittswahrscheinlichkeit dieser Prognosen.

	Kurs (€)	Dividende	Wahrscheinlichkeit
Aktueller Kurs	7		
Kursziel Analyst A	8	1	10 %
Kursziel Analyst B	10	1	25 %
Kursziel Analyst C	6	1	15 %
Kursziel Analyst D	7	1	50 %

Aufgabenstellung

- Bestimmen Sie Rendite und Risiko

Lösungen

- Rendite: 24,29 %
- Risiko: 20,3 % (Standardabweichung)

Schwierigkeitsgrad: ••

Beispiel U97: Portfoliorendite – ex post

Ein Investor investiert in zwei Aktien unterschiedlicher Branchen und hofft, dadurch sein Risiko zu minimieren. Die Aktien entwickeln sich in den einzelnen Jahren wie folgt:

	Aktie 1	Aktie 2
t_0	50,00	50,00
t_1	68,00	44,00
t_2	59,84	59,84
t_3	53,86	80,19
t_4	72,17	72,17
t_5	67,84	93,82
t_6	88,19	88,19

Aufgabenstellung

- Bestimmen Sie die durchschnittliche Rendite der Einzelaktien und des Portfolios mit Hilfe des arithmetischen Mittels und das Risiko mit Hilfe der Standardabweichung.
- Interpretieren Sie die Ergebnisse.

Lösungen

- Durchschnittliche Rendite Aktie 1: 12,0 %, Risiko Aktie 1: 23,5 %, Risiko Portfolio: 2,4 % (Risiko mit MS-Excel-Formel STABW.S gerechnet)

Schwierigkeitsgrad: •••

Beispiel U98: Portfoliorendite – ex post

Die Aktienkurse von SAP, VW und Heineken bzw. der DJ Euro Stoxx 50 haben sich in den letzten fünf Jahren wie folgt entwickelt:

	SAP	VW	Heineken	DJ Euro Stoxx 50
Ende Mai 2015	67,38	221,3	71,34	3.576,48
Ende Mai 2016	72,91	134,35	83,47	3.062,85
Ende Mai 2017	95,58	134,7	87,67	3.558,42
Ende Mai 2018	96,33	160,26	85,64	3.420,41
Ende Mai 2019	110,32	138,96	94,02	3.277,40

Aufgabenstellung

- Bestimmen Sie die Rendite der Einzelaktien und des Euro Stoxx 50 mit Hilfe des arithmetischen und geometrischen Mittels und das Risiko mit Hilfe der Standardabweichung.
- Bestimmen Sie Rendite und Risiko aller Portfolios aus der Kombination von zwei Einzelaktien (SAP und VW, SAP und Heineken, VW und Heineken).
- Übertragen Sie die Einzelaktien und Portfoliokombinationen in ein Risiko-Rendite-Diagramm.
- Interpretieren Sie die Ergebnisse.

Lösungen

- SAP-Rendite (arithmetisches Mittel): 13,65 %;
- SAP-Rendite (geometrisches Mittel): 13,12 %
- SAP-Risiko: 12,91 %
- Portfolio SAP und VW: Rendite (arithm. Mittel): –2,13 %, Risiko: 18,61 %

Beispiel U99: Aktien – Kapitalerhöhung

Schwierigkeitsgrad: ••

Aktiva		Passiva	
Anlagevermögen	140.000.000	Grundkapital	60.000.000
Vorräte	80.000.000	Rücklagen	40.000.000
Forderungen	55.000.000	Kfr. Fremdkapital	90.000.000
Liquide Mittel	5.000.000	Lfr. Fremdkapital	90.000.000
Σ Aktiva	**280.000.000**	**Σ Passiva**	**280.000.000**

Die Aktien des Unternehmens haben einen Nennwert von € 10 und einen aktuellen Kurs von € 30. Die Aktiengesellschaft plant durch die Aktienemission einen Liquiditätszufluss von € 40.000.000, wobei das Grundkapital ebenfalls um € 20.000.000 mit jungen Aktien (Nominale € 10) aufgestockt werden soll.

- Berechnen Sie das Bezugsverhältnis.
- Wie hoch ist der Emissionskurs der jungen Aktien?
- Welchen Wert hat das Bezugsrecht?
- Welchen rechnerischen Kurs haben die Aktien nach der Kapitalerhöhung?
- Welche Möglichkeiten hat ein Inhaber von 3.000 alten Aktien?
- Wie sieht die Bilanzstruktur nach der Kapitalerhöhung aus?

Lösungen

- Bezugsverhältnis: 3
- Wert des Bezugsrechts: € 2,5
- Liquide Mittel nach Kapitalerhöhung: € 45 Mio.

Schwierigkeitsgrad: ••

Beispiel U100: Aktien – Kapitalerhöhung

Das Grundkapital einer Aktiengesellschaft von € 50 Mio. wird im Bezugsverhältnis von 20 alten zu 10 neuen Aktien erhöht. Die Aktien haben einen Nennwert von € 10. Der Emissionskurs der jungen Aktien beträgt € 41. Die Aktie notiert aktuell bei € 50.

Aufgabenstellung

- Wie hoch ist der rechnerische Wert des Bezugsrechtes?
- Wie hoch ist der rechnerische Kurs der Aktien nach der Kapitalerhöhung?
- Ein Aktionär, der 500 Aktien besitzt, möchte möglichst kein Geld in die Hand nehmen, d.h. nur um den Erlös der Bezugsrechte junge Aktien kaufen. Wie viele junge Aktien wird er unter dieser Bedingung kaufen können und wie viele Bezugsrechte muss er dafür verkaufen?

Lösungen

- Wert des Bezugsrechts: € 3,00
- Rechnerischer Kurs nach Kapitalerhöhung: € 47,00
- Verkauf von 436 Bezugsrechten ermöglicht den Kauf von 32 jungen Aktien

Schwierigkeitsgrad: ••

Beispiel U101: Aktien – Rechnerischer Wert

Ein Anleger überlegt, die Aktien von Jefferson Industries zu kaufen. Der aktuelle Aktienkurs beträgt € 99,50. Analysten erwarten für die nächsten drei Jahre im Rahmen des expliziten Forecasts folgende Dividendenzahlungen je Aktie in €:

Jahr 1	Jahr 2	Jahr 3
2,0	3,0	4,0

Nach der expliziten Prognoseperiode wird mit einem konstanten Dividendenwachstum von 10 % pro Jahr gerechnet.

Der Anleger versucht nun zu prüfen, wie weit der aktuelle Kurs von Jefferson Industries gerechtfertigt ist. Zur Bestimmung des rechnerischen Werts der Aktie verwendet er die Dividendenmethode. Die von ihm geforderte Mindestrendite bestimmt er mit Hilfe von CAPM. Der aktuelle risikofreie Zinssatz liegt bei 5,0 % und die Marktrisikoprämie bei 6,0 %. Der Beta von Warren Industries ist 1,3.

Aufgabenstellung

- Bestimmen Sie die geforderte Mindestrendite des Anlegers nach CAPM.
- Ermitteln Sie den Terminal Value im Zeitpunkt t_3 (Barwert aller Dividendenzahlungen ab dem vierten Jahr).
- Bestimmen Sie den rechnerischen Wert der Aktie von Jefferson Industries.
- Sollte der Anleger die Aktie zum aktuellen Kurs kaufen? Warum?

Lösungen

- Mindestrendite: 12,8 %
- Rechnerischer Wert der Aktie: € 116,4

Beispiel U102: Anleihen – Effektivverzinsung

Schwierigkeitsgrad: •

Eine Anleihe wird zum Kurs von 98 % ausgegeben und zu einem Kurs von 100 % am Ende der Laufzeit von zwölf Jahren getilgt. Die Nominalverzinsung beträgt 6 % und wird jährlich am Ende bezahlt.

Aufgabenstellung

- Berechnen Sie den Effektivzinssatz für einen Anleger, der die Anleihe bei Emission kauft und bis zur Tilgung behält.

Lösungen

- Effektivverzinsung: 6,24 %

Beispiel U103: Anleihen – Effektivverzinsung

Schwierigkeitsgrad: ••

Ein Unternehmen will einen Corporate Bond mit folgender Struktur begeben:

Nominale:	60 Mio.
Ausgabekurs:	98 %
Rückzahlungskurs:	100 %
Laufzeit:	10 Jahre
Tilgung:	zur Gänze am Ende der Laufzeit
Nominalzinssatz:	5,0 %, jährlich am Ende des Jahres
Einmalige Begebungskosten:	2,0 % des Nennbetrags
Laufende Kosten:	0,2 % des Nennbetrags

Aufgabenstellung

- Berechnen Sie die effektiven Kosten der Anleihe (Zinssatz) aus Sicht des Emittenten.
- Berechnen Sie den Effektivzinssatz vor und nach Kapitalertragsteuer für Käufer der Anleihe, die diese bei der Emission kaufen und bis zur Tilgung behalten.
- Wie viel Kapital hat ein Käufer am Ende, wenn er die Kupon-Zahlungen wieder zum Effektivzinssatz (nach KESt von 27,5 %) veranlagt? Wie hoch ist das Vermögen ohne Wiederveranlagung und wie hoch ist dann der Effektivzinssatz? Der Käufer hat eine Anleihe mit einem Stückwert/Nominalwert von € 100) gekauft.
- Wie beurteilen Sie das Wiederveranlagungsrisiko bei Anleihen?

Lösungen

- Effektive Kosten für den Emittenten: 5,74 %
- Effektive Verzinsung nach Steuern für Käufer: 3,87 %
- Endvermögen bei Wiederveranlagung: € 143,26

Schwierigkeitsgrad: •

Beispiel U104: Anleihe – Effektivverzinsung

Eine Anleihe weist folgende Struktur auf:

Nominale:	40 Mio.
Ausgabekurs:	97 %
Rückzahlungskurs:	100 %
Laufzeit:	8 Jahre
Tilgung:	in 5 gleichen nachschüssigen Raten (Tilgung) ab dem 4. Jahr
Nominalzinssatz:	5 %

Aufgabenstellung

- Berechnen Sie den Effektivzinssatz der Anleihe aus Sicht des Emittenten.

Lösungen

- Effektivzinssatz: 6,96 %

Schwierigkeitsgrad: ••

Beispiel U105: Anleihe – Effektivverzinsung – BMW

Die BMW Group hat am 21. Januar 2015 einen Corporate Bond emittiert. Die Eckdaten sind wie folgt:

Emissionsvolumen (Nominale):	€ 750 Mio.
Stückelung (Nominale)	€ 1.000
Ausgabekurs:	99,21 %
Laufzeit:	10 Jahre
Nominalzinssatz:	Fixzinssatz 1,0 %, jährliche Zahlung 21. Januar

Der Kurs der Anleihe hat sich am Sekundärmarkt wie folgt entwickelt:

Datum	Kurs
21. Januar 2016	95,18
21. Januar 2017	100,11
21. Januar 2018	101,83
21. Januar 2019	99,48

Aufgabenstellung

- Berechnen Sie den Effektivzinssatz vor Kapitalertragsteuer für einen Investor, der die Anleihe bei der Emission gezeichnet hat und nach Erhalt der Zinsen entweder am 21. Januar 2016, 2017, 2018, 2019 verkauft oder bis zur Tilgung behält.
- Berechnen Sie die Effektivverzinsung vor Kapitalertragsteuer für Investoren, die die Anleihe am Sekundärmarkt entweder am 21. Januar 2016, 2017, 2018, 2019 kaufen und bis zur Tilgung behalten.

Lösungen

- Effektivzinssatz Verkauf Januar 2016: –3,05 %, Kauf Januar 2016: 1,58 %

Beispiel U106: Anleihen – Kursbestimmung

Schwierigkeitsgrad: •••

Ein Anleger überlegt, folgende Anleihe bei der Emission zu kaufen:

Emissionsvolumen (Nominale):	€ 50 Mio.
Laufzeit:	5 Jahre
Tilgungskurs:	100 %
Nominalzinssatz:	4,50 %

Alle Aufgabenstellungen beziehen sich auf die Betrachtung vor Kapitalertragsteuer.

Aufgabenstellung

- Bis zu welchem Kurs soll ein Anleger die Anleihe im Emissionszeitpunkt erwerben, wenn die aktuelle Rendite für Anleihen vergleichbaren Risikos am Kapitalmarkt 5 % beträgt?
- Wie kann dieser Kurs im Hinblick auf die Rendite des Investors interpretiert werden?
- Mit Hilfe welchen Instruments lassen sich Anleihen gleichen Risikos bestimmen?
- Berechnen Sie den Kurs nach zwei Jahren, wenn das Zinsniveau gesunken ist und die erzielbare Rendite nur mehr 3,5 % beträgt.
- Welche Rendite erhält ein Investor, der die Anleihe nach zwei Jahren kauft und bis zur Tilgung behält, wenn der tatsächliche Kurs dem rechnerischen Kurs entspricht?

Lösungen

- Maximaler Kaufkurs zum Emissionszeitpunkt: 97,84 %
- Rechnerischer Kurs nach zwei Jahren: 102,80
- Rendite: 3,50 %

Beispiel U107: Anleihen – Kursbestimmung

Schwierigkeitsgrad: •••

Eine Zero-Coupon-Bond Anleihe verspricht bei einer Laufzeit von sieben Jahren 8 % Rendite p.a. Der Tilgungskurs beträgt 100 %. Eine fixverzinsliche Anleihe verspricht bei einem Kuponzinssatz von 7 % und einem Tilgungskurs von 100 % ebenfalls 8 % Effektivverzinsung.

Im Nachhinein sieht die Entwicklung des Zinsniveaus wie folgt aus:

Jahr 1	Jahr 2	Jahr 3	Jahr 4	Jahr 5	Jahr 6	Jahr 7	Jahr 8
8 %	8,50 %	8,80 %	8,90 %	9,00 %	8,50 %	7,50 %	6,80 %

Rechnerische Annahmen:

- Alle Fragestellungen beziehen sich auf die Betrachtung vor Kapitalertragsteuer.
- Die Zinsen bleiben über das ganze Jahr konstant, die Zinsänderung erfolgte jeweils zum Jahreswechsel.
- Variante 1: Die Investoren betrachten den jeweils aktuellen Zinssatz bis zur Tilgung als konstant.
- Variante 2: Die Investoren kennen die Zinsentwicklung für die Restlaufzeit.

Aufgabenstellung

- Wie hoch darf der Ausgabekurs des Zero-Coupon Bonds sein, um der versprochenen Effektivverzinsung von 8 % zu entsprechen (mit und ohne Zinsänderung)?
- Wie hoch darf der Ausgabekurs der Kupon-Anleihe sein, um der versprochenen Effektivverzinsung von 8 % zu entsprechen (mit und ohne Zinsänderung)?
- Wie entwickelt sich der Kurs des Zero-Coupon Bonds jährlich ohne Zinsänderung?
- Zeigen Sie die rechnerische Kursentwicklung beider Anleihen für beide Varianten der Zinsänderung.
- Wie viel Geld hätten Sie am Ende des achten Jahres ohne Zinsänderung, wenn Sie die Kupon-Anleihe bis zur Tilgung behalten?
- Wie viel Geld hätten Sie am Ende des achten Jahres bei Zinsänderung, wenn Sie die Kupon-Anleihe bis zur Tilgung behalten? Wie hoch ist dabei die Effektivverzinsung?

Lösungen

- Emissionskurs Zero-Coupon-Anleihe ohne Zinsänderung: 54,03 %
- Emissionskurs Kupon-Anleihe ohne Zinsänderung: 94,25 %
- Endwert Kupon-Anleihe bei Zinsänderung: € 174,57

Schwierigkeitsgrad: ••

Beispiel U108: Anleihen – Endwert

Die Republik Österreich hat am 17.1.2011 eine 3,65 %-Fixzinsanleihe ausgegeben, die 2022 fällig ist. Die Stückelung ist € 1.000. Die Tilgung erfolgt zum Nominalwert, die Kuponfrequenz ist jährlich. Im Jänner 2012 wird die Anleihe zum Kurs von 110,50 gehandelt.

Ein Investor verfügte im Jänner 2012 über ein Kapital in Höhe von € 274.560, das er veranlagen wollte.

Als Alternative zu dieser Anleihe bietet ihm seine Bank an, die € 274.560 auf ein auf drei Jahre gebundenes Sparbuch mit 3,5 % Verzinsung (vor KESt) anzulegen. Die Kapitalertragsteuer (KESt) kann vereinfacht mit 25 % sowohl für das Sparbuch als auch die Anleihe angenommen werden.

Aufgabenstellung

- Wie viele Stück der Anleihe konnte der Investor im Jänner 2012 kaufen?
- Wie hoch ist die Effektivverzinsung (nach KESt) der Anleihe, wenn der Investor die Anleihe im Jänner 2012 zum Kurs von 110,50 gekauft hat und bis zur Tilgung behält?
- Wie hoch ist das Endkapital beim Kauf der Anleihe, wenn die Kuponzahlungen (abzüglich KESt) mit 2,5 % (nach KESt) wiederveranlagt werden können?
- Wie war das Kapital nach drei Jahren bei der Anlage am Sparbuch (abzgl. KESt)?
- Zu welchem Zinssatz müsste das Kapital in den folgenden sieben Jahren am Sparbuch veranlagt werden, um die gleiche Gesamtrendite wie bei der Anleihe zu erreichen?
- Welchen Tilgungskurs müsste die Anleihe haben, damit die Verzinsung der Anleihe einer Effektivverzinsung von 4 % entspricht?

Lösungen

- Mögliche Stückzahl: 248
- Effektivverzinsung: 1,59 %
- Endkapital Anleihe: € 324.674,67
- Zinssatz Wiederveranlagung in den sieben Jahren: 1,29 %

Beispiel U109: Anleihe – Tilgungskurs

Schwierigkeitsgrad: ••

Sie haben die grundsätzliche Möglichkeit, Ihr Kapital zu 5 % zu veranlagen. Eine Anleihe ist durch folgende Merkmale gekennzeichnet:

Ausgabekurs:	100 %
Laufzeit:	6 Jahre
Tilgung:	endfällig
Nominalzinssatz:	4,00 %

Alle Aufgabenstellungen beziehen sich auf die Betrachtung vor Kapitalertragsteuer.

Aufgabenstellung

- Wie hoch müsste der Rückzahlungskurs der Anleihe sein, damit sie für Sie vorteilhaft ist?
- Parallel dazu hätten Sie die Möglichkeit, am Sekundärmarkt in eine Anleihe mit 3,2 % Nominalverzinsung und gleicher Restlaufzeit wie Variante 1 zu investieren. Bis zu welchem Kurs würden Sie die Anleihe kaufen, wenn sie zum Kurs von 104 in vier gleichen Raten jeweils am Ende der letzten vier Jahre getilgt wird?

Lösungen

- Rückzahlungskurs: 106,8 %
- Kaufkurs 3,2-%-Anleihe: 99,87 %

Schwierigkeitsgrad: ••

Beispiel U110: Konstruktion einer Anleihe

Ein Unternehmen will einen Corporate Bond mit einer Laufzeit von fünf Jahren mit einer Effektivverzinsung von 5,0 % platzieren. Die Zinsen werden jährlich gezahlt, der Tilgungskurs beträgt 100 %. Das Unternehmen ist bezüglich der Konstruktion der Anleihe, d.h. des Ausgabekurses und des Kupon-Zinssatzes, unschlüssig.

Aufgabenstellung

- Zeigen Sie den jeweiligen Emissionskurs in Abhängigkeit vom Nominalzinssatz. Starten Sie mit einem Nominalzinssatz von 3,0 % und zeigen Sie die Veränderung des Emissionskurses bis zu einem Nominalzinssatz von 7,0 % in Schritten von 0,25 %.
- Stellen Sie die Werte grafisch dar.

Lösungen

- Emissionskurs bei einem Nominalzinssatz von 3,00 %: 91,36 %
- Emissionskurs bei einem Nominalzinssatz von 3,25 %: 92,44 %
- Emissionskurs bei einem Nominalzinssatz von 7,00 %: 108,64 %

Schwierigkeitsgrad: •

Beispiel U111: Kreditfinanzierung – Offert

Holen Sie bei unterschiedlichen Banken konkrete Kreditofferte für einen Investitionskredit in Höhe von € 100.000 für eine Laufzeit von fünf Jahren mit und ohne Besicherung (werthaltiges Grundstück) ein.

Aufgabenstellung

- Welche Voraussetzungen sind für die Vergabe des Kredits notwendig?
- Welche Konditionen enthält das Offert (Zinssatz, Spesen, Besicherung, Rückzahlungszeitpunkte, Tilgungsvariante, ...)?
- Lassen Sie sich einen Rückzahlungsplan erstellen.
- Hinterfragen Sie die Zinsberechnung der Banken (wie werden Zinsen unterjährig berechnet?).
- Welcher Effektivverzinsung entspricht das Kreditoffert?

Schwierigkeitsgrad: ••

Beispiel U112: Kreditfinanzierung – Tilgungspläne

Für das von Ihnen benötigte Kapital von € 300.000 stehen Ihnen zwei Kreditvorschläge eines Maklers mit jeweils einer Laufzeit von drei Jahren zur Verfügung. Bei beiden Varianten ist zu Beginn eine Maklergebühr von 0,8 % fällig.

Kreditoffert 1:

Nominalzins:	5,4 % dekursiv
Bereitstellungsgebühr:	0,5 % der Vertragssumme
Tilgungsfreie Jahre:	keine
Tilgungsmodalität:	quartalsweise Kapitalrate

Kreditoffert 2:

Nominalzins:	4,4 % dekursiv
Bereitstellungsgebühr:	2,0 % der Vertragssumme
Tilgungsfreie Jahre:	1 Jahr
Tilgungsmodalität:	quartalsweise Annuitäten

Der Quartalszinssatz kann aliquot als Jahresviertel berechnet werden.

Aufgabenstellung

- Zeigen Sie die Rückzahlungspläne (Tilgung, Zinsen) für beide Varianten (für die Berechnung der Zinsen kann der Jahreszinssatz geviertelt werden).
- Errechnen Sie die Effektivzinssätze beider Varianten.
- Welcher Betrag wäre für das Offert 1 im dritten Jahr quartalsweise zu tilgen, wenn Sie in den ersten beiden Jahren jeweils zu Quartalsende € 10.000 zurückzahlen wollen?
- Für welche der drei Varianten zahlen Sie absolut gesehen die meisten Zinsen?

Lösungen

- Effektivverzinsung Kreditoffert 1: 6,26 %; Kreditoffert 2: 5,81 %
- Tilgung ab dem dritten Jahr: € 55.000

Beispiel U113: Fremdwährungskredit – Musik-Recht

Schwierigkeitsgrad: •••

Das Beispiel „Kauf von Musik-Rechten" von Seite 32 wird nun zu 50 % mit Krediten finanziert. Es stehen vier Finanzierungsvarianten zur Auswahl:

- Finanzierung 1: Finanzierung mit Euro-Kredit mit 5 % Fixzinssatz
- Finanzierung 2: Finanzierung mit Sechsmonatsgeld in Schweizer Franken
- Finanzierung 3: Finanzierung mit Sechsmonatsgeld in Japanische Yen
- Finanzierung 4: Finanzierung mit Sechsmonatsgeld in US-$

Unterstellen Sie folgende Annahmen:

- Zu Beginn (1.1. Jahr 1) wird das anfangs benötigte Fremdkapital als Rollover-Kredit mit einer Laufzeit von sechs Monaten, endfällig und mit festem Zinssatz aufgenommen.
- Die jährlichen Einzahlungen aus dem CD-Recht erfolgen ebenfalls jeweils halbjährig zur Hälfte am 30.6 und 31.12. Diese Erlöse werden vollständig zur Bedienung der Kredite verwendet (Zinsen und Tilgung).
- Der noch aushaftende Betrag wird zu neuen Sechsmonatskonditionen für die nächsten sechs Monate verlängert.
- Eventuell erwirtschaftete Liquide Mittel nach vollständiger Kredittilgung bleiben unverzinst.

Die Zinssätze (auf Jahresbasis) und Wechselkurse entwickelten sich wie folgt:

Kurse, Zinsen	01.01 Jahr 1	30.06 Jahr 1	31.12 Jahr 1	30.06 Jahr 2	31.12 Jahr 2	30.06 Jahr 3	31.12 Jahr 3	30.06 Jahr 4	31.12 Jahr 4	30.06 Jahr 5	31.12 Jahr 5
Franken											
Zinssatz %	2,20000	2,83000	2,86500	2,96667	0,81000	0,51000	0,33833	0,21000	0,23833	0,23833	0,09417
Wechselkurs	1,60910	1,65360	1,65670	1,60637	1,49125	1,52425	1,48306	1,32105	1,25070	1,22184	1,21679
Dollar											
Zinssatz %	5,37000	5,38625	4,59625	3,10875	1,75000	1,11125	0,42969	0,75250	0,45594	0,39775	0,80850
Wechselkurs	1,31980	1,35410	1,45830	1,57360	1,39510	1,40500	1,43310	1,22570	1,33840	1,45130	1,29610
Yen											
Zinssatz %	0,63063	0,86031	0,97500	1,03750	0,95375	0,69875	0,48000	0,44500	0,34750	0,34156	0,33571
Wechselkurs	157,06	166,87	163,00	167,09	126,65	135,32	133,51	108,57	108,47	116,91	99,66

Aufgabenstellung

- Ermitteln Sie halbjährlich G+V, Bilanz und Finanzplan mit nachfolgendem Schema entsprechend den beigelegten Zins- und Währungskurven. Allfällige Steuern können vernachlässigt werden. Die Kursgewinne und -verluste sollen unabhängig von den Bilanzierungsvorschriften so ausgewiesen werden, wie sie zu jedem Zeitpunkt anfallen würden. Die Jahreszinssätze der Angabe können halbiert werden.

Bilanz (in T€)	Eröffnungsbilanz	01.01 Jahr 1	30.06 Jahr 1	31.12 Jahr 1	30.06 Jahr 2	31.12 Jahr 2	30.06 Jahr 3	31.12 Jahr 3	30.06 Jahr 4	31.12 Jahr 4	30.06 Jahr 5	Gesamt
Anlagevermögen	0											
Liquide Mittel	2.000											
Σ Aktiva	**2.000**											
Nennkapital	1.000											
Gewinn/Verlust	0											
Fremdkapital	1.000											
Σ Passiva	**2.000**											

G+V											
Umsatz											
AfA											
Betriebserfolg											
Zinsaufwand											
Kurs-Gewinn/Verlust											
EGT											
JÜF											

Finanzrechnung											
Einzahlungen											
Investitionen											
Zinsen											
Tilgung											
Zahlungsüberschuss/ -Fehlbetrag											

Fremdwährungsumrechnung

Schuld in Fremdwährung											
Zinssatz Zinsen in Fremdwährung											
Wechselkurs Zinsen in € Tilgung in €											
Tilgung in Fremdwährung Restschuld in Fremdwährung											
Restschuld in €											

Lösungen

- Liquide Mittel 31.12 Jahr 5 €-Fixzinssatz: € 1,433 Mio.
- Liquide Mittel 31.12 Jahr 5 Schweizer Franken: € 1,460 Mio.
- Liquide Mittel 31.12 Jahr 5 US-$: € 1,530 Mio.
- Liquide Mittel 31.12 Jahr 5 Japanischer Yen: € 1,481 Mio.

Beispiel U114: Skonto – Praxisbeispiel

Schwierigkeitsgrad: •

Die katholische Kirche in Österreich bietet ihren Mitgliedern zwei Zahlungsmöglichkeiten an: jährlich im Vorhinein oder quartalsweise im Vorhinein, wobei sie versucht, die Mitglieder zur sofortigen Zahlung mit dem Hinweis der Ersparnis zu motivieren. Im konkreten Fall kann ein Mitglied zwischen folgenden Optionen wählen:

- Sofortige Zahlung des Jahresbeitrags von € 300,46.
- Quartalsweise Zahlung von € 77,43 jeweils am Quartalsanfang (die erste Quartalsrate ist zum selben Zeitpunkt wie die Jahreszahlung fällig).

Aufgabenstellung

- Welcher Jahresverzinsung entspricht das Angebot der Sofortzahlung? Die Quartalsverzinsung kann vereinfacht durch aliquote Multiplikation mit 4 auf den Jahreszinssatz hochgerechnet werden.

Lösungen

- Zinssatz: 8,25 %

Beispiel U115: Skonto

Schwierigkeitsgrad: ••

Ein Unternehmen versucht durch folgendes Angebot frühzeitig zu Liquidität durch die Bezahlung seiner Kunden zu kommen: entweder Sofortzahlung des Jahresbeitrags von € 440,19 oder vorschüssige quartalsweise Zahlung von € 113,45.

Aufgabenstellung

- Um wie viel Euro zahlen Sie bei Sofortzahlung im Vergleich zur quartalsweisen Zahlung weniger?

- Wie groß ist die gesamte prozentuelle Ersparnis?
- Das Unternehmen offeriert den Kunden sein Angebot zur Sofortzahlung als eine 3 %-Ersparnis: „Sie können 3 % sparen“. Stimmt diese Aussage bzw. welchem jährlichen Effektivzinssatz entspricht diese Ersparnis aus der Sofortzahlung?

Lösungen

- Ersparnis: € 13,61
- Gesamtersparnis in % Prozent: 3,00 %
- Jährlicher Effektivzinssatz: 8,53 %

Schwierigkeitsgrad: ••

Beispiel U116: Skonto – Bilanzauswirkung

Ein Unternehmen, das im Anlagenbau tätig ist, hat einen Umsatz von € 4 Mrd. mit 2 % Umsatzrendite und folgender Bilanzstruktur:

Aktiva		Passiva	
Anlagevermögen	1.400.000.000	Grundkapital	672.000.000
Vorräte	800.000.000	Rücklagen	328.000.000
Forderungen	550.000.000	Kfr. Fremdkapital	900.000.000
Liquide Mittel	50.000.000	Lfr. Fremdkapital	900.000.000
Σ Aktiva	**2.800.000.000**	**Σ Passiva**	**2.800.000.000**

Die Fakturierung erfolgt jeweils zum Monatsletzten mit einem Zahlungsziel von 30 Tagen. Aus Gründen der angespannten Liquidität wird zu Jahresbeginn überlegt, die Außenstandsdauer der Forderungen zu reduzieren, indem den Kunden ein Skonto von 2 % bei Zahlung innerhalb von zehn Tagen eingeräumt wird. Die Umsatzaufteilung beträgt

Jan	Feb	Mär	Apr	Mai	Jun	Jul	Aug	Sep	Okt	Nov	Dez
5 %	5 %	8 %	8 %	10 %	10 %	10 %	12 %	12 %	10 %	5 %	5 %

Aufgabenstellung

- Wie hoch ist die gegenwärtige Außenstandsdauer der Forderungen (Berechnung: Ford. L&L/[Umsatz/360])?
- Welcher Effektivverzinsung entspricht der gewährte Skonto (vereinfacht nach Faustformel)?
- Welche Wirkung hätte diese Maßnahme auf das Jahres-EBIT?
- Auf Grund der angespannten Liquidität hat das Unternehmen in Verhandlungen mit den Lieferanten ein Zahlungsziel von 60 Tagen und 5 % Skonto bei Sofortzahlung statt der bisherigen 30 Tage ohne Skonto erreicht. Gegenwärtig ist das Unternehmen jedoch nicht in der Lage, den Lieferantenskonto auszunützen.

a. Welcher Effektivverzinsung entspricht die Gewährung des Skontos?
b. Welche Liquiditäts- und Ertragswirksamkeit hätte das Verhandlungsergebnis auf das Jahr gerechnet, wenn das Einkaufsvolumen 30 % des Umsatzes ausmacht?

Lösungen

- Außenstandsdauer: 49,5 Tage
- Effektivverzinsung des gewährten Skonto: 36 %
- Effekt bei Gewährung Skonto: € 80 Mio. geringeres Ergebnis und Liquiditätszufluss

Beispiel U117: Factoring

Schwierigkeitsgrad: •

Entsprechend der angespannten Liquidität überlegt ein Unternehmer, eine in 30 Tagen fällige Kundenforderung über € 50.000 im Rahmen des Factoring an seine Bank abzutreten und dafür das Geld sofort zu bekommen. Der Jahreszinssatz für das Factoring beträgt 6 % p.a. Die zusätzliche Inkassoprovision beträgt 1/8 % des Forderungsbetrags. Weiters fallen € 100 an Bearbeitungsgebühr an.

Aufgabenstellung

- Wie hoch ist der Gutschriftbetrag bei exakter unterjähriger Zinsberechnung?
- Welcher Effektivverzinsung entspricht dies, wenn Sie die Faustformel wie bei der Berechnung des Skonto verwenden?
- Welcher Effektivverzinsung entspricht dies, wenn Sie den exakten Tageszinssatz mit Zinseszinsen auf den Jahreszinssatz hochrechnen?

Lösungen

- Gutschriftbetrag: € 49.597,46
- Effektivverzinsung (Faustformel): 9,66 %
- Effektivverzinsung (exakt): 10,25 %

Beispiel U118: Leasing vs. Kredit – vor Steuern

Schwierigkeitsgrad: ••

Ein Unternehmen steht vor der Entscheidung, ein Hochregallager mittels Darlehens zu 7 % p.a. dekursiv oder mit Leasing zu finanzieren. Das Darlehen über € 4,0 Mio. soll in zwölf Jahren nachschüssig mittels Annuitäten getilgt werden. An Reparatur- und Instandhaltungskosten werden wahrscheinlich ab dem fünften Jahr jährlich € 0,2 Mio., ab dem zehnten Jahr € 0,4 Mio. jeweils am Jahresende anfallen.

Der Leasinggeber verlangt eine Depotzahlung von € 0,35 Mio. und nachschüssige Jahresraten von € 0,6 Mio., die jährlich an die Inflationsrate angepasst werden. Es wird mit einer Indexsteigerung von durchschnittlich jährlich 2,5 % gerechnet (gilt bereits für die Zahlung am Ende des ersten Jahres). Das Gebäude ist vom Leasinggeber während der Leasingdauer instandzuhalten. Nach Ablauf von zehn Jahren wird die Kaufoption durch eine einmalige Zahlung von € 0,1 Mio. an den Leasinggeber ausgeübt, das Depot verfällt zugunsten des Leasinggebers und das Eigentum (mit allen Rechten und Pflichten) am Bauwerk geht damit auf den Leasingnehmer über.

Aufgabenstellung

- Berechnen Sie die Gesamtsumme der Auszahlung für beide Varianten.
- Welche Variante ist bei einem Kalkulationszinssatz von 7 % die günstigere?
- Welche zusätzlichen Begründungen für die getroffene oder die alternative Entscheidung könnten Sie nennen?

Lösungen

- Gesamtauszahlung Darlehen: € 8.243.295
- Kredit ist günstiger, Barwert: € 5.196.586

Schwierigkeitsgrad: ••

Beispiel U119: Leasing versus Kredit – nach Steuern

Ein Unternehmer beabsichtigt die Anschaffung einer Yacht. Der Preis der Yacht beträgt € 1 Mio. bei einer Nutzungsdauer von zehn Jahren. Zur Finanzierung stehen folgende Alternativen zur Auswahl:

- *Alternative 1*: Aufnahme des Investitionskredits mit zehn Jahren Laufzeit, der in jährlich nachschüssigen Annuitäten mit einem Fixzinssatz von 6,0 % zurückgezahlt wird.
- *Alternative 2*: Abschluss eines Leasingvertrags mit einer Leasingrate von € 150.000 jeweils am Jahresanfang für eine Grundmietzeit von fünf Jahren. Die Yacht wird am Ende der Grundmietzeit durch Ausübung einer Kaufoption um 25 % des Anschaffungspreises erworben werden.

Der maßgebliche Ertragsteuersatz beträgt 25 %. Die Steuerzahlungen können vereinfacht auf das Jahresende gesetzt werden.

Aufgabenstellung

- Wie hoch sind die Nettoauszahlungen nach Steuern bei beiden Varianten in Summe?
- Welche Finanzierungsvariante ist für das Unternehmen bei einem Kalkulationszinssatz von 10 % günstiger?
- Interpretieren Sie die Ergebnisse!

Lösungen

- Nettoauszahlungen nach Steuern bei Kreditfinanzierung: € 1.019.010
- Nettoauszahlungen nach Steuern bei Leasingfinanzierung: € 750.000
- Kapitalwert Kreditfinanzierung: € –619.304
- Kapitalwert Leasingfinanzierung: € –609.133

Beispiel U120: Kredit vs. Leasing

Schwierigkeitsgrad: ••

Zur Finanzierung eines Investitionsprojektes in der Höhe von € 6 Mio. wird eine Fremdfinanzierung benötigt. Es liegen folgende Angebote vor:

Die Bank AG bietet dem Unternehmen ein fünfjähriges Kapitalratendarlehen mit halbjährlichen Raten an. Davon sind die ersten zwei Jahre tilgungsfrei, d.h. es werden nur die Zinsen bedient. Der Fixzinssatz beträgt 5,25 %, wobei der Halbjahreszinssatz mit Jahreszinssatz/2 festgelegt wird. Eine Einräumungsprovision von 1,3 % des Darlehensbetrages wird zu Beginn vom Unternehmen bezahlt. Weiters wird eine halbjährliche, nachschüssige Bearbeitungsgebühr von 0,1 % des jeweils aushaftenden Darlehensbetrages verrechnet.

Als Alternative bietet die Leasing GmbH eine Leasingfinanzierung mit einer Laufzeit von fünf Jahren und mit halbjährlichen im Nachhinein zu zahlenden Leasingraten von € 0,65 Mio. sowie einer Bearbeitungsgebühr von 1 % der aktuellen Leasingrate an. Die Leasingrate wird jährlich um die Inflationsrate von 1,5 % angepasst (die dritte Leasingrate nach 1,5 Jahren ist erstmals um 1,5 % höher, dann erfolgt die nächste Erhöhung bei der fünften Rate). Die einmalige Leasingvertragsgebühr beträgt 0,4 % und ist unmittelbar abzuführen.

Aufgabenstellung

- Erstellen Sie die Zahlungspläne für beide Finanzierungsvarianten.
- Vergleichen Sie die angebotenen Finanzierungen und entscheiden Sie, welche für das Unternehmen die günstigste Variante ist. Errechnen Sie dazu den Internen Zinsfuß.
- Wie müsste der Ausgabekurs einer Zero-Bond-Anleihe mit zehnjähriger Laufzeit bei einem Tilgungskurs von 100 % sein (Begebungskosten können vernachlässigt werden), dass sie für das Unternehmen so gut ist, wie die günstigste Finanzierungsvariante? Wie hoch wäre der Tilgungsbetrag am Ende?

Lösungen

- Kredit: Gesamtauszahlungen: € 7.298.250; Effektivverzinsung: 5,82 %
- Leasing: Gesamtauszahlungen: € 6.788.926
- Emissionskurs Zero-Bond-Anleihe: 63,85, Tilgungsbetrag: € 9.397.484

Beispiel U121: Finanzplan – Finanzierungsvarianten

Schwierigkeitsgrad: •••

Der Jahresabschluss eines Unternehmens hatte für das abgelaufene Jahr folgende Gestalt (in Mio. €):

Aktiva (€ Mio.)		Passiva (€ Mio.)	
IV	70	Nennkapital	400
SAV	520	Rücklagen	300
FAV	330	Gewinn/Verlust	150
Anlagevermögen	**920**	**Eigenkapital**	**850**

Vorräte	600	Rückstellungen	400
Halb- u. Fertigfabrikate	500	Erhaltene Anzahlungen	300
Forderungen	400	Bankverbindlichkeiten	600
Liquide Mittel	80	Verbindlichkeiten L&L	350
Summe Aktiva	**2.500**	**Summe Passiva**	**2.500**

G+V	
Umsatz	2.000,0
ausgabewirksamer Aufwand	1.700,0
AfA	52,0
Betriebserfolg	248,0
in %	12,40 %
Zinsaufwand	–30,0
Zinserlöse	0,0
Finanzerfolg	–30,0
EBT	**218,0**
Steuern	–54,5
JÜF	**163,5**
Dividende	–60,0
Rücklagen	0,0
Bilanzgewinn	103,5

Für das aktuelle Geschäftsjahr geht das Unternehmen von einem Umsatzwachstum von 5 % bei gleichbleibender Ertragsentwicklung aus, d.h., dass der auszahlungswirksame Aufwand weiterhin 85 % des Umsatzes beträgt.

Das Unternehmen steht vor der Entscheidung über die Investition in einen neuen Fertigungsstandort um € 200 Mio. (zur Gänze zahlungswirksam, Nutzungsdauer zehn Jahre). Durch die Investition könnte das alte Fertigungswerk zu seinem Buchwert von € 30 Mio. bar verkauft werden und eine Kostensenkung des ausgabewirksamen Aufwands um 3 % erreicht werden. Im Gegenzug hat die Investition Auswirkung auf die Abschreibung. Das in der Bilanz ausgewiesene Anlagevermögen hat eine durchschnittliche Nutzungsdauer von zehn Jahren. Der Anschaffungswert des alten Fertigungswerkes betrug € 100 Mio. Eventuelle Halbjahresabschreibungen können vernachlässigt werden.

Zur Finanzierung der Investition überlegt die Geschäftsführung drei Varianten in Höhe des Anschaffungswerts der neuen Fertigungsstraße:

1. Kapitalerhöhung durch die Gesellschafter
2. Kreditfinanzierung, Investitionskredit zu 6 %, konstante Raten auf fünf Jahre, dekursiv am Jahresende

3. Emission einer Anleihe (Nominale 200 Mio.): 5 % Fixzinssatz, Laufzeit sechs Jahre, Ausgabekurs 98 %, Tilgungskurs 100 %, die Kursdifferenz zwischen Emissions- und Tilgungskurs ist als Aktive Rechnungsabgrenzung zu aktivieren und bis zur Tilgung linear abzuschreiben.

Das Unternehmen hat sich verpflichtet, 15 % Dividende auf das Nennkapital auszuschütten. Die maßgebliche Körperschaftsteuer beträgt 25 %. Dividende und Körperschaftsteuer sind vereinfacht im jeweiligen Jahr zahlungswirksam. Die gegenwärtigen Bankverbindlichkeiten in der Bilanz sind ein Betriebsmittelkredit mit einem günstigen Nettozinssatz von 5 %, dafür bleiben die Guthaben am Konto unverzinst. Für das neue Geschäftsjahr sind keine Veränderungen in den Bilanzpositionen geplant, die nicht durch die Investition betroffen sind, wie Forderungen, Vorräte, Lagerbestand, Rückstellungen, Rücklagen, Verbindlichkeiten L&L. Liquiditätsüberschüsse werden im neuen Geschäftsjahr zur Sicherung der kfr. Liquidität in Bankguthaben zinsenlos angelegt, zusätzlich notwendiges Kapital wird aus dem Betriebsmittelkredit gedeckt. Die Zinsen sind dabei vom Kreditbetrag am Jahresanfang zu rechnen. Für das neue Geschäftsjahr sind in den Bilanzpositionen, die nicht von der Investition betroffen sind (z.B. Forderungen, Vorräte, Lagerbestand, Rückstellungen, Rücklagen, Verbindlichkeiten L&L), keine Veränderungen geplant.

Aufgabenstellung

- Um welche Form der Finanzierung handelt es sich bei den Finanzierungsvarianten?
- Erstellen Sie G+V und Finanzplan für das neue Geschäftsjahr sowohl für die drei Finanzierungsvarianten als auch die Variante der Weiterproduktion am alten Standort.
- Wie hoch sind die liquiden Mittel am Jahresende für alle vier Varianten?
- Welche Variante würden Sie bevorzugen? Begründen Sie die Entscheidung.

Lösungen

- Jahresüberschuss ohne Investition: € 174,8 Mio.
- Jahresüberschuss mit Eigenkapitalerhöhung: € 207,4 Mio.
- Liquide Mittel Ende ohne Investition: € 246,8 Mio.
- Liquide Mittel Ende mit Eigenkapitalerhöhung: € 289,4 Mio.
- Liquide Mittel Ende bei Kreditfinanzierung: € 274,9 Mio.
- Liquide Mittel Ende bei Anleihefinanzierung: € 308,1 Mio.

Beispiel U122: Kapitalkosten und Endwert

Schwierigkeitsgrad: •••

Ein Venture-Capital-Unternehmen kauft laufend Aktien junger risikoreicher Start-ups, bei denen innerhalb von zehn Jahren mit einem Börsengang gerechnet werden kann. Das Unternehmen strebt eine Effektivverzinsung von mindestens 15 % vor Steuern auf das eingesetzte Eigenkapital an. Als Finanzierungsgrundsatz hat das Unternehmen einen Eigenkapitalanteil von 30 %. Dieser gilt für alle Beteiligungen. Den restlichen Kaufpreis finanziert das Unternehmen durch Fremdkapital, das jeweils beim Beteiligungsanlass neu verhandelt wird.

Im konkreten Fall werden dem Unternehmen Aktien für je 10 €/Stück angeboten. Für den Aktienkauf könnte sich das Venture-Capital-Unternehmen zu 6 % Effektivzinssatz (Festverzinsung für zehn Jahre, endfällig) fremdfinanzieren.

Aufgabenstellung

- Zu welchem Preis müssten die Aktien nach zehn Jahren mindestens verkauft werden, um das Rentabilitätsziel zu erreichen?
- Welcher durchschnittlichen jährlichen Preissteigerung entspricht dieser Mindestverkaufspreis?
- Wie hoch müsste der Verkaufspreis sein, damit zumindest die Kosten aus dem Bankkredit gedeckt sind?

Lösungen

- Verkaufspreis für Rentabilitätsziel: € 24,67
- Verkaufspreis zur Deckung der Fremdkapitalkosten: € 15,54

Stichwortverzeichnis